全国CAD技能等级考试丛书

中国工程图学学会规划教材

土木与建筑类CAD技能一级（二维计算机绘图）

AutoCAD培训教程

主编　杨　谆

清华大学出版社

北京

内容简介

全书分为5篇，共14章。第1篇主要介绍AutoCAD绘制二维土木建筑图的基本知识。第2篇主要介绍AutoCAD基本二维绘图命令和编辑方法，学习创建土建工程图样的尺寸标注和文字注写的方法，学习基本平面图形的分析，并应用基本绘图命令和编辑方法完成其绘制和尺寸标注。第3篇主要介绍形体的表达与绘制，为熟练绘制土木建筑工程图样打好基础。第4篇根据AutoCAD软件的应用特点，针对建筑施工图和结构施工图的图示内容和要求，通过实例对其绘图步骤和技巧进行详细介绍。第5篇主要介绍AutoCAD软件与其他软件进行信息交换的基本操作，以及模型空间、图纸空间的概念和打印输出操作方法。本书章节安排合理，内容实用，专业性强，可操作性强。各章均有配套习题，并在附录部分提供了工程实例，供学习者进一步掌握土建工程图的读图和绘图技能。本书是土木与建筑类CAD技能一级考试培训教材，也可以作为高等院校、高职和中等职业院校土木与建筑类相关专业CAD课程的教材，同时可供从事土木与建筑行业专业技术人员自学使用。

图书在版编目(CIP)数据

土木与建筑类CAD技能一级(二维计算机绘图)AutoCAD培训教程/杨谆主编. --北京：清华大学出版社，2010.10（2021.3重印）
（全国CAD技能等级考试丛书）
ISBN 978-7-302-23776-1

Ⅰ.①土… Ⅱ.①杨… Ⅲ.①土木工程－建筑制图：计算机制图－应用软件，AutoCAD－水平考试－教材 Ⅳ.①TU204

中国版本图书馆CIP数据核字(2010)第171231号

责任编辑：庄红权
责任校对：赵丽敏
责任印制：宋 林

出版发行：清华大学出版社
网　址：http://www.tup.com.cn，http://www.wqbook.com
地　址：北京清华大学学研大厦A座　　邮　编：100084
社总机：010-62770175　　邮　购：010-62786544
投稿与读者服务：010-62776969，c-service@tup.tsinghua.edu.cn
质量反馈：010-62772015，zhiliang@tup.tsinghua.edu.cn

印装者：北京鑫海金澳胶印有限公司
经　销：全国新华书店
开　本：185mm×260mm　　**印　张**：20.5　　**字　数**：463千字
版　次：2010年10月第1版　　**印　次**：2021年3月第12次印刷
定　价：58.00元

产品编号：033477-06

指导委员会

编辑委员会

PREFACE

计算机辅助设计(CAD)技术推动了产品设计和工程设计的革命,受到了极大重视并正在被广泛地推广应用。计算机绘图与三维建模作为一种新的工作技能,有着强烈的社会需求,正成为我国就业中的新亮点。在此背景下,中国工程图学学会联合国际几何与图学学会,本着更好地为社会服务的宗旨,在全国范围内开展“CAD技能等级”培训与考评工作。为了对该技能培训提供科学、规范的依据,组织了国内外有关专家,制定了《CAD技能等级考评大纲》(简称《大纲》)。

《大纲》以现阶段CAD技能从业人员所需水平和要求为目标,在充分考虑经济发展、科技进步和产业结构变化的基础上,将CAD技能分为三级,一级为二维计算机绘图,二级为三维几何建模,三级为复杂三维模型的制作与处理。根据工作领域的不同,每一级分为两种类型,即“工业产品类”和“土木与建筑类”。CAD技能一级相当于计算机绘图师的水平;二级相当于三维数字建模师的水平;三级相当于高级三维数字建模师的水平。

为了配合CAD技能等级培训与考评工作的进行,中国工程图学学会于2009年初决定编写配套的培训教程,并成立了“全国CAD技能等级考试丛书”编辑委员会,着手规划和落实丛书的编写。这套丛书共计9本。CAD技能一级(二维计算机绘图)的培训教程有3本,它们是工业产品类的CAXA和AutoCAD培训教程各1本,以及土木建筑类的AutoCAD培训教程1本。CAD技能二、三级(三维几何建模与处理)的培训教程有6本,它们是工业产品类的Inventor、SolidWorks、Pro/Engineer、UG NX、Solid Edge培训教程各1本,以及土木与建筑类二、三级的AutoCAD培训教程1本。

本套丛书有以下特点:①丛书内容的安排与培训和考评紧密结合,这是由于丛书内容的取舍与顺序完全由《大纲》规定的基本知识、考评内容和技能要求所决定;②丛书突出了应用性和实用性,通过丰富的实例强化了技能培训,因此可作为应用型高等学校和高等专科学校相关专业的教材,也可作为广大科技工作者的工具书;③将用到的技术制图知识融合到丛书的相关章节中,做到不扩大,够用为止。

丛书各分册的主编长期从事图学或CAD技术教育,有较深的学术造诣,有丰富的教学和培训经验,均能熟练掌握CAD软件的操作与应用。他们大都出版过相关教材,有较丰富的编写经验。

本套丛书由清华大学出版社出版。从丛书策划开始，清华大学出版社就一直关注并提出了很多宝贵建议，感谢他们为丛书出版付出的辛勤劳动和支持。

丛书编写中的不当之处，欢迎广大读者批评指正。

中国工程图学学会
“全国CAD技能等级考试丛书”编辑委员会主任
清华大学教授

童秉枢

2010年4月

FOREWORD

计算机辅助设计(computer aided design,CAD)已经成为现代土木建筑工程设计的高效率表达工具,并广泛应用于科学技术的各个领域,形成了独具特色的计算机绘图技术和三维数字建模技术。熟练掌握这些基本技术和技能是工程技术人员拓展职业空间的需要,也是加快工程技术创新步伐的迫切要求。在此背景下,为了对CAD技能培训提供科学、规范的依据,中国工程图学学会在《CAD技能等级考评大纲》的基础上,组织开展了编写“全国CAD技能等级考试培训系列教材”的工作,本书为其中之一。

土木与建筑类的二维计算机辅助设计是传统土建制图与CAD技术相结合的专业技术基础和基本技能,要求学习者不仅要掌握土建制图的基本原理、图示内容和要求,还应掌握二维计算机绘图的基本方法和技巧。本书依据《CAD技能等级考评大纲》中“土木与建筑类CAD技能一级”的要求,在体系结构上强调土木与建筑工程图的主体性和AutoCAD软件的工具性,将土建制图的基本知识和基本内容与AutoCAD的相关命令有机地结合起来,并根据需要对命令进行取舍,使学习者在复杂的AutoCAD软件面前能够尽快入门,达到技能培训的要求。本书注重内容的实用性,在建筑施工图和结构施工图部分选取土建工程的实例进行绘图过程和步骤的分析与训练,使学习者能够在学习过程中掌握和深化土建制图的专业基本知识,在绘图实践过程中逐步掌握软件绘图功能的运用和技巧。

本书采用AutoCAD 2010版本,全书分为5篇,共14章,各篇主要内容如下。

第1篇为AutoCAD绘制二维土木建筑图的基本知识,包括计算机绘图的基本知识、土木建筑制图的相关国家标准以及AutoCAD操作的基本知识等内容。通过学习能够熟练掌握土建制图的相关国家标准和熟悉AutoCAD的用户环境和操作界面。

第2篇为平面图形的绘制,包括基本图形的绘制、图形编辑方法、文字与尺寸标注以及平面图形的分析与绘制等内容。通过学习能够熟练掌握AutoCAD基本二维绘图命令和编辑方法,学习创建土建工程图样的尺寸标注和文字注写的方法,并能够应用基本绘图命令和编辑方法,完成基本平面图形的分析和绘制并标注尺寸。建议学习者应认真学习和熟练本篇内容,为后续章节的学习奠定扎实的软件操作基本功。

第3篇为工程形体的表达与绘制,包括形体投影图的绘制和工程形体的表达方法等内容。掌握形体投影图的画法和工程形体的表达方法是绘制土木建筑工程图样的基础,对于已经学习过画法几何及工程制图课程的读者,本篇可以快速浏览,通过章节后面的习题进行复习和巩固；而对于初学者，必须认真学习本章，为熟练绘制土木建筑工程图样打好基础。

第4篇为土木与建筑图样的绘制，包括土木与建筑图样模板制作、建筑施工图的绘制和结构施工图的绘制等内容。本篇主要是根据AutoCAD软件的应用特点，针对建筑施工图和结构施工图的图示内容和要求，通过实例对其绘图步骤和技巧进行详细介绍。

第5篇为图形文件的数据转换与打印，包括图形文件数据格式的转换和打印输出等内容。本篇主要介绍AutoCAD软件与其他软件进行信息交换的基本操作，以及针对模型空间与图纸空间的概念及其相应空间的打印输出功能进行详细介绍。

本书章节安排合理，知识讲解循序渐进。每章后均有配套习题，并在附录部分提供了工程实例，供学习者进一步掌握土建工程图的读图和绘图技能。本书既便于教学，也便于自学；既可作为CAD技能等级考试培训教材，也可以作为高等院校、高等和中等职业院校土木与建筑类相关专业CAD课程的教材，同时也可作为土木与建筑行业专业技术人员自学AutoCAD的参考书。

本书作者都是长期从事土木与建筑类工程制图课程以及CAD课程教学的高校骨干教师。本书由杨谆主编，参加编写的人员有徐瑞洁、刘斌、徐昌贵、於辉、李宏斌等。北京交通大学李雪梅教授对书稿进行了认真审阅，提出了许多宝贵意见，在此表示衷心感谢！

由于水平有限，时间仓促，书中缺点和错误在所难免，敬请批评指正。

编　者

2010年9月

第1篇 AutoCAD绘制二维土木建筑图的基本知识

第2篇 平面图形的绘制

第3篇 工程形体的表达与绘制

第4篇 土木与建筑图样的绘制

第5篇 图形文件的数据转换与打印

第6篇 CAD等级考评试题与分析

第 1 篇

AutoCAD绘制二维土木建筑图的基本知识

本篇包括：

第1章　计算机绘图的基本知识

学习目的与要求

了解计算机绘图和计算机辅助设计的基本概念和关系，熟悉计算机绘图的应用范围，了解常用的计算机绘图软件，掌握学习计算机绘图软件的基本方法和要领。

1.1　计算机绘图与计算机辅助设计

20世纪60年代初，美国麻省理工学院(MIT)开发了名为Sketchpad的计算机交互图形处理系统，并描述了利用人机对话方式完成产品设计和制造的全过程，这就是计算机辅助设计(CAD)和计算机辅助制造(computer aided manufacturing，CAM)的雏形，形成了最初的CAD概念：科学计算、绘图。CAD概念出现后，就成为一门新兴、热门的学科，引起了工程界的广泛关注和支持，随着计算机技术的迅猛发展，CAD技术得到了快速发展并日益完善，大量优秀的CAD应用软件也应运而生。

计算机辅助设计(CAD)是指利用计算机系统进行工程或产品设计的整个过程，从资料检索、方案设计、产品数字模型构建、工程分析、创建工程图到设计的最终完成，贯穿于工程或产品设计的整个过程，在设计中的各个阶段计算机以其强大的计算能力发挥着辅助设计功能。随着计算机软、硬件的发展，计算机的计算能力和图形、图像处理能力大大提高，使得计算机能够用于产品设计、制造、管理的各个方面，大大拓宽了计算机辅助设计的概念，当前计算机辅助设计是一个涵盖了包括CAD/CAE/CAM在内的集成应用系统。

计算机绘图(computer aided draw)则是组成计算机辅助设计的一小部分，是利用工具完成工程图样绘制和打印输出的工作过程，是研究计算机图形生成、处理和输出的原理与方法。与传统手工绘图不同的是，计算机绘图过程摒弃了传统的尺规方式，借助于计算机图形、图像学的基础理论，以数字计算机作为工具完成传统手工绘图的所有工作。计算机绘图不但能够完成二维工程图样的绘制，而且能够直接用于三维造型设计，并根据产品的三维实体模型自动建立工程图样。随着时代的发展，科学技术的进步，计算机硬件质量和功能在不断提高，软件研究飞速发展，计算机绘图已进入高技术实用阶段，其主要标志如下。

(1) 由静态绘图向交互绘图、动态分析方向发展　通过交互式绘图，可以在屏幕上对图形进行实时修改和编辑；还可以通过动态分析，对工程设计、造型结构的优选提供多样化依据。

(2) 由二维图形软件向三维实体造型方向发展　计算机绘图从仅能表示空间对象的某个方向投影的二维图形向空间三维实体造型功能方向发展，并能对所画空间形体进行修改及编辑，可以从不同角度，形成明暗度鲜明、色彩逼真的实体三维图形，再从三维图形自动生成二维视图、剖视图等。

(3) 向建筑信息模型CAD系统方向发展　建筑信息模型(building information modeling，BIM)是以三维数字技术为基础，集成了建筑工程项目各种相关信息的工程数据模型，是对该工程项目相关信息的详尽表达。建筑信息模型是数字技术在建筑工程中的直接应用，以解决建筑工程在软件中的描述问题，使设计人员和工程技术人员能够对各种建筑信息做出正确的应对,并为协同工作提供坚实的基础。

建筑信息模型的结构是一个包含有数据模型和行为模型的复合结构,它除了包含与几何图形及数据有关的数据模型外,还包含与管理有关的行为模型。建筑信息模型CAD系统中的三维实体是包含了空间几何、材料,构造、造价等全信息虚拟构件或物体,因而可用于模拟真实世界的行为,例如模拟建筑的结构应力状况、围护结构的传热状况。

目前建筑信息模型的概念已经在学术界和软件开发商中获得共识,Graphisoft公司的ArchiCAD、Bentley公司的TriForma以及Autodesk公司的Revit这些引领潮流的建筑设计软件系统,都是应用了建筑信息模型技术开发的,可以支持建筑工程全生命周期的集成管理环境。

1.2 计算机绘图的应用

在CAD技术出现以前,工程设计的全过程都是由人来完成的。其实,在工程设计中固然包含着需要由人来完成的、创造性的工作,但是也包含着大量重复的工作,如繁琐的计算、单调的绘图等。这些重复的工作可以由计算机更快、更好地完成,这就是计算机绘图的意义所在。

与传统的设计方法和手段相比较,计算机绘图充分发挥了设计者和计算机各自的优势,它具有设计周期短、设计质量高、设计成本低等优点,而且易于保存、管理和技术交流,对于提高企业的竞争力、产品创新能力、经济效益具有重要意义。在工程设计及制造领域得到了广泛的应用,其应用领域已经由最初的二维图形绘制拓展到机械设计与制造、建筑工程、轻工化纺、船舶汽车、航空航天、文体、影视广告等众多行业领域。

从应用领域的角度划分,CAD应用包括机械CAD、土木建筑CAD、电子CAD、计算机辅助工业设计(CAID)、地图CAD等。

1. 机械CAD

汽车CAD和飞机CAD是此行业的先驱。使用CAD设计车身外形,可以提高工效20倍,使企业在激烈竞争中取得优势。与CAD技术相对应的是CAM技术,即计算机辅助制造,通常把CAD与CAM结合起来使用。我国造船工业在20世纪60年代末就开始CAD/CAM的研究,与其他制造行业相比,起步较早,现在已经建成规模巨大的船舶CAD/CAM系统CADIS-1,覆盖船舶设计与制造全过程。模具CAD、机械零件CAD以及CAD/CAE/CAM的结合,是机械CAD研究较集中的领域。

2. 土木建筑CAD

一般建筑物的建设都要经过规划、设计、施工、建成后维护管理等几个阶段。目前,CAD技术已经被应用在上述各个阶段中,具体应包括城市规划、小区规划、建筑设计、结构设计、水电设计、预算决算、路桥设计、工程维护管理、测绘等。随着CAD技术的发展,它在土木建筑行业中的应用必将得到进一步的发展。例如,目前将多媒体技术、人工现实技术和科学计算可视化技术等与CAD技术相结合,将是土木建筑CAD研究的重要领域。

3. 电子CAD

CAD技术在电子工业中的应用最早始于印刷电路板的设计。当前,该领域已经拓展到包括集成电路CAD、印刷电路板CAD、整机系统模拟、故障测试与诊断、电子线路CAD等多个方面，特别是大规模集成电路的设计与制造，由于密集度和精度要求高，采用CAD技术进行电路的布局和布线已成为生产的必要手段。

4. 计算机辅助工业设计(CAID)

CAID包括家电、相机、手机、钟表、MP3、车辆外形、器皿、家具等日用工业产品设计，室内、室外、园林等环境设计，图案、广告、展览、包装、动画等视觉传达设计。由于工业设计与制造企业的兴衰和人民生活水平有密切关系，所以CAID具有巨大的经济效益和广阔的发展前景。

5. 地图CAD

地图CAD包括行政区域地图、地形图和电子沙盘、地质图、城市规划图、地下管网图、交通图、人口分布图、环境保护图、生物、品种、产量分布图、海洋图、气象图等与地域位置有关的操作和图形设计。由于这些信息数量巨大，变化频繁，使用要求复杂，用手工方式来管理、分析、编辑、绘制已难以完成，地图CAD变成了发展方向。地图CAD经常和地理信息的管理、分析、处理等功能合在一起，称为地理信息系统(geographic information system，GIS)。GIS将CAD技术与MIS技术结合起来，以图形数据库为核心，形成一个图形信息的管理、分析、操作与显示系统。它在工业、农业、商业、城乡建设业、军事、环境保护和政府管理部门等各行各业中都有重要的应用价值，近年来已有迅速发展。

1.3 常用计算机绘图软件简介

目前计算机绘图软件种类繁多，具体用途也各不相同。由于本书主要是针对土木建筑类计算机二维绘图等级考试，因此，这里主要介绍目前在土木建筑设计领域最为常用的二维绘图设计软件。

1. AutoCAD

AutoCAD是美国Autodesk公司开发的一个交互式绘图软件，是用于二维及三维设计、绘图的系统工具，用户可以使用它来创建、浏览、管理、打印、输出、共享及准确复用富含信息的设计图形。

AutoCAD是目前世界上应用最广的CAD软件之一，由于AutoCAD软件设计的初衷是服务于二维绘图，因此在二维图形的辅助设计方面功能强大，使用方便，成本低廉，受到广大用户的喜爱，它在二维CAD的市场占有率位居世界第一。而且随着版本的更新，AutoCAD也愈加重视三维造型的功能完善。AutoCAD软件具有以下特点：

(1) 具有完善的图形绘制功能；

(2) 具有强大的图形编辑功能；

(3) 可以采用多种方式进行二次开发或用户定制；

(4) 可以进行多种图形格式的转换，具有较强的数据交换能力；

(5) 支持多种硬件设备；

(6) 支持多种操作平台；

(7) 具有通用性、易用性，适用于各类用户。

此外，从AutoCAD 2000开始，该系统又增添了许多强大的功能，如AutoCAD设计中心

(ADC)、多文档设计环境(MDE)、Internet 驱动、新的对象捕捉功能、增强的标注功能以及局部打开和局部加载的功能,从而使 AutoCAD 系统更加完善。

Autodesk 企业成立于 1982 年 1 月,在近三十年的发展历程中,该企业不断丰富和完善 AutoCAD 系统,并连续推出多个新版本,目前最新的版本为 AutoCAD 2010 版。AutoCAD 已经由一个功能非常有限的二维绘图软件逐渐发展到了现在功能强大、性能稳定、市场占有率位居世界第一的 CAD 系统,在城市规划、建筑、测绘、机械、电子、造船、汽车等许多行业得到了广泛的应用。

2. 天正 CAD

天正软件是由北京天正工程软件有限公司(简称天正公司)以 AutoCAD 为平台二次开发的建筑软件,天正建筑 CAD 软件 TArch 是国内最早在 AutoCAD 平台上开发的商品化建筑 CAD 软件之一,目前天正软件已发展成为以天正建筑为龙头的包括暖通、给排水、电气、结构、日照、市政道路、市政管线、节能、造价等专业的天正 CAD 系列软件。图 1.1 为天正建筑 8.0 界面。2008 年 9 月天正建筑 TArch 软件通过建设部科技成果的评估,在建筑设计领域二次开发方面达到国际先进水平。如今,用户遍及全国的天正软件已成为建筑设计实际的绘图标准,为我国建筑设计行业计算机应用水平的提高以及设计生产率的提高做出了卓越的贡献。

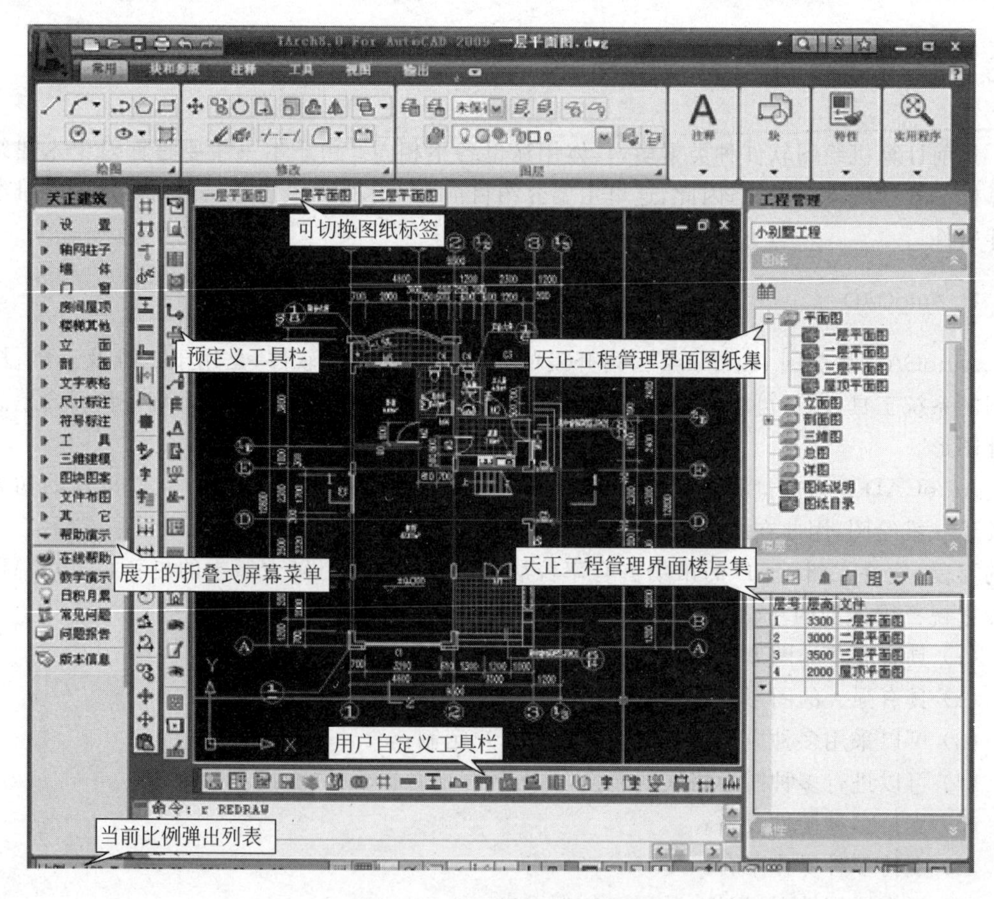

图 1.1 天正建筑 8.0 界面

天正软件的主要作用就是使AutoCAD由通用绘图软件变成了专业化的建筑CAD软件。天正CAD首先提出了分布式工具集的建筑CAD软件思路，彻底摒弃流程式的工作方式，为用户提供了一系列独立的、智能高效的绘图工具。由于天正采用了由较小的专业绘图工具命令所组成的工具集，所以使用起来非常灵活、可靠，而且在软件运行中不对AutoCAD命令的使用功能加以限制。

目前，这类以AutoCAD为平台二次开发的土木建筑CAD软件还有理正CAD等其他软件，但市场占有率最大的是天正CAD。

3. PKPM系列软件

PKPM设计软件(又称PKPMCAD)是中国建筑科学研究院建筑工程软件研究所自主研发的CAD软件，它是一套集建筑、结构、设备(给排水、采暖、通风空调、电气)设计于一体的集成化CAD系统。PKPMCAD在国内设计行业特别是结构设计行业占有绝对优势，拥有用户上万家，市场占有率达90%以上，现已成为国内应用最为普遍的CAD系统。PKPM系列软件的主要内容包括：结构平面计算机辅助设计软件PMCAD；钢筋混凝土框架、排架及连续梁结构计算与施工图绘制软件PK；多层及高层建筑结构三维分析与设计软件TAT；多层及高层建筑结构空间有限元分析与设计软件SATWE；绘制混凝土结构梁柱施工图；基础设计软件ICCAD；楼梯计算机辅助设计软件LTCAD等。

PKPM系列软件紧跟行业需求和规范更新，不断推陈出新，开发出对行业产生巨大影响的软件产品，使国产自主知识产权的软件十几年来一直占据我国结构设计行业应用和技术的主导地位，及时满足了我国建筑行业快速发展的需要，显著提高了设计效率和质量。

1.4 学习计算机绘图的方法

计算机绘图是一门实践性很强的技术，不但要求用户具备一定的理论基础知识，还要有良好的理解能力和熟练的操作水平，因此用户学习计算机绘图时，采用正确的学习方法是非常必要的。

1. 理论联系实际

计算机绘图主要应用于二维工程图样的绘制，因此必须具备投影知识和工程制图基础理论。计算机绘图软件中的许多应用基于工程制图的相关规定，进行绘图操作前应首先具备工程制图的相关理论基础，并在绘图操作中运用理论知识，把理论基础与实际操作相结合，只有这样才能够全面、深刻地理解和掌握绘图软件使用方法和技巧。

2. 加强实践环节的操作

现有的计算机绘图软件大多基于Windows操作系统，具有Windows软件的一般特点，在学习计算机绘图时，需要首先掌握Windows软件的操作方法，加强基本操作技能的训练，以此为基础，理解掌握计算机绘图软件的特有操作功能，并根据计算机绘图软件的操作特点，养成良好的绘图软件使用习惯。

以AutoCAD为例，在绘图操作时，经常需要使用键盘和鼠标共同完成，因此用户在使用时要养成左手键盘输入命令，右手鼠标移动绘图光标，双手配合使用的绘图习惯，能够大大加快绘图进度。

3. 要勤于观察,善于总结

计算机绘图时,同一个图样可以采用多种不同的方式完成。用户学习时,可以向有经验的使用者多请教,更重要的是在学习和使用过程中,勤于观察,善于总结。

以 AutoCAD 为例,许多命令在执行时有很多选项,一般使用中通常只用默认选项,而 AutoCAD 提供的许多选项在绘图时非常方便快捷,如果用户在学习时多观察命令提示窗口的选项提示,并将对所提供的选项进行尝试和总结,今后遇到类似问题时就能快速定位命令选项,提高绘图效率。

4. 充分利用帮助文件

计算机绘图软件的帮助文件是用户学习和掌握软件使用的参考文档,用户在学习和操作使用时遇到了困难,要首先利用帮助文件查找问题的解决方案。AutoCAD 软件提供了很好的学习教程和帮助文档,用户学习时可以充分利用这一资源。如图 1.2 所示为 AutoCAD 2010 的帮助界面(启动系统后按 F1 键即可进入帮助界面)。

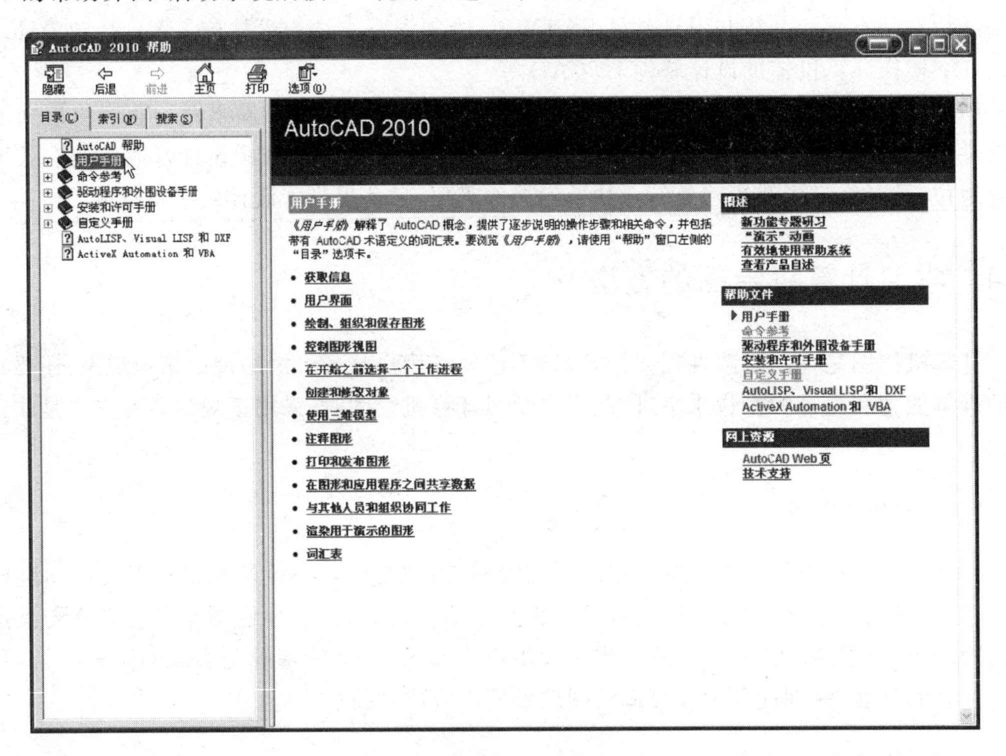

图 1.2　AutoCAD 2010 的帮助界面

习题

1. 简述计算机绘图与计算机辅助设计的含义。
2. 常用土木建筑类计算机绘图软件有哪些?
3. 简述计算机绘图的学习方法。

第2章　土木与建筑制图国家标准的基本规定

学习目的与要求

学习国家标准中关于图幅、图线、字体、比例、尺寸等的基本规定。必须熟练掌握这些规定，它们是绘制工程图样必备的基础。

图样作为工程界的技术语言，是工程设计和技术交流的重要文件。为了使制图规格基本统一，图面清晰简明，便于绘制、阅读和管理工程图样，在国家标准中专门针对各类工程制图制定和颁布了相应的制图标准。其中，现行的有关房屋建筑制图的国家标准共6项，包括《房屋建筑制图统一标准》(GB/T 50001—2001)、《总图制图标准》(GB/T 50103—2001)、《建筑制图标准》(GB/T 50104—2001)、《建筑结构制图标准》(GB/T 50105—2001)、《给水排水制图标准》(GB/T 50106—2001)和《暖通空调制图标准》(GB/T 50114—2001)，这6项标准自2002年3月1日起实施。

本章主要介绍《房屋建筑制图统一标准》(GB/T 50001—2001)中关于图幅、图线、字体、比例、尺寸等的基本规定。

2.1　图纸幅面与格式

2.1.1　图纸幅面及图框尺寸

1. 图幅与图框的尺寸规定

图纸幅面，简称图幅，是指图纸的大小规格。图框是图纸上绘图区的边界线。为了合理使用图纸和便于管理、装订，国家标准对图幅和图框尺寸做了统一规定。设计图纸的幅面须符合表2.1的规定。各种规格图幅间的尺寸关系如图2.1所示，可以看出，A1图幅是A0图幅的对裁，A2图幅是A1图幅的对裁，其余类推。

表2.1　图纸幅面及图框尺寸　　mm

尺寸代号＼幅面代号	A0	A1	A2	A3	A4
$b\times l$	841×1189	594×841	420×594	297×420	210×297
c	10			5	
a	25				

注：b、l、a、c所指尺寸位置见图2.2、图2.3。

在工程实践中经常遇到需要加大图纸的情况，因此国标规定，必要时允许按规定加长幅面，图纸的短边一般是不应加长尺寸的，长边可以加长。图纸长边加长应符合表2.2的规定。

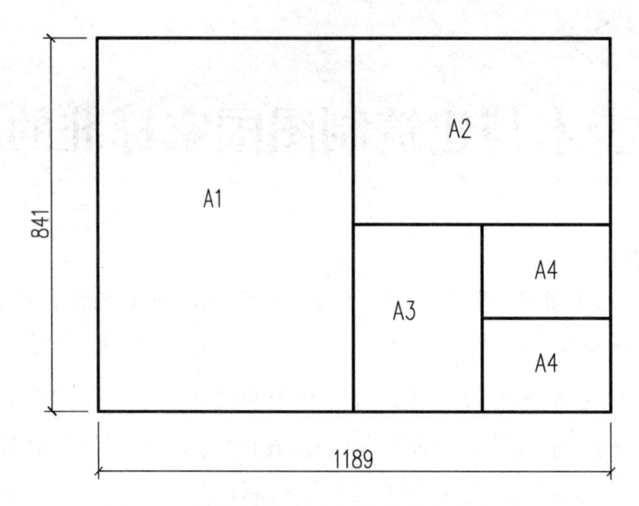

图 2.1 各种规格图幅间的尺寸关系示意图

表 2.2 图纸长边加长尺寸 mm

幅面尺寸	长边尺寸	长边加长后尺寸									
A0	1189	1486	1635	1783	1932	2080	2230	2378			
A1	841	1051	1261	1471	1682	1892	2102				
A2	594	743	891	1041	1189	1338	1486	1635	1783	1932	2080
A3	420	630	841	1051	1261	1471	1682	1892			

2. 图纸使用的基本格式

图纸的使用有横式和立式两种格式。图纸以短边作为垂直边称为横式；以短边作为水平边称为立式。对中标志应画在图纸各边长的中点处，线宽应为 0.35mm，伸入框内应为 5mm。一般 A0～A3 图纸宜横式使用，必要时也可立式使用，A0～A3 横式和立式的格式如图 2.2 所示。A4 图纸实际工程中使用较少，一般用于图纸目录及表格，宜立式使用，其格式如图 2.3 所示。一个工程设计中，每个专业所使用的图纸，一般不应多于两种幅面。

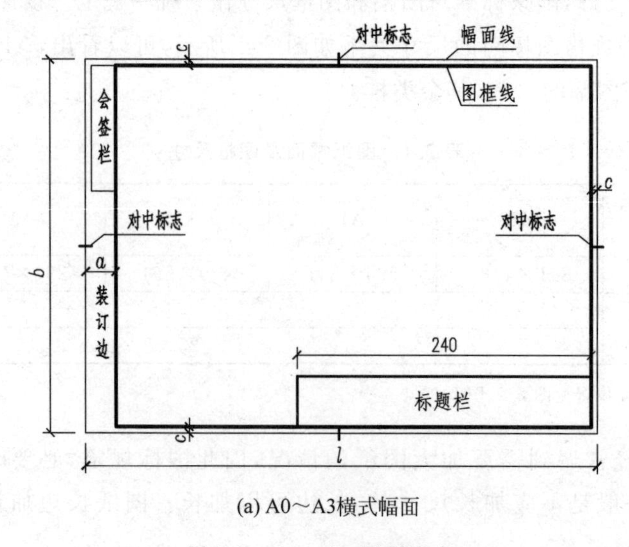

(a) A0～A3横式幅面

图 2.2 A0～A3 图纸格式

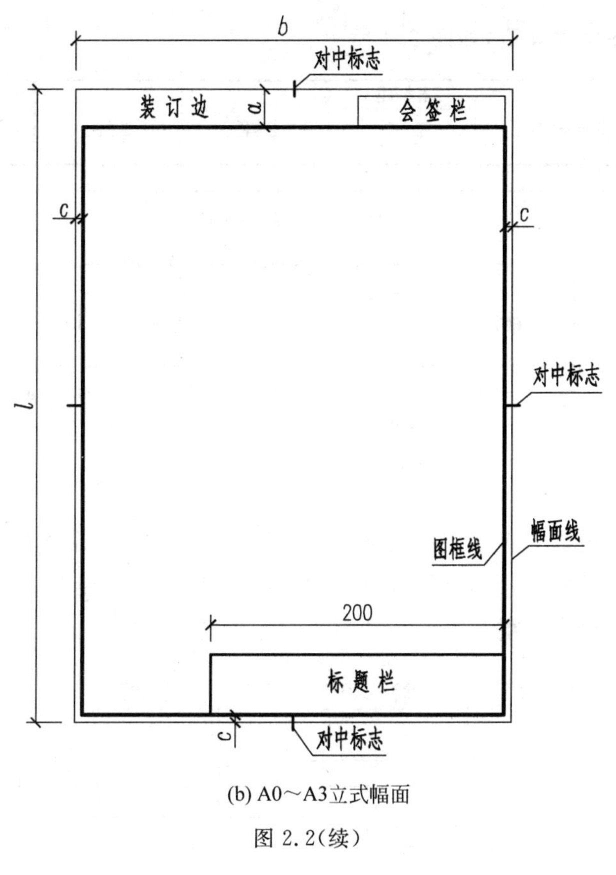

(b) A0～A3立式幅面

图 2.2(续)

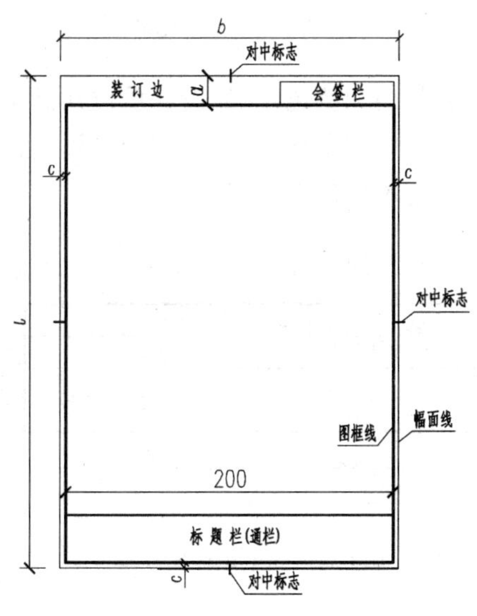

图 2.3　A4 立式幅面

2.1.2　标题栏与会签栏

在每张正式的工程图纸上都应有工程名称、图名、图纸编号、设计单位、设计人签字区等内容，把它们集中列成表格形式放在图纸的右下角，就是图纸的标题栏，简称“图标”，国标中规定的标题栏格式有两种尺寸规格,如图 2.4 所示。

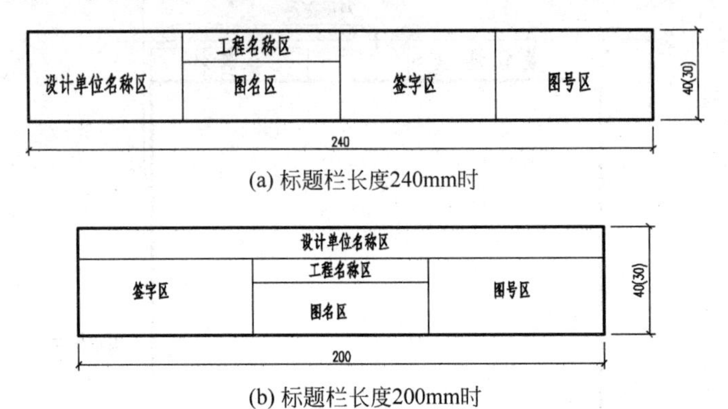

(a) 标题栏长度240mm时

(b) 标题栏长度200mm时

图 2.4 标题栏格式

会签栏是各工种负责人签字用的表格,放在图纸装订边的上端或右端(图 2.2～图 2.3)。会签栏应按图 2.5 所示格式绘制,栏内应填写会签人员所代表的专业、姓名、日期(年、月、日);不需会签的图纸可不设会签栏。

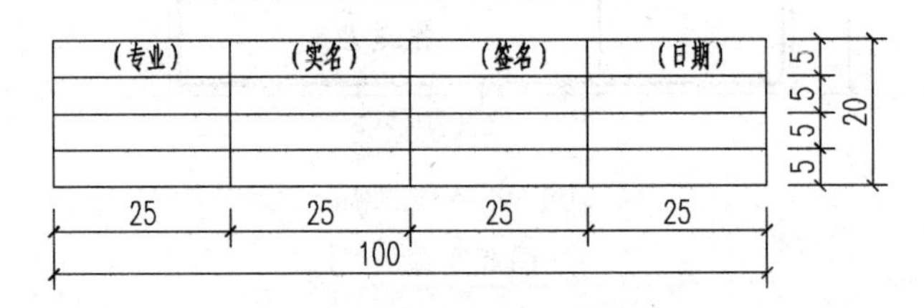

图 2.5 会签栏格式

另外,为了体现设计单位的风格和特色,一般设计单位在满足上述标题栏及会签栏基本要求的基础上,往往根据工程需要自行制定标题栏的具体格式。在校学生学习期间制图作业可按图 2.6 的格式绘制,在校学习可不使用会签栏。

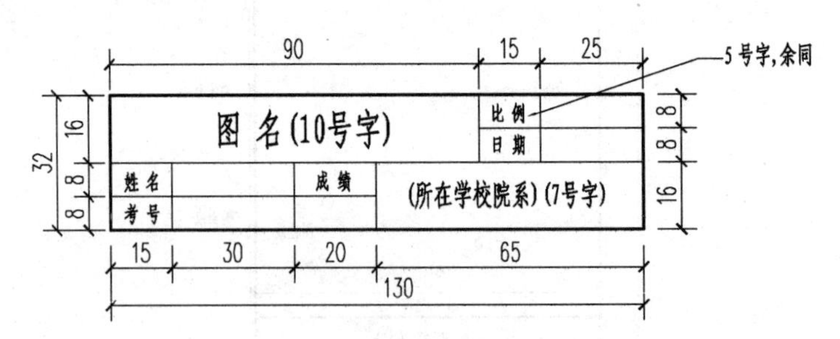

图 2.6 学生用标题栏格式

2.2 图线

在土木与建筑工程图中,为了表示图中的不同内容,使图样层次清晰,必须使用不同的线型和不同粗细的图线来表达相应的内容。因此,国标从线型和线宽两个方面对图线进行了规定。常用的线型主要包括实线、虚线、单点长画线、双点长画线、折断线、波浪线 6 种线型,如

图 2.7 所示。各种线型又分为粗、中、细 3 种线宽(折断线、波浪线除外),线宽比率为 4∶2∶1。

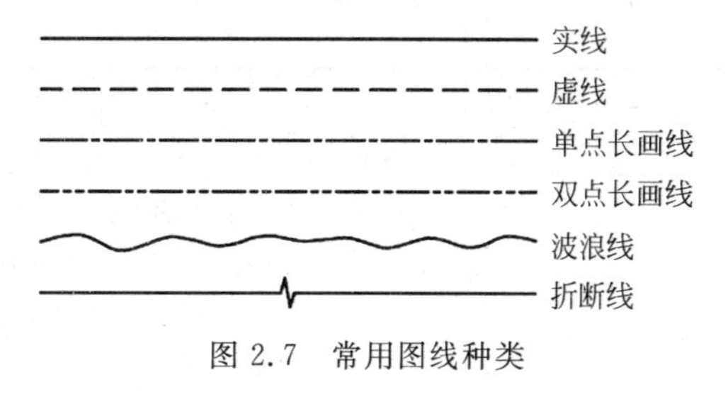

图 2.7　常用图线种类

关于图线的绘制应符合下列规定:

(1) 绘图时,应根据图样的复杂程度与比例大小,先选取粗线宽度 b(b 的取值为 0.35、0.5、0.7、1.0、1.4、2.0mm),再选用表 2.3 中相应的线宽组。常用的 b 值取值范围是 0.35～1.0mm。当然,选取 b 值还应注意所用图纸的幅面大小,若图纸较大,b 值可适当选得粗些,反之亦然。总之,b 值的选取应使图纸表达清晰,粗细与图纸幅面、比例协调为宜。

表 2.3　线宽组　mm

线宽比	线　宽　组					
b	0.35	0.5	0.7	1.0	1.4	2.0
$0.5b$	0.18	0.25	0.35	0.5	0.7	1.0
$0.25b$	—	—	0.18	0.25	0.35	0.5

(2) 同一张图纸内,相同比例的各图样,应选用相同的线宽组。

(3) 图纸的图框和标题栏、会签栏等的图线线宽,应采用表 2.4 的规定。

表 2.4　图框、标题栏的线宽要求　mm

图纸幅面	图框线	标题栏线		会签栏线
		标题栏外框线	标题栏分格线	
A0、A1	1.4	0.7	0.35	0.35
A2、A3、A4	1.0	0.7	0.35	0.35

(4) 工程建设中不同的专业,线型及线宽代表着不同的意义,绘图时应根据绘制具体内容采用标准中相应的图线。表 2.5 摘录了国标中有关总图、建筑、结构等各专业图样中图线的具体用途,供参考。

表 2.5　土木与建筑图样各种图线的用途

线型	线宽	总　图	建　筑	结　构
粗实线	b	1. 新建建筑物±0.000 高度的可见轮廓线 2. 新建的铁路、管线 3. 图名下横线	1. 平、剖面图中被剖切的主要建筑构造(包括构配件)的轮廓线 2. 建筑立面图或室内立面图的外轮廓线 3. 建筑构造详图中被剖切的主要部分的轮廓线 4. 建筑构配件详图中的外轮廓线 5. 平、立、剖面图的剖切符号 6. 图名下横线	螺栓、主钢筋线,结构平面图中的单线结构构件线、钢木支撑及系杆线,图名下横线、剖切符号

续表

线型	线宽	总　图	建　筑	结　构
中实线	0.5b	1. 新建构筑物、道路、桥涵、边坡、围墙、露天堆场、运输设施的可见轮廓线 2. 场地、区域分界线、用地红线、建筑红线、尺寸起止符号、河道蓝线 3. 新建建筑物±0.000高度以上的可见轮廓线	1. 平、剖面图中被剖切的次要建筑构造(包括构配件)的轮廓线 2. 建筑平、立、剖面图中建筑构配件的轮廓线 3. 建筑构造详图及建筑构配件详图中一般轮廓线	结构平面图及详图中剖到或可见的墙身轮廓线、基础轮廓线、钢、木结构轮廓线、箍筋线、板钢筋线
细实线	0.25b	1. 新建道路路肩,人行道、排水沟、树丛、草地、花坛的可见轮廓线 2. 原有(包括应保留和应拆除)建筑物、构筑物、铁路、道路、桥涵、围墙的可见轮廓线 3. 坐标网线、图例线、尺寸线、尺寸界限、引出线、索引符号等	小于0.5b的图形线、尺寸线、尺寸界线、图例线、索引符号、标高符号、详图材料做法引出线等	可见的钢筋混凝土构件的轮廓线、尺寸线、标注引出线,标高符号,索引符号
粗虚线	b	新建建筑物、构筑物的不可见轮廓线		不可见的钢筋、螺栓线,结构平面布置图中不可见的单线结构构件线及钢、木支撑线
中虚线	0.5b	1. 计划扩建建筑物、构筑物、预留地、铁路、道路、桥涵、围墙、运输设施、管线的轮廓线 2. 洪水淹没线	1. 建筑构造及建筑构配件不可见的轮廓线 2. 平面图中的起重机(吊车)轮廓线 3. 拟扩建的建筑物轮廓线	结构平面图中的不可见构件、墙身轮廓线及钢、木构件轮廓线
细虚线	0.25b	原有建筑物、构筑物、铁路、道路、桥涵、围墙的不可见轮廓线	图例线,小于0.5b的不可见轮廓线	基础平面图中的管沟轮廓线、不可见的钢筋混凝土构件轮廓线
粗单点长画线	b	露天矿开采边界线	起重机(吊车)轨道线	柱间支撑、垂直支撑、设备基础轴线图中的中心线
中单点长画线	0.5b	土方填挖区的零点线		
细单点长画线	0.25b	分水线、中心线、对称线、定位轴线	中心线、对称线、定位轴线	定位轴线、对称线、中心线
粗双点长画线	b	地下开采区塌落界线		预应力钢筋线
细双点长画线	0.25b			原有结构轮廓线
折断线	0.5b	断开界线		
	0.25b		不需画全的断开界线	断开界线
波浪线	0.5b	断开界线		
	0.25b		不需画全的断开界线 构造层次的断开界线	断开界线

2.3　字体

工程图样中的字体一般包括汉字、字母和数字。字体书写应做到笔画清晰、字体端正、排列整齐；标点符号应正确清楚。字体的高度应从如下系列中选用：2.5、3.5、5、7、10、14、20mm。汉字的字高不得小于3.5mm；字母和数字的字高应不小于2.5mm。如果需要书写更大的字，其高度应按$\sqrt{2}$的比值递增。通常用"字号"来表达字体的大小，字号即字体的高度，如字高为5mm的字体称为5号字。

1. 汉字

图样及说明中的汉字，宜采用长仿宋体字，高度与宽度的关系应符合表2.6的规定。大标题、图册封面、地形图等的汉字，也可书写成其他字体，但应易于辨认。长仿宋体字的书写要领是：横平竖直、注意起落、结构匀称、填满方格，如图2.8所示。

表2.6　字体的高宽关系　mm

字号(字高)	20	14	10	7	5	3.5
字宽	14	10	7	5	3.5	2.5

10号字　建筑制图房屋平立剖面设计

7号字　防水层砂楼梯顶棚吊栅水口管沟

5号字　制图计算机绘图专业序号代码名称数量备注

图2.8　长仿宋体字书写示例

2. 字母与数字

(1) 图纸中使用字母和数字，宜采用拉丁字母、阿拉伯数字和罗马数字。数字和字母字体有两种形式，即直体和斜体，数字和拉丁字母书写可使用斜体，斜体字字头向右倾斜，与水平基准线成75°。

(2) 拉丁字母、阿拉伯数字和罗马数字的书写和排列应符合表2.7的规定。表中的"窄字体"也称"A型"字体，"一般字体"也称"B型"字体。绘图时，一般使用B型斜体字。在同一图样上，只允许选用一种字体。书写示例如图2.9所示。

表2.7　拉丁字母、阿拉伯数字和罗马数字的书写

书写格式	一般字体	窄字体
大写字母高度	h	h
小写字母高度(上下均无延伸)	$7/10h$	$10/14h$
小写字母伸出的头部或尾部	$3/10h$	$4/14h$

续表

书写格式	一般字体	窄字体
笔画宽度	1/10h	1/14h
字母间距	2/10h	2/14h
上下行基准线最小间距	15/10h	21/14h
词间距	6/10h	6/14h

ABCDEFGHIJKLMNOPQRSTUVWXYZ
abcdefghijklmnopqrstuvwxyz
0123456789 0123456789

图 2.9 字母和数字书写示例

3. 图样中字体使用

字体在图样中的使用应根据其具体情况选择大小，一般图形中的文字及数字可选择较小的字体；图名、标题应选择大些的字体。表 2.8 推荐了一些字体常用大小的使用范围，供参考。

表 2.8 图样中字体的使用 mm

图样中的使用范围	推荐使用的字号
尺寸、标高	3.5
详图引出的文字说明 图名右侧的比例数字 剖视、断面名称代号 图标中的文字 一般文字说明	3.5、5
表格的名称 图名	5、7
各种图的标题 图标中的文字	7、10
大标题或封面标题	14、20

2.4 比例

关于比例应注意以下几点：

(1) 图样的比例，是指图形与实物相对应的线性尺寸之比。

(2) 比例应以阿拉伯数字表示，比例的大小，是指其比值的大小。如 1∶50 大于 1∶100。

(3) 比例宜注写在图名的右侧，字的基准线应取平，比例的字高宜比图名的字高小一号或二号，如图 2.10 所示。

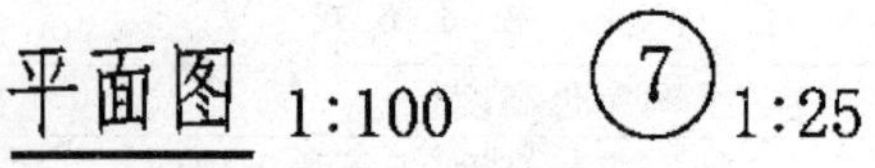

平面图 1:100　　⑦ 1:25

图 2.10 比例的注写

(4) 绘图所用的比例，应根据图样的用途与绘制对象的复杂程度适当选用。表 2.9 列出了国标对建筑施工图及结构施工图选取比例的要求，选用时应优先用表中的常用比例，特殊情况下也可选可用比例。

表 2.9 土木建筑工程图样常用比例

图名		常用比例	可用比例
建筑施工图	建筑平面图 建筑立面图 建筑剖面图	1∶50、1∶100	1∶150、1∶200、1∶300
	建筑详图	1∶5、1∶10、1∶20、1∶50	1∶1、1∶2、1∶15、1∶25、1∶30
结构施工图	结构平面图 基础平面图	1∶50、1∶100、1∶150、1∶200	1∶60
	圈梁平面图 总图中管沟 地下设施	1∶200、1∶500	1∶300
	结构详图	1∶10、1∶20	1∶4、1∶5、1∶25

2.5 尺寸

图样中，图形只能表示形体的形状，而形体的大小及各组成部分的相对位置则需要通过标注图样尺寸来确定。尺寸标注是绘制工程图样的一项重要内容，应严格遵守国家标准的有关规定，现行尺寸注法的依据是《房屋建筑制图统一标准》(GB/T 50001—2001)。尺寸标注应做到正确、齐全、清晰。

2.5.1 尺寸的组成及基本规定

图样上的尺寸，由尺寸界线、尺寸线、尺寸起止符号和尺寸数字组成，如图 2.11 所示。

1. 尺寸界线

尺寸界线表示被注尺寸的范围。尺寸界线用细实线绘制，一般应与被注长度垂直。其一端应离开图样轮廓线不小于 2mm，另一端宜超出尺寸线 2～3mm，如图 2.11 所示。必要时，尺寸界线可以用轮廓线、轴线或对称中心线代替。

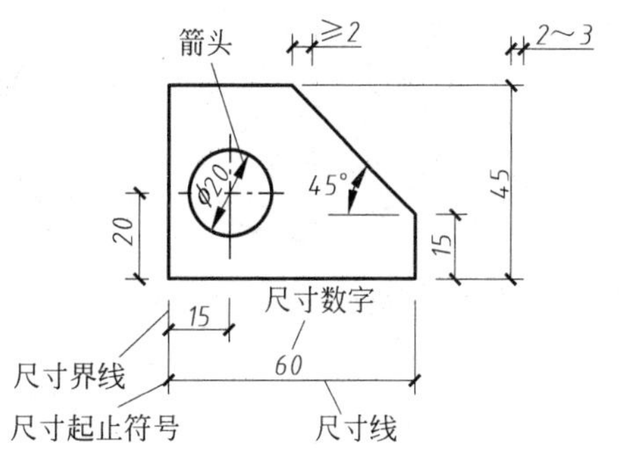

图 2.11 尺寸的组成

2. 尺寸线

尺寸线表示被注线段的长度。尺寸线用细实线绘制，应与所标注的线段平行并与尺寸界线垂直相交，但不宜超出尺寸界线。尺寸线必须单独画出，不能用其他图线代替，也不得与其他图线重合或画在其延长线上。图样轮廓线以外的尺寸标注，尺寸线与被标注对象的距离不宜小于 10mm。

3. 尺寸起止符号

尺寸线与尺寸界线的相交点为尺寸的起止点,在起止点上应画尺寸起止符号。

尺寸起止符号有两种形式:箭头和中粗斜短线。

标注线性尺寸时起止符号用中粗斜短线绘制,其倾斜方向与尺寸界线成顺时针 45°角,长度宜为 2～3mm。如图 2.12(a)所示。

标注直径、半径、角度和弧长的尺寸时,起止符号宜用箭头表示。箭头的画法如图 2.12(b)所示,箭头的尖端必须与尺寸界线接触,但是不能超出尺寸界线。

(a) 中粗斜短线画法

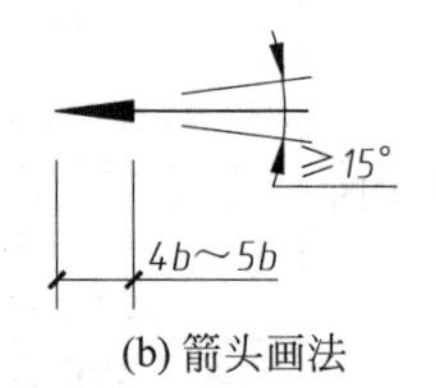

(b) 箭头画法

图 2.12 尺寸起止符号画法

4. 尺寸数字

尺寸数字表示被注线段的实际大小,它与绘图所选用的比例无关。图样上的尺寸应以尺寸数字为准,不得从图上直接量取。

尺寸数字用阿拉伯数字注写,字高一般为 3.5mm 或者 2.5mm。尺寸单位除标高和总平面图以 m 为单位外,其他一律以 mm 为单位,在图样中尺寸不注写单位。同一图样内尺寸数字字体大小应一致,位置不够可以引出标注。

尺寸数字宜注写在尺寸线的中间上方,离开尺寸线的距离不大于 1mm。尺寸数字的书写位置及字头方向应按图 2.13(a)的规定注写;30°斜线区域内尽量避免注写,无法避免时,应按图 2.13(b)所示注写;任何图线不得穿过尺寸数字,无法避免时,应将图线断开,如图 2.13(c)所示;如果尺寸界线较密,没有足够的注写尺寸数字的位置时,最外边的尺寸数字可注写在尺寸界线的外侧,中间相邻的尺寸数字可错开注写,如图 2.13(d)所示。

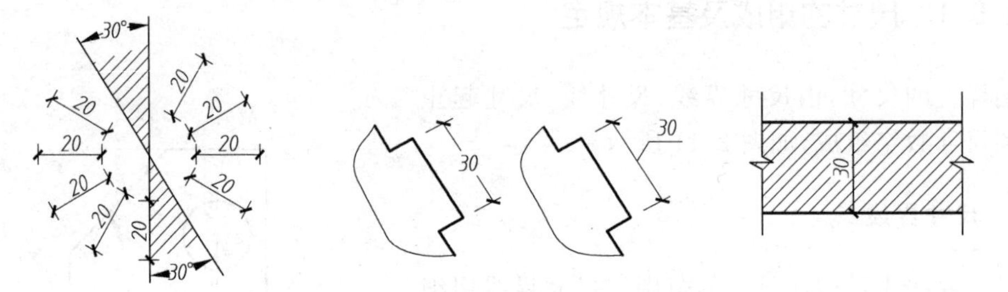

(a) 尺寸数字的书写位置及字头方向　(b) 30°斜线区域内的尺寸注写　(c) 任何图线不得穿过尺寸数字

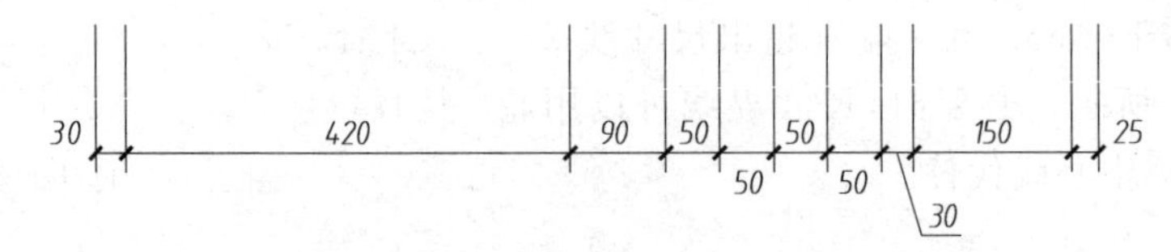

(d) 没有足够的注写尺寸数字的位置时,尺寸数字的注写

图 2.13 尺寸数字的注写

5. 尺寸的排列与布置

尺寸宜标注在图样轮廓线以外,不宜与图线、文字及符号等相交。

互相平行的尺寸线,应从图样轮廓线由内向外排列,小尺寸在内、大尺寸在外。平行排列的各尺寸线的间距要均匀，间隔宜为7～10mm。总尺寸的尺寸界线应靠近所指部位，中间的分尺寸的尺寸界线可稍短，但其长度应相等，如图2.14所示。

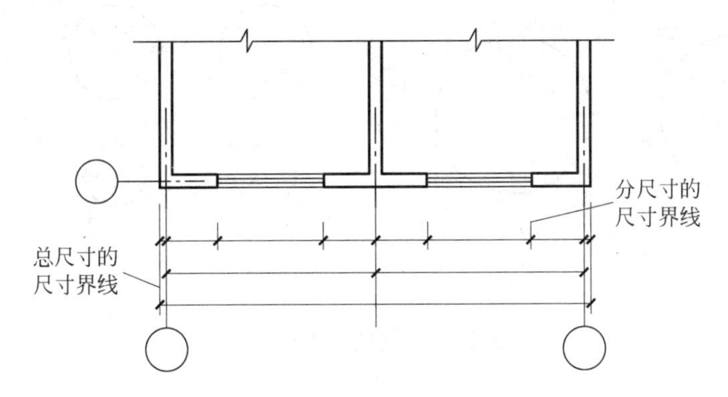

图2.14　尺寸的排列与布置

2.5.2　直径、半径及角度的尺寸标注

1. 直径、半径尺寸的标注

大于半圆的圆弧或圆应标注直径，半圆或小于半圆的圆弧应标注半径。

1）半径尺寸的标注

标注半径尺寸时，以圆周为尺寸界线，尺寸线的一端从圆心开始，另一端画一个箭头指向圆弧。半径数字前加注半径符号“R”，如图2.15(a)所示。

较小圆弧的半径尺寸，可按图2.15(b)所示进行标注。

当圆弧的半径过大或在图纸范围内无法标注其圆心位置时，可采用折线形式，如图2.15(c)所示；若圆心位置不需注明，则尺寸线可只画靠近箭头的一段，如图2.15(d)所示。

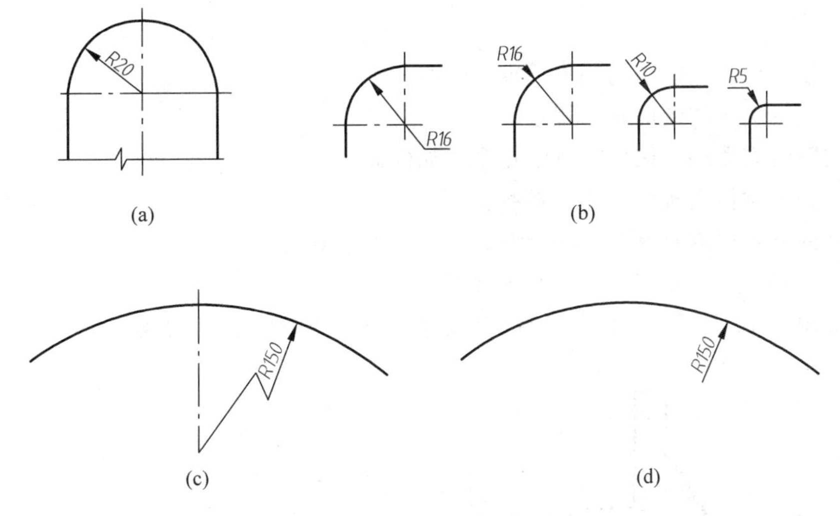

图2.15　半径尺寸的标注

2）直径尺寸的标注

标注圆的直径尺寸时，以圆周为尺寸界线，尺寸线应通过圆心，两端画箭头指向圆弧，直径数字前加注直径符号“ϕ”，如图2.16(a)所示。

较小圆的直径尺寸,可标注在圆外,如图 2.16(b)所示。

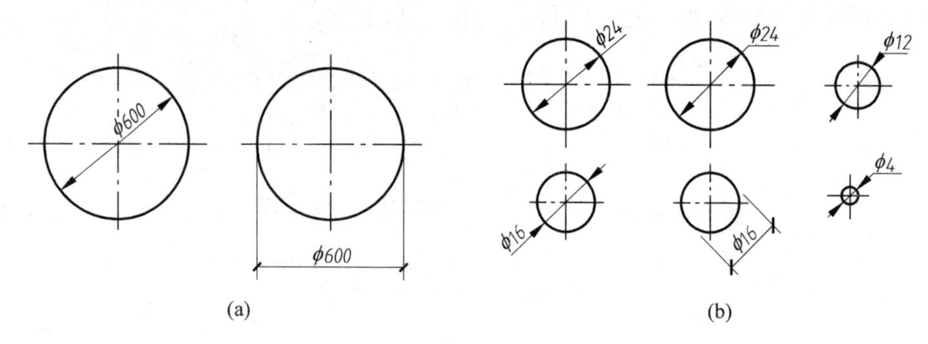

图 2.16　直径尺寸的标注

3）球的尺寸标注

标注球的半径尺寸时,应在尺寸数字前加注符号“*SR*”；标注球的直径尺寸时,应在尺寸数字前加注符号“*S*ϕ”。注写方法与圆弧半径和圆直径的尺寸标注方法相同。

2. 角度尺寸的标注

角度的尺寸线应以圆弧表示。圆弧的圆心应是被标注角的顶点,角的两条边为尺寸界线,起止符号应以箭头表示。

标注角度时,尺寸数字一律水平书写,可注写在尺寸线中断处,必要时可写在尺寸线上方或外边,也可引出标注,如图 2.17 所示。

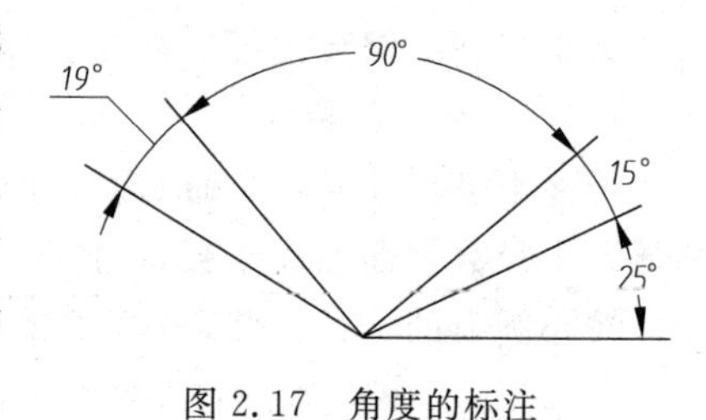

图 2.17　角度的标注

习题

1. 现行的房屋建筑制图的国家标准有哪些?
2. 简述国标关于图幅的基本规定。
3. 常用图线有哪些? 国标对图线宽度是如何规定的?
4. 国标关于字体的规定主要有哪些?
5. 尺寸的基本要素有哪些? 国标对它们作了哪些规定?
6. 简述直径、半径、角度标注的基本规定。
7. 完成图 2.18 所示图形的尺寸标注(尺寸数值从图中量取,取整数)。

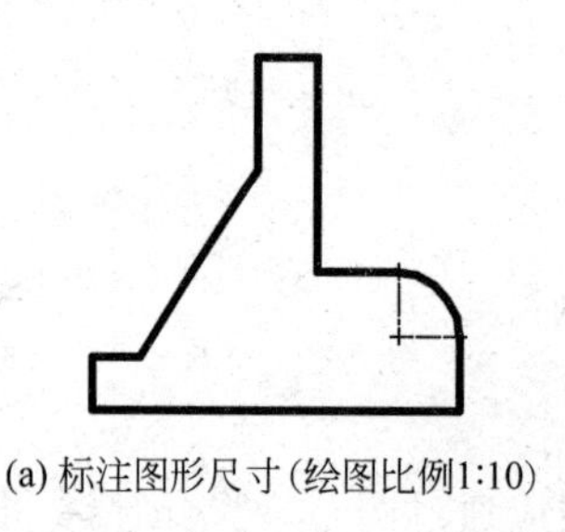

(a) 标注图形尺寸(绘图比例1:10)

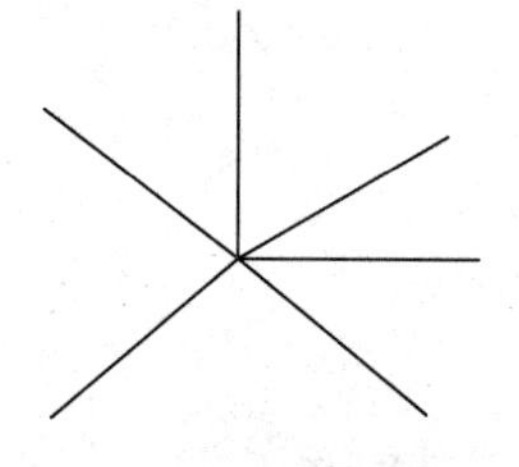

(b) 标注图中各角度尺寸

图 2.18　标注尺寸

第3章　AutoCAD 操作的基本知识

学习目的与要求

掌握 AutoCAD 操作的基本知识是熟练应用 AutoCAD 进行绘图设计的基础。本章主要根据 AutoCAD 2010 软件的应用特点，针对其主要功能、工作界面和绘图基本操作进行详细介绍。本章内容是 AutoCAD 软件的操作应用基础，初学者应认真学习，为后续章节的学习奠定扎实的软件操作基本功。

3.1　AutoCAD 2010 主要功能

AutoCAD 的主要功能有：

- 具有较强的图形绘制和编辑功能，用以绘制二维工程图样和构造三维（体、面）模型。
- 具有完备的图形信息数据库，以供其他计算机应用程序进行深入分析和处理。
- 具有开放式的体系结构，提供丰富的接口方便二次开发，适用多种开发环境，例如，Auto LISP 编程语言、ADS（AutoCAD Development System）、ObjectARX 等。

与以往的版本相比，AutoCAD 2010 有了很大的变化，增加了许多新功能，为用户提供了更加高效的设计工具。

（1）增强的三维自由形状概念设计工具

借助 AutoCAD 2010 中新的自由形状设计工具，用户几乎可以设计任何造型。使用新的子对象选择过滤器，可以轻松地在三维对象中选择面、边或顶点。改进的三维线框（3D Gizmos）功能通过将所选对象的移动、旋转或缩放限定在一个指定轴或平面上，支持用户精确地编辑设计。

（2）融入参数化图形功能

新的参数化图形功能可以帮助用户极大缩短设计修改时间。用户可以按照设计意图控制绘图对象，这样即使对象发生了变化，具体的关系和测量数据仍将保持不变。AutoCAD 2010 能够对几何图形和标注进行控制，可以帮助用户应对耗时的修改工作。

（3）支持 PDF 文件的设计数据

AutoCAD 2010 支持用户在 AutoCAD 设计中使用 PDF 文件中的设计数据。借助这一新功能，只需将 PDF 文件添加到 AutoCAD 工程图即可，添加方式如同添加 DWG、DWF、DGN 和图像文件。利用对象捕捉功能，用户可以捕捉 PDF 几何图形中的关键要素，并可更轻松地重复使用之前的设计内容。

（4）增强的动态块功能

动态块功能可以有效提高设计效率，轻松实现工程图的标准化。借助 AutoCAD 动态块，用户无需重新绘制重复的标准组件，并可减少设计流程中庞大的块库。AutoCAD 动态块功能支持对单个块图形进行编辑，并且不必因形状和尺寸的变化而定义新图块，可以更快、更高效地处理块。

（5）全新的三维打印功能

AutoCAD 2010 中不但能够实现设计的可视化，还可以直接将三维模型输入三维打印机，也可以通过 AutoCAD 联系在线服务提供商进行打印,将设计创意转变为真实的模型,并可添加各种创新元素来提高设计演示效果。

3.2 AutoCAD 2010 启动与退出

1. 启动 AutoCAD 2010

通常启动 AutoCAD 2010 的方法有如下几种:

- 在桌面上建立 AutoCAD 2010 的快捷方式,然后双击该快捷方式图标。
- 在 Windows 资源管理器中双击 AutoCAD 的文档文件。
- 从开始菜单中选择程序子菜单中的 AutoCAD 2010 项,如图 3.1 所示。

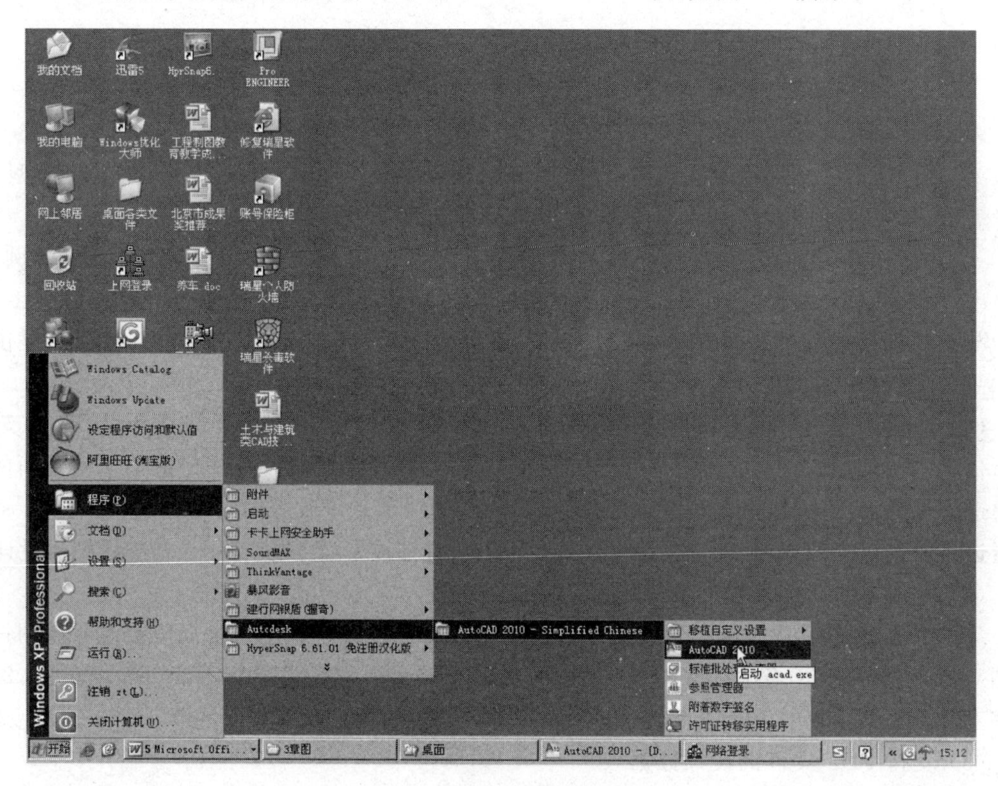

图 3.1 从程序中打开 AutoCAD

启动后,即可进入 AutoCAD 2010 界面,如图 3.2 所示,并自动打开一张新图,名为“Drawing1.dwg”。这时,可以立即开始在这张新图上绘制图样,并在随后的操作中使用“保存(SAVE)”或“另存为(SAVE AS)”命令将这张新图保存成图形文件。

2. 退出 AutoCAD 2010

用户退出 AutoCAD 2010 的方法有如下几种:

- 单击左上角的菜单图标,弹出下拉菜单如图 3.3 所示,依次选择关闭→当前图形(或所有图形)。若用户的当前文件没有保存,AutoCAD 将显示如图 3.4 所示的提示。

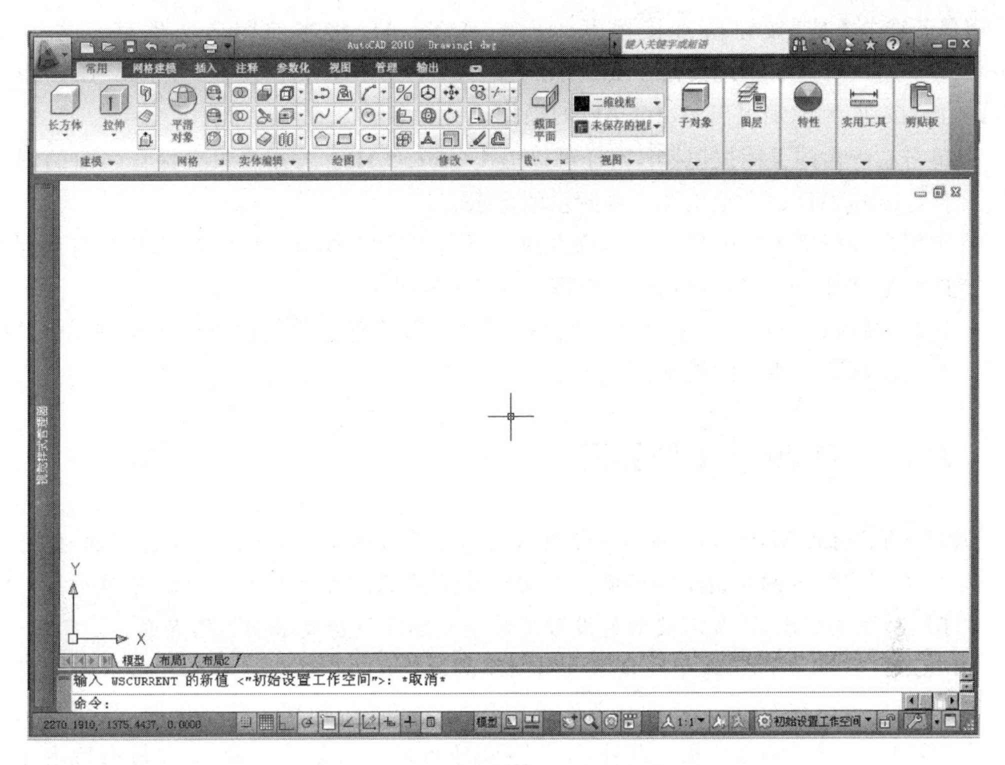

图 3.2 AutoCAD启动后的初始环境界面

图 3.3 关闭图形下拉菜单

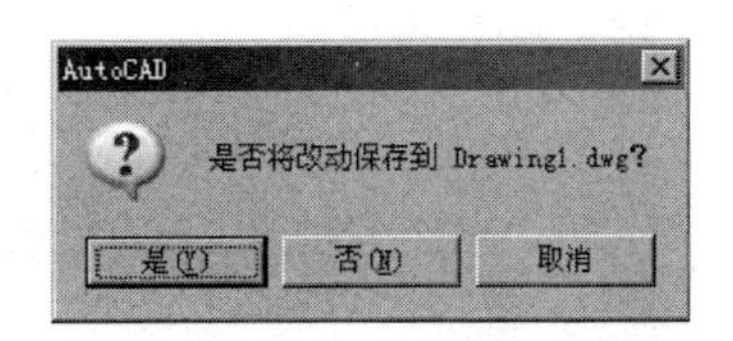

图 3.4 保存文件的提示对话框

用户若选择【是】按钮或直接按 Enter 键，AutoCAD 将当前图形文件存盘之后退出 AutoCAD。用户若选取【否】按钮，AutoCAD 将不保存当前图形直接退出 AutoCAD。用户若选取【取消】按钮，则取消退出 AutoCAD 的操作。

- 单击右上角的关闭按钮 ，同样可以退出 AutoCAD。若用户没有保存当前的图形文件，AutoCAD 仍会给出图 3.4 所示的提示。
- 利用命令行输入“QUIT”命令，命令执行后可以退出 AutoCAD。若用户没有保存当前的图形文件，AutoCAD 仍会给出图 3.4 所示的提示。
- 快捷键【Alt+F4】可以退出 AutoCAD，若用户没有保存当前的图形文件，AutoCAD 仍会给出图 3.4 所示的提示。

3.3 AutoCAD 2010 工作界面

初次启动 AutoCAD 2010 之后，将出现图 3.2 所示的 AutoCAD 2010 工作界面，此界面是 AutoCAD 为用户提供的初始绘图环境。首次启动后的 AutoCAD 2010 绘图界面通常不能满足土木建筑制图的需求，因此需要通过设置工作空间创建符合要求的工作界面。

AutoCAD 2010 中的工作空间是由分组组织的菜单、工具栏、选项板和功能区控制面板组成的集合，用户可以在专门的、面向任务的绘图环境中工作。使用工作空间时，只会显示与任务相关的菜单、工具栏和选项板。此外，工作空间还可以自动显示功能区，即带有特定任务的控制面板的特殊选项板。

AutoCAD 2010 中定义了以下 3 个基于任务的工作空间：二维草图与注释、三维建模和 AutoCAD 经典。如图 3.5 所示，单击右下角状态栏上的工作空间图标，用户可以方便地切换到所需的工作空间。当选择“AutoCAD 经典”时，切换后的工作界面如图 3.6 所示。在土木建筑制图中通常可以采用“AutoCAD 经典”的界面进行二维图样的绘制。

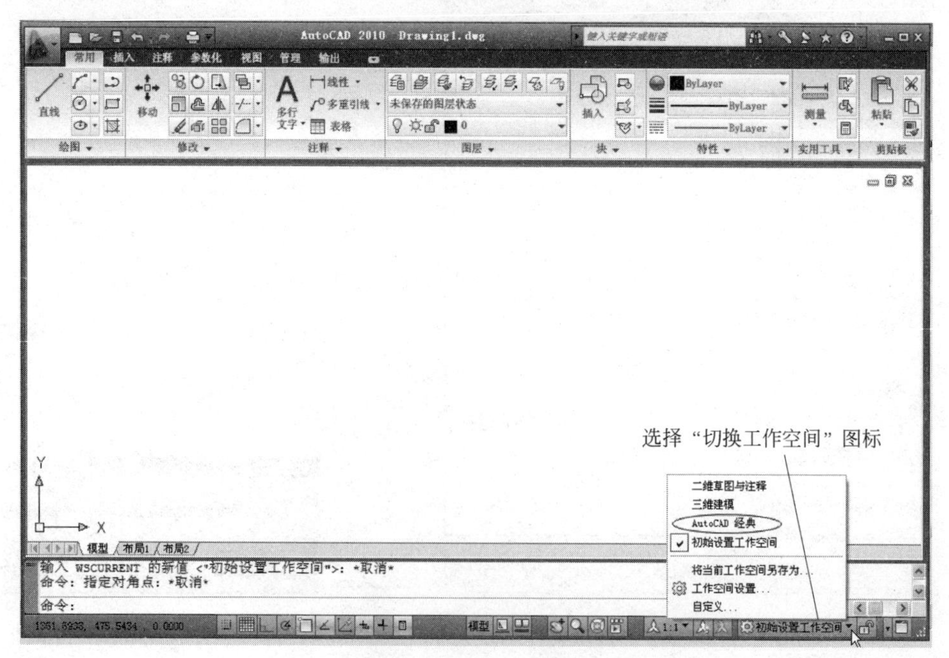

图 3.5 切换到“AutoCAD 经典”界面的方法

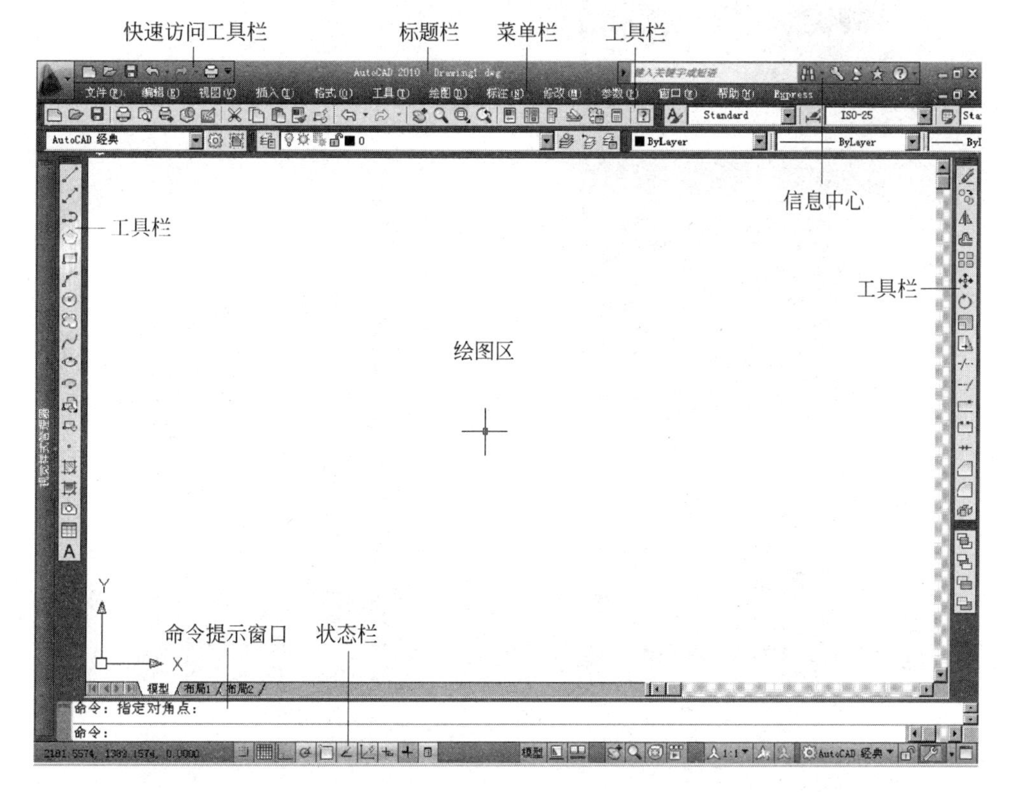

图 3.6 AutoCAD 经典的工作界面

1. 标题栏

如图 3.6 所示，在屏幕的顶部是标题栏，其中显示了软件的名称(AutoCAD)，紧接着的是当前打开的文件名。若是刚启动 AutoCAD，未打开已有的图形文件，则默认显示“Drawing1. dwg”新建图形文件。在标题栏的左侧是 AutoCAD 快捷菜单按钮，单击此按钮，将出现一个下拉式菜单。在标题栏的右侧有 4 个按钮，分别为：窗口最小化按钮、还原按钮、最大化按钮和关闭应用程序按钮。

2. 菜单栏

标题栏下面是菜单栏。它提供了 AutoCAD 经典界面的所有菜单文件，用户只要单击任一主菜单，便可以得到它的一系列子菜单，图 3.7 所示的是“文件”子菜单。使用下拉式菜单可以方便快捷地进行相应的绘图操作。

菜单栏的右边是绘图区最小化按钮、还原按钮或最大化按钮以及关闭图形文件按钮。

另外，AutoCAD 还提供了上下文跟踪菜单即右键菜单，可以更加有效地提高工作效率。如果没有选择实体，则显示 AutoCAD 的一些基本命令，如图 3.8 所示。

3. 工具栏

工具栏中包含了 AutoCAD 的重要的操作按钮，包括了 AutoCAD 中所有的命令。

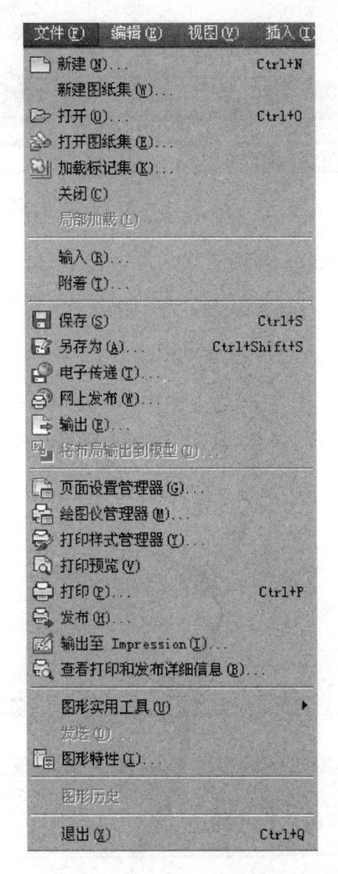

图 3.7 文件下拉菜单

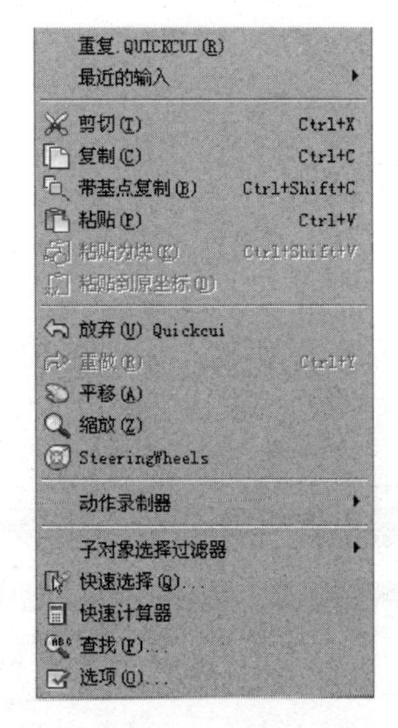

图 3.8 鼠标右键快捷菜单

图 3.9～图 3.13 中显示的是 AutoCAD 经典界面默认状态下的 5 个工具栏，依次是标准工具栏、图层工具栏、特性工具栏、绘图工具栏和修改工具栏。

图 3.9 标准工具栏

图 3.10 图层工具栏

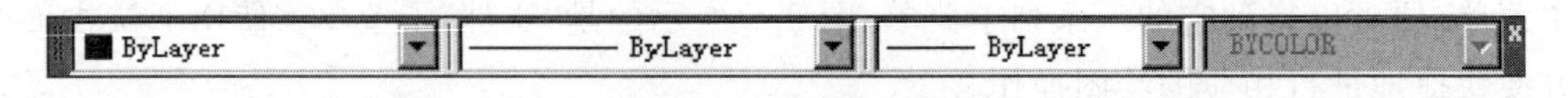

图 3.11 特性工具栏

图 3.12 绘图工具栏

图 3.13 修改工具栏

AutoCAD 2010 还提供了快速访问工具栏，该工具栏位于标题栏的左侧，用于放置一些经常使用的操作按钮，如图 3.14 所示。

用户可以通过工具栏右上角的关闭按钮关闭各个打开的工具栏。工具栏的位置可以通过移动鼠标来确定。各个图标的含义将在以后的章节中介绍。AutoCAD 中的工具栏还有许多，用户可以根据自己的需要通过“视图”菜单中的“工具栏...”进行子菜单定制，控制是否让它在屏幕上显示。

4. 信息中心

信息中心位于标题栏的右侧，用户可利用信息中心以关键字或短语的形式查询和搜索各种信息源，用户还可通过该信息中心轻松访问产品更新和通告，如图 3.15 所示。

图 3.14　快速访问工具栏

图 3.15　信息中心

5. 绘图区

AutoCAD 2010 工作界面上最大的空白窗口便是绘图区，也称视图窗口、视窗，它是用于绘制图形的区域。在 AutoCAD 绘图区中有十字光标、坐标系图标。

在绘图区的右边和下面分别有两个滚动条，用户可利用它进行绘图区的上下或左右的移动，便于观察图纸的任意部位。

在绘图区左下角是模型、布局 1 和布局 2 选项卡，即图纸空间与模型空间的切换按钮。用户利用它可以方便地在图纸空间与模型空间之间进行切换。

6. 命令提示窗口

在绘图区的下面是命令窗口，它由命令行和命令历史窗口共同组成。命令行显示的是用户通过键盘输入的命令信息，而命令历史窗口中含有 AutoCAD 启动后的所有信息中的最新信息。命令历史窗口与绘图窗口之间可以通过 F2 功能键进行切换。

在绘图时，用户要注意命令行的各种提示，以便准确快捷地绘图。命令窗口的大小可以由用户自己确定。将鼠标移到命令窗口的边框线上，按住左键上下移动鼠标即可。注意，命令窗口的大小会影响绘图区的大小。命令窗口的位置可以移动，单击边框并拖动它，就可以将它移动到任意的位置上。

7. 状态栏

AutoCAD 2010 界面的最底部是状态栏，它显示当前十字光标的三维坐标、AutoCAD 绘图辅助工具的切换按钮和其他一些辅助工具按钮(包括工作空间切换按钮)。单击切换按钮，可在这些绘图辅助工具的“ON”和“OFF”状态之间切换。

3.4 命令输入方式

启动 AutoCAD 后，用户可以方便地利用 AutoCAD 所提供的多种命令输入方式进行图样绘制。在图形绘制和编辑中，AutoCAD 提供了以下几种常用的命令输入方式：

- 键盘输入；
- 下拉菜单输入；
- 工具栏图标输入；
- 屏幕菜单输入。

其中前三种最为常用。

3.4.1 键盘输入

如图 3.6 所示，在 AutoCAD 2010 工作界面的下方为命令窗口。在“命令：”提示符下，可以通过键盘输入绘图或编辑命令的英文名称，并按下 Enter 键或空格键予以确认，就可以开始相应的绘图或编辑操作。

为了方便和简化用户命令输入时的操作，AutoCAD 为很多命令提供了缩写名称的输入，这些缩写名称称为命令别名。在“命令：”提示符下既可以键盘输入命令全称，也可输入命令别名。表 3.1 列出了常用的部分命令别名，应熟练掌握它们，以便提高绘图速度。

表 3.1 AutoCAD 中部分命令别名

命令别名	命 令 名	功 能
L	LINE	直线
C	CIRCLE	圆
A	ARC	圆弧
REC	RECTANG	矩形
POL	POLYGON	正多边形
CO	COPY	复制
M	MOVE	移动
O	OFFSET	偏移
MI	MIRROR	镜像
RO	ROTATE	旋转
TR	TRIM	修剪
EX	EXTEND	延伸
CHA	CHAMFER	倒直角
LA	LAYER	打开图层管理对话框
MA	MATCHPROP	特性匹配(格式刷)
LI	LIST	查询对象信息
R	REDRAW	重画
RE	REGEN	重新生成
Z	ZOOM	视图缩放

3.4.2 下拉菜单输入

除了在命令行键入命令以外，用户还可以使用下拉菜单调用和执行相应的命令。在选择执行某个命令时，需将光标移动至屏幕顶部相应的菜单栏区域，例如单击“绘图”菜单，此时则会弹出一个下拉式菜单，如图 3.16 所示。移动光标并选择需要执行的命令项，即可进行相应的绘图或编辑操作。在下拉菜单中各选项包括了命令的图标和名称，用户可以直观了解各选项的相应功能。

图 3.16 下拉菜单示例

如果在菜单项中有指向右侧的黑色三角形箭头，则表示该选项后面有一个级联的子菜单。要想显示级联的子菜单，将光标移动到该菜单选项上，然后单击鼠标左键选择相应选项。如图 3.17 所示为菜单项“圆弧”的级联子菜单。当某一菜单项中带有省略号“...”标志时，选择该项则会弹出一个对话框，如图 3.18 所示为单击菜单项“表格...”时弹出的相应对话框。

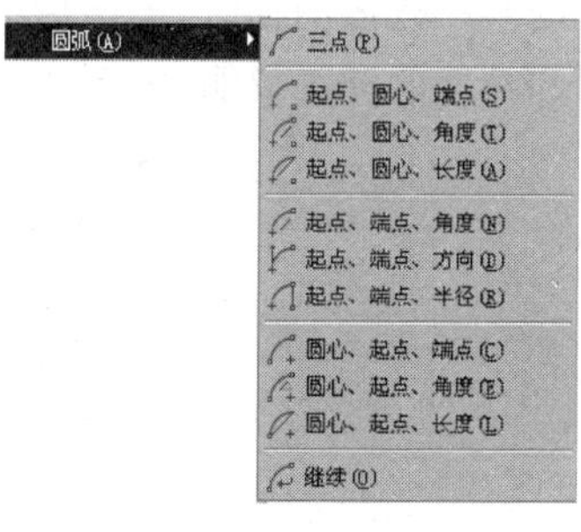

图 3.17 圆弧级联菜单

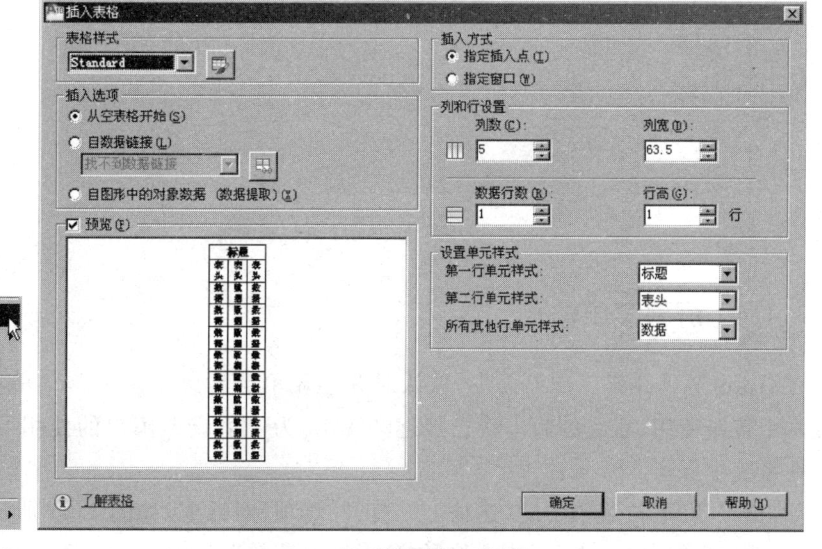

(a) 单击“表格...”　　(b)“插入表格”对话框

图 3.18 选择“表格...”菜单后的对话框

3.4.3 工具栏图标输入

工具栏为用户提供了更为快捷方便地执行 AutoCAD 命令的一种方式，工具栏由若干图标按钮组成，每个图标按钮分别代表了一个命令。图 3.19 所示为绘图工具栏各图标按钮表达的命令。用户直接单击工具栏上的图标按钮就可以调用相应的命令，然后根据对话框中的内容或命令行上的提示执行进一步的操作。

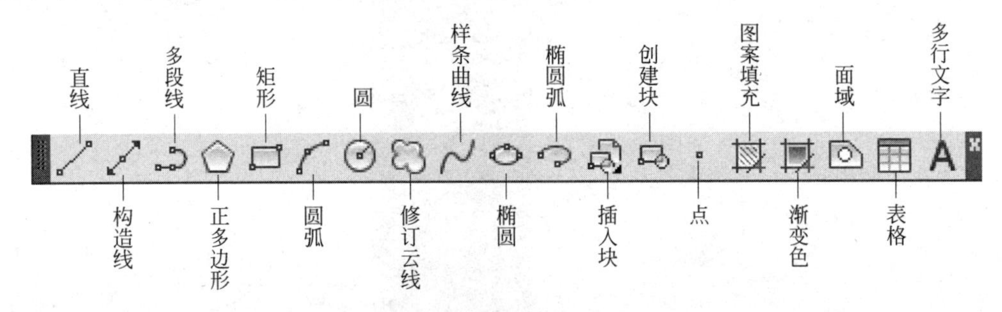

图 3.19 绘图工具栏

AutoCAD 具有“工具提示”功能，即当用户将鼠标光标悬停(不进行单击操作)至工具栏中的某一按钮图标时，该图标按钮呈现凸起状态，同时出现一个文本提示框，显示该命令的名称和功能的详细说明，如图 3.20 所示。

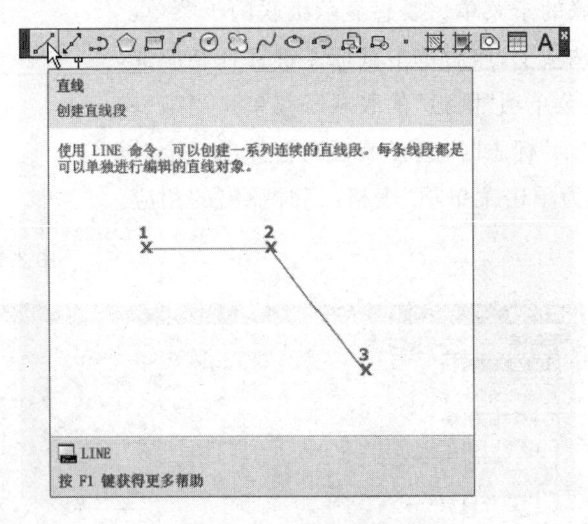

图 3.20 工具栏提示框

3.4.4 屏幕菜单输入

在 AutoCAD 经典工作界面中，默认时并不显示屏幕菜单。屏幕菜单在 AutoCAD 12 前的版本中普遍使用，后续的版本中已经逐渐淡出，为了适应老用户的使用习惯，此项功能一直继续在系统中保留。

单击“工具”下拉菜单中的“选项...”，打开“选项”对话框，如图 3.21 所示，选择“显示”选项卡，在该选项卡“窗口元素”页签中选择“显示屏幕菜单”复选框，即可显示屏幕菜单，如图 3.22 所示。屏幕菜单一般显示在计算机屏幕的右边，它可以被移动至屏幕的任一边。

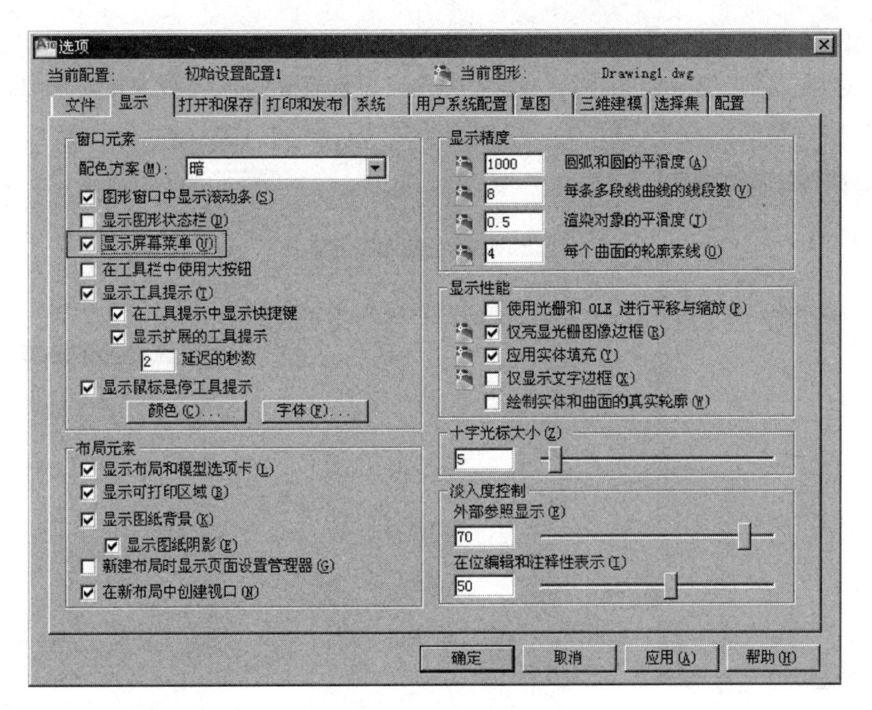

图 3.21 “选项”对话框

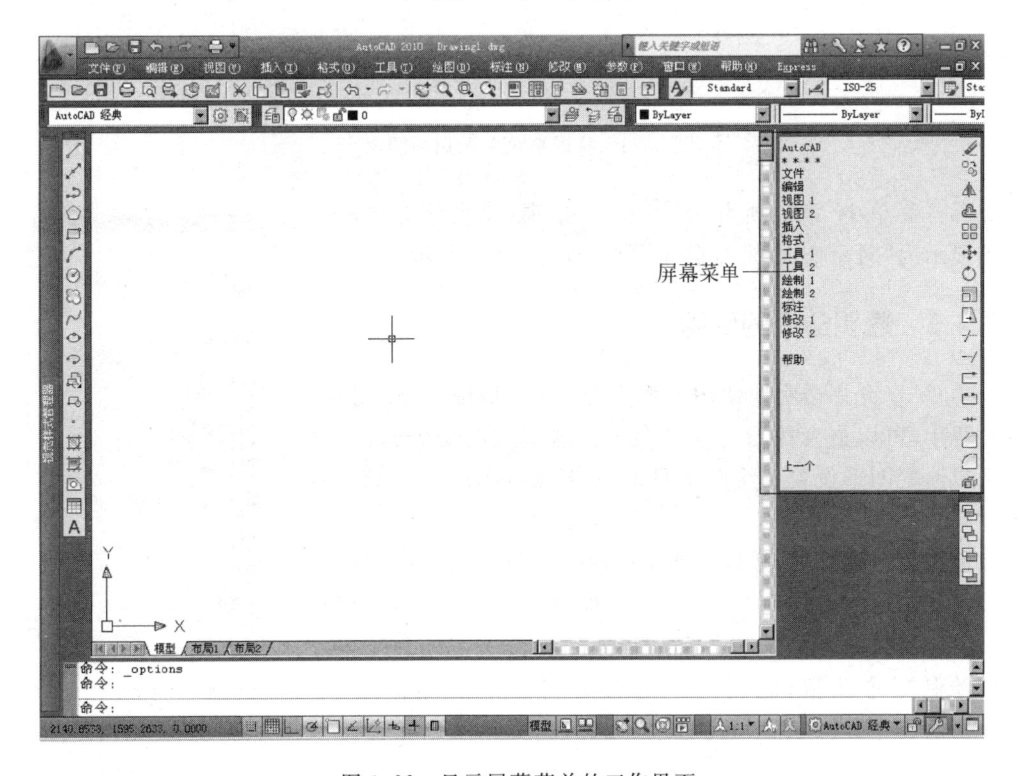

图 3.22 显示屏幕菜单的工作界面

由于 AutoCAD 命令繁多，而屏幕菜单的显示区域有限，因此屏幕菜单采用多级菜单形式，初始显示的屏幕菜单为根菜单，用户单击选择根菜单的任意一项都可以打开相应的子菜单，并进行相应的命令操作。

以画圆命令为例,利用屏幕菜单进行操作时,在屏幕根菜单中选择“绘制 1”,出现第二级菜单,然后选择“圆”选项,在出现的第三级菜单中可以选择相应的画圆方式的选项,完成画圆命令,如图 3.23 所示。

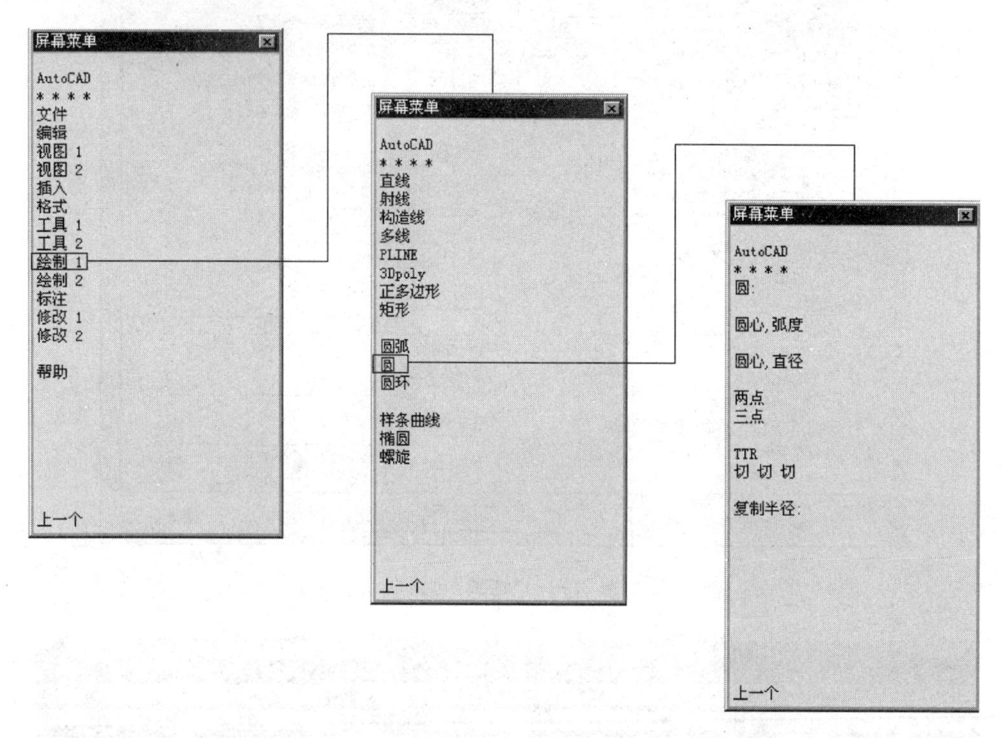

图 3.23 从屏幕菜单调用画圆命令

在屏幕菜单中,第二项为“* * * *”选项,单击该选项,屏幕菜单显示为“对象捕捉”命令的子菜单,如图 3.24 所示。

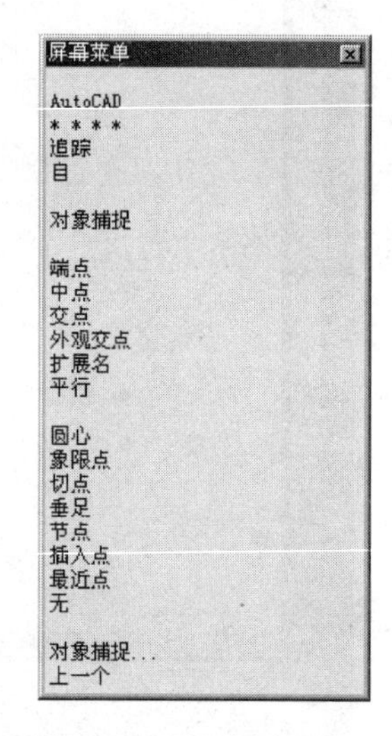

图 3.24 “对象捕捉”屏幕菜单

3.4.5 透明命令的使用

AutoCAD 允许透明地使用一些命令,也就是说,在使用命令的过程中,可以嵌套执行另一个命令。这些透明命令通常是一些可以改变图形设置或绘图工具的命令,如 GRID、SNAP 和 ZOOM 等命令。

在使用命令过程中,如果要调用透明命令,可以在命令行中输入该透明命令之前加一个单引号(')即可。执行完透明命令后,AutoCAD 自动恢复原来执行的命令。

以绘制矩形为例,利用键盘输入透明命令的操作过程如下。

命令: rectang(或 rec) ↵ (符号“↵”表示按 Enter 键,下同)
指定第一个角点或 [倒角(C)/标高(E)/圆角(F)/厚度(T)/宽度(W)]: 可在绘图区中指定绘制矩形的第一个角点位置(或在命令窗口中输入第一角点坐标值)
指定另一个角点或 [面积(A)/尺寸(D)/旋转(R)]: 'zoom ↵透明命令的使用
指定窗口的角点,输入比例因子 (nX 或 nXP),或者

[全部(A)/中心(C)/动态(D)/范围(E)/上一个(P)/比例(S)/窗口(W)/对象(O)] <实时>：用户可根据需要采用相应的窗口缩放方式，完成缩放后自动退出 ZOOM 命令，恢复执行绘制矩形 RECTANG 命令

指定另一个角点或 [面积(A)/尺寸(D)/旋转(R)]：在绘图区中指定绘制矩形的第二个角点位置(或在命令窗口中输入另一个角点坐标值)

3.4.6　命令的重复、终止

(1) 命令的重复

如果需要重复执行同一个命令，那么在第一次执行该命令后，可以直接在键盘上按 Enter 或“空格”键重复执行，而无需另行输入。或第一次执行该命令后，在绘图窗口中单击鼠标右键，在出现的快捷菜单中选择重复执行上一命令，如图 3.25 所示。

(2) 命令的终止

如需终止正在执行的命令操作，可以直接在键盘上按 Esc 键。

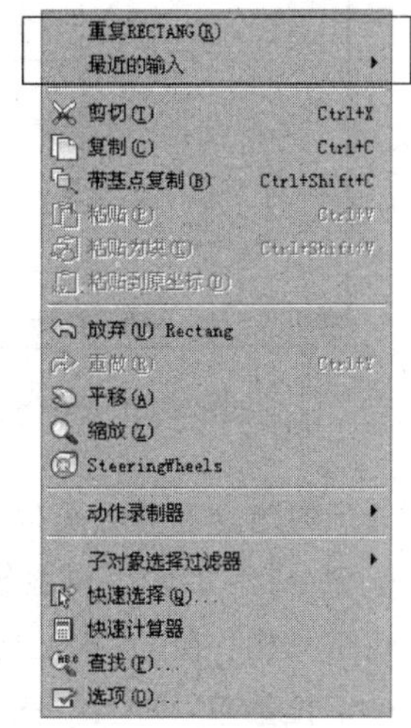

图 3.25　右键“快捷采用”重复执行上一命令

3.5　AutoCAD 的坐标系统和数据输入方法

利用 AutoCAD 绘图时，需要精确定位绘制的图形对象，因此必须建立一个坐标参照系统，在该坐标系统下，采用正确的数据输入方法进行图形绘制。

AutoCAD 系统采用两种坐标系统：世界坐标系(WCS)和用户坐标系(UCS)，在两种坐标系下都可以通过数据输入的方式进行精确绘图。常用的数据输入方法包括：数值输入、坐标输入、距离输入和角度输入。

3.5.1　坐标系统

1. 世界坐标系

世界坐标系(WCS)是 AutoCAD 系统的默认坐标系，当新建一个图形文件时，AutoCAD 自动定位于绘图区左下角位置的坐标系统即为 WCS，包括 X 轴、Y 轴和 Z 轴。二维绘图时只显示 X 轴和 Y 轴。

WCS 坐标系为系统固有的，位置不能变更。图标位于绘图区左下角，其形式如图 3.26 所示，在 WCS 坐标轴原点处有一个“□”符号，图标中 X 轴和 Y 轴的箭头方向为坐标正方向。

2. 用户坐标系

为了满足用户方便、灵活、快捷地绘制图样，用户可以在 WCS 中建立任意一种坐标系，这种坐标系称为用户坐标系(UCS)。UCS 的原点以及 X 轴、Y 轴和 Z 轴的位置和方向可以根据用户要求进行移动和旋转，甚至可以根据图形对象的位置来确定，但三个坐标轴始终保持相互垂直。其图标形式如图 3.27 所示，注意 UCS 图标中没有“□”符号。

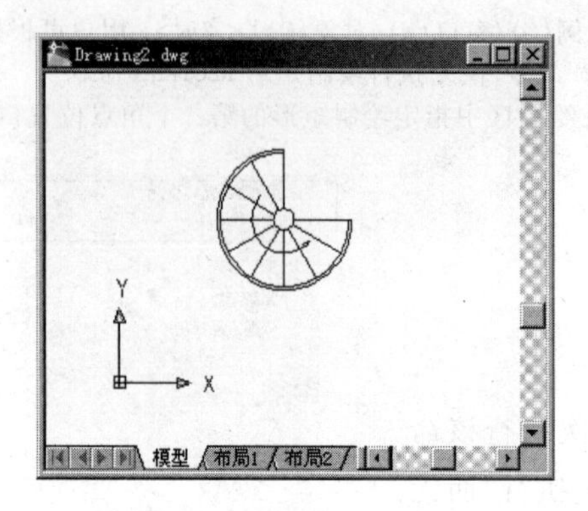

图 3.26　WCS 坐标系

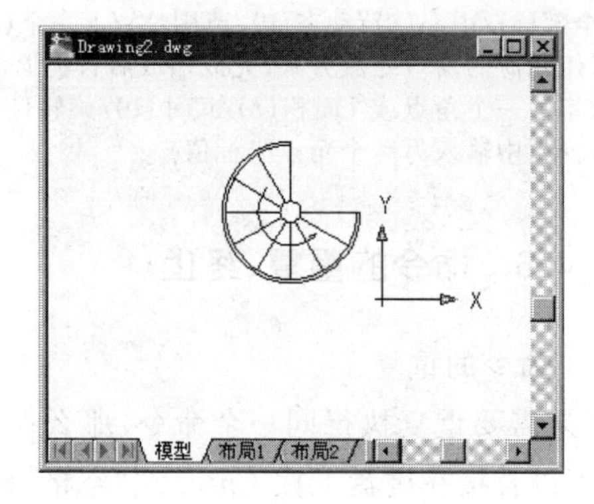

图 3.27　UCS 坐标系

UCS 的建立和修改可以利用"UCS"命令，命令执行方式包括以下三种。

- 命令行：UCS（键盘输入）。
- 工具栏：在 UCS 工具栏中选择"UCS"图标。
- 下拉菜单："工具"→"新建 UCS"→"原点"。

3.5.2　数值的输入

AutoCAD 的有些命令在执行过程中需要输入数值，这些数值包括高度、宽度、长度、行数或列数、行间距及列间距等。数值输入方式包括两种形式：

- 从键盘直接输入数值；
- 用光标在屏幕上指定两点，两点之间的距离作为输入数值。

其中有些数值可以通过对话框的形式利用键盘输入，有些则需要在命令窗口中输入或利用光标进行定位设定。

以"阵列"命令为例，数值输入时采用对话框形式，如图 3.28 所示。在距离和方向输入时，既可以在文本框中直接输入距离数值，也可以利用光标在绘图区指定距离和角度作为输入数值。

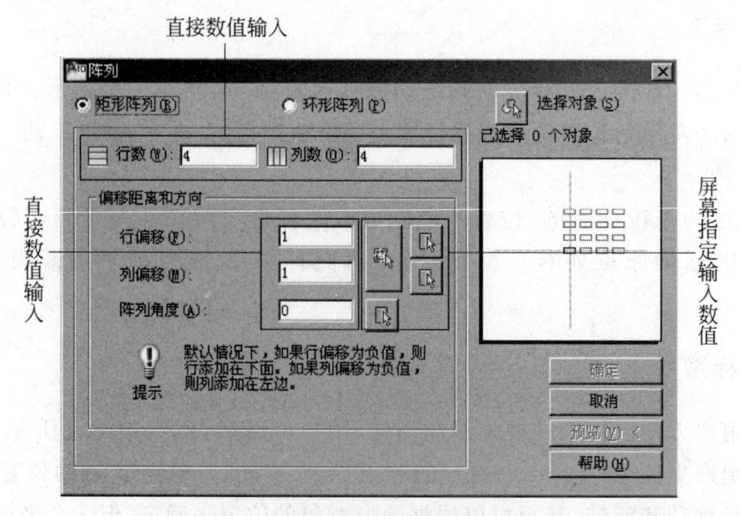

图 3.28　利用对话框进行数值输入

3.5.3 坐标的输入

在 AutoCAD 中，坐标的输入可以采用直角坐标、极坐标、柱坐标和球坐标，每种类型的坐标输入分别包括两种形式：绝对坐标和相对坐标。常用的坐标输入包括 4 种形式，具体如下。

1. 绝对直角坐标输入

绝对直角坐标输入是用点的坐标值（X,Y,Z）表示点在坐标系（WCS 或 UCS）中的位置，平面绘图中一般不需要输入 Z 值。例如：当命令窗口中输入点的坐标提示时输入“10,20”，则表示该点的坐标相对于当前坐标原点的坐标值为（10,20），如图 3.29(a)所示。

2. 相对直角坐标输入

相对直角坐标输入时，在输入坐标值前加一个“@”符号，即“@X,Y,Z”，表示当前输入的点坐标相对于前一点的坐标值为（X,Y,Z），平面绘图时不需要输入 Z 值。例如：当上一个操作点 A 的坐标为（10,20），命令窗口中出现下一输入点 B 的坐标提示时输入“@25,12”，则表示该 B 点相对于 A 点的坐标值为（25,12），B 点相对于当前坐标原点的坐标值为（35,32），如图 3.29(b)所示。

3. 绝对极坐标输入

极坐标是使用极轴长度和极角表示的坐标，只能用来表示平面二维点的坐标。绝对极坐标输入采用“长度＜角度”的方式，如“30＜45”，表示该点到坐标原点的距离为 30，该点与坐标原点的连线与 X 轴的正向夹角为 45°，如图 3.29(c)所示。

4. 相对极坐标输入

相对极坐标输入时在输入坐标值前加一个“@”符号，即“@长度＜角度”，若输入相对极坐标“@30＜40”，表示当前输入的点与前一点的距离为 30，当前点与前一点的连线与 X 轴正向的夹角为 40°，如图 3.29(d)所示。

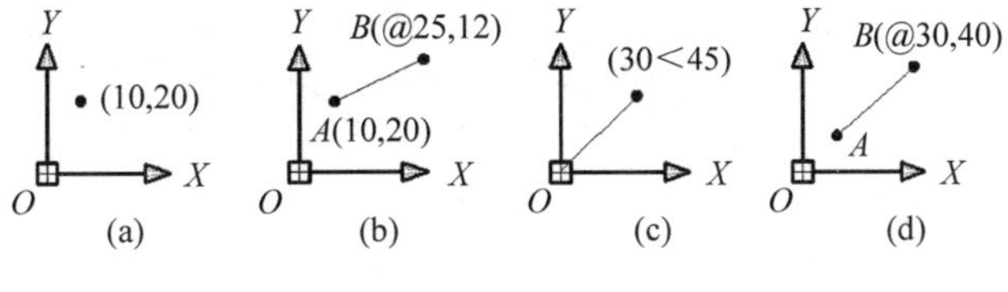

图 3.29 坐标输入

3.5.4 距离的输入

在 AutoCAD 命令中，常需要提供距离输入值，AutoCAD 提供了两种距离输入的方式：

- 用键盘在命令行直接输入距离数值；
- 用光标在屏幕上指定两点，以两点的距离作为输入数值（与 3.4.5 节绘制矩形时屏幕指定角点的方式类似）。

利用直接距离输入可以快速、准确定位点的位置，并绘制直线。绘制图形对象时利用光标拉出一条橡皮筋线确定方向和位置，然后从键盘输入距离完成确定位置和距离的图形绘制。

例如,要绘制一条20mm的线段,如图3.30所示。绘图过程如下:

```
命令: LINE ↵
指定下一点: (用鼠标在屏幕上指定一点)
指定下一点或 [放弃(U)]: 20
指定下一点或 [放弃(U)]: ↵(结束命令)
```

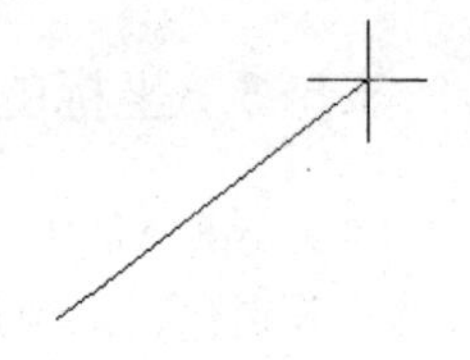

图3.30 直接距离输入

3.5.5 角度的输入

在AutoCAD命令中,有时需要输入角度数值,角度的输入方式有以下几种:

- 从键盘直接输入角度数值。
- 可以用光标在屏幕上定位两点,这两点间的连线与 X 轴正方向的夹角作为角度输入数值,两点连线的正方向为起始点到终点的方向。
- 有时可以输入一点,则将该点作为角度输入的终边上的一点。

角度输入可采用十进制度数、百分度、度/分/秒、弧度等单位,利用单位命令"UNITS"打开"图形单位"对话框进行设置。

由于工程图的绘制需要同时利用距离和角度数值,因此命令执行过程中单独使用角度输入的情况较少。使用"直线"命令绘图时,可以通过单独角度输入(角度替代)来锁定某个点的角度,方便绘制某一角度的直线。

例如:绘制一条角度为30°,长度为100的直线,如图3.31所示,绘图过程如下:

```
命令: LINE ↵
指定第一点: (用鼠标在屏幕上指定一点)
指定下一点或 [放弃(U)]: <30  (键盘输入)
角度替代: 30
指定下一点或 [放弃(U)]: 100
指定下一点或 [放弃(U)]: ↵  (结束命令)
```

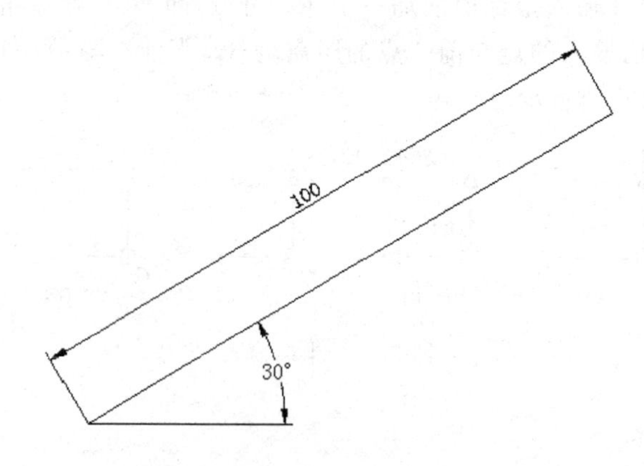

图3.31 角度输入绘制特定角度直线

3.5.6 动态数据输入

在AutoCAD中提供了"动态输入"工具,当"动态输入"启用时,光标附近会出现一个命令界面,使用户可以专注于绘图区域,无需观看命令窗口的提示,方便绘图。

在状态栏中单击动态输入按钮 ,可以启用或关闭动态输入功能。当启用动态输入功能时，工具提示将在光标旁边显示信息，该信息会随光标移动动态更新。当某命令处于活动状态时，工具提示将为用户提供输入的位置，如图 3.32(a)所示。

在输入字段中输入值并按 TAB 键后，该字段将显示一个锁定图标，并且光标会受用户输入的值约束。随后可以在第二个输入字段中输入值，如图 3.32(b)所示。另外，如果用户输入值然后按 Enter 键，则第二个输入字段将被忽略，且该值将被视为直接距离输入。

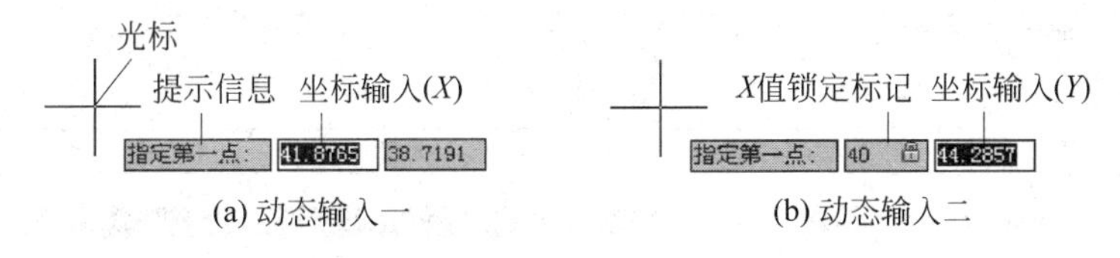

(a) 动态输入一　　(b) 动态输入二

图 3.32　动态输入

3.6 绘图环境的设置

使用 AutoCAD 进行图样绘制之前，用户应该首先对绘图环境进行必要的设置。绘图环境的正确设置是工程图样绘制的前提和基础。绘图环境设置主要包括以下内容：设置图层、设置绘图界限、设置绘图单位、设置绘图区颜色和设置光标大小。

3.6.1 设置图层

在 AutoCAD 中，图层可用于对图形对象进行组织和管理。根据绘图需要，用户可以建立若干个图层，通过设置层特性，如：层名、颜色、线型、线宽等，将具有相同特性的图形对象置于同一层中，不同特性的图形对象置于不同层中，实现了图形的分层管理，便于图形的使用和修改。

图层类似于透明图纸，利用图层可以将一个复杂的图样分解成若干性质相同的图形单元，这些图形单元分别置于不同层中，通过层的叠加组合成一个完整的工程图样。利用图层的优点在于：

- 可以统一设置和管理图形对象的特性，如颜色、线型和线宽等。
- 利用图层管理功能(打开/关闭、冻结/解冻、锁定/解锁等)可以方便地对某一层或多层的图形对象进行统一编辑。
- 图层无厚度并且透明，各图层具有相同的坐标系、绘图界限，显示时具有相同的缩放倍数，各层完全对齐并且可以同时进行图形对象的编辑操作。
- 一个图形中可以包含无数多个图层，每个图层上可以绘制无数多个图形对象。

1. 新建图层

在 AutoCAD 中，用户可以利用“图层特性管理器”对话框对图层进行设置和管理。如：新建、命名、删除、控制等。打开“图形特性管理器”对话框的操作如下：

- 命令行：LAYER 或 LA (键盘输入)。
- 工具栏：单击选择图层工具栏中的图层工具图标 。
- 下拉菜单：“格式”→“图层...”。

打开“图层特性管理器”对话框如图 3.33 所示，在该对话框中单击“新建图层”按钮 ，将会生成一个名为“图层＊”(＊表示数字)的新图层。用户可以根据绘图需要命名该图层。单击该图层名，然后输入图层名称并按Enter键即可。注意0层是系统默认层，为系统自动创建，不能进行重新命名操作。

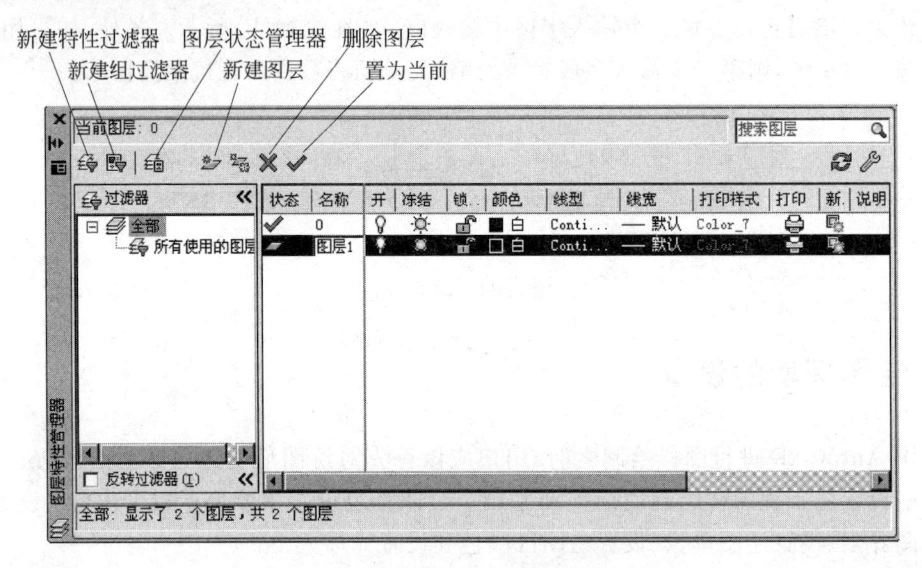

图3.33 图层特性管理器

2. 删除图层

在绘图过程中如需删除图层，可以在“图层特性管理器”对话框中的图层列表中选择要删除的图层对象，然后单击“删除图层”按钮 ，即可将所选图层删除。

0层和定义点图层不能被删除；当前层和含有图形与实体的层也不能被删除。

3. 设置当前层

当前层是指用户当前的绘图层，用户只能在当前层中进行绘图，所绘图形对象具有当前层所设置的特性。

如果要设置当前层，可以在“图形特性管理器”中选择需要进行绘图的图层，然后单击“置为当前”按钮 ，即可将所选图层置为当前绘图层。利用“图层”工具栏的图层控制下拉列表框中直接选中某个图层，也可将其设置为当前层，如图3.34所示。

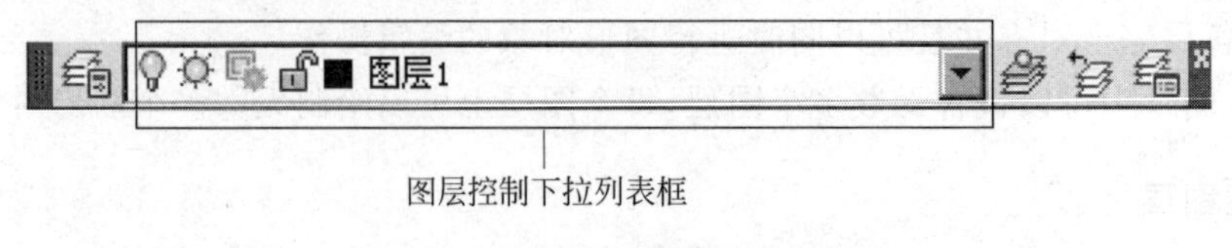

图3.34 “图层”工具栏设置当前层

4. 设置图层特性

利用“图形特性管理器”可以方便地改变图层状态特性，图层的状态特性包括：打开/关闭、冻结/解冻、锁定/解锁等。利用“图层”工具栏可以快速设置图层状态特性，如图3.35所示。

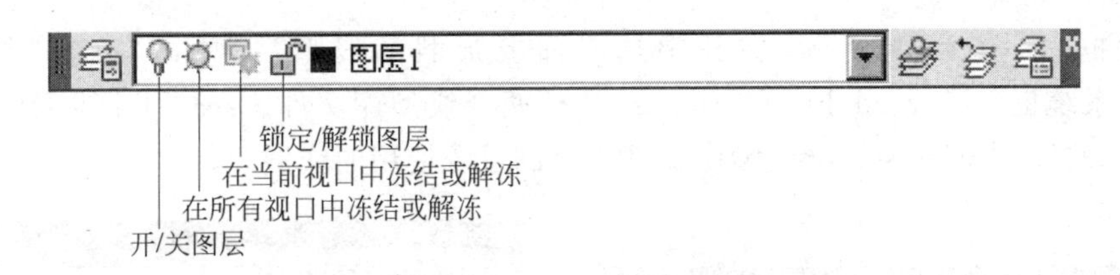

图 3.35 “图层”工具栏设置图层状态

(1) 打开/关闭图层：用户可以通过该选项控制按钮来控制是否打开某个图层。若在列表框中某个图层对应的小灯泡的颜色为黄色，则表示该图层打开；若小灯泡的颜色是灰色，则表示该图层关闭。若关闭当前层，则会弹出提示信息对话框，要求用户确定是否关闭当前层。

(2) 冻结/解冻图层：用户可以利用该控制按钮控制是否冻结所有视窗中的某个图层。在列表框中某个图层对应的若是太阳图标，则表示该图层没有冻结。若是雪花图标，则表示该图层冻结。注意不能冻结当前层，也不能将冻结层改为当前层。

(3) 锁定/解锁图层：用户可以通过该控制按钮控制是否锁定某个图层。列表框中某个图层若对应的是关闭的锁图标，则表示该图层锁定；若对应的是打开的锁图标，则表示该图层非锁定。锁定层上的对象不能编辑，但仍可以在锁定层上绘制新图形。

5. 设置图层颜色

绘图时，可以通过对层颜色的设置来区分不同图层对象的属性。在“图形特性管理器”中，单击位于“颜色”列下某一图层的颜色方块图标■或颜色名称，即可打开“选择颜色”对话框，如图 3.36 所示。根据绘图需要选择相应的颜色，单击“确定”按钮即可。

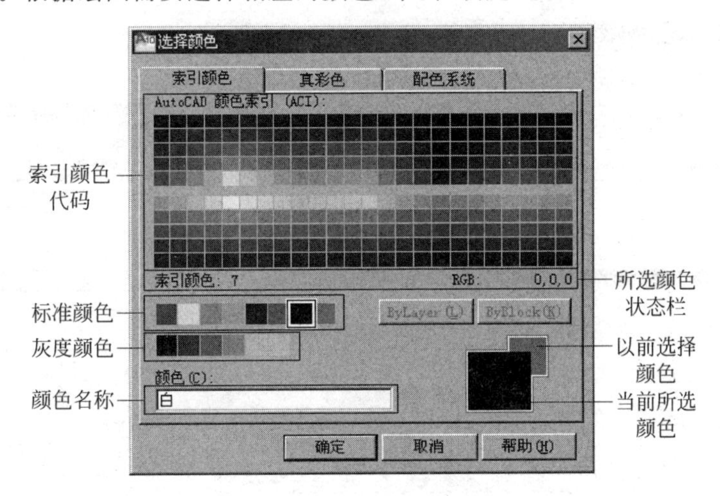

图 3.36 设置图层颜色

6. 设置线型和线宽

工程图样中不同类型的图形对象需采用不同的图线，因此需要设置图层的线型和线宽。

在“图形特性管理器”对话框中，单击位于“线型”列下某一图层的线型名称，即可打开“选择线型”对话框，如图 3.37 所示，在其中选择相应的线型，然后单击“确定”即可。

当新建一图形文件时，系统默认线型为“Continuous”，需要通过加载线型的方式来添加更多类型的图线。可在“选择线型”对话框中，单击“加载”按钮 加载(L)... ，可以打开“加载或重载线型"对话框，如图 3.38 所示，在其中选择需要加载的线型后，单击"确定"按钮即可。AutoCAD 系统提供了"acad.lin"和"acadiso.lin"两个线型库文件。acad.lin 线型库文件为英制系统使用的线型，acadiso.lin 线型库文件为公制系统使用的线型。

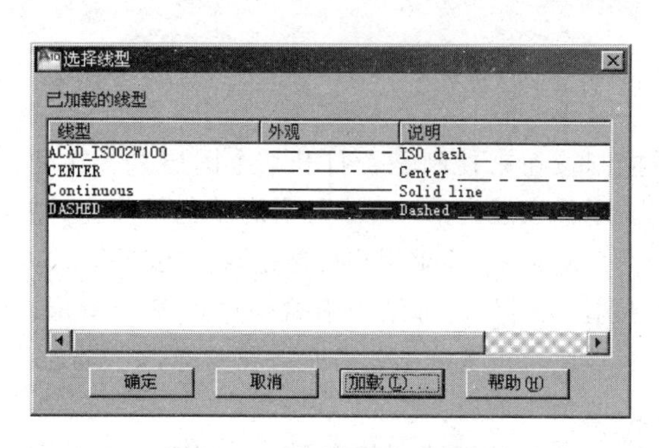

图 3.37 "选择线型"对话框

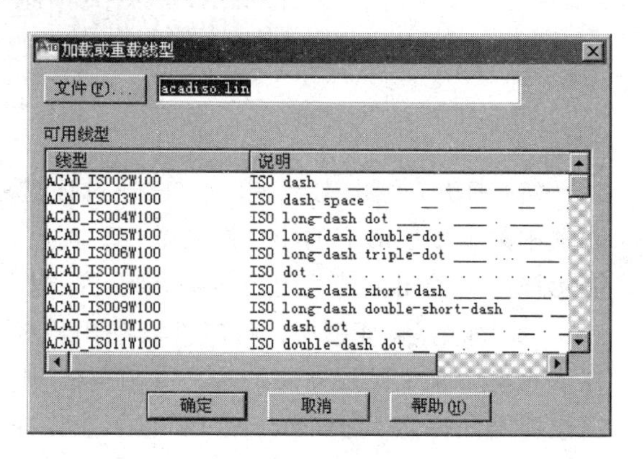

图 3.38 "加载或重载线型"对话框

为了使非连续线型的比例适合绘图需要，在 AutoCAD 中可以设置线型比例。选择下拉菜单中的"格式"→"线型..."，打开"线型管理器"对话框，如图 3.39 所示，选择某一线型后单击 显示细节(D) 按钮，可以在"详细信息"栏中设置线型的"全局比例因子"和"当前对象缩放比例"。

在 AutoCAD 中，用户可为每个图层的线型设置线宽。在"图层特性管理器"对话框中，单击某一图层位于"线宽"对应列中的线宽图标 —— 默认 ，即可打开"线宽"对话框，如图 3.40 所示，在其中选择相应的线型宽度，然后单击"确定"按钮即可。

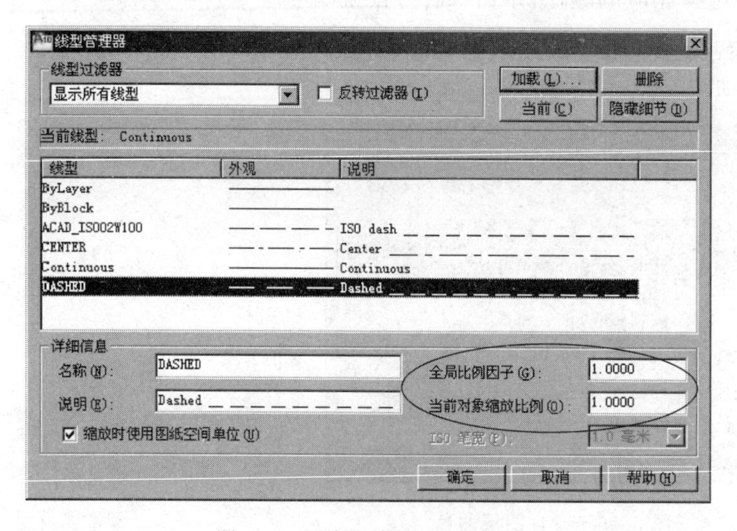

图 3.39 "线型管理器"对话框

图 3.40 "线宽"对话框

3.6.2 设置绘图界限

AutoCAD 系统中绘图区域可以无限大小，为了确定用户实际绘图区域(图纸)的大小，用户需要设置绘图界限。

实际作图时，绘图界限可以由"LIMITS"命令进行设置，命令执行方式包括以下两种：

- 命令行：LIMITS（键盘输入）。

- 下拉菜单："格式"→"图形界限"。

执行"LIMITS"命令后，命令窗口出现以下提示：

```
重新设置模型空间界限：
指定左下角点或［开(ON)/关(OFF)］<0.0000,0.0000>：(键盘输入图纸左下角坐标或 ON)
指定右上角点 <420.0000,297.0000>：(键盘输入图纸右下角坐标)
```

若要打开图纸界限检查功能，需在命令窗口提示后键入"ON"。此时，如果用户在绘图界限以外绘图，AutoCAD 会自动拒绝，不允许在图形界限以外绘制图形对象。

3.6.3　设置绘图单位

利用 AutoCAD 绘制工程图样时，任何图形对象按照一定的单位和精度进行绘制和测量，在新建一个图形文件时需要首先设置绘图单位。在绘图过程中，绘图单位可以根据用户的需要随时更改。

设置绘图单位可以利用"UNITS"命令，命令执行方式包括以下三种：

- 命令行：UNITS（键盘输入）。
- 工具栏：鼠标单击选择"单位"图标 0.0 。
- 下拉菜单："格式"→"单位"。

命令执行后会打开"图形单位"对话框，如图 3.41 所示。用户可以在此对话框中选择当前图形文件单位长度、角度的类型和精度，插入比例，光源单位，并可以设置基准角度，如图 3.42 所示。

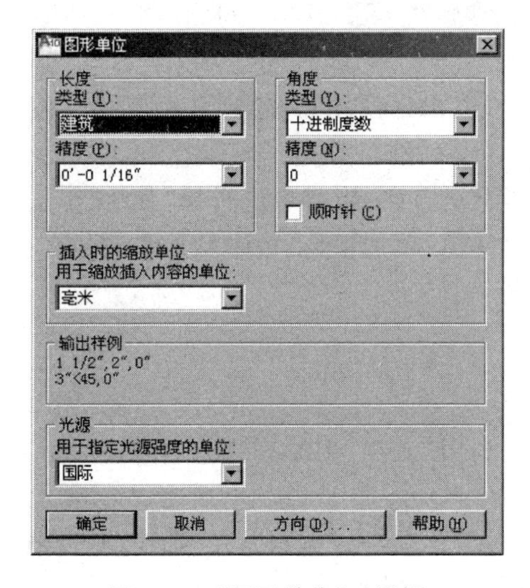

图 3.41　"图形单位"对话框

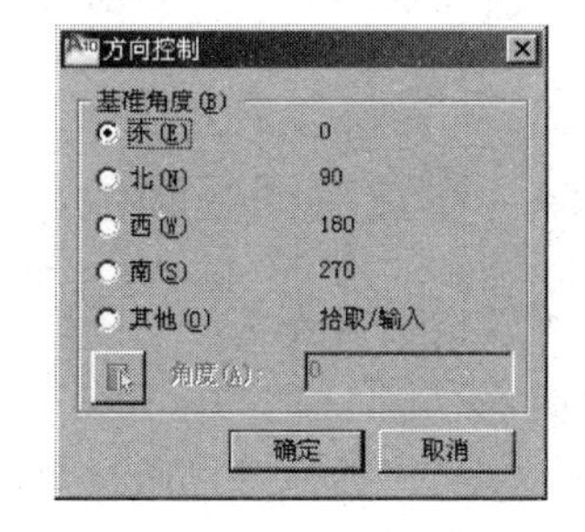

图 3.42　"方向控制"对话框

1. "长度"栏

（1）"类型"下拉列表框　用于设置长度单位的计数制，包括：分数、工程、建筑、科学和小数等计数制，默认的计数制是"小数"。

（2）"精度"下拉列表框　用于选择显示精度。当计数制为"小数"时，"精度"列表框可以选择绘图单位精确到小数点后的位数，默认精度为小数点后 4 位；当计数制为"工程"或"建筑"时，表示每一绘图单位代表 1 英寸，精度则以英尺和英寸精度的形式表示。

2."角度"栏

(1)"类型"下拉列表框　用于设置角度单位,包括:百分度、度/分/秒、弧度、勘测单位和十进制度数。

(2)"精度"下拉列表框　用于设置绘图时角度精度。

(3)"顺时针"复选框　用于设置角度量测方向是否为顺时针,选中时为顺时针,不选则为逆时针。默认的角度测量方向为逆时针。

3."插入时的缩放单位"栏

用于设置插入图形对象或块时,所采用的量测单位。包括:无单位、英尺、英寸、英里、毫米等。若插入时不按指定单位缩放,可选择"无单位"。

4."输出样例"栏

显示用当前单位和角度设置的例子。

5."光源"栏

控制当前图形中光度控制光源的强度测量单位。

6."方向"按钮

在"图形单位"对话框中,单击"方向"按钮 方向(D)... ,弹出"方向控制"对话框,如图 3.42 所示,可以用来设置零角度的方向。

AutoCAD 默认的 0°方向为"东"向,用户可以根据使用需要将"北"、"西"、"南"作为角度量测的 0°方向。

如果用户不想用"东"、"北"、"西"、"南"作为 0°方向,则需单击选择"其他"单选框后,在输入框中输入角度确定 0°方向;也可以在选择"其他"单选框后,单击拾取按钮,在屏幕上指定 0°方向。

3.6.4 设置绘图区颜色

用户可以根据需要选择绘图区域的颜色,利用"选项"对话框即可改变 AutoCAD 绘图区域的背景颜色。

打开"选项"对话框可以通过单击下拉菜单:"工具"→"选项",在"选项"对话框中单击"显示"选项卡,即可设置 AutoCAD 的外观显示,如图 3.43 所示。

在"显示"选项卡中,"窗口"元素栏可用于设置 AutoCAD 工作环境的外观显示特征。在此栏中的"颜色"按钮 颜色(C)... ,用于设置绘图区的背景颜色。

单击"颜色"按钮 颜色(C)... ,打开"图形窗口颜色"对话框,如图 3.44 所示。

在"图形窗口颜色"对话框中,可以设置 AutoCAD 系统工作环境中每个上下文的界面元素的显示颜色。上下文是指一种用户绘图或打印时的操作环境,例如模型空间或布局。界面元素是指此上下文中的可见项,例如十字光标指针或背景色。

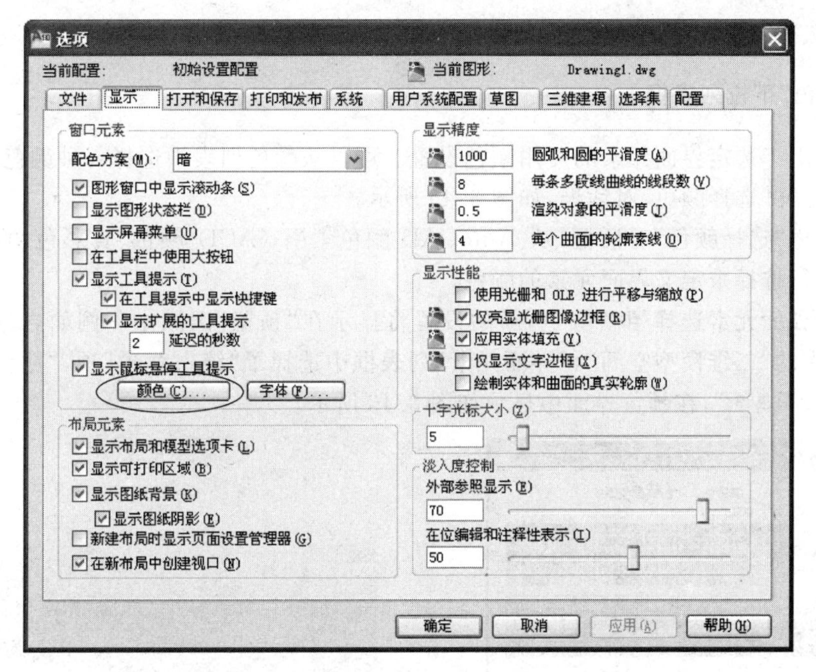

图 3.43 “选项”对话框中的“显示”选项卡

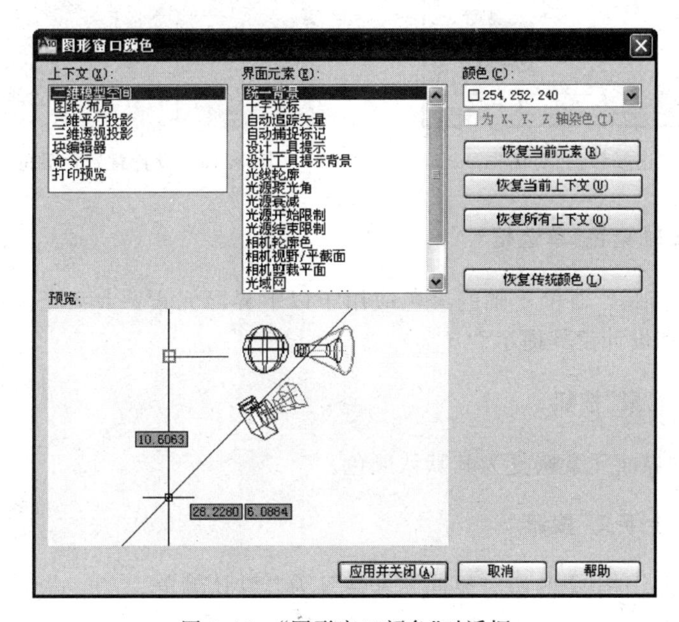

图 3.44 “图形窗口颜色”对话框

1. “上下文”列表框

将系统应用过程中的上下文列表显示。选定的上下文将显示相关联元素的列表，并在预览界面中显示相应的窗口元素颜色。设置上下文窗口颜色时，应首先选择“上下文”列表中的某一项，然后选择“界面元素”列表中的某一项目，然后选择颜色。

2. “界面元素”列表框

以列表形式显示所选上下文中的界面元素。设置界面元素颜色时，应先选择相应的界面元素,然后选择颜色。

3."颜色"下拉列表框

列出应用于选定界面元素的可用颜色设置。可以从颜色列表中选择一种颜色,或选择"选择颜色"以打开"选择颜色"对话框,如图 3.45 所示。

可以使用"选择颜色"对话框,从 AutoCAD 颜色索引(ACI)颜色、真彩色颜色和配色系统颜色中进行选择来定义界面元素的颜色。

如果为界面元素选择了新颜色,新的设置将显示在"预览"区域中。例如当选择了"上下文"列表框中的"二维模型空间","界面元素"列表框中选择了"统一背景"项,"颜色"下拉列表框中选择"■颜色 9",在预览界面中显示如图 3.46 所示。

图 3.45 "选择颜色"对话框

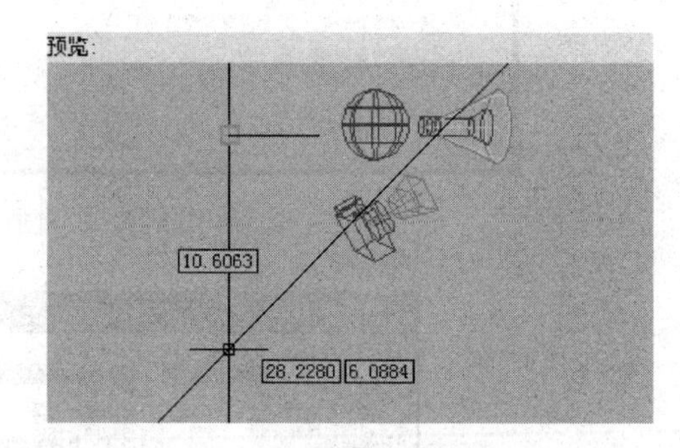

图 3.46 设置背景色后的"预览"界面

4."为 X、Y、Z 轴染色"单选框

控制是否将 X 轴、Y 轴和 Z 轴的染色应用于以下界面元素:十字光标指针、自动追踪矢量、地平面栅格线和设计工具提示。

5."恢复当前元素"按钮

将当前选定的界面元素恢复为其默认颜色。

6."恢复当前上下文"按钮

将当前选定的上下文中的所有界面元素恢复为其默认颜色。

7."恢复所有上下文"按钮

将所有界面元素恢复为其默认颜色设置。

8."恢复传统颜色"按钮

仅将二维模型空间的界面元素恢复为 AutoCAD 2008 经典颜色设置。

9."预览"界面

根据已定义的设置显示图形的预览。

3.6.5 设置光标大小

在“显示”选项卡的“十字光标大小”栏中,可以设置绘图光标显示的大小,如图 3.47 所示。移动“十字光标大小”栏中的滑动块,可以控制十字光标的尺寸。有效值的范围从全屏幕的 1% 到 100%。在设定为 100% 时,看不到十字光标的末端。当尺寸减为 99% 或更小时,十字光标才有有限的尺寸,当光标的末端位于图形区域的边界时可见。默认尺寸为 5%。

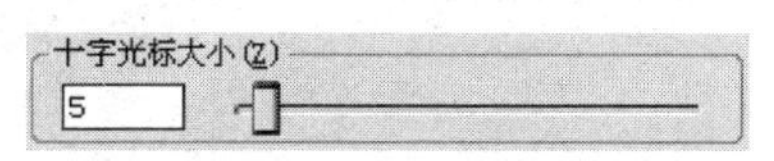

图 3.47 “显示”选项卡中“十字光标大小”栏

3.7 精确绘图功能的设置

AutoCAD 提供了多种绘图工具,以满足用户准确、快捷地绘制工程图样的需求。常用的精确绘图辅助工具位于状态栏中,包括:“捕捉”、“栅格”、“极轴追踪”、“对象捕捉”、“对象追踪”等,如图 3.48 所示。在状态栏中单击“捕捉”、“栅格”、“极轴追踪”、“对象捕捉”、“对象追踪”等按钮,即可启用或关闭上述绘图辅助功能。

如需设置绘图工具的相关内容,可以在状态栏上的“捕捉”、“栅格”、“极轴追踪”、“对象捕捉”、“对象追踪”、“动态输入”或“快捷特性”上单击鼠标右键并单击“设置”。打开“草图设置”对话框,如图 3.49 所示。

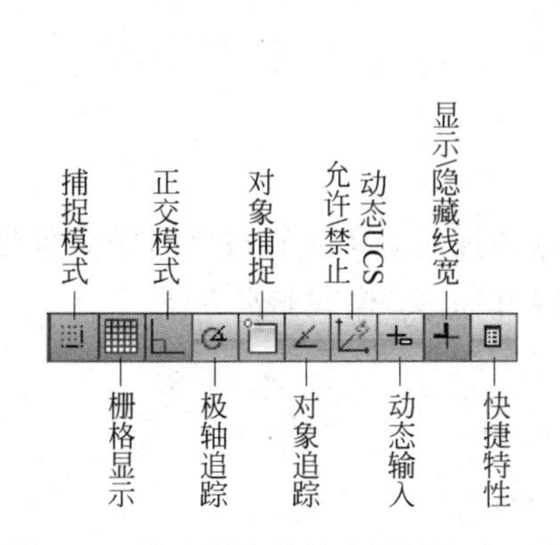

图 3.48 状态栏中的精确绘图辅助工具

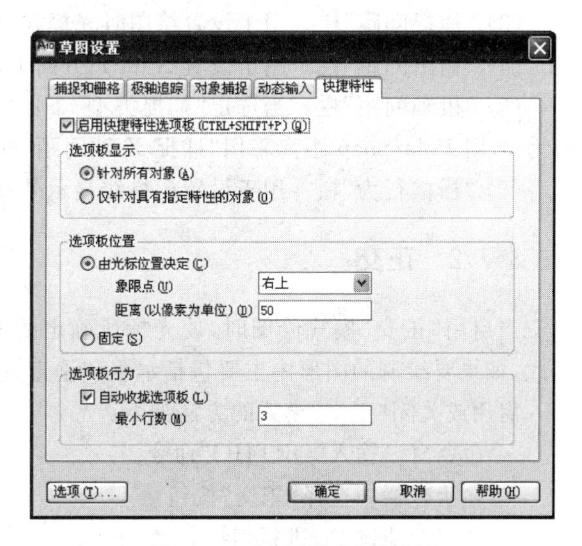

图 3.49 “草图设置”对话框

3.7.1 捕捉与栅格

“捕捉”可用于设置绘图时光标移动时的间距;“栅格”为屏幕上的点阵,用于提供绘图时距离和位置参考。启用栅格后,工作区的绘图界限内会以点阵形式显示,如图 3.50 所示,注意显示的栅格不是图形对象,只是便于精确作图的一种辅助工具,因此不会被打印出来。

单击下拉菜单:“工具”→“草图设置”(或在状态栏上的“捕捉”、“栅格”、“极轴追踪”、“对象捕捉”、“对象追踪”、“动态输入”或“快捷特性”上单击鼠标右键并单击“设置”),可以打开“草图设置”对话框,选择“捕捉和栅格”选项卡,可以启用或关闭“捕捉”和“栅格”功能,并对“捕捉”和“栅格”的间距和类型进行设置,如图 3.51 所示。

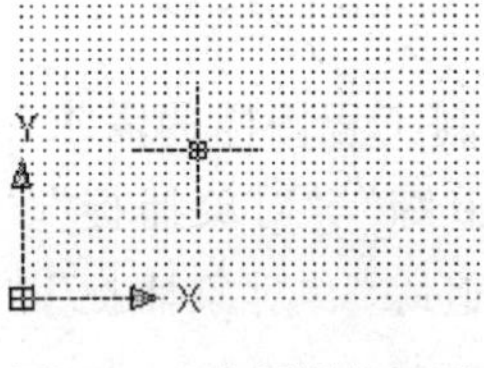

图 3.50 启用栅格显示

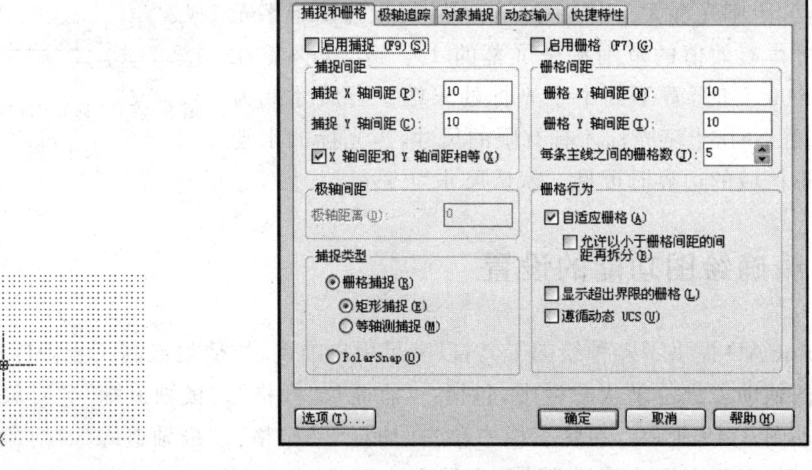

图 3.51 “捕捉和栅格”选项卡

(1)“启用捕捉”复选框 用于打开或关闭捕捉方式。

(2)“启用栅格”复选框 用于打开或关闭栅格的显示。

(3)“捕捉间距”栏 用于设置绘图时光标在 X 和 Y 方向上的移动间距。

(4)“栅格间距”栏 用于设置 X 和 Y 方向上的栅格间距。

(5)“极轴间距”栏 当选定“捕捉类型”下的“PolarSnap”时,设置捕捉增量距离。如果该值为 0,则 PolarSnap 距离采用“捕捉 X 轴间距”的值。

(6)“栅格行为”栏 用于设置栅格线显示外观。

3.7.2 正交

当启用“正交”模式绘图时,使光标所确定的相邻两点的连线必须垂直或平行于坐标轴。因此,如果要绘制的图形中主要包括水平和垂直直线时,启用“正交”模式非常方便。

启用或关闭“正交”模式的方法如下:

- 命令窗口输入“ORTHO”命令。
- 在状态栏中选择“正交”按钮。
- 使用功能键 F8 进行切换。

在绘图和编辑过程中,可以随时启用或关闭“正交”模式。如用输入坐标或指定对象捕捉方式绘图时将忽略“正交”。要临时打开或关闭“正交”模式,可以按住键盘的临时替代键“Shift”键。“正交”模式和极轴追踪两种绘图工具不能同时打开。启用“正交”模式时将关闭极轴追踪。

3.7.3 对象捕捉

“对象捕捉”是 AutoCAD 提供的最为重要绘图辅助工具之一,启用“对象捕捉”功能后,用户在绘图过程中能够直接利用光标精确定位于已绘图形对象上特殊几何点,如:圆心、端点、中点、切点、垂足等。

注意：对象捕捉与捕捉有本质的区别：捕捉是将绘图光标锁定在栅格点上，无论是否执行绘图命令，启用“捕捉”功能后捕捉将一直有效；对象捕捉只在绘图命令执行过程中有效，捕捉点为已绘图形上的特殊点。

启用或关闭“对象捕捉”模式的方法如下：

在状态栏中选择按钮□。启用“对象捕捉”后，可以设置一种或多种捕捉模式并可同时打开它们。所设置的捕捉模式在整个绘图过程中都有效。可以通过选择“草图设置”对话框中的“对象捕捉”选项卡设置捕捉模式，如图 3.52 所示。用户可以在该选项卡中设置绘图时的一种或多种图形对象的捕捉模式。

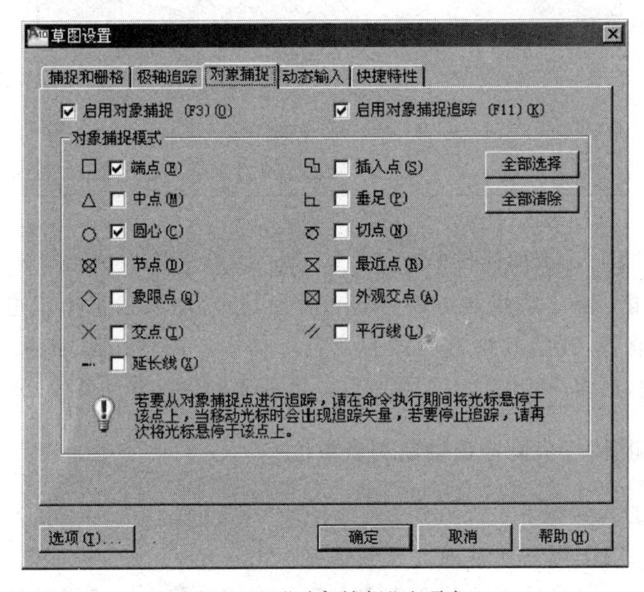

图 3.52 “对象捕捉”选项卡

3.7.4 极轴追踪

“极轴追踪”用于绘制指定的角度图线。用户在“极轴追踪”模式下确定目标点时，系统会在光标接近设定的角度方向上显示临时的对齐路径，并自动地在对齐路径上捕捉距离光标最近的点(即极轴角固定、极轴距离可变)，同时给出该点的信息提示，用户可据此准确地确定目标点，如图 3.53 所示。

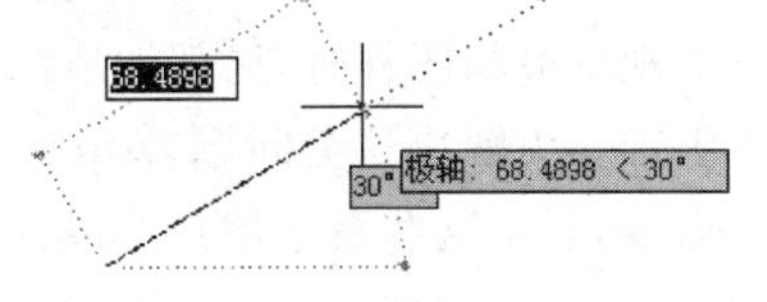

图 3.53 “极轴追踪”模式绘图

打开或关闭极轴追踪的方式包括：

- 在状态栏中选择“极轴追踪”按钮。
- 使用功能键 F10 进行切换。

启用“极轴追踪”功能时，需要确定所追踪的极轴角大小。用户在“草图设置”对话框中选择“极轴追踪”选项卡，可以进行极轴角的设置，如图 3.54 所示。

1. 设置两种追踪的极轴角大小——增量角和附加角

(1) 设置增量角　在框中选择或输入某一增量角后，系统将沿与增量角成整倍数的方向上指定点的位置。例如，增量角为 30°，系统将沿着 0°、30°、60°、…方向指定目标点的位置。

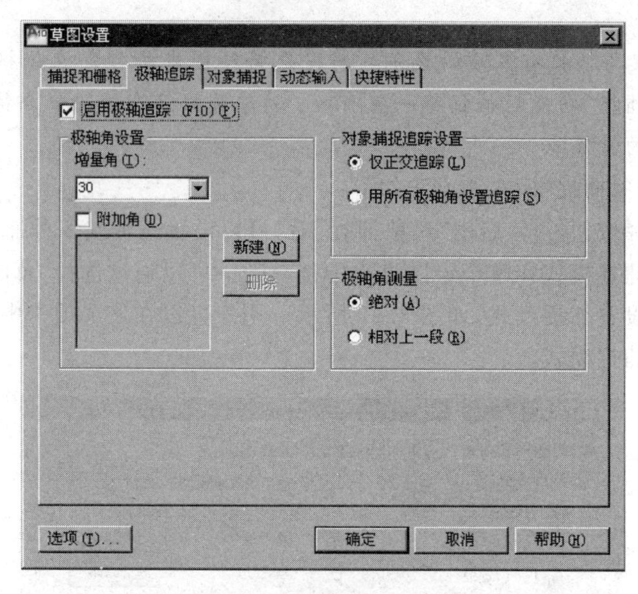

图 3.54 “极轴追踪”选项卡

(2) 设置附加角　除了增量角以外，用户还可以指定附加角来指定追踪方向。附加角只对设置的单一角度有效，其整数倍方向没有意义。如用户需使用附加角，可单击“新建”按钮 新建(N) 在表中添加，最多可定义 10 个附加角。不需要的附加角可用 删除 按钮删除。

2. 在“极轴角测量”栏中设置极轴角测量单位

其中两个选项的含义如下：

(1) 绝对　以当前坐标系为基准计算极轴追踪角。

(2) 相对上一段　以最后创建的两个点之间的直线为基准计算极轴追踪角。如果一条直线以其他直线的端点、中点或最近点等为起点，极轴角将相对该直线进行计算。

3.7.5　显示控制

为了绘图方便，AutoCAD 提供了丰富的图形显示功能。对于一个较为复杂的图样来说，全屏观察整幅图样时，局部细节结构无法清楚地观察和浏览；此外局部细节的绘图操作也相当困难。为解决这类问题，AutoCAD 提供了“缩放”、“平移”、“视图”等诸多屏幕图形显示控制命令，利用这些命令用户可以任意地放大、缩小或移动屏幕上的图形显示，或者同时从不同的角度、不同的部位来显示图形，便于观察和绘图操作。

注意：所有的图形显示控制命令，仅对图形在屏幕上进行缩放、平移等显示控制，图形对象的实际大小和位置不会发生任何改变。

1. 图形缩放

图形缩放是将图样在绘图区内改变显示大小，可通过缩放命令“ZOOM”实现。“ZOOM”命令类似于可以伸缩的放大镜头，可以放大或缩小屏幕所显示的范围，但对象的实际尺寸并不发生变化。命令执行形式如下：

- 命令行：ZOOM(或 Z)(键盘输入)。

- 工具栏：选择某一缩放图标，如图 3.55 所示。
- 下拉菜单："视图"→"缩放"→选择子菜单任一项，如图 3.56 所示。

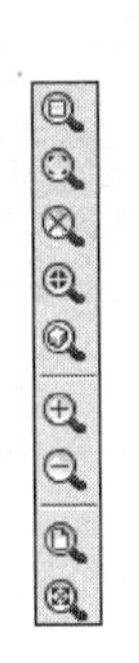

图 3.55 "缩放"工具图标

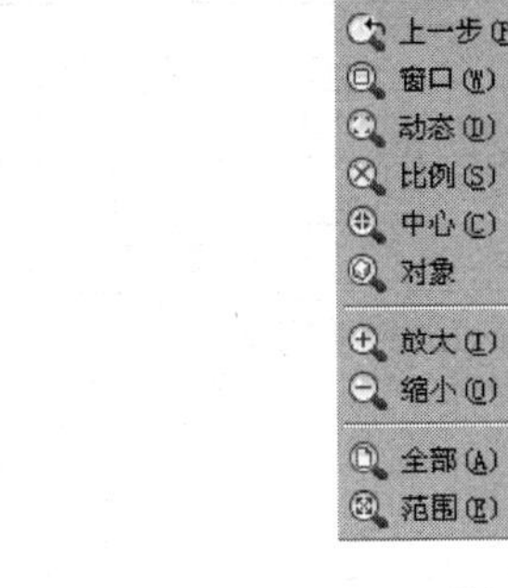

图 3.56 "缩放"子菜单

"缩放"命令的用法非常灵活，具有多个选项来提供不同的功能，其具体功能详见表 3.2。

表 3.2 "缩放"命令功能列表

选项类型	说　明
全部	显示图形界限区域和整个图形范围
范围	显示整个图形范围
比例	以指定的比例因子显示图形范围，比例因子为 1 时，则屏幕保持中心点不变，显示范围的大小与图形界限相同；比例因子为其他值，如 0.5、2 等，则在此基础上缩放。 此外，还可用 n× 的形式指定比例因子，当比例因子为 1×，表示保持当前显示范围不变，为其他值如 0.5×、2× 等，则在当前范围的基础上进行缩放
中心	显示由中心点和高度(或缩放比例)所定义的范围，如图 3.56 所示
窗口	显示由两个角点所定义的矩形窗口内的部分
动态	在屏幕上动态地显示一个视图框，以确定显示范围。视图框的操作同 Aerial View(鸟瞰视图)
上一个	显示前一个视图，最多可恢复此前的 10 个视图
实时	根据鼠标移动的方向和距离确定显示比例。垂直向上移动表示放大，垂直向下移动表示缩小；移动窗口高度的一半距离表示缩放比例为 100%
放大/缩小	用于菜单和工具栏中，相当于指定比例因子为 2×/0.5×

2. 平移

"平移"命令用于在不改变图形显示大小的情况下通过移动图形来观察当前视图中的不同部分。其调用方法为：

- 命令行：PAN(或别名 P)（键盘输入）。
- 工具栏：在"标准"工具栏单击选择"平移"图标 。
- 下拉菜单："视图"→"平移"→"实时"。

执行"平移"命令后，绘图光标变为手形光标 ，在绘图区按住左键并移动手形光标即可实现屏幕上图形的平移操作。

3. 使用 3D 鼠标控制图形的显示

3D 鼠标即微软智能鼠标，这种鼠标除具有两个基本按键外，还有一个滑轮和滑轮按钮。

在 AutoCAD 系统中可以使用 3D 鼠标来控制图形的显示，鼠标各键的功能操作见表 3.3 所示。

表 3.3 3D 鼠标的功能定义

操　　作	功　　能
滚动滑轮	向前为视图放大；向后为视图缩小
双击滑轮按钮	范围缩放
按下滑轮按钮并拖动鼠标	实时平移
按下 Ctrl 键，同时按住滑轮按钮并拖动鼠标	平移

3.8 文件管理

3.8.1 新建图形文件

启动 AutoCAD 系统后，用户可以调用“新建”命令来创建新图形，该命令的执行方式如下：

- 工具栏：选择“标准”工具栏的“新建”图标 。
- 下拉菜单：“文件”→“新建”。

调用该命令后，可以打开“选择样板”对话框，如图 3.57 所示，用户可在对话框中选择相应的样板文件，后缀名为.dwt 文件为标准样板文件。

图 3.57 “选择样板”对话框

3.8.2 打开图形文件

用户可使用“打开”命令在 AutoCAD 中打开已有的图形文件，该命令的执行方式如下：

- 命令行：OPEN（键盘输入）。
- 工具栏：选择“标准”工具栏的“打开”图标 。

• 下拉菜单："文件"→"打开"。

执行"打开"命令后，系统将弹出"选择文件"对话框，如图 3.58 所示。

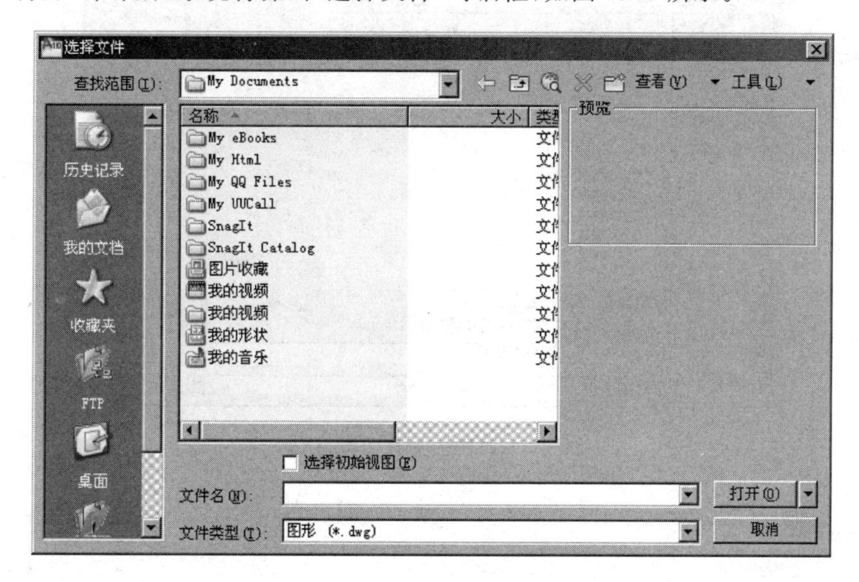

图 3.58 "选择文件"对话框

在"选择文件"对话框中，主要控件作用如下：

(1)"查找范围"下拉列表：定位文件搜索路径，并在其下面的列表中显示当前目录的内容。

(2)"预览"栏：显示选定文件的预览图像。

(3)"文件名"下拉列表：显示选定需要打开的文件名。

(4)"文件类型"下拉列表：指定需要打开的文件的类型。

(5)"打开"按钮 打开(O) ：单击该按钮可打开指定的文件。用户也可以单击该按钮右侧的▼按钮弹出下拉菜单，选择其中的"打开"项来打开指定图形；或选择"以只读方式打开"项将指定文件以只读方式打开，从而避免对该文件的修改。

3.8.3 保存图形文件

对于完成图样绘制后的图形，用户可将其保存在磁盘中。该命令的执行方式为：

• 命令行：QSAVE（键盘输入）。

• 工具栏：选择"标准"工具栏中的"保存"图标 。

• 下拉菜单："文件"→Save。

执行"保存"命令后，若当前图形已经命名存盘，则系统自动将该图形的改变保存覆盖原文件。如果当前图形还没有命名，则系统将弹出"图形另存为"对话框，提示用户指定保存的文件名称、类型和路径，如图 3.59 所示。该对话框中各控件的功能类似于"选择文件"对话框，此处不再复述。

另外，用户还可以将当前的图形文件保存为一个新的文件，该命令的执行方式为：

• 命令行：SAVEAS（键盘输入）。

• 下拉菜单："文件"→"另存为"。

调用该命令后，系统将弹出"图形另存为"对话框，参见图 3.59，存储方式同上。

图 3.59 “图形另存为”对话框

3.8.4 退出

1. 退出当前图形

由于 AutoCAD 为多文档应用环境，因此提供了“关闭”命令来退出当前的图形文件，而不影响其他已打开的文件。该命令的执行方式为：

- 命令行：CLOSE（键盘输入）。
- 单击绘图窗口右上角的“关闭”按钮 ☒。
- 下拉菜单：“文件”→“关闭”。

调用该命令后，AutoCAD 将关闭当前的图形。如果该图形的修改结果还没有保存过，则 AutoCAD 将显示一个警告提示，如图 3.60 所示，提示用户选择是否保存修改结果。

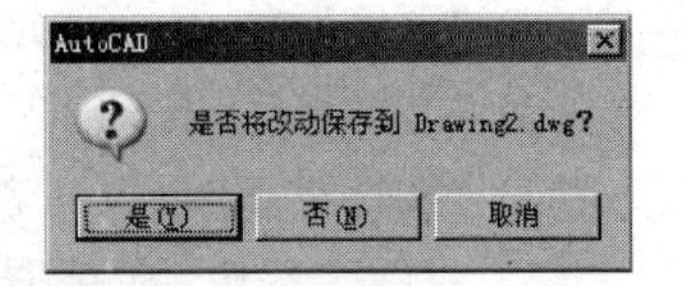

图 3.60 退出当前图形文件的警告提示

2. 退出 AutoCAD 系统

完成图样绘制后，如需退出 AutoCAD 系统，可以使用“退出”命令。该命令的执行方式为：

- 命令行：EXIT（键盘输入）。
- 单击系统窗口右上角的“关闭”按钮 ☒。
- 下拉菜单：“文件”→“退出”。

调用该命令后，可以退出 AutoCAD 应用环境。如果该图形的修改结果还没有保存过，则 AutoCAD 将显示一个警告提示，参见图 3.60，提示用户选择是否保存修改结果。

习题

1. 简述 AutoCAD 2010 的主要功能。
2. 如何启动和退出 AutoCAD 2010？
3. AutoCAD 2010 的界面由哪几部分组成？

4. AutoCAD 的命令输入方式主要有哪些？

5. 列举出 10 个常用简化命令别名。

6. 默认的 AutoCAD 测量角度方向是顺时针还是逆时针？

7. AutoCAD 可以在图形界限外绘制图形吗？

8. 使用绝对坐标、相对极坐标、相对直角坐标完成图 3.61 的绘制。

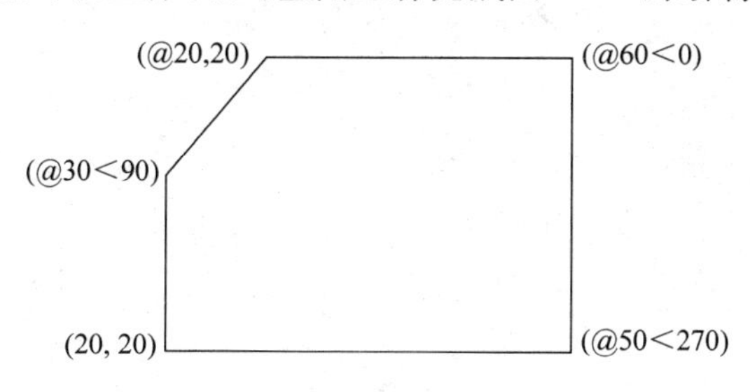

图 3.61　根据坐标绘制图形

9. 按照表 3.4 的要求完成图层的设置。

表 3.4　图层设置要求

图层名称	颜色	线型	线宽	备注
粗实线	白(7 号)	Continuous	0.6	图层的其他属性特征为默认状态
中实线	蓝(5 号)	Continuous	0.3	
细实线	绿(3 号)	Continuous	0.15	
虚线	黄(2 号)	Dashed	0.3	
单点长画线	红(1 号)	Center	0.15	

10. 如何改变 AutoCAD 2010 绘图区的背景颜色？

11. 说明 F3、F6、F7、F8、F9、F10、F11、F12 是状态栏中哪些功能的快捷键。

12. 简述“ZOOM”、“PAN”命令功能上的区别，并练习操作方法。

13. 如何保存图形文件？

第 2 篇

平面图形的绘制

本篇包括：

第 4 章　基本图形的绘制

学习目的与要求

绘图是 AutoCAD 的主要功能，也是最基本的功能，是整个 AutoCAD 的绘图基础。本章主要介绍 AutoCAD 二维绘图的基本命令和编辑方法，以及填充命令的使用。学完本章后，要求能够熟练运用这些基本绘图命令完成基本图形的绘制。

在工程图中，无论多复杂的图形都可以分解成一些基本图形元素，如直线、矩形、多边形、圆、圆弧等。由于这些基本图形的绘制命令经常使用，AutoCAD 将其设置为默认显示的工具栏之一（详见 3.3 节），称为绘图工具栏，里面包含了绘制平面图形所用的基本命令，如图 4.1 所示。

图 4.1　绘图工具栏

4.1　点的绘制

在 AutoCAD 2010 中，几何对象点是用于精确绘图的辅助对象，它可用作对象捕捉和偏移对象的节点或参考点。可以通过“单点”、“多点”、“定数等分”和“定距等分”4 种方法创建点对象。

1. 设置点样式

通常，给定位置直接绘制点时，绘制出的点很小，显示不出来，这是由于 AutoCAD 默认状态下点的大小和样式造成的。因此为了满足绘图过程中绘制点的要求，要对点的大小、样式进行设置。命令执行方式包括以下两种：

- 命令行：DDPTYPE（键盘输入）。
- 下拉菜单：“格式”→“点样式”。

执行命令后，打开“点样式”对话框，如图 4.2 所示，用户可以根据自己的需要进行选择。

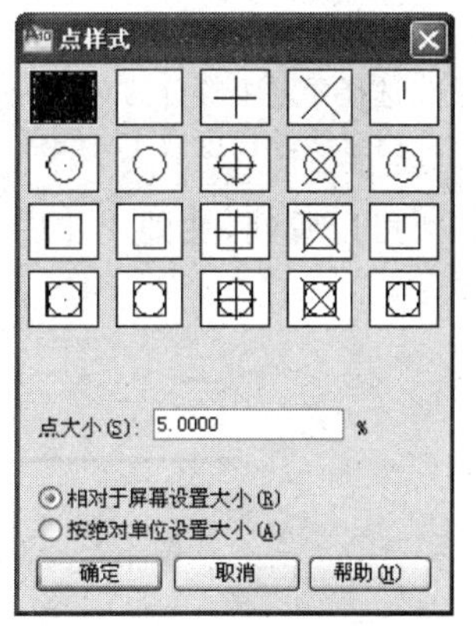

图 4.2　“点样式”对话框

2. 绘制点

调用点命令的方法如下：

- 命令行：POINT（键盘输入）。
- 工具栏：绘图工具栏（见图 4.1）的“点”图标 。
- 下拉菜单：“绘图”→“点”→“单点”。

命令执行过程如下：

```
命令: _point
当前点模式:  PDMODE = 0   PDSIZE = 0
指定点:（指定点的位置）↵
```

指定点:(继续给出一点或确认)↵
指定点:(继续给出一点或确认)↵(绘制完毕后按 Enter 键)

就绘制点本身而言,并没有多少实际意义,但它是我们绘图中重要辅助工具,尤其是"定数等分"和"定距等分",相当于手工绘图的分规工具,可对图形对象进行定数等分或定距等分。

3. 绘制定数等分点

定数等分是在对象上按指定数目等间距地创建点或插入块。这个操作并不是把对象实际等分为单独对象,是在对象定数等分的位置添加节点,作为几何参照点。

调用定数等分点命令的方法如下:

- 命令行:DIVIDE(键盘输入)。
- 下拉菜单:"绘图"→"点"→"定数等分"。

例如将图 4.3 所示直线进行 4 等分。命令执行过程如下:

命令:_divide
选择要定数等分的对象:　　　　(选择要定数等分的直线)
输入线段数目或[块(B)]:4 ↵　(指定要等分的段数,回车结束命令)

可以看到,在图 4.3 中共插入三个等距的点。

4. 绘制定距等分点

定距等分是按指定的长度,从指定的端点测量一个直线、圆弧或多段线,并在其上按长度标记点或块。与定数等分不同的是,定距等分不一定将对象等分。

调用定距等分点命令的方法如下:

- 命令行:MEASURE(键盘输入)。
- 下拉菜单:"绘图"→"点"→"定距等分"。

例如将图 4.4 所示圆弧段 4 等分。命令执行过程如下:

命令:_measure
选择要定距等分的对象:　　　　(选择要定距等分的直线)
指定线段长度或[块(B)]:300 ↵　(指定距离,回车结束命令)

可以看到,在图 4.4 中共插入了 4 个等分点,但右侧末段不等距。

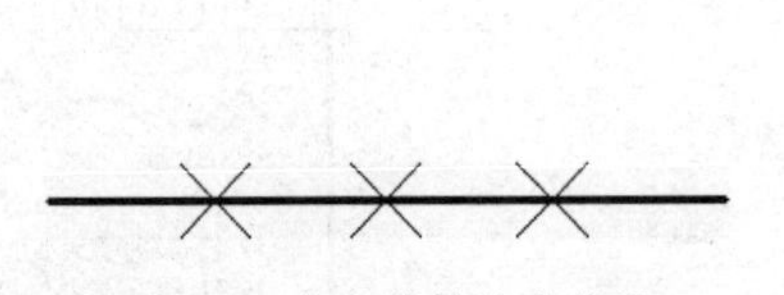

图 4.3　点定数等分直线段

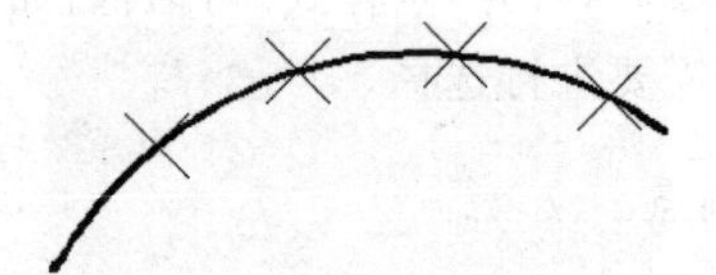

图 4.4　点定距等分圆弧段

4.2　线的绘制

线的种类包括直线、射线、构造线、多段线、多线和样条曲线,它们是绘制图形中出现最多的几何元素。一条线段即是一个图元。在 AutoCAD 中,图元是最小的图形元素,它不能再被分解。一个图形是由若干个图元组成的。

4.2.1 绘制直线

绘制一条直线时必须知道这条直线两个端点的坐标，或者是知道直线的一个端点以及方向和角度。

调用直线命令的方法如下：

- 命令行：LINE（键盘输入）。
- 工具栏：绘图工具栏（见图 4.1）的"直线"图标。
- 下拉菜单："绘图"→"直线"。

命令执行过程如下：

```
命令: _line 指定第一点:(输入直线段的起点,用鼠标指定点或者指定点的坐标)
指定下一点或 [放弃(U)]:(输入直线段的起点)
指定下一点或 [放弃(U)]:(输入下一直线段的端点。输入选项 U 表示放弃前面的输入; 右击选择"确认"命令,或按 Enter 键,结束命令)
指定下一点或 [闭合(C)/放弃(U)]:(输入下一直线段的端点,或输入选项 C 使图形闭合,结束命令)
```

在绘制直线时，可通过单击 Enter 键、鼠标右键、其他工具图标或其他菜单项等结束直线的绘制，否则会一直处于绘制直线状态。处于绘图状态时还可以通过键盘输入 U 来撤销刚刚输入的点，一直可以撤销到最初的第一点。

在绘制直线时，坐标给定点可以精确地定位，但是往往计算坐标很难，且很费时，所以很少用这种方法。最常见的、最精确的是利用捕捉的方法来给定点，使用"对象捕捉"来捕捉特定的点。

绘制直线时还应注意使用"对象追踪"、"极轴追踪"等辅助绘图功能来保证绘图的精确、快速。

4.2.2 绘制射线

射线是以某点为起点，且在单方向上无限延长的直线，它的特点是有起点没终点。射线主要用于创建其他对象的参照。

调用射线命令的方法如下：

- 命令行：RAY（键盘输入）。
- 下拉菜单："绘图"→"射线"。

命令执行过程如下：

```
命令: _ray
指定起点:          (给定起点)
指定通过点:        (给出通过点,画出射线)
指定通过点:        (过起点画出另一条射线,用回车结束命令)
```

指定射线的起点后，可在"指定通过点："提示下指定多个"通过点"绘制以起点为端点的多条射线，直到按 Esc 键或 Enter 键退出为止。

4.2.3 绘制构造线

构造线是在屏幕上生成的向两端无限延长的射线，它没有起点和终点。构造线主要用作绘图时的辅助线。当绘制多视图时,为了保持投影联系,可先画出若干条构造线,再以构造线为基准画图。这种线可以模拟手工作图中的辅助作图线,用特殊的线型显示,在绘图输出时可不作输出。常用于辅助作图。

调用构造线命令的方法如下:

- 命令行:XLINE(键盘输入)。
- 工具栏:绘图工具栏(见图4.1)的"构造线"图标。
- 下拉菜单:"绘图"→"构造线"。

命令执行过程如下:

```
命令: _xline 指定点或 [水平(H)/垂直(V)/角度(A)/二等分(B)/偏移(O)]:
```

其中"水平(H)/垂直(V)/角度(A)/二等分(B)/偏移(O)"等5个选项可绘制出不同的构造线。5个选项的含义是:

(1)"指定点":给出构造线上的一点,系统接着提示指定通过点,过两点画出一条无限长的直线。

(2)"水平(H)或垂直(V)":画一系列平行于 X 轴或平行于 Y 轴的构造线。

(3)"角度(A)":画一系列带有倾角的构造线。

(4)"二等分(B)":用来对角进行平分,要求首先指定角的顶点,然后分别指定构造此角的两条边上两个点,从而画出通过该角顶点的无限长角平分线。

(5)"偏移(O)":画平行于已知直线的构造线。

4.2.4 绘制多段线

多段线是由宽窄相同或不同的线段或圆弧组合而成的。可以利用PEDIT(多段线编辑)命令对多段线进行各种编辑。

调用多段线命令的方法如下:

- 命令行:PLINE(键盘输入)。
- 工具栏:绘图工具栏(见图4.1)的"多段线"图标。
- 下拉菜单:"绘图"→"多段线"。

命令执行过程如下:

```
命令: _pline
指定起点:
当前线宽为 0.0000
指定下一个点或 [圆弧(A)/半宽(H)/长度(L)/放弃(U)/宽度(W)]:
```

其中"圆弧(A)/半宽(H)/长度(L)/放弃(U)/宽度(W)"5个选项的含义如下:

(1)"圆弧(A)":系统以绘制圆弧的方式提示:

指定圆弧的端点或[角度(A)/圆心(CE)/闭合(CL)/方向(D)/半宽(H)/直线(L)/半径(R)/第二个点(S)/放弃(U)/宽度(W)]。

(2)"半宽(H)":设置半线宽。

(3)"长度(L)":给定所要绘制的直线长度。

(4)"放弃(U)":取消最后一条线,可连续使用,实现由后向前的逐一取消。

(5)"宽度(W)":设置线宽,如粗实线的使用。

如果直接用鼠标单击用多段线绘制的图样，会发现图样是一个整体，整个图样都会被选中，可通过“分解”命令使之分解成直线、圆弧等单个简单图形对象，这时原来设置的线宽将消失。如图 4.5 所示。

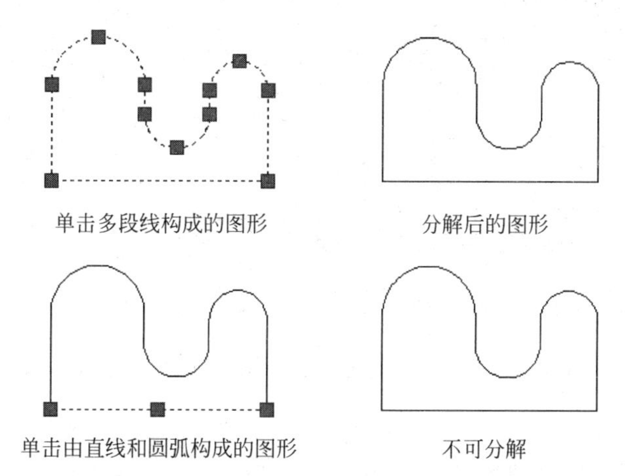

图 4.5　多段线绘制的图样和其他绘图命令绘制的图样比较

例题：绘制 AB、BC、CD 三段不等宽的多段线，如图 4.6 所示。具体操作过程如下：

B　C　D　A

图 4.6　多段线的绘制

```
命令: _pline
指定起点:(给出起始点 A 点位置后回车)
当前线宽为 0.0000
指定下一个点或 [圆弧(A)/半宽(H)/长度(L)/放弃(U)/宽度(W)]:  W ↵
指定起点宽度 <0.0000>: 1  ↵
指定端点宽度 <1.0000>: ↵
指定下一个点或 [圆弧(A)/半宽(H)/长度(L)/放弃(U)/宽度(W)]: @0,8 ↵
                                                        (B 点相对坐标)
指定下一点或 [圆弧(A)/闭合(C)/半宽(H)/长度(L)/放弃(U)/宽度(W)]: W ↵
指定起点宽度 <1.0000>: 0 ↵
指定端点宽度 <0.0000>: ↵
指定下一点或 [圆弧(A)/闭合(C)/半宽(H)/长度(L)/放弃(U)/宽度(W)]: @8,0 ↵
                                                        (C 点相对坐标)
指定下一点或 [圆弧(A)/闭合(C)/半宽(H)/长度(L)/放弃(U)/宽度(W)]: w ↵
指定起点宽度 <0.0000>: 2  ↵
指定端点宽度 <2.0000>: 0  ↵
指定下一点或 [圆弧(A)/闭合(C)/半宽(H)/长度(L)/放弃(U)/宽度(W)]: @8,0 ↵
                                                        (D 点相对坐标)
指定下一点或 [圆弧(A)/闭合(C)/半宽(H)/长度(L)/放弃(U)/宽度(W)]: ↵
                                                        (回车结束命令)
```

以上操作完成 AB、BC、CD 三段线的绘制，在进行编辑的过程中三段线作为一个整体，选中三段线上的任意一点，即选中了这个整体。

4.2.5　绘制多线

多线是一种由多条平行线组成的组合对象。平行线之间的间距和数目是可以调整的，连续绘制的多线是一个图元。多线内的直线线型可以相同，也可以不同。多线常用于绘制建筑图中的墙体、窗图例等平行线对象。在绘制多线前应该对多线样式进行定义,然后用定义的样式绘制多线。

调用多线命令的方法如下:

• 命令行:MLINE(键盘输入)。
• 下拉菜单:"绘图"→"多线"。

命令执行过程如下:

```
命令: _mline
当前设置: 对正 = 上,比例 = 20.00,样式 = STANDARD
指定起点或 [对正(J)/比例(S)/样式(ST)]: (指定起点)
指定下一点: (给定下一点)
指定下一点或 [放弃(U)]: (继续给定下一点; 或输入 U,则放弃前一段的绘制; 单击鼠标右键或回车
键,结束命令)
指定下一点或 [闭合(C)/放弃(U)]: C(继续给定下一点; 或输入 C,则闭合线段; 单击鼠标右键或回车
键,结束命令)
```

在执行命令后,提示"当前设置:对正 = 上,比例 = 20.00,样式 = STANDARD"说明当前的绘图格式是对正方式为上,比例为20.00,多线样式为标准型(STANDARD);第二行为绘制多线的三个选项"对正(J)/比例(S)/样式(ST)",三个选项的含义如下。

(1)"对正(J)":指定多线的对正方式。此时命令行显示"输入对正类型[上(T)/无(Z)/下(B)]<上>:"提示信息。"上(T)"选项表示当从左向右绘制多线时,多线上最顶端的线将随着光标移动;"无(Z)"选项表示绘制多线时,多线的中心线将随着光标移动;"下(B)"选项表示当从左向右绘制多线时,多线上最底端的线将随着光标移动。

(2)"比例(S)":指定所绘制的多线的宽度,相对于多线的定义宽度的比例因子,该比例不影响多线的线型比例。

(3)"样式(ST)":指定绘制的多线的样式,默认为标准(STANDARD)型。当命令行显示"输入多线样式名或[?]:"提示信息时,可以直接输入已有的多线样式名,也可以输入"?",显示已定义的多线样式。

1. 定义多线样式

调用多线定义命令的方法如下。

• 命令行:MLSTYLE(键盘输入)。
• 下拉菜单:"格式"→"多线样式"。

系统执行该命令后,打开如图4.7所示"多线样式"对话框。

可以根据需要创建多线样式,设置其线条数目和线的拐角方式。该对话框中各选项的功能如下。

(1)"样式"列表框:显示已经加载的多线样式。

(2)"置为当前"按钮:在"样式"列表中选择需要使用的多线样式后,单击该按钮,可以将其设置为当前样式。

(3)"新建"按钮:单击该按钮,打开"创建新的多线样式"对话框,可以创建新多线样式,如图4.8所示。

(4)"修改"按钮:单击该按钮,打开"修建多线样式"对话框,可以修改创建的多线样式。

(5)"重命名"按钮:重命名"样式"列表中选中的多线样式名称,但不能重命名标准

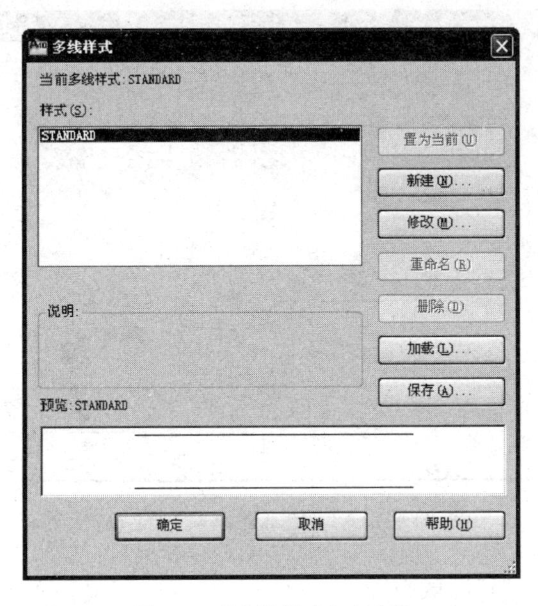

图 4.7　“多线样式”对话框

(STANDARD)样式。

(6)“删除”按钮：删除“样式”列表中选中的多线样式。

(7)“加载”按钮：单击该按钮，打开“加载多线样式”对话框，如图 4.9 所示。可以从中选取多线样式并将其加载到当前图形中，也可以单击“文件”按钮，打开“从文件加载多线样式”对话框，选择多线样式文件。默认情况下，AutoCAD 2010 提供的多线样式文件为 acad.mln。

图 4.8　“创建新的多线样式”对话框

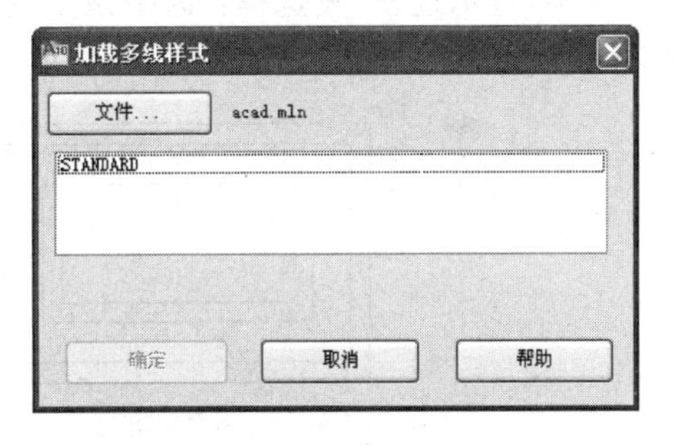

图 4.9　“加载多线样式”对话框

(8)“保存”按钮：打开“保存多线样式”对话框，可以将当前的多线样式保存为一个多线文件(*.mln)。

此外，当选中一种多线样式后，在对话框的“说明”和“预览”区域中还将显示该多线样式的说明信息和样式预览。

2. 创建多线样式

在“创建新的多线样式”对话框中单击“继续”按钮，将打开“新建多线样式”对话框，可以通过设置封口、填充、元素特性等内容创建新的多线样式，如图 4.10 所示。该对话框中各选项的功能如下。

(1)“说明”文本框：用于输入多线样式的说明信息。当在“多线样式”列表中选中多线

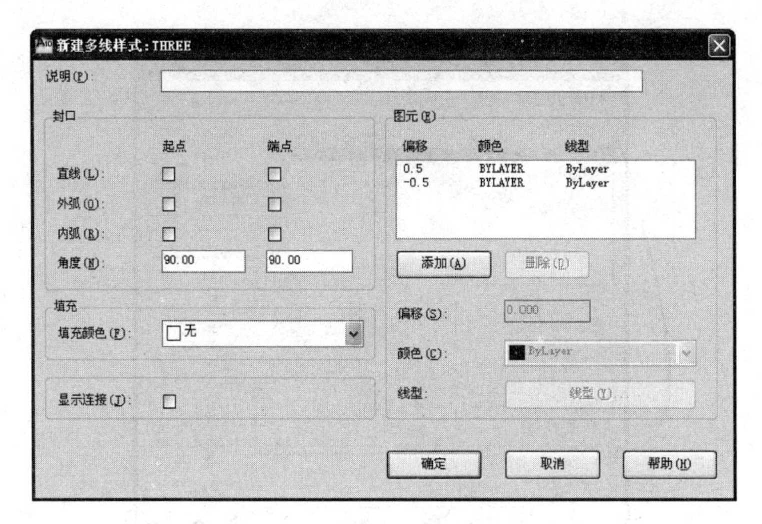

图 4.10 “新建多线样式”对话框

时,说明信息将显示在“说明”区域中。

(2)“封口”选项区域:用于控制多线起点和端点处的样式。可以为多线的每个端点选择一条直线或弧线,并输入角度。其中,“直线”穿过整个多线的端点,“外弧”连接最外层元素的端点,“内弧”连接成对元素,如果有奇数个元素,则中心线不相连。

(3)“填充”选项区域:用于设置是否填充多线的背景。可以从“填充颜色”下拉列表框中选择所需的填充颜色作为多线的背景。如果不使用填充色,则在“填充颜色”下拉列表框中选择“无”选项即可。

(4)“显示连接”复选框:选中该复选框,可以在多线的拐角处显示连接线,否则不显示,如图 4.11 所示。

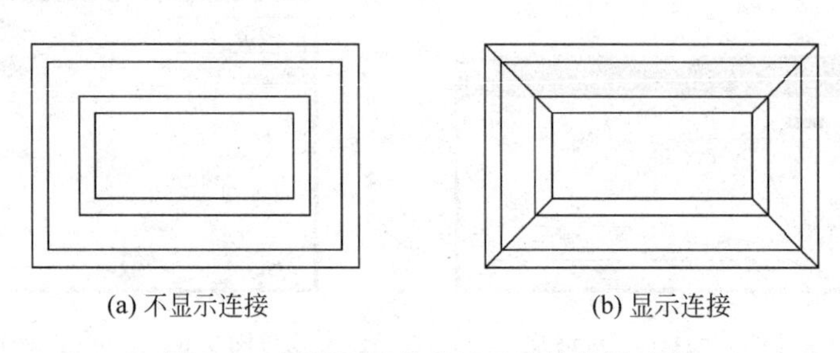

(a) 不显示连接　　(b) 显示连接

图 4.11 不显示连接和显示连接结果对比

(5)“图元”选项区域:可以设置多线样式的元素特性,包括多线的线条数目、每条线的颜色和线型等特性。其中,“图元”列表框中列举了当前多线样式中线条元素及其特性,包括线条元素相对于多线中心线的偏移量、线条颜色和线型。如果要增加多线中线条的数目,可单击“添加”按钮,在“图元”列表中将加入一个偏移量为 0 的新线条元素;通过“偏移”文本框设置线条元素的偏移量;在“颜色”下拉列表中设置当前线条的颜色;单击“线型”按钮,使用打开的“线型”对话框设置线条元素的线型。如果要删除某一线条,可在“图元”列表框中选中该线条元素,然后单击“删除”按钮即可。

3. 编辑多线样式

调用多线编辑命令的方法如下:

- 命令行：MLEDIT（键盘输入）。
- 下拉菜单："修改"→"对象"→"多线"。

系统执行该命令后，弹出如图 4.12 所示"多线编辑工具"对话框。

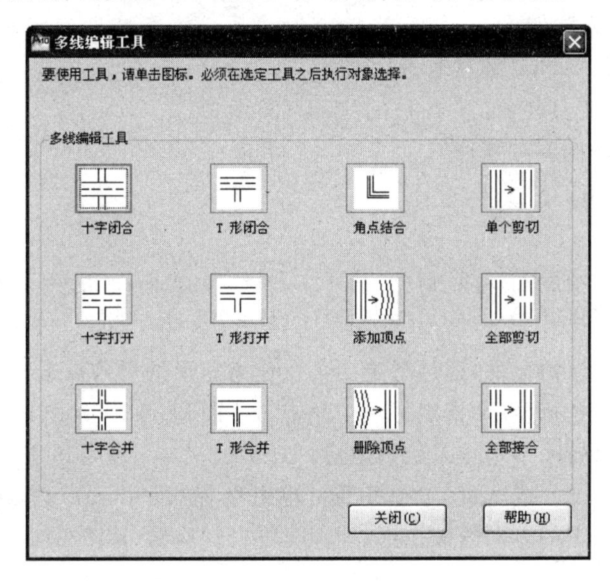

图 4.12　"多线编辑工具"对话框

利用该对话框，可以创建或修改多线模式。对话框中分 4 列显示了示例图形。其中，第 1 列为十字交叉形式多线，第 2 列为 T 形多线，第 3 列为角点结合多线，第 4 列为多线被剪切或连接的形式。单击选择某个示例图形，然后单击"确定"按钮，就可以调用该项编辑功能。

下面以"T 形合并"为例介绍多线编辑方法。把选择的两条交叉线进行 T 形合并，选择该选项后，出现如下提示。

```
命令：_mledit
选择第一条多线：(选择第一条多线)
选择第二条多线：(选择第二条多线)
选择第一条多线 或 [放弃(U)]：↵  (回车结束命令)
```

可以继续选择多线进行操作，结果如图 4.13 所示。

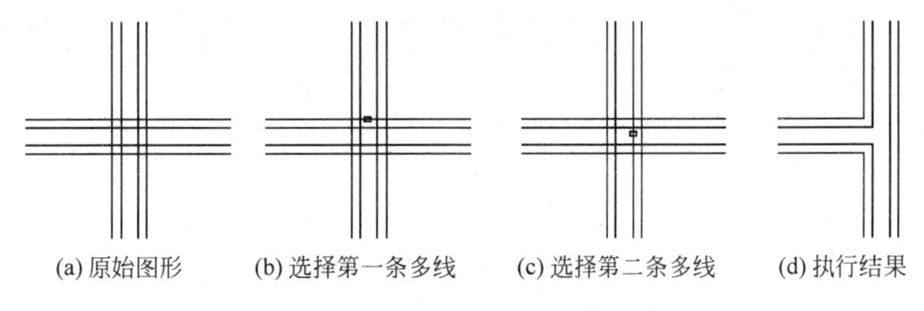

图 4.13　多线 T 形合并编辑效果

4.3　矩形和正多边形的绘制

矩形是多边形的一种，它们都是图形绘制中经常遇到的图形对象。正多边形在制图中经常出现，手工绘制过程非常麻烦，而且有些多边形很难绘制。AutoCAD 为我们提供了绘制矩形和多边形的绘图命令,可以轻松地将它们绘制出来。

1. 绘制矩形

调用矩形命令的方法如下:

- 命令行:RECTANG(键盘输入)。
- 工具栏:绘图工具栏(见图 4.1)的“矩形”图标 ▭。
- 下拉菜单:“绘图”→“矩形”。

命令执行过程如下:

```
命令: _rectang
指定第一个角点或 [倒角(C)/标高(E)/圆角(F)/厚度(T)/宽度(W)]:(指定矩形角点位置)
指定另一个角点或 [面积(A)/尺寸(D)/旋转(R)]: (指定矩形另一对角点位置)
```

在执行命令后,默认情况下,通过指定两个点作为矩形的对角点来绘制矩形。当指定了矩形的第一个角点后,命令行显示“指定另一个角点或[面积(A)/尺寸(D)/旋转(R)]:”的提示信息,这时可直接指定另一个角点来绘制矩形,如图 4.14(a);也可以选择“面积(A)”选项,通过指定矩形的面积和长度(或宽度)绘制矩形;也可选择“尺寸(D)”选项,通过指定矩形的长度、宽度和矩形另一角点的方向绘制矩形;也可以选择“旋转(R)”选项,通过指定旋转的角度和拾取两个参考点绘制矩形。

另外,也可通过“倒角(C)/标高(E)/圆角(F)/厚度(T)/宽度(W)”5 个选项绘制出倒角矩形、圆角矩形、有线宽的矩形等多种矩形,如图 4.14 所示。

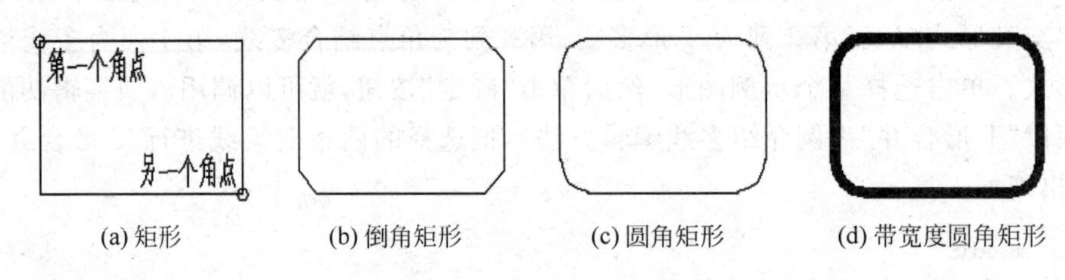

(a) 矩形　(b) 倒角矩形　(c) 圆角矩形　(d) 带宽度圆角矩形

图 4.14　矩形的各种形式

5 个选项的意义如下:

(1)“倒角(C)”:绘制一个带倒角的矩形。此时需要指定矩形的两个倒角距离。当设定了倒角距离后,仍返回“指定第一个角点或[倒角(C)/标高(E)/圆角(F)/厚度(T)/宽度(W)]:”提示,提示用户完成矩形绘制。如图 4.14(b)所示。

(2)“标高(E)”:指定矩形所在的平面高度。默认情况下,矩形在 *XY* 平面内。该选项一般用于三维绘图。

(3)“圆角(F)”:绘制一个带圆角的矩形。此时需要指定矩形的圆角半径。如图 4.14(c)所示。

(4)“厚度(T)”:按已设定的厚度绘制矩形,该选项一般用于三维绘图。

(5)“宽度(W)”:按已设定的线宽绘制矩形,此时需要指定矩形的线宽。如图 4.14(d)所示。

2. 绘制正多边形

调用正多边形命令的方法如下:

- 命令行：POLYGON（键盘输入）。
- 工具栏：绘图工具栏(见图 4.1)的“正多边形”图标 。
- 下拉菜单：“绘图”→“正多边形”。

命令执行过程如下：

```
命令：_polygon 输入边的数目 <4>: 5 ↵
指定正多边形的中心点或 [边(E)]: 指定一个点
输入选项 [内接于圆(I)/外切于圆(C)] <I>:
指定圆的半径:
```

默认情况下，可以使用多边形的外接圆或内切圆来绘制多边形。当指定多边形的中心点后，命令行显示“输入选项［内接于圆(I)/外切于圆(C)］<I>：”提示信息。选择“内接于圆”选项，表示绘制的多边形将内接于假想的圆；选择“外切于圆”选项，表示绘制的多边形将外切于假想的圆。此外，如果在命令行的提示下选择“边(E)”，可以以指定的两个点作为多边形一条边的两个端点来绘制多边形。采用“边”选项绘制多边形时，系统总是从第 1 个端点到第 2 个端点，沿当前角度方向绘制出多边形。

4.4　常用曲线的绘制

在图样中出现比较多的几何元素除了各种直线外就是圆弧类图线，如圆、圆弧、圆环及椭圆等。这类图线绘制和我们使用传统圆规手工作图过程类似，首先要给定位置，如圆心所在的位置，然后给定半径或直径；若是弧，还需要给定包含角或起始、终止位置。

1. 绘制圆

调用圆命令的方法如下：

- 命令行：CIRCLE（键盘输入）。
- 工具栏：绘图工具栏(见图 4.1)的“圆”图标 。
- 下拉菜单：“绘图”→“圆”。

命令执行过程如下：

```
命令：_circle 指定圆的圆心或 [三点(3P)/两点(2P)/相切、相切、半径(T)]:
```

各个选项分别提供了不同的画圆方法。各选项含义如下。

(1)“圆心”：已知圆心和半径(直径)画圆。当指定圆心后，命令行显示“指定圆的半径或［直径(D)］：”的提示信息，给定半径或直径就可画出圆。这是最常用的画圆方式，也是和传统绘图习惯非常一致的。

(2)“三点(3P)”：指定三个点的位置，可绘制出通过该三点的圆。

(3)“两点(2P)”：以给定的两个点为直径的两端点画圆。

(4)“相切、相切、半径(T)”：给定半径，与已经存在的两个相切对象画圆。具体操作如下：

步骤 1：单击“绘图”→“圆”→“相切、相切、半径”菜单命令。

步骤 2：当命令行出现“选取第一切点：”提示时，输入第一个切点。

步骤 3：当命令行出现“选取第二切点：”提示时，输入第二个切点。

步骤 4：当命令行出现“圆半径：”提示时，输入公切圆的半径。

如图 4.15 所示的圆就是用“相切、相切、半径”方式画的圆。图 4.15 中的圆弧 $R80$、$R36$

就是分别用半径 80 和半径 36 与已知圆弧 $\phi32$、$\phi44$ 相切画出的。

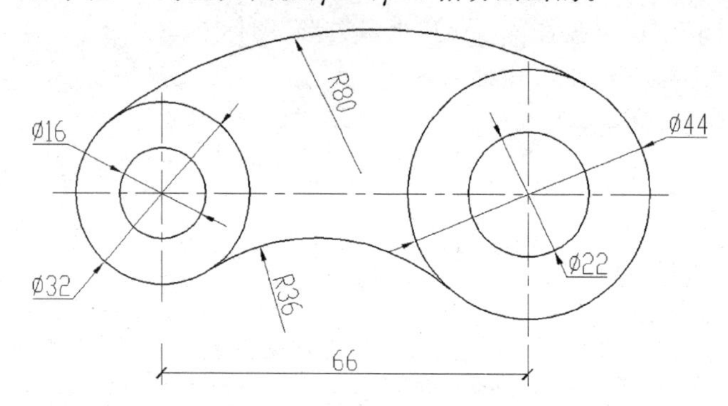

图 4.15 绘制圆命令中"相切、相切、半径(T)"选项的应用

注意：在公切圆画出前，显然不能精确定位切点，切点只是一个大致位置。由于所选的切点位置的不同，系统会自动识别完成相切的最近位置，可能是内切，也可能外切。

(5)"相切、相切、相切(A)"：与已经存在的三个相切对象画圆。这个选项只有使用下拉菜单调用画圆命令时才能使用。

另外，在执行画圆命令时，如果在命令提示输入半径或者直径时，所输入的值无效，如英文字母、负值或给定的半径无法与两个已知对象相切等，系统将显示"需要数值半径、圆周上的点或直径(D)"、"值必须为正且非零"、"圆不存在"等信息，并提示重新输入值或者退出该命令。

2. 绘制圆弧

调用圆弧命令的方法如下：

- 命令行：ARC（键盘输入）。
- 工具栏：绘图工具栏(见图 4.1)的"圆弧"图标。
- 下拉菜单："绘图"→"圆弧"。

命令执行过程如下：

```
命令：_arc 指定圆弧的起点或 [圆心(C)]:
指定圆弧的第二个点或 [圆心(C)/端点(E)]:
指定圆弧的端点:
```

系统提供了 11 种画圆弧的方法。下面通过其中两种画圆弧的方法说明圆弧命令的用法，如图 4.16 所示。

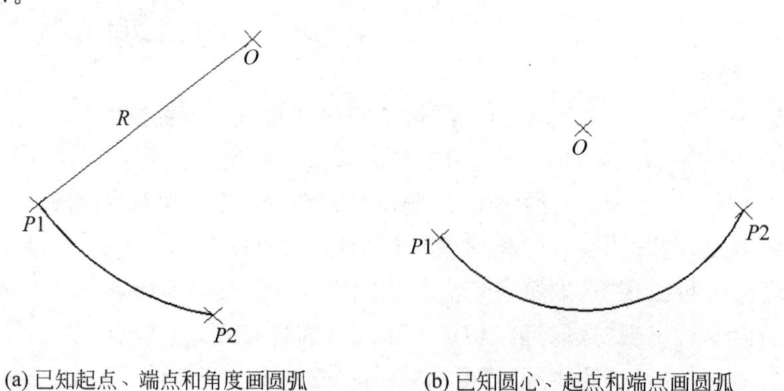

(a) 已知起点、端点和角度画圆弧　(b) 已知圆心、起点和端点画圆弧

图 4.16 圆弧的两种画法

(1) 已知起点、端点和角度画圆弧，如图 4.16(a)所示。

```
命令: _arc 指定圆弧的起点或 [圆心(C)]: 30,40                (输入圆弧起点 P1)
指定圆弧的第二个点或 [圆心(C)/端点(E)]: e                    (指定端点方式)
指定圆弧的端点: 80,10                                        (输入圆弧终点 P2)
指定圆弧的圆心或 [角度(A)/方向(D)/半径(R)]: a                (选择角度方式)
指定包含角: 45                                               (输入角度值)
```

(2) 已知圆心、起点和端点画圆弧，如图 4.16(b)所示。

```
命令: _arc 指定圆弧的起点或 [圆心(C)]: C                     (选择圆心方式)
指定圆弧的圆心: 80,90                                        (输入圆心 O)
指定圆弧的起点: 40,60                                        (输入圆弧起点 P1)
指定圆弧的端点或 [角度(A)/弦长(L)]: 120,70                   (输入圆弧端点 P2)
```

3. 绘制椭圆

调用椭圆命令的方法如下：

- 命令行：ELLIPSE（键盘输入）。
- 工具栏：绘图工具栏(见图 4.1)的“椭圆”图标。
- 下拉菜单：“绘图”→“椭圆”。

命令执行过程如下：

```
命令: _ellipse
指定椭圆的轴端点或 [圆弧(A)/中心点(C)]:
```

其中三个选项分别代表三种绘制椭圆的方法，如图 4.17 所示。

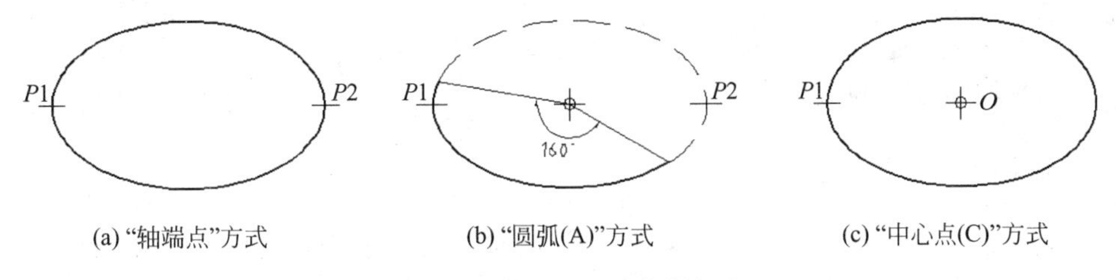

(a)“轴端点”方式　(b)“圆弧(A)”方式　(c)“中心点(C)”方式

图 4.17　椭圆的三种绘制方法

各选项的含义如下。

(1)“轴端点”：通过长短轴端点绘制椭圆，如图 4.17(a)所示。

```
命令: _ellipse
指定椭圆的轴端点或 [圆弧(A)/中心点(C)]:P1                  (给定长短轴端点 P1)
指定轴的另一个端点:  P2                                     (给定长短轴端点 P2)
指定另一条半轴长度或 [旋转(R)]: 30                          (给定另一半轴长度)
```

(2)“圆弧(A)”：主要用来绘制椭圆弧，它可以有多种方法绘制，下面介绍其中的一种，如图 4.17(b)所示。

```
命令: _ellipse
指定椭圆的轴端点或 [圆弧(A)/中心点(C)]: A                   (给定 A 方式)
指定椭圆弧的轴端点或 [中心点(C)]: P1                        (给定长短轴端点 P1)
指定轴的另一个端点: P2                                      (给定长短轴端点 P2)
```

```
指定另一条半轴长度或 [旋转(R)]: 30                               (给定另一半轴长度)
指定起始角度或 [参数(P)]: - 10                                   (给定起始角度)
指定终止角度或 [参数(P)/包含角度(I)]: 150                         (给定终止角度)
```

(3)"中心点(C)":指定椭圆中心画椭圆,如图 4.17(c)所示。

```
命令: _ellipse
指定椭圆的轴端点或 [圆弧(A)/中心点(C)]: C                         (选择 C 方式)
指定椭圆的中心点:O                                               (给定椭圆中心 O)
指定轴的端点:P1                                                  (给定轴端点 P1)
指定另一条半轴长度或 [旋转(R)]: R                                 (给定旋转项)
指定绕长轴旋转的角度: 60                                          (给定旋转角度)
```

4. 绘制圆环

圆环是填充环或实体填充圆,即带有宽度的闭合多段线。

要创建圆环,请指定它的内外直径和圆心。通过指定不同的中心点,可以继续创建具有相同直径的多个副本。要创建实体填充圆,请将内径值指定为 0。如图 4.18 所示。

图 4.18 圆环画法

调用圆环命令的方法如下:

- 命令行:DONUT (键盘输入)。
- 下拉菜单:"绘图"→"圆环"。

命令执行过程如下:

```
命令: _donut
指定圆环的内径 <0.5000>: 12                                      (输入圆环内径)
指定圆环的外径 <1.0000>: 15                                      (输入圆环外径)
指定圆环的中心点或 <退出>: 100,100                                (输入圆环圆心 O)
指定圆环的中心点或 <退出>: ↵                                      (回车结束命令)
```

5. 绘制样条曲线

样条曲线是通过一组给定点的光滑曲线,通常使用该命令绘制工程图样中的不规则曲线、波浪线以及规划图中的道路等。

调用样条曲线命令的方法如下:

- 命令行:SPLINE (键盘输入)。
- 工具栏:绘图工具栏(见图 4.1)的"样条曲线"图标 ~ 。
- 下拉菜单:"绘图"→"样条曲线"。

执行 spline 命令后,命令行提示:

```
命令: _spline
指定第一个点或 [对象(O)]:
指定下一点:
指定下一点或 [闭合(C)/拟合公差(F)] <起点切向>:
指定下一点或 [闭合(C)/拟合公差(F)] <起点切向>: ↵(回车确定起点切向)
指定起点切向:
指定端点切向:
```

其中各项说明如下:

(1) 闭合(C)：生成一条闭合的样条曲线。

(2) 拟合公差(F)：键入曲线的偏差值。值越大，曲线就相对越平滑。

(3) 起始切点：给定起始点切线。

(4) 终点相切：给定终点切线。

4.5 图案填充的绘制

图案填充是使用一种图案来填充某一区域。在工程图样中，可用填充图案表达剖切的断面区域，根据断面材料的不同，可使用不同的填充图案。创建图案填充有两个关键问题：一个是确定填充的边界，即需定义的填充区域、范围；另一个是填充图案的特性。

4.5.1 基本概念

1. 图案边界

当进行图案填充时，首先要确定填充的边界。可以作为边界的对象只能是直线、双向射线、单向射线、多段线、样条曲线、圆弧、圆、椭圆、椭圆弧、面域等对象，或用这些对象定义的块，而且作为边界的对象在当前屏幕上必须全部可见。

2. 孤岛

在进行图案填充时，把位于总填充区域的封闭区域称为孤岛，如图 4.19 所示。图案填充时，AutoCAD 允许用户以拾取点的方式确定填充边界，即在希望填充的区域内任意点取一点，AutoCAD 会自动确定出填充边界，同时也确定该边界内的岛；如果用户是以点取对象的方式确定填充边界的，则必须确切地点取这些岛。

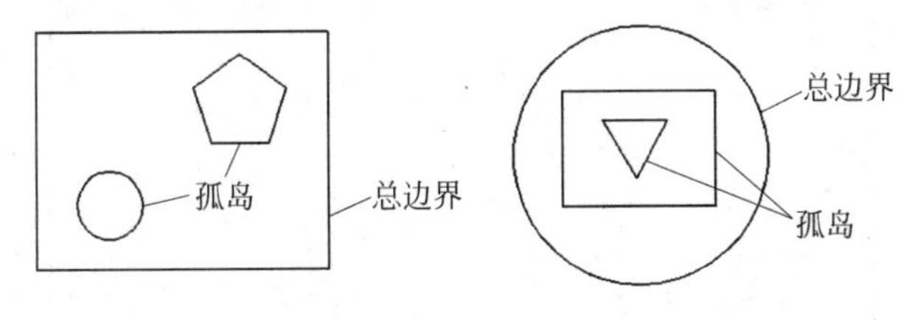

图 4.19 孤岛的概念

3. 填充方式

在进行图案填充时，需要控制填充的范围，AutoCAD 为用户设置了三种填充方式实现对填充范围的控制。

(1) 普通方式，如图 4.20(a)所示。该方式从边界开始，填充图案由边界向内填充，遇到内部对象与之相交时，填充图案断开，直到遇到下一次相交时再继续画。采用这种方式时，要避免剖面线或符号与内部对象的相交次数为奇数。该方式为系统的默认方式。

(2) 最外层方式，如图 4.20(b)所示。该方式从边界向内画填充图案，只要在边界内部与对象相交，剖面符号便由此断开，而不再继续画。

(3) 忽略方式，如图 4.20(c)所示。该方式忽略边界内的对象，所有内部结构都被填充图案覆盖。

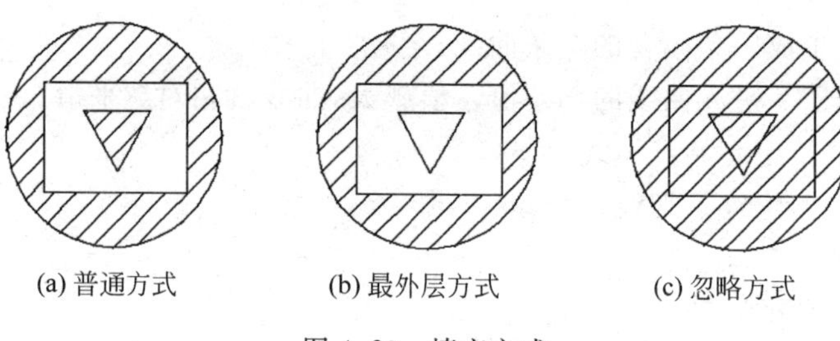

图 4.20 填充方式

4.5.2 图案填充

调用图案填充命令的方法如下：

- 命令行：BHATCH（键盘输入）。
- 工具栏：绘图工具栏(见图 4.1)的“图案填充”图标。
- 下拉菜单：“绘图”→“图案填充”。

命令执行后，弹出“图案填充和渐变色”对话框。在对话框中，可以填充封闭的区域或指定的边界，还可以设定填充图案的旋转角度，此对话框包括“图案填充”和“渐变色”两个选项卡，如图 4.21 所示。在这个对话框的右下角有个按钮，单击这个按钮，对话框右边出现孤岛信息，如图 4.22 所示。

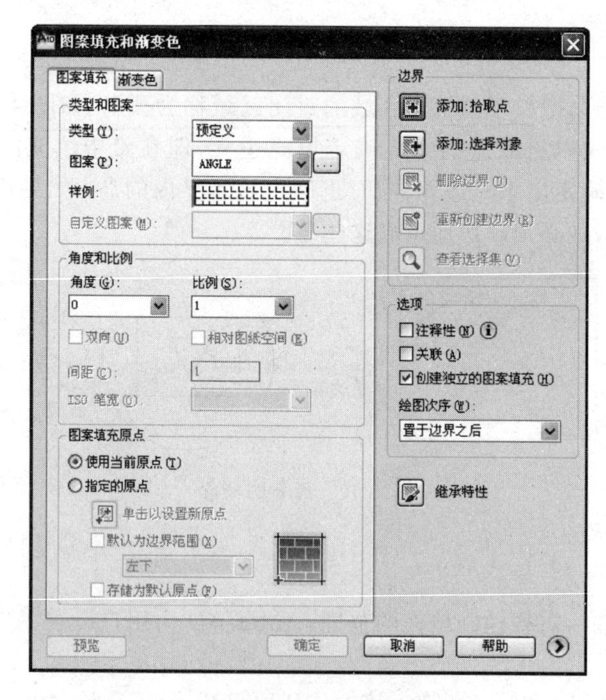

图 4.21 “图案填充和渐变色”对话框(一)

1. “图案填充”选项卡

此选项卡中的各选项用来确定图案及其参数。下面介绍各选项的含义。

(1) “类型”：用于确定填充图案的类型及图案，包括“预定义”、“用户定义”和“自定义”三个选项。其中，选择“预定义”选项，可以使用 AutoCAD 提供的图案；选择“用户定义”选项，则

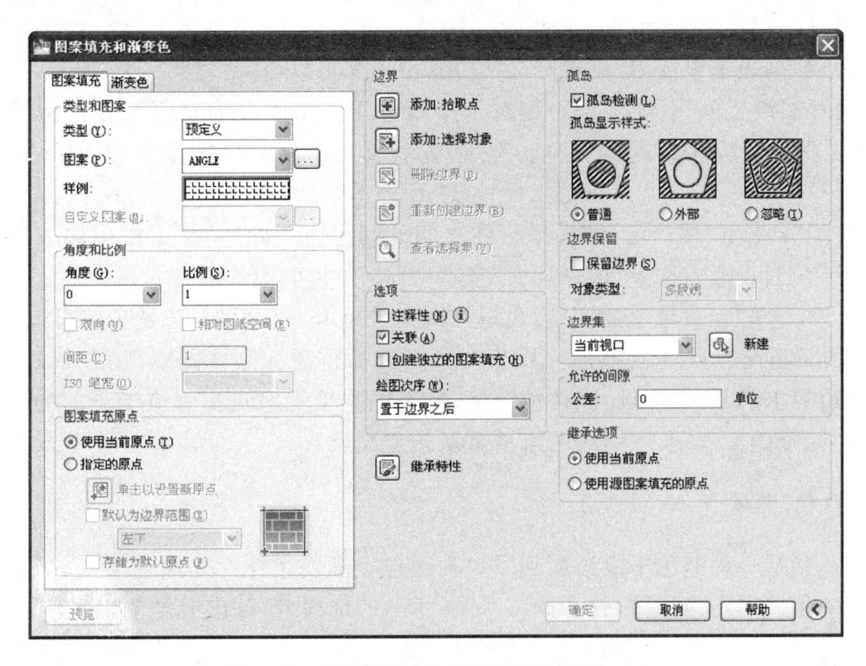

图 4.22　"图案填充和渐变色"对话框(二)

需要临时定义填充图案,与命令行方式中的 U 选项作用一样;选择"自定义"选项,可以使用事先定义好的图案。

(2)"图案":用于确定标准图案文件中的填充图案。在弹出的下拉列表中,用户可从中选取填充图案。选取所需要的填充图案,在"样例"框内会显示出该图案。只有用户在"类型"下拉列表中选择了"预定义",此项才以正常亮度显示,即允许用户从自己定义的图案文件中选取填充图案。

如果选择的图案类型是"预定义",单击"图案"下拉列表框右边的 ... 按钮,会弹出如图 4.23 所示的对话框,该对话框中显示出预定义所有的图案,用户可从中确定所需要的图案。

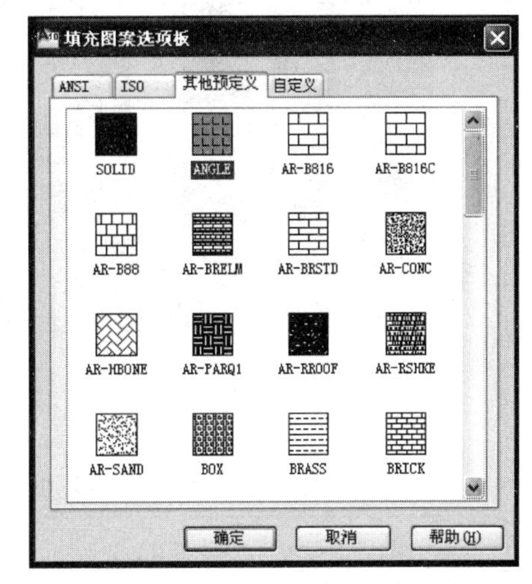

图 4.23　图案列表

(3)"样例":用来给出一个样本图案。用户可以通过单击该图案迅速查看或选取已有的填充图案。

(4)"自定义图案":用于从用户定义的填充图案中进行选取。只有在"类型"下拉列表框中选用"自定义"选项后,该项才以正常亮度显示,即允许用户从自己定义的图案文件中选取填充图案。

(5)"角度":用于确定填充图案时的旋转角度。每种图案的旋转角度默认为零,用户可在"角度"下拉列表框中输入所希望的旋转角度。

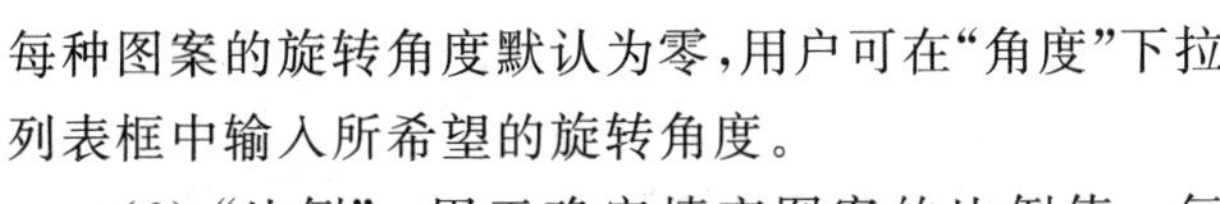

(6)"比例":用于确定填充图案的比例值。每种图案的初始比例为 1,用户可以根据需要放大或缩小。方法是在"比例"下拉列表框内输入相应的比例值。在"类型"下拉列表框中选择"用户定义"选项时该选项不可以使用。

(7)“双向”：用于确定用户定义的填充线是一组平行线，还是相互垂直的平行线。只有当在“类型”下拉列表框中选用“用户定义”选项，该项才可以使用。

(8)“相对图纸空间”：确定是否相对于图纸空间单位确定填充图案的比例值。选择此选项，可以按适合于版面布局的比例方便地显示填充图案。该选项仅仅适用于图形版面编辑。

(9)“间距”：指定“用户定义”中平行线之间的间距，在“间距”文本框内输入值即可。只有在“类型”下拉列表框中选中“用户定义”选项后，该项才可以使用。

(10)“ISO 笔宽”：设置笔的宽度，当填充图案采用 ISO 图案时，该选项才可以使用。

(11)“图案填充原点”：控制填充图案生长的起始位置。某些图案填充(如砖块图案)需要对齐填充边界上的某一个点。默认情况下，所有图案填充原点都对应于当前的 UCS 原点。也可以选择“指定的原点”及下一级的选项重新指定原点。

2.“渐变色”选项卡

渐变色是指从一种颜色平滑过渡到另一种颜色。渐变色能产生颜色渐变的效果，可为图形添加视觉效果。单击该选项，打开如图 4.24 所示的选项卡，各选项含义如下。

(1)“单色”：用于对所选择的对象进行单色渐变填充。首先可以看到在颜色下面的显示框显示了用户选择的真彩色，或上一次填充时使用的单色颜色，单击颜色显示框右边的小按钮，系统打开“选择颜色”对话框，如图 4.25 所示，可以选择索引颜色、真彩色或配色系统颜色，设置需要的填充颜色。

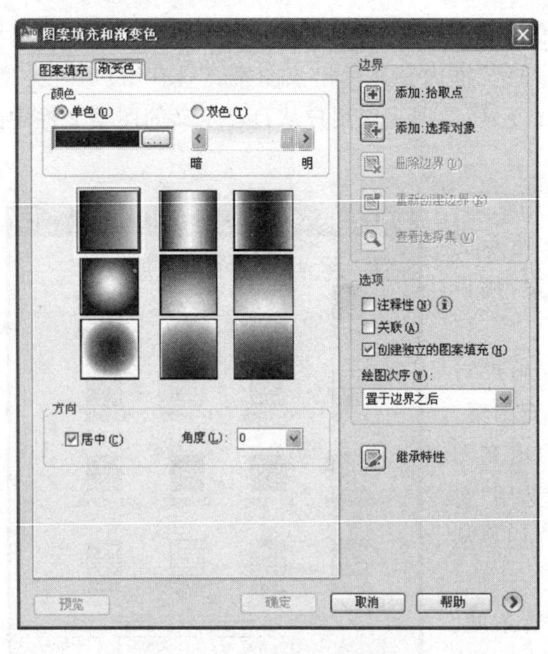

图 4.24 “渐变色”选项卡

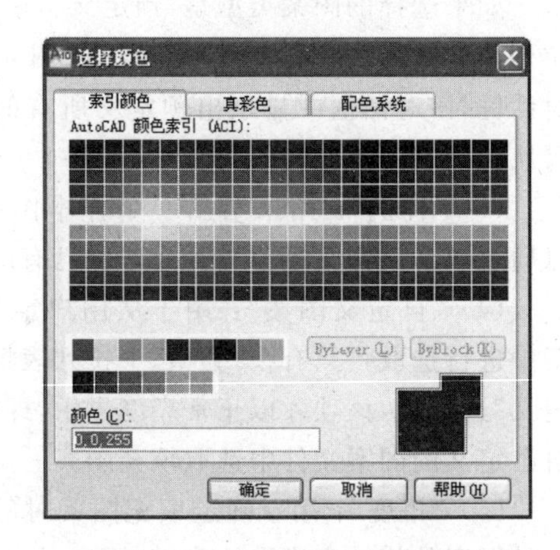

图 4.25 “选择颜色”对话框

(2)“双色”：用于对所选择的对象进行双色渐变填充。填充颜色将从颜色 1 渐变到颜色 2。颜色 1 和颜色 2 的选取与单色选取类似。

(3)“渐变方式”：在“渐变色”选项卡的下方有 9 种渐变方式样板，包括线性、球形和抛物线形等方式。

（4）“居中”：该复选框决定渐变填充是否居中。

（5）“角度”：在该下拉列表中选择角度，此角度为渐变色倾斜的角度。

3. 边界

（1）“添加：拾取点”：以拾取点的形式自动确定填充区域的边界。在填充的区域内任意拾取一点，系统自动确定出包围该点的封闭填充边界，边界以虚线显示，如图 4.26 所示。

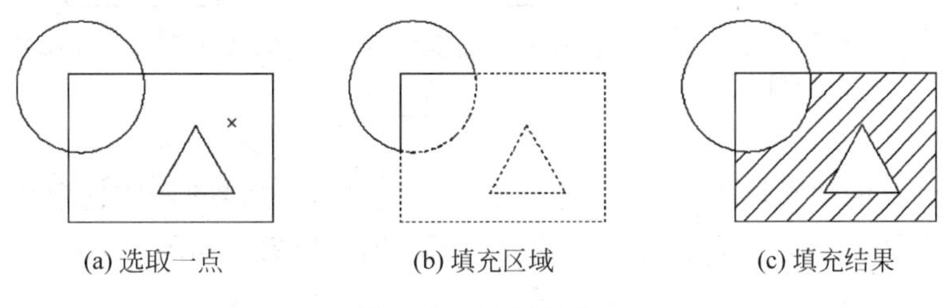

图 4.26 边界确定

（2）“添加：选择对象”：以选取对象的方式确定填充区域的边界。用户可以根据需要选取构成填充区域的边界。同样，被选择的边界也会以虚线显示，如图 4.27 所示。

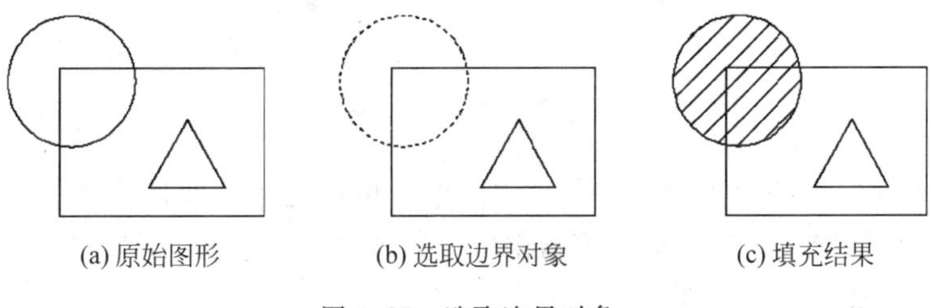

图 4.27 选取边界对象

（3）“删除边界”：从边界定义中删除已经选择的边界对象，如图 4.28 所示。

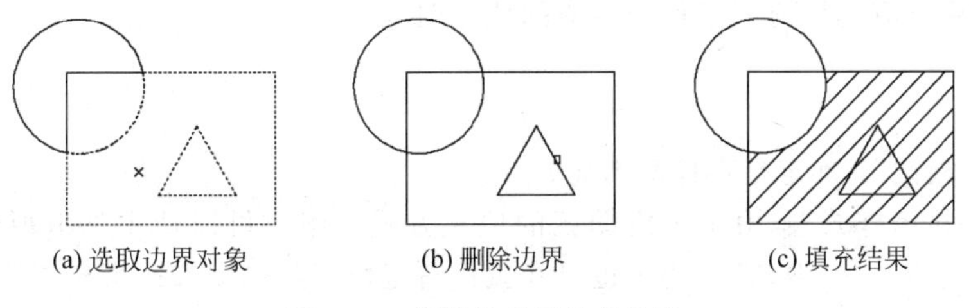

图 4.28 删除边界后的新边界

（4）“重新创建边界”：围绕选定的图案填充或填充对象创建多段线或面域。

（5）“查看选择集”：查看填充区域的边界。单击该按钮，系统将临时切换到绘图屏幕，将所选择的作为填充边界的对象以虚线方式显示。只有通过“添加：拾取点”按钮或“添加：选择对象”按钮选取了填充边界，“查看选择集”按钮才可以使用。

4. 选项

（1）“注释性”：用于确定填充图案是否有注释性。

（2）“关联”：用于确定填充图案与边界的关系。若选中该项，则填充的图案与填充边界保持着关联关系，即图案填充后，当用钳夹（Grips）功能对边界进行拉伸等编辑操作时，填充图案会随着边界的拉伸而拉伸,如图 4.29 所示。

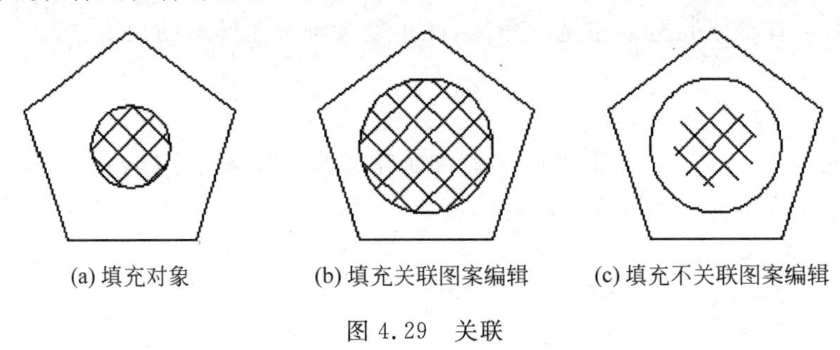

图 4.29　关联

(3)"创建独立的图案填充":当指定了几个独立的闭合边界时,该选项用于控制是创建一个整体的图案填充对象,还是创建多个独立的图案填充对象。如图 4.30 所示。

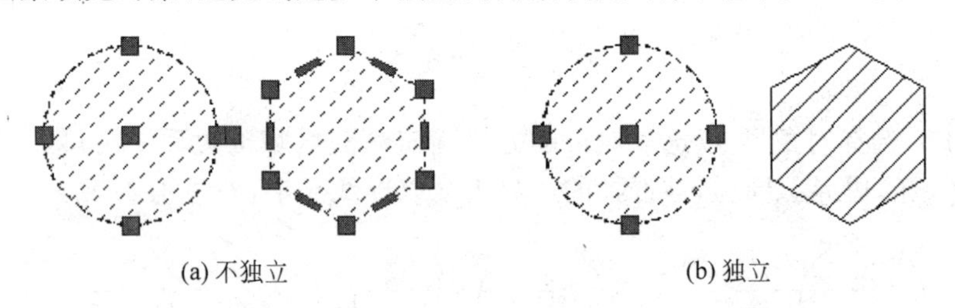

图 4.30　独立与不独立

(4)"绘图次序":当填充图案发生重叠时,用此项设置来控制图案的显示层次,有前置、后置、置于边界之后、置于边界之前和不指定等 5 种选择。当选择"不指定"时,则按照实际绘图顺序后填充的图案对象处于顶层。

5. 继承特性

即选用图中已有的填充图案作为当前的填充图案。

6. 孤岛

(1)"孤岛检测":确定是否检测孤岛。

(2)"孤岛显示样式":用于确定图案的填充方式。用户可以从中选取所需要的填充方式。默认的填充方式为"普通"。用户也可在鼠标右键快捷菜单中选择填充方式。

7. 边界保留

指定是否将边界保留为对象,并确定应用于这些边界对象的对象类型是多段线还是面域。

8. 边界集

用于定义边界集。当单击"添加:拾取点"按钮以根据指定点的方式确定填充区域时,有两种定义边界集的方式:一种是将包围所指定点的最近的有效对象作为填充边界,即"当前视口"选项(系统的默认方式);另一种方式是用户自己选定一组对象来构造边界,即"现有集合"选项,选定对象通过选项组中的"新建"按钮实现,选中按钮后,AutoCAD 临时切换到绘图屏幕,并提示用户选取作为构造边界集的对象,此时若选取"现有集合"选项,AutoCAD 会根据用户指定的边界集中的对象来构造一个封闭边界。

9. 允许的间隙

设置将对象用作图案填充边界时可以忽略的最大间隙。默认值为 0，说明指定的对象必须是封闭区域，不能有间隙。

10. 继承选项

使用“继承特性”创建图案填充原点的位置。

4.5.3 编辑填充的图案

调用编辑图案填充命令的方法如下：

- 命令行：HATCHEDIT（键盘输入）。
- 工具栏：“修改Ⅱ”工具栏的“编辑图案填充”图标。
- 下拉菜单：“修改”→“对象”→“图案填充”。

执行上述命令后，AutoCAD 会给出下面提示：

选择关联填充对象：

选取关联填充对象后，或对选取填充对象双击，系统弹出如图 4.31 所示的“图案填充编辑”对话框，可以对已选中的图案进行一系列的编辑修改。

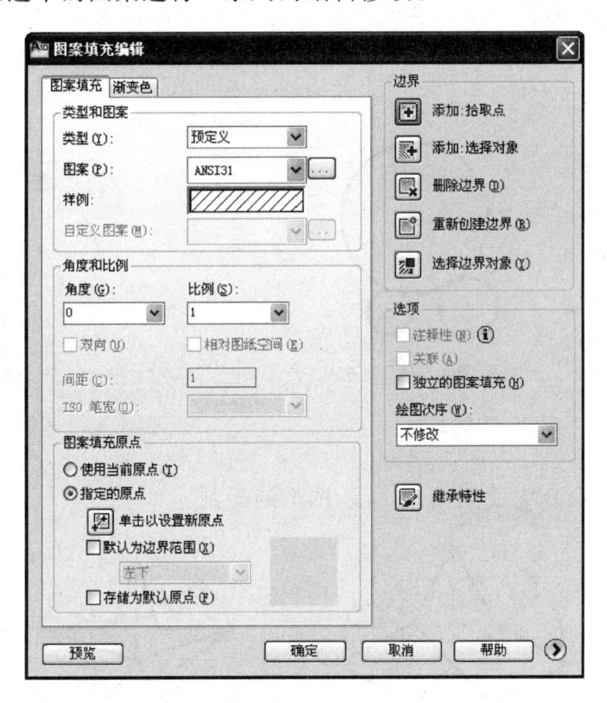

图 4.31 “图案填充编辑”对话框

习题

1. 应用直线命令及矩形命令完成如图 4.32 所示 A3 幅面及标题栏的绘制。

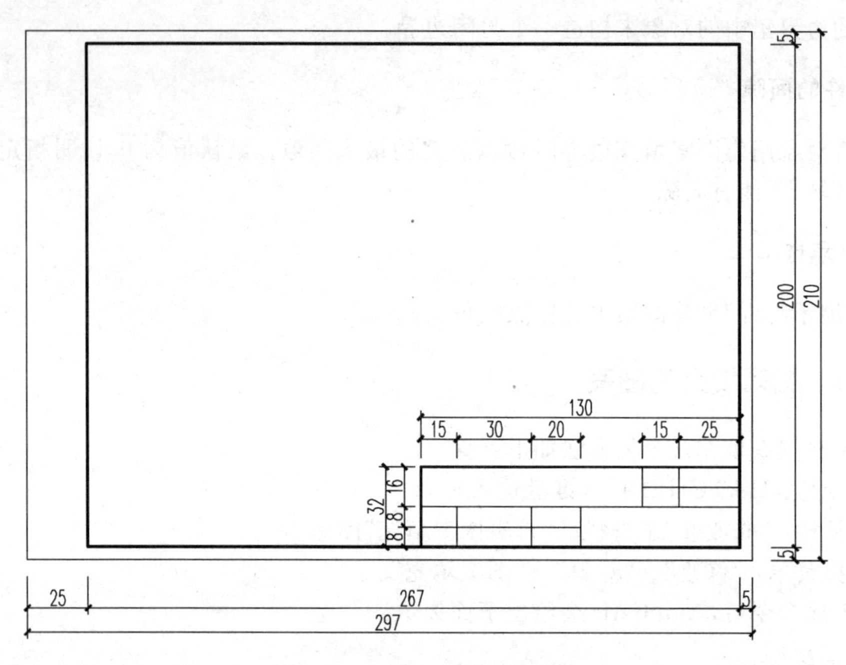

图 4.32　习题 1—图幅的绘制

2. 使用画圆命令完成图 4.33 所示两个图形的绘制。其中 A 圆直径为 40,B 圆直径为 30,C 圆直径为 100。A、B 两圆圆心在同一水平线上,水平距离为 54。

3. 应用多段线命令完成图 4.34 所示指北针的绘制(指北针的直径为 24mm,尾部宽度为 3mm)。

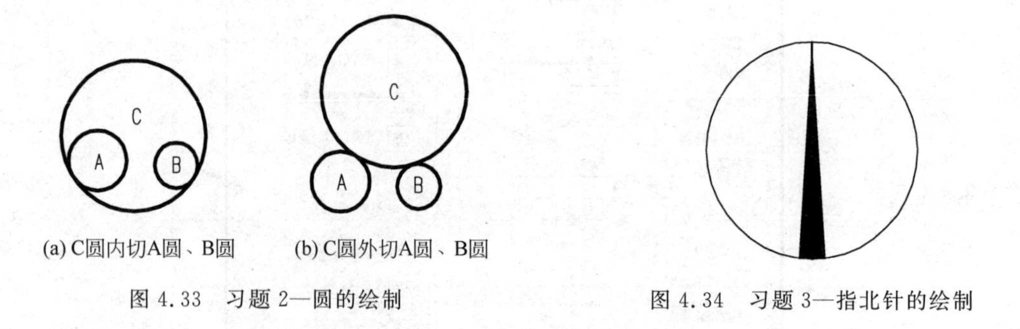

(a) C圆内切A圆、B圆　　(b) C圆外切A圆、B圆

图 4.33　习题 2—圆的绘制　　图 4.34　习题 3—指北针的绘制

4. 利用基本绘图命令完成图 4.35 所示图形的绘制。

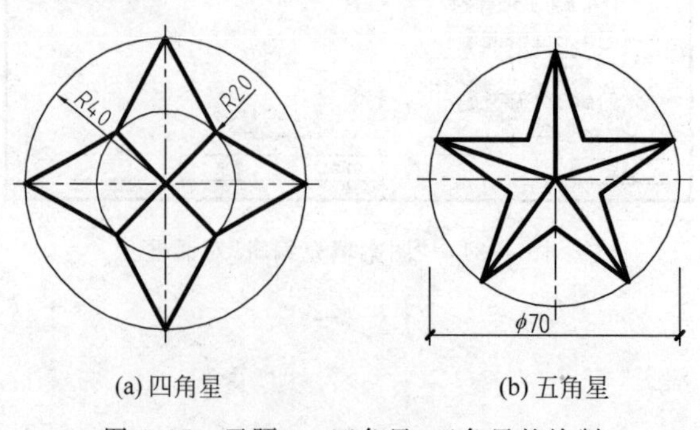

(a) 四角星　　(b) 五角星

图 4.35　习题 4—四角星、五角星的绘制

5. 绘制图 4.36 所示半径等于 20 的圆内接正六边形和圆外切正六边形。

6. 根据图线不同建立图层，并应用圆弧命令、画线命令、定数等分命令等完成图 4.37 所示图形的绘制（不标注尺寸）。

7. 绘制图 4.38 所示基础详图图形（不标注尺寸），并填充材料符号。

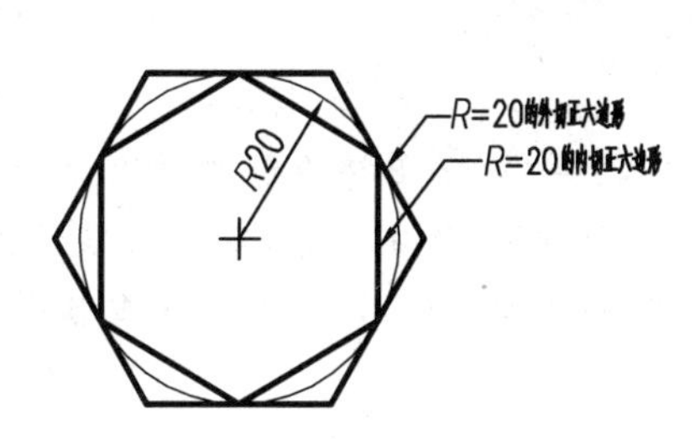

图 4.36　习题 4—多边形的绘制

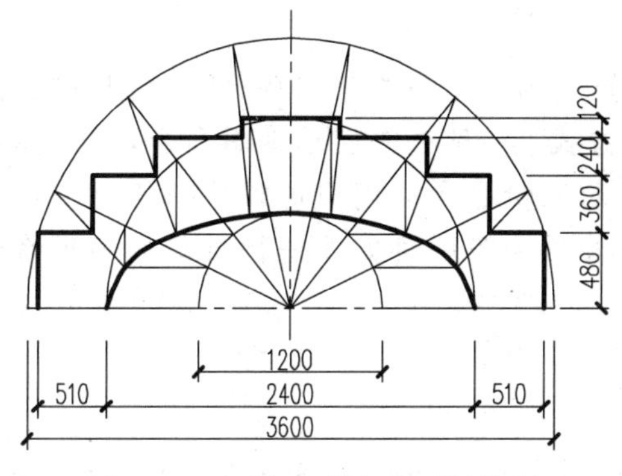

图 4.37　习题 5—拱门图形的绘制

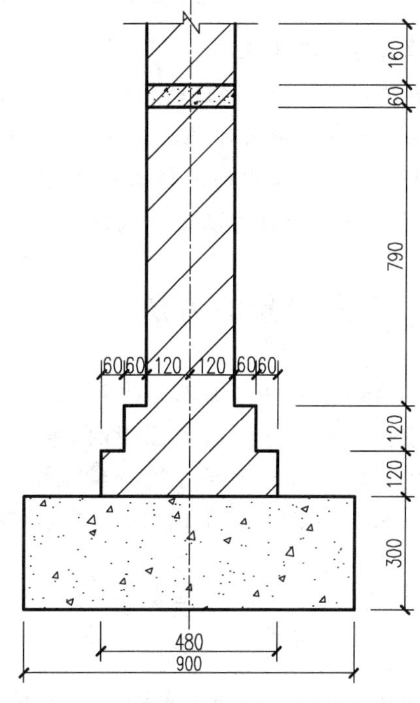

图 4.38　习题 6—基础详图图形的绘制

8. 根据图 4.39 所示图样，设置多线样式，并使用多线命令和多线编辑命令绘制图 4.39 所示平面图，不标注尺寸。

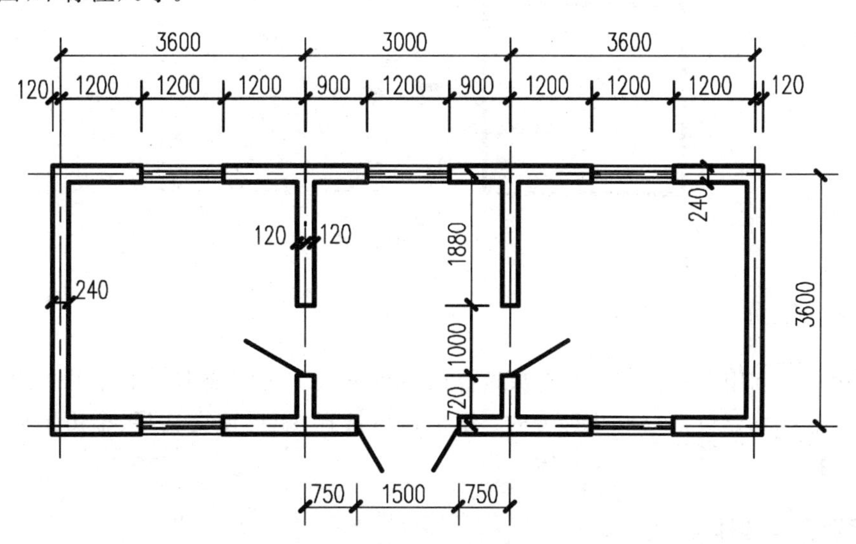

图 4.39　习题 7—平面图的绘制

第5章　图形编辑方法

学习目的与要求

熟练掌握AutoCAD的图形编辑方法对于提高作图效率、保证图样绘制质量有十分重要的作用。本章主要针对AutoCAD的图形编辑功能，如选择对象，复制对象，改变对象位置、形状和大小等一些常用的图形编辑功能进行详细介绍。本章内容是CAD绘图的重要操作应用基础，初学者应熟练掌握本章内容。

5.1　选择对象的方法

在AutoCAD中，编辑修改对象时，必须指定修改的图形或文字对象，才能对其进行相应的操作处理。进行对象编辑时，通常采用两种方式：一种是先启动编辑命令，后选择要编辑的对象；另一种是先选择编辑对象，然后启动编辑命令。用户可以采用任意一种方式进行编辑操作。为了内容的前后一致性，本书均采用第一种方法进行对象的编辑修改操作。

5.1.1　点选

点选对象是一种直接选取对象的方法，一般用于单个对象的选择，或选择若干重叠对象中的某几个对象。采用该方法选择对象时，直接将光标拾取框移动至要选择的对象，然后单击鼠标左键完成点选操作，被选择对象呈虚线形式显示。如图5.1所示。

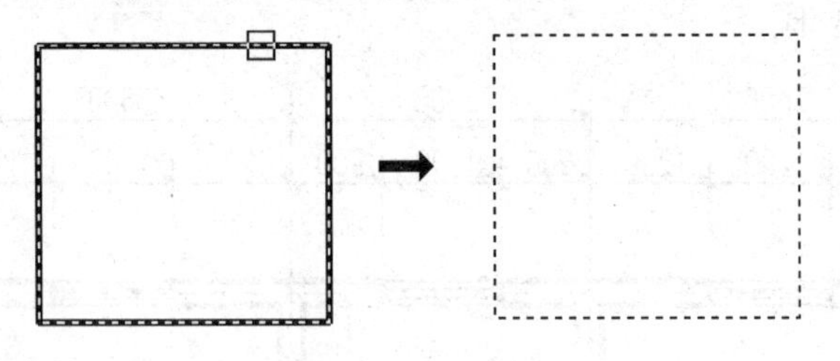

图5.1　点选对象

5.1.2　框选

框选对象是利用选择窗口进行对象选择的一种方式。可完成多个对象的单次选择，选择效率较高。框选主要包括以下几种方式：矩形窗口选择、矩形窗交选择、多边形窗口选择、多边形窗交选择。

1. 矩形窗口选择

矩形窗口选择是以指定对角点定义一个矩形选择区域，选择包含于该矩形范围内的对象。采用矩形窗口选择时，对角点是以从左向右的方式定义矩形选择窗口，矩形窗口显示为实线边界，只有完全包含于该矩形窗口内的对象才能被选择，如图 5.2 所示。

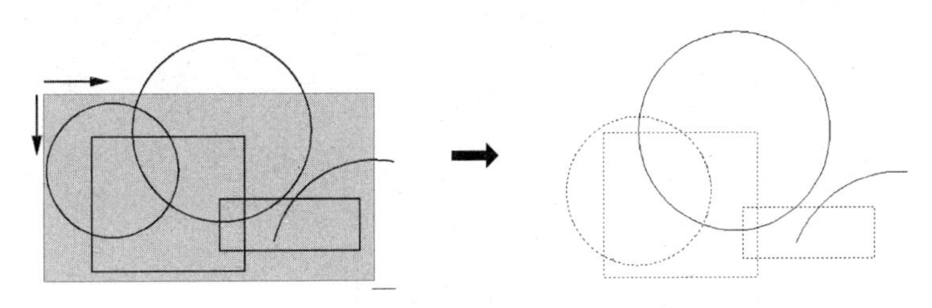

图 5.2　矩形窗口选择

2. **矩形窗交选择**

矩形窗交选择与矩形窗口选择类似，但定义矩形窗口时，对角点是以从右向左的方式定义矩形选择窗口，矩形窗口显示为虚线边界，包含于矩形窗口内部及与矩形窗口相交的所有对象均能被选择，如图 5.3 所示。

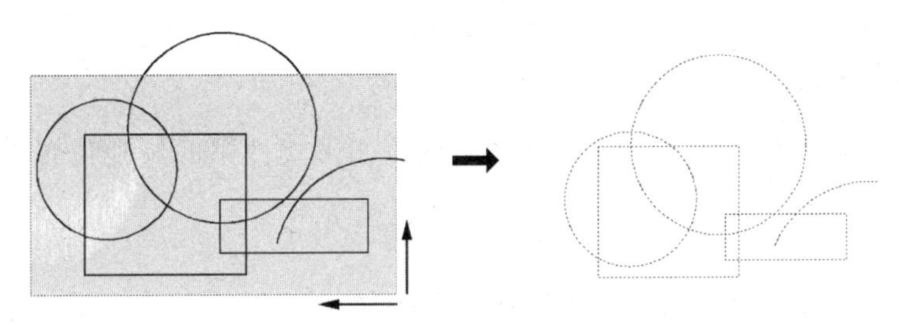

图 5.3　矩形窗交选择

3. **多边形窗口选择**

多边形窗口选择是以指定若干边界点的方式定义一个多边形选择区域，选择包含于该多边形范围内的对象。若采用多边形窗口选择，则需在命令提示行出现“选择对象：”提示下输入 WP 并按 Enter 键，即可指定多边形的边界点，多边形边界显示为实线边界。只有完全包含于该多边形窗口内的对象才能被选择，如图 5.4 所示。

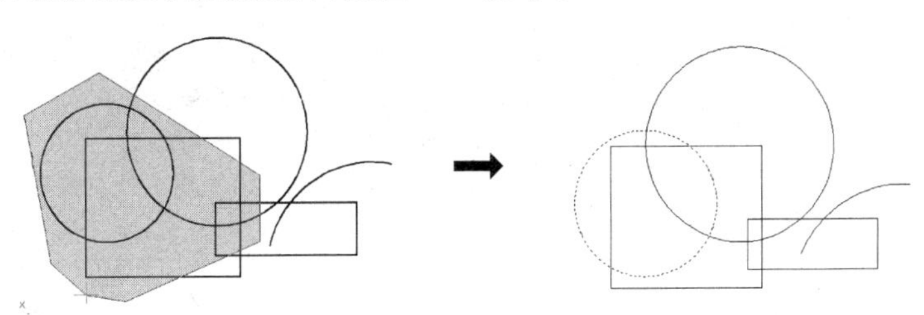

图 5.4　多边形窗口选择

4. **多边形窗交选择**

多边形窗交选择与多边形窗口选择类似，当命令提示行出现“选择对象：”时输入 CP 并按 Enter 键，即可指定多边形的边界点，多边形边界显示为虚线边界。包含于多边形窗口内部及与多边形窗口相交的所有对象均能被选择，如图 5.5 所示。

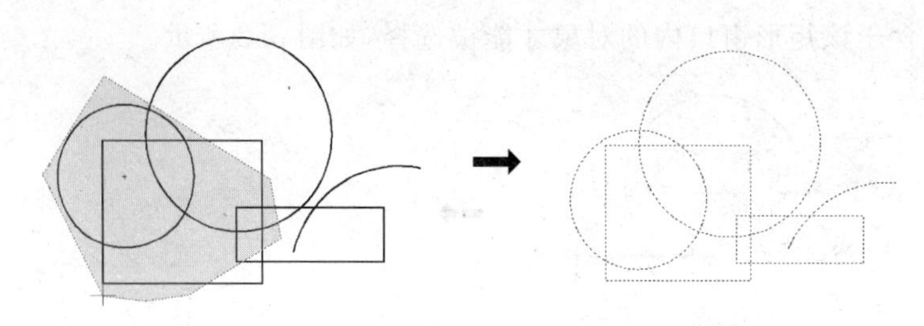

图 5.5　多边形窗交选择

5.2　复制对象的方法

任何图样中都可能包含若干相同的图形对象，为了提高绘图效率，可根据若干相同图形对象的位置分布特点，利用 AutoCAD 的复制对象方法快速创建这些相同的图形对象。

复制对象的方法主要包括复制、偏移、镜像、阵列 4 种编辑方法。

5.2.1　复制

复制命令(COPY)是指将选定的对象复制到该图形文件中的其他位置。其命令执行方式为：

- 命令行：COPY（键盘输入）。
- 工具栏："修改"工具栏的"复制"图标 。
- 下拉菜单："修改"→"复制"。

例如，将图 5.6 所示的立面图窗复制到其他 4 个位置，其操作过程如下：

```
命令: COPY  ↵
选择对象: 指定对角点: 找到 4 个  (使用矩形窗口方式选择需要复制的矩形对象)
选择对象:   ↵  (选择完毕后按 Enter 键)
当前设置: 复制模式 = 多个
指定基点或 [位移(D)/模式(O)] <位移>:(使用光标选择需要复制对象的基点位置,此处选择该矩形框的右下角点)
指定第二个点或 <使用第一个点作为位移>:
指定第二个点或 [退出(E)/放弃(U)] <退出>:(移动复制对象至第 1 角点处)
指定第二个点或 [退出(E)/放弃(U)] <退出>:(移动复制对象至第 2 角点处)
指定第二个点或 [退出(E)/放弃(U)] <退出>:(移动复制对象至第 3 角点处)
指定第二个点或 [退出(E)/放弃(U)] <退出>: ↵(移动复制对象至第 4 角点处)(复制完毕后按 Enter 键)
```

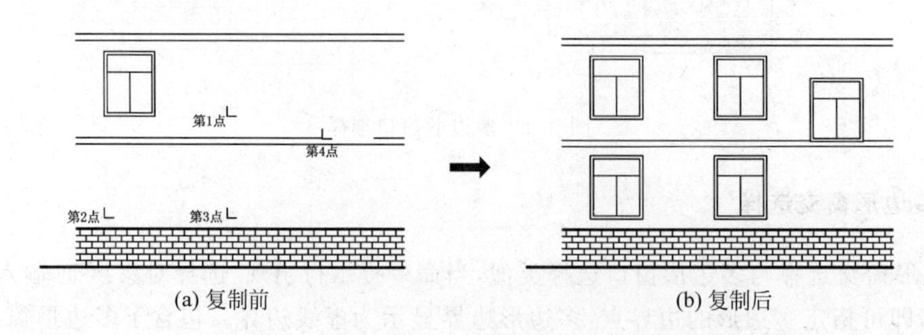

(a) 复制前　　(b) 复制后

图 5.6　复制对象

5.2.2 偏移

偏移命令(OFFSET)用于平行复制图形对象。用该方法可以复制生成平行直线、等距曲线、同心圆等。可以进行偏移的图形对象包括直线、曲线、多边形、圆、圆弧等，如图 5.7 所示。

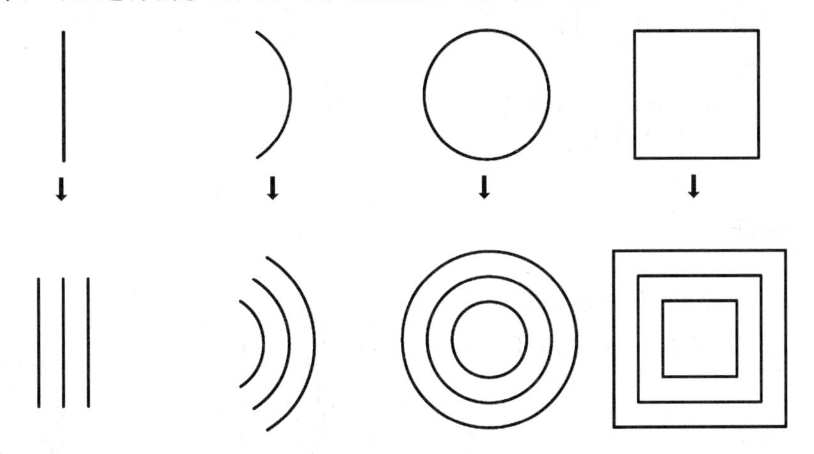

图 5.7 偏移对象示例

偏移命令执行方式为：

- 命令行：OFFSET（键盘输入）。
- 工具栏："修改"工具栏的"偏移"图标。
- 下拉菜单："修改"→"偏移"。

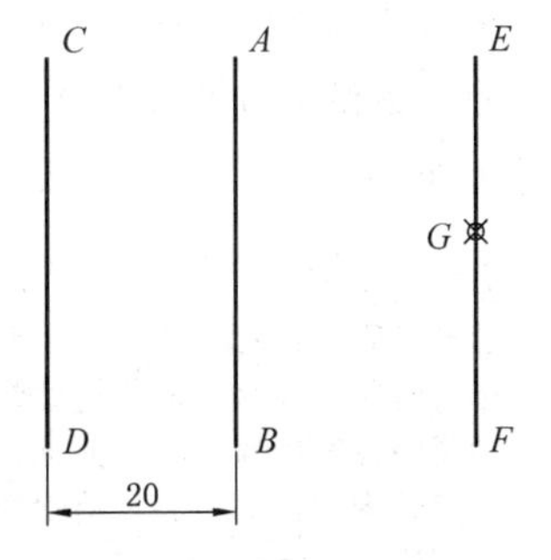

图 5.8 偏移命令绘制平行直线

例如，如图 5.8 所示，已知直线 AB，求作(1)直线 $CD /\!/ AB$ 且 CD 距 AB 为 20；(2)直线 $EF /\!/ AB$ 且过 G 点。图中 CD、EF 均可采用偏移的方式完成，具体操作过程如下。

(1) 直线 $CD /\!/ AB$ 且 CD 距 AB 为 20。

命令：OFFSET ↵
当前设置：删除源 = 否 图层 = 源 OFFSETGAPTYPE = 0
指定偏移距离或 [通过(T)/删除(E)/图层(L)] <通过>：20 ↵(默认作图方式为偏移距离，根据作图要求输入偏移距离)
选择要偏移的对象，或 [退出(E)/放弃(U)] <退出>：点选直线 AB（选择需要偏移的对象）
指定要偏移的那一侧上的点，或 [退出(E)/多个(M)/放弃(U)] <退出>：在直线 AB 左侧单击鼠标左键(在需要偏移的一侧单击鼠标左键)
选择要偏移的对象，或 [退出(E)/放弃(U)]<退出>：↵(偏移完成后按 Enter 键)

完成直线 CD 偏移后的图形如图 5.9 所示。

(2) 直线 $EF /\!/ AB$ 且过 G 点。

命令：OFFSET ↵
当前设置：删除源 = 否 图层 = 源 OFFSETGAPTYPE = 0
指定偏移距离或 [通过(T)/删除(E)/图层(L)] <通过>：T ↵(利用"通过"方式进行对象偏移)
选择要偏移的对象，或 [退出(E)/放弃(U)] <退出>：点选直线 AB（选择需要偏移的对象）
指定通过点或 [退出(E)/多个(M)/放弃(U)] <退出>：捕捉点 G（采用对象捕捉方式，此处启用节点捕捉模式）
选择要偏移的对象，或 [退出(E)/放弃(U)]<退出>：↵(偏移完成后按 Enter 键)

完成直线 EF 偏移后的图形如图 5.10 所示。

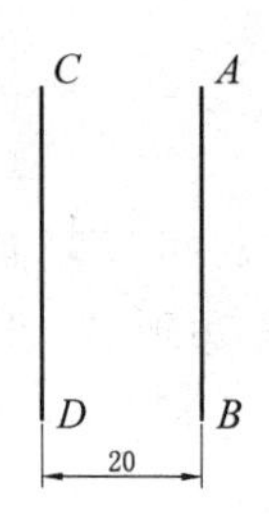

图 5.9 使用偏移距离绘制平行直线

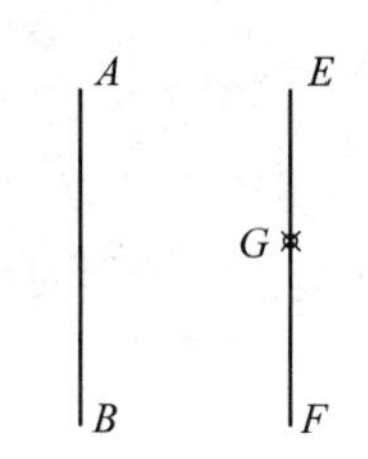

图 5.10 使用通过方式偏移直线 *EF*

5.2.3 镜像

镜像命令(MIRROR)是将选定的对象按照指定的镜像线进行镜像复制。主要用于对称图形的绘制。

镜像命令执行方式为:

- 命令行:MIRROR(键盘输入)。
- 工具栏:"修改"工具栏的"镜像"图标。
- 下拉菜单:"修改"→"镜像"。

使用镜像命令绘制如图 5.11 所示对称图形,操作过程如下。

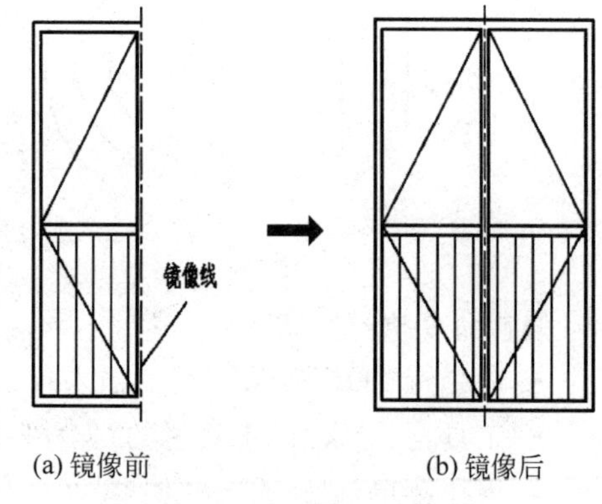

(a) 镜像前 (b) 镜像后

图 5.11 镜像图形

```
命令: MIRROR ↵
选择对象: 指定对角点: 找到 18 个 (使用矩形窗口方式选择需要镜像的图形对象,此处无需选择中心线)
选择对象: ↵ (选择完毕后按 Enter 键)
指定镜像线的第一点: 捕捉镜像线的一个端点
指定镜像线的第二点: 捕捉镜像线的另一个端点
要删除源对象吗?[是(Y)/否(N)] <N>: ↵ (默认选项为不删除源对象,如需删除源对象,可输入 Y 选项,然后按 Enter 键)
```

5.2.4 阵列

阵列命令(ARRAY)是将选定的对象按照矩形或环形排列的方式进行对象复制,适用于具有一定排列规则的图形对象的多重复制。

阵列命令执行方式为:

- 命令行:ARRAY(键盘输入)。
- 工具栏:"修改"工具栏的"阵列"图标。
- 下拉菜单:"修改"→"阵列"。

执行阵列命令后,AutoCAD 将弹出"阵列"对话框,如图 5.12 所示。

阵列分为矩形阵列和环形阵列两种方式。

1. 矩形阵列

"阵列"对话框默认的阵列方式为矩形阵列。采用矩形阵列复制对象时,需要设置阵列的

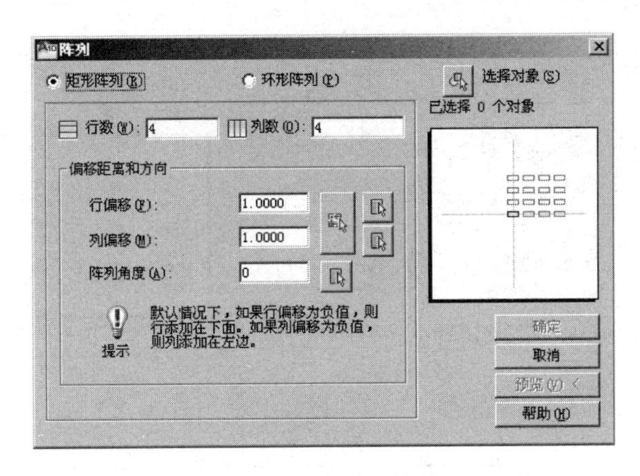

图 5.12 “阵列”对话框

行数、列数以及行间距、列间距、阵列倾斜角度等参数，用来控制选取的对象按照矩形排列方式复制出多个相同的图形副本。

矩形“阵列”对话框中各选项功能如下：

(1) “选择对象”按钮：用于切换到绘图区选择需要阵列的对象。

(2) “行数”输入框：用于指定阵列行数，X 方向为行。

(3) “列数”输入框：用于指定阵列列数，Y 方向为列。

(4) “行偏移”输入框：用于指定阵列的行间距，正值表示沿 Y 轴正方向，负值表示沿 Y 轴负方向。

(5) “列偏移”输入框：用于指定阵列的列间距，正值表示沿 X 轴正方向，负值表示沿 X 轴负方向。

(6) “阵列角度”输入框：用于指定阵列的旋转角度，系统默认逆时针旋转为正向。矩形阵列的参数设置及完成阵列前后的图形如图 5.13 所示。

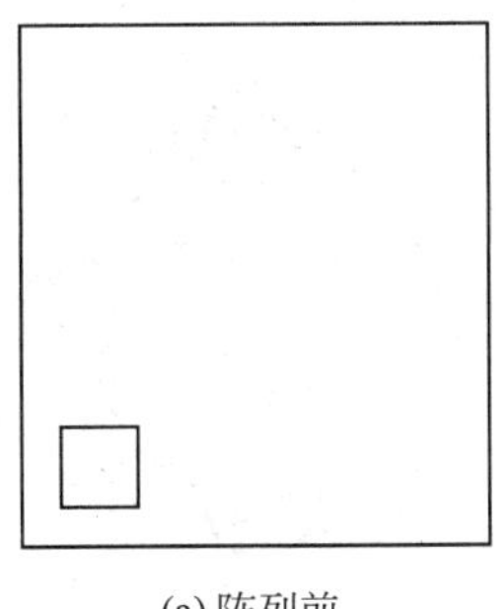

(a) 阵列前

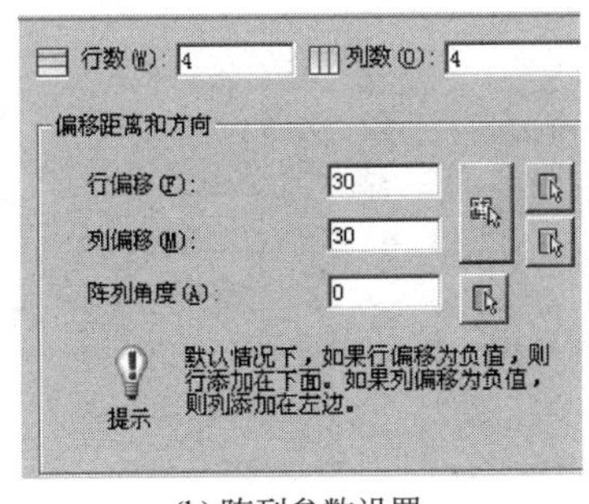

(b) 阵列参数设置

(c) 阵列后

图 5.13 矩形阵列

2. 环形阵列

环形阵列是按照指定的阵列中心，将源对象以圆周方向，以设置的阵列填充角度、项目数目，进行源对象的环形阵列复制。

环形“阵列”对话框如图 5.14 所示，各选项功能如下。

(1) “选择对象”按钮：用于切换到绘图区选择需要阵列的对象。

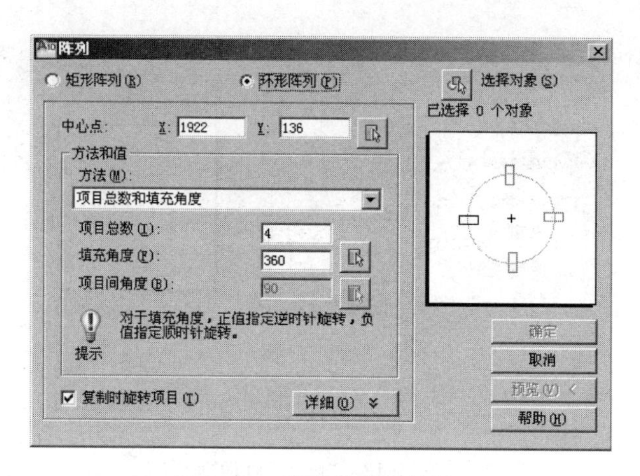

图 5.14　环形“阵列”对话框

(2)“中心点”选框：用于指定环形阵列的中心点。可以通过坐标输入的方式确定中心点，或利用捕捉按钮捕获中心点。

(3)“方法”下拉列表框：用于设定环形阵列方式。包括：“项目总数和填充角度”、“项目总数和项目间角度”和“填充角度和项目间角度”三个选项。可以激活“项目总数”、“填充角度”和“项目间角度”中的两项，用于相应阵列形式的设置。

(4)“项目总数”输入框：用于指定环形阵列的对象数目。

(5)“填充角度”输入框：用于指定环形阵列所对应的圆心角度。默认值为 360°，即环形阵列沿一个整圆周进行。

(6)“项目间角度”输入框：用于指定环形阵列中相邻对象对应的圆心角度数。

(7)“复制时旋转项目”复选框：用于设定环形阵列时图形对象是否旋转。

环形阵列的参数设置及完成阵列前后的图形如图 5.15 所示。图 5.15 中环形阵列的中心点为大圆的中心点。

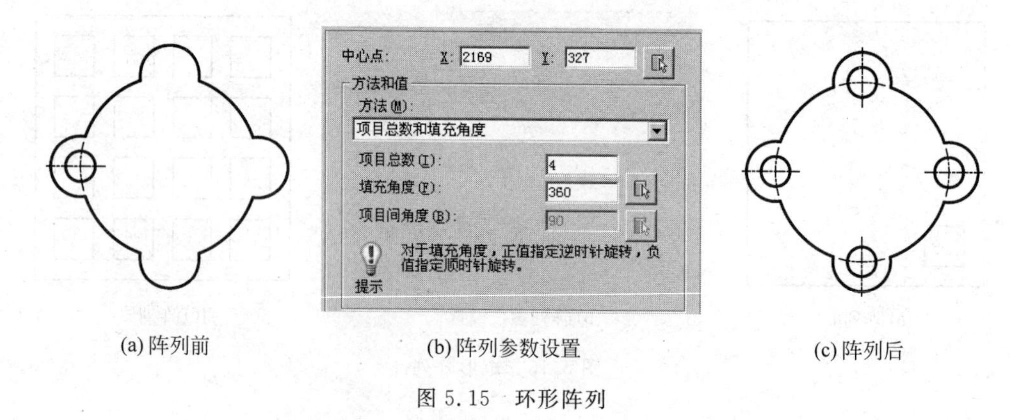

(a) 阵列前　　(b) 阵列参数设置　　(c) 阵列后

图 5.15　环形阵列

5.3　改变对象位置的方法

绘制图形时，经常要将已经绘制的图形对象进行改变位置等编辑处理。AutoCAD 提供的编辑命令可以方便地对图形对象进行平移、旋转和删除等操作。改变对象位置的方法主要包括删除、移动、旋转等三种编辑方法。

5.3.1　删除

删除命令(ERASE)是将当前图形文件中选定对象删除的操作。

删除命令执行方式为：

- 命令行：ERASE(键盘输入)。
- 工具栏："修改"工具栏的"删除"图标。
- 下拉菜单："修改"→"删除"。

使用删除命令完成图5.16所示的图形绘制,其操作过程如下：

命令：ERASE　↵
选择对象：指定对角点：找到 8 个　(使用矩形窗口方式选择需要删除的图形对象)
选择对象：　↵　(选择完成后按 Enter 键,完成删除操作)

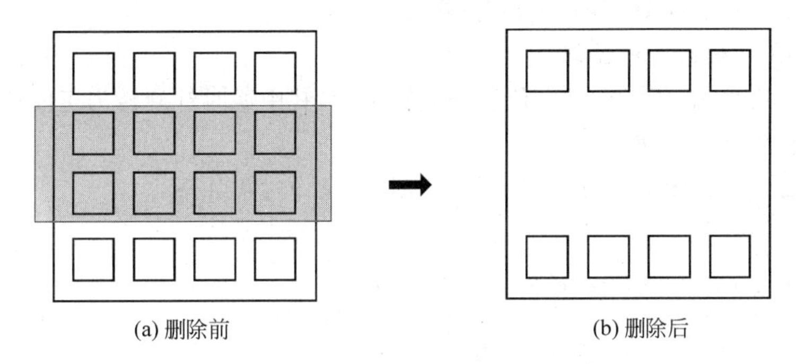

(a) 删除前　　(b) 删除后

图5.16　矩形阵列

5.3.2　移动

移动命令(MOVE)是将当前图形文件中选定的对象从某一个位置移动至另外一个位置。移动命令只是改变图形对象在图样中的位置,而图形的大小、形状不改变。

移动命令执行方式为：

- 命令行：MOVE(键盘输入)。
- 工具栏："修改"工具栏的"移动"图标。
- 下拉菜单："修改"→"移动"。

使用移动命令改变图形对象位置时,需要指定图形移动的基点,图形对象的移动位移由基点和移动的终点位置确定。

利用移动命令完成图5.17所示的图形绘制,其操作过程如下：

命令：MOVE　↵
选择对象：指定对角点：找到 4 个　(使用矩形窗口方式选择电视图形对象)
选择对象：　↵　(选择完成后按 Enter 键)
指定基点或 [位移(D)] <位移>：(选择电视图形底边中点) 指定第二个点或 <使用第一个点作为位移>：(选择电视柜底边中点,电视图形对象移入电视柜底边中点处)

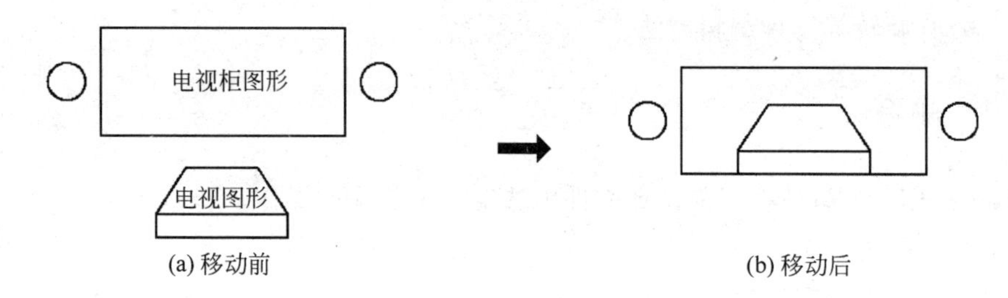

(a) 移动前　　(b) 移动后

图 5.17　移动图形对象

5.3.3 旋转

旋转命令(ROTATE)是将图形对象绕某一固定点(基点)旋转一定的角度。

旋转命令执行方式为：

- 命令行：ROTATE(键盘输入)。
- 工具栏："修改"工具栏的"旋转"图标。
- 下拉菜单："修改"→"旋转"。

旋转图形对象时，需要指定基点位置和旋转角度，其中逆时针旋转为正值角度。此外旋转命令可以与复制命令组合使用。

利用移动命令完成图 5.18 所示的图形绘制，其操作过程如下：

```
命令: ROTATE ↵
UCS 当前的正角方向:  ANGDIR = 逆时针  ANGBASE = 0
选择对象: 指定对角点: 找到 9 个  (使用矩形窗口方式选择需要旋转的图形对象)
选择对象:  ↵ (选择完成后按 Enter 键)
指定基点: 选择图形对象下部圆心   (指定旋转基点,即旋转中心)
指定旋转角度,或 [复制(C)/参照(R)] <0>: 60  ↵(输入旋转角度并按 Enter 键)
```

旋转结果如图 5.18(b)所示。如果选择"复制(C)"选项，可以得到如图 5.18(c)所示的图形。

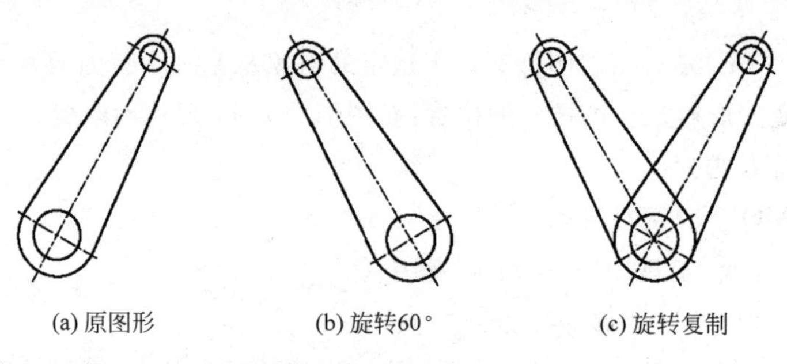
(a) 原图形　　(b) 旋转60°　　(c) 旋转复制

图 5.18　旋转图形对象

5.4 修改对象形状和大小的方法

图形绘制后，有时需要对已有图形对象的形状和大小进行调整和更改。AutoCAD 所提供的修改对象形状和大小的方法主要包括：

(1) 修剪与打断；

(2) 延伸与拉伸；

(3) 倒角(包括倒圆角);

(4) 缩放图形尺寸。

5.4.1　修剪与打断

1. 修剪

修剪命令(TRIM)可以缩短图形对象长度,用于将图形对象按照指定的边界改变大小。

修剪命令执行方式为:

- 命令行:TRIM(键盘输入)。
- 工具栏:"修改"工具栏的"修剪"图标 -/-- 。
- 下拉菜单:"修改"→"修剪"。

修剪图形对象时,需要指定修剪的基准边界(由一个或多个对象定义的剪切边),然后选择需要修剪的对象。其中修剪的基准边界可以是直线、圆弧、圆、多段线等。

利用修剪命令完成图 5.19 所示的图形绘制,启用修剪命令的操作过程如下。

```
命令: TRIM  ↵
当前设置:投影 = UCS,边 = 无
选择剪切边…
选择对象或 <全部选择>: 指定对角点: 找到 5 个  (使用矩形窗口选择修剪基准边,此例中应选择所有的边)
选择对象: ↵  (选择完成后,按 Enter 键)
选择要修剪的对象,或按住 Shift 键选择要延伸的对象,或
[栏选(F)/窗交(C)/投影(P)/边(E)/删除(R)/放弃(U)]: 点选 B1 (选择修剪的对象)
选择要修剪的对象,或按住 Shift 键选择要延伸的对象,或
[栏选(F)/窗交(C)/投影(P)/边(E)/删除(R)/放弃(U)]: 点选 B2 (选择修剪的对象)
选择要修剪的对象,或按住 Shift 键选择要延伸的对象,或
[栏选(F)/窗交(C)/投影(P)/边(E)/删除(R)/放弃(U)]: 点选 B3 (选择修剪的对象)
选择要修剪的对象,或按住 Shift 键选择要延伸的对象,或
[栏选(F)/窗交(C)/投影(P)/边(E)/删除(R)/放弃(U)]: 点选 B4 (选择修剪的对象)
选择要修剪的对象,或按住 Shift 键选择要延伸的对象,或
[栏选(F)/窗交(C)/投影(P)/边(E)/删除(R)/放弃(U)]: 点选 B5 (选择修剪的对象)
选择要修剪的对象,或按住 Shift 键选择要延伸的对象,或
[栏选(F)/窗交(C)/投影(P)/边(E)/删除(R)/放弃(U)]: ↵(完成对象修剪后按 Enter 键)
```

图形修剪后结果如图 5.19 所示。

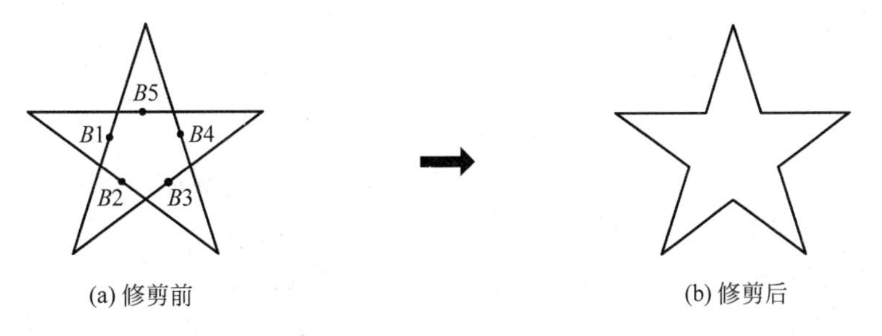

图 5.19　修剪图形对象

2. 打断

打断命令(BREAK)是将原有一个连续的线条分离成两段,创建出间距效果。根据打断点数量的不同,打断命令有"打断"和"打断于点"两种方式。

打断命令执行方式为:

- 命令行:BREAK(键盘输入)。
- 工具栏:"修改"工具栏的"打断"图标 或"打断于点"图标 。
- 下拉菜单:"修改"→"打断"。

利用打断命令完成图5.20所示的图形绘制,其操作过程如下:

```
命令: BREAK  ↵
选择对象: 选择矩形框对象        (选择需要打断的图形对象)
指定第二个打断点 或 [第一点(F)]: F    (使用指定第一个打断点的选项)
指定第一个打断点: 选择点 A        (指定第一个打断点)
指定第二个打断点: 选择点 B        (指定第二个打断点)
```

若仅想将对象在某点处断开,则可以使用"打断于点"的命令操作。

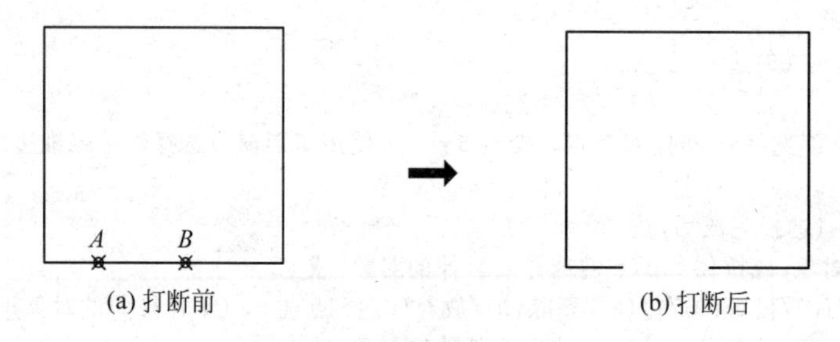

图5.20 打断图形对象

5.4.2 延伸与拉伸

1. 延伸

延伸命令(EXTEND)是通过延长图形对象,使操作对象与延伸基准边相交。延伸命令的使用方法与修剪类似。使用延伸命令时,如果按下Shift键的同时选择对象,则执行修剪命令;同样在使用修剪命令时,如果按下Shift键的同时选择对象,则执行延伸命令。

延伸命令执行方式为:

- 命令行:EXTEND(键盘输入)。
- 工具栏:"修改"工具栏的"延伸"图标 。
- 下拉菜单:"修改"→"延伸"。

延伸图形对象时,需要指定延伸的基准边界,然后选择需要延伸的对象。其中延伸的基准边界可以是直线、圆弧、圆、多段线等。

利用延伸命令完成图5.21所示的图形绘制,其命令的操作过程如下。

```
命令: EXTEND  ↵
当前设置:投影 = UCS,边 = 无
选择边界的边…
```

```
选择对象或 <全部选择>: 找到 1 个　(选择延伸边界)
选择对象: ↵　(选择完成后,按 Enter 键)
选择要延伸的对象,或按住 Shift 键选择要修剪的对象,或
[栏选(F)/窗交(C)/投影(P)/边(E)/删除(R)/放弃(U)]: 指定对角点:(使用窗交形式选择延伸对象)
选择要延伸的对象,或按住 Shift 键选择要修剪的对象,或
[栏选(F)/窗交(C)/投影(P)/边(E)/删除(R)/放弃(U)]: ↵　(完成对象延伸后按 Enter 键)
```

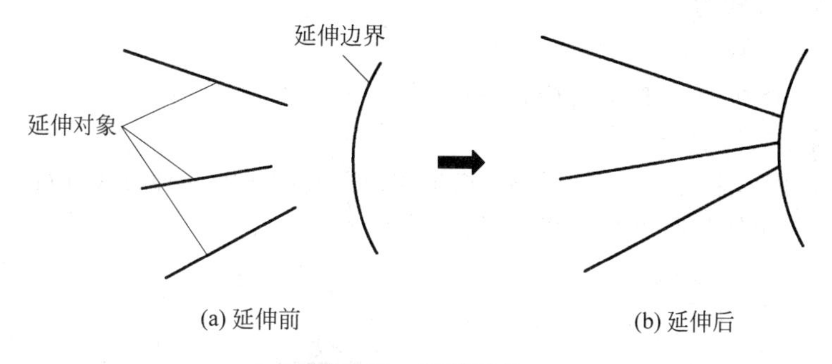

(a) 延伸前　　(b) 延伸后

图 5.21　延伸对象

2. 拉伸

拉伸命令(STRETCH)是通过拉伸(或压缩)图形对象,使图形对象的长度或高度发生变化。

拉伸命令执行方式为:

- 命令行:STRETCH (键盘输入)。
- 工具栏:"修改"工具栏的"拉伸"图标。
- 下拉菜单:"修改"→"拉伸"。

拉伸图形对象时,需要指定对象的拉伸基点、基点的起点和拉伸位移。拉伸位移决定了拉伸的方向和距离。

注意:拉伸操作必须采用窗交选择方式,若采用窗口选择方式,拉伸对象只能被平移。

利用拉伸命令完成图 5.22 所示的图形绘制,其操作过程如下:

```
命令: STRETCH　↵
以交叉窗口或交叉多边形选择要拉伸的对象…
选择对象: 指定对角点: 找到 2 个　(使用矩形窗交选择拉伸图形对象,此例中从右向左选择图形对象的右侧部分,如图 5.22(a)所示)
选择对象: ↵　(选择完成后,按 Enter 键)
指定基点或 [位移(D)] <位移>: 选择最右边线的中点　(选择基准点)
指定第二个点或 <使用第一个点作为位移>: 移动光标拉伸对象,并单击鼠标左键　(点选拉伸距离或输入拉伸距离,完成拉伸操作,如图 5.22(b)所示)
```

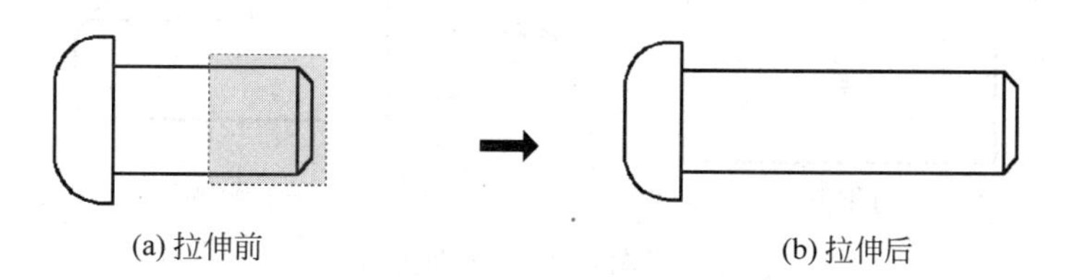

(a) 拉伸前　　(b) 拉伸后

图 5.22　拉伸图形对象

5.4.3 倒角(包括倒圆角)

1. 倒角

倒角命令(CHAMFER)是在两条不平行的直线间绘制出倒角。

倒角命令执行方式为:

- 命令行:CHAMFER(键盘输入)。
- 工具栏:“修改”工具栏的“倒角”图标。
- 下拉菜单:“修改”→“倒角”。

倒角操作时,可以采用指定倒角距离、指定倒角距离和角度两种方式进行。指定倒角距离如图 5.23 所示,指定倒角距离和角度如图 5.24 所示。

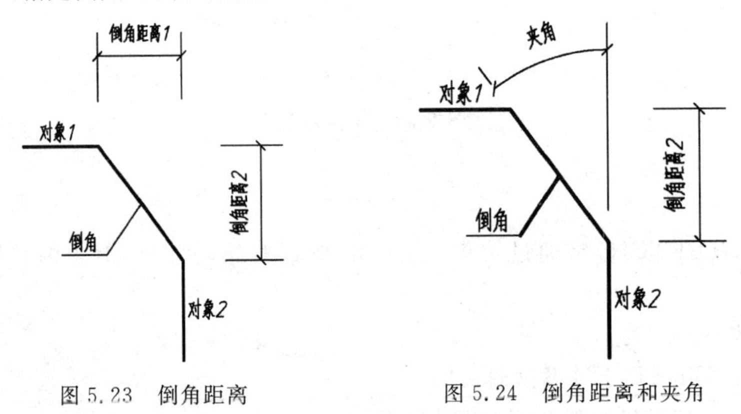

图 5.23 倒角距离　　图 5.24 倒角距离和夹角

利用倒角命令完成图 5.25 所示的图形绘制,具体操作过程如下:

命令: CHAMFER ↵
("修剪"模式) 当前倒角距离 1 = 0,距离 2 = 0
选择第一条直线或 [放弃(U)/多段线(P)/距离(D)/角度(A)/修剪(T)/方式(E)/多个(M)]: D ↵
(使用指定倒角距离方式)
指定第一个倒角距离 < 0 >: 4 ↵ (输入第一个倒角距离)
指定第二个倒角距离 < 4 >: ↵ (输入第二个倒角距离,此处 4×45°表示两个倒角距离均为 4)
选择第一条直线或 [放弃(U)/多段线(P)/距离(D)/角度(A)/修剪(T)/方式(E)/多个(M)]: 选择第一条倒角边 (选择对象 1)
选择第二条直线,或按住 Shift 键选择要应用角点的直线: 选择第二条倒角边 (选择对象 2)

其余各倒角按上述操作,最终结果如图 5.25 所示。

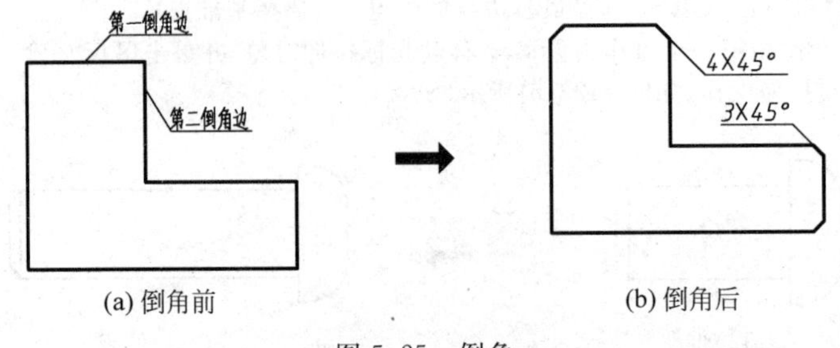

(a) 倒角前　　(b) 倒角后

图 5.25 倒角

2. 倒圆角

倒圆角命令(FILLET)与倒角类似,是在两条不平行的直线间绘制出圆弧连接。

倒角命令执行方式为:

- 命令行:FILLET(键盘输入)。
- 工具栏:"修改"工具栏的"倒圆角"图标。
- 下拉菜单:"修改"→"倒圆角"。

执行倒圆角操作时,需要先设定圆角半径。例如,完成图 5.26 所示的图形绘制,具体操作过程如下:

```
命令: FILLET ↵
当前设置: 模式 = 修剪,半径 = 0
选择第一个对象或[放弃(U)/多段线(P)/半径(R)/修剪(T)/多个(M)]: R ↵
指定圆角半径<0>: 8 ↵        (输入倒圆角半径)
选择第一个对象或[放弃(U)/多段线(P)/半径(R)/修剪(T)/多个(M)]: 选择第一条倒圆角边 (选择对象 1)
选择第二个对象,或按住 Shift 键选择要应用角点的对象: 选择第二条倒圆角边 (选择对象 2)
```

其余各倒圆角按上述操作,最终结果如图 5.26 所示。

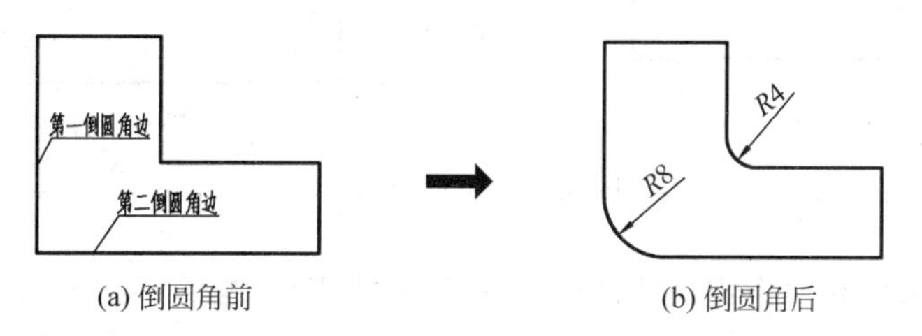

(a) 倒圆角前　　(b) 倒圆角后

图 5.26 倒圆角

注意:倒角或倒圆角操作时,若将倒角距离 D 设置为 0(倒圆角半径 R 设置为 0),则可以实现两不相交直线的自动延伸相交,如图 5.27 所示。

在 AutoCAD 中允许对两平行直线倒圆角,此时不需要设置圆角半径,倒圆角半径自动设置为两条平行直线间距的一半,如图 5.28 所示。

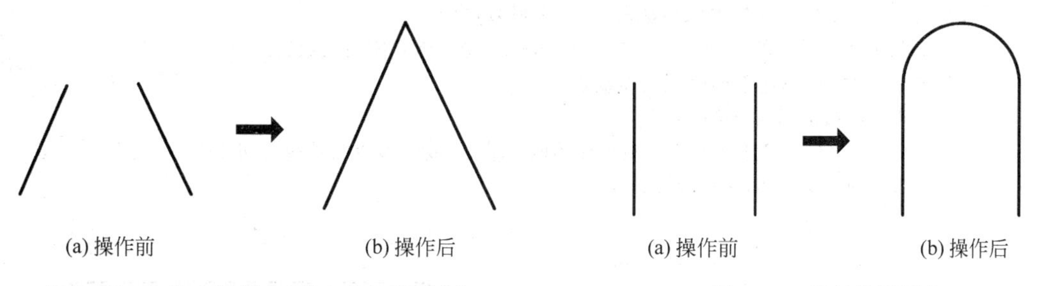

(a) 操作前　　(b) 操作后　　(a) 操作前　　(b) 操作后

图 5.27 D 为 0 时倒角(或 0 半径倒圆角)　　图 5.28 平行线倒圆角

5.4.4 缩放图形尺寸

缩放命令(SCALE)用于修改选定的图形对象的尺寸大小。对象在放大或缩小时,其 X、Y、Z 三个方向保持相同的放大或缩小倍数。

缩放命令执行方式为:

- 命令行：SCALE（键盘输入）。
- 工具栏："修改"工具栏的"缩放"图标 。
- 下拉菜单："修改"→"缩放"。

使用缩放操作时，需要指定缩放对象的基准点和比例因子。比例因子是图形对象缩小或放大的比例值，比例因子大于1时为放大图形尺寸，反之则使图形缩小。

利用缩放命令完成图5.29所示的图形绘制，操作过程如下：

命令行：SCALE ↵
选择对象：找到1个　　(选择缩放对象，此处选择矩形)
选择对象：　↵　　(选择完成后，按Enter键)
指定基点：点选矩形左下角点作为基点　　(选择基点)
指定比例因子或[复制(C)/参照(R)]<1>：1.5 ↵　(输入比例因子)

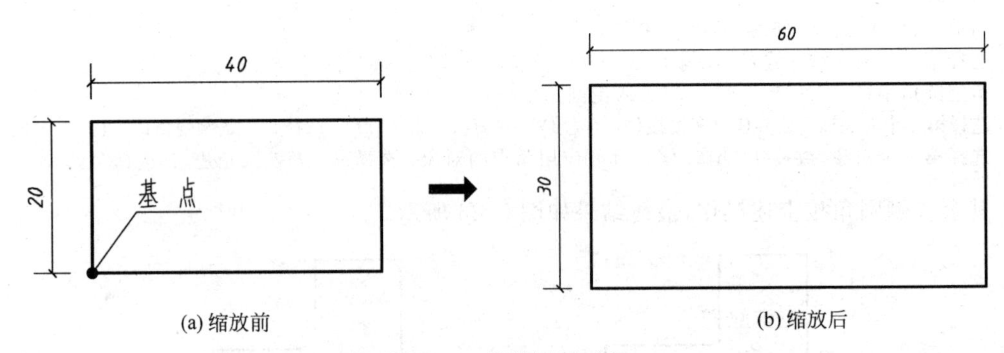

(a) 缩放前　　(b) 缩放后

图5.29　缩放图形对象

缩放操作时，如需按照指定尺寸进行缩放，则需要用到"参照(R)"选项。首先以当前大小或通过指定一条直线的两个端点确定一个参照长度，然后根据缩放要求指定新长度，AutoCAD自动计算比例缩放的倍数，并将图形对象比例缩放至指定尺寸。完成如图5.30所示的图形绘制的操作过程如下：

命令行：SCALE ↵
选择对象：找到1个　　(选择缩放对象，此处选择矩形)
选择对象：　↵　　(选择完成后，按Enter键)
指定基点：点选矩形左下角点作为基点　　(选择基点)
指定比例因子或[复制(C)/参照(R)]：R ↵　(选择参照方式缩放对象)
指定参考长度<1>：点选矩形底边的左端点
指定第二点：点选矩形底边的右端点
　　(使用点选方式分别点选参照直线的两个端点，或输入参照直线的初始尺寸)
指定新长度：49 ↵　(输入指定缩放尺寸)

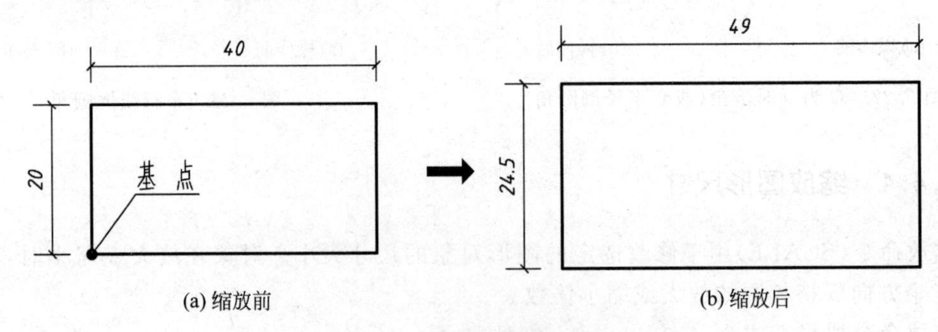

(a) 缩放前　　(b) 缩放后

图5.30　参照缩放图形对象

5.5 等分对象的方法

等分对象是利用 AutoCAD 提供的点绘制功能进行线段等分操作，等分后所产生的节点通常可作为后续图形绘制过程中对象捕捉的参考点。等分对象方法包括定数等分和定距等分两种编辑方法。这部分内容在 4.1 节中已经讲述，下面仅从对象编辑的角度进行简要的复习。

1. 定数等分

定数等分(DIVIDE)是将选择的图形对象按用户指定的数量进行等分，并绘制等分点或在等分点处插入块。定数等分操作时需要设置等分数量。如图 5.31(b)所示的图形是利用定数等分命令将图 5.31(a)的曲线等分成 5 等分。

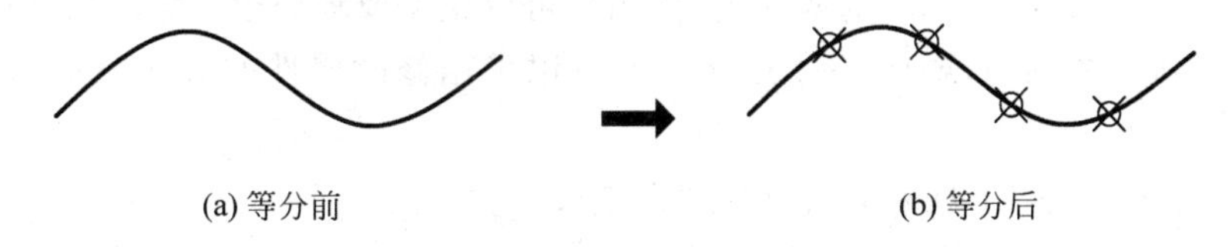

(a) 等分前　　(b) 等分后

图 5.31　定数等分图形对象

2. 定距等分

定距等分(MEASURE)是将选择的图形对象按用户指定的距离进行等分，并绘制等分点或在等分点处插入块。与定数等分不同的是，定距等分后的子线段数目是线段总长除以等分距离，因为结果不可能恰巧都为整数，所以定距等分后可能出现剩余线段。

定距等分操作时需要设置等分距离长度。如图 5.32(b)所示的图形就是利用定距等分命令，先设置等分距离长度 15，然后将图 5.32(a)所示的线段按单位长度 15 进行等分，剩余线段为 10。

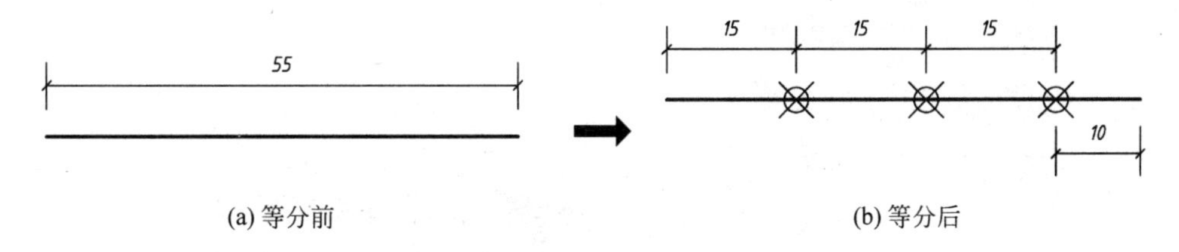

(a) 等分前　　(b) 等分后

图 5.32　定距等分图形对象

5.6 图形对象特性的设置与修改

在 AutoCAD 中，所绘制的每个图形对象都具有自己的属性，这些属性中有些是常规属性，为大多数图形对象所共有，如图层、颜色、线型、线型比例和打印样式等。有些属性为某一图形对象的专有属性，如线段长度和角度、圆半径和周长等。有些属性可以修改，而有些属性则不能修改。对图形对象的属性值进行设置和修改，也就改变了相应图形对象特性或大小。

1. “特性”选项板

在 AutoCAD 中，可以利用“特性”选项板查询和修改选择对象的属性值。打开“特性”选项板的方式为：

- 命令行：PROPERTIES（键盘输入）。
- 工具栏：“标准”工具栏的“特性”图标 。
- 下拉菜单：“工具”→“选项板”→“特性”。

“特性”选项板如图 5.33 所示。当选择某一图形对象时，“特性”选项板中就会显示该对象的名称和相应的属性。如果同时选中多个图形对象时，“特性”选项板中会显示选择对象的数量和公共属性。

利用“特性”选项板可以方便地修改图形对象的属性。当选中单个对象或多个对象集时，“特性”选项板中将会列出其相应的属性内容，用户可以根据要求修改对象的属性值。

如图 5.34 所示的圆周，要使其周长为 500，可以采用修改属性的方式完成。具体操作步骤如下：

（1）单击选择“标准”工具栏的“特性”图标 ；

（2）选择已经绘制的任意半径的圆对象，在“特性”选项板中修改圆对象的“周长”特性为 500，即得到所求的圆对象；

（3）根据用户要求，还可以利用“特性”选项板修改对象颜色、图层、线型等特性。

图 5.33 “特性”选项板

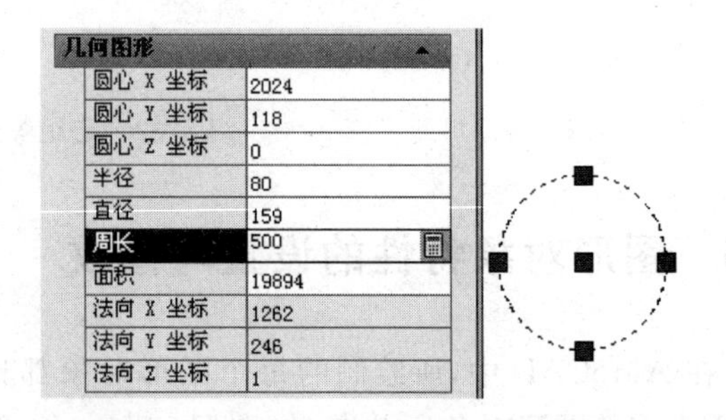

图 5.34 利用“特性”选项板修改图形对象属性

2. 快捷特性

快捷特性是“特性”选项板的简化形式，位于 AutoCAD 用户界面下部的状态栏上的“快捷特性”开关按钮 ，用于控制快捷特性面板的开启状态。当该按钮处于按下状态，则启用快捷特性面板。即当用户选择对象时，可以显示快捷特性面板，如图 5.35 所示。

另外，在“草图设置”对话框中的“快捷特性”选项卡中，选中“启用快捷特性选项板”复选框，也可以启用快捷特性功能，并可以在该对话框中对快捷特性的相关显示特性进行设置，如图 5.36 所示。

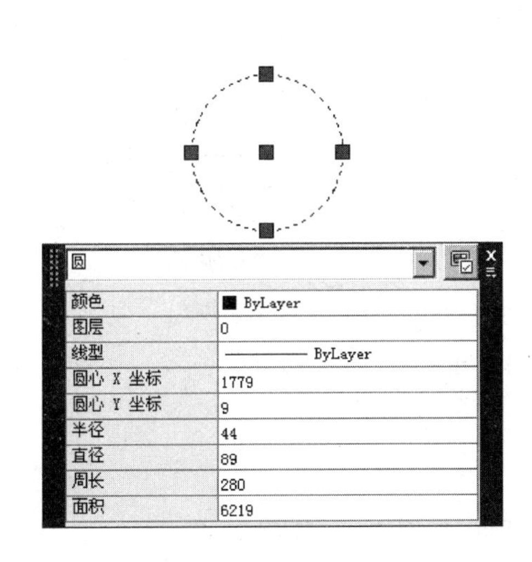

图 5.35 启用快捷特性

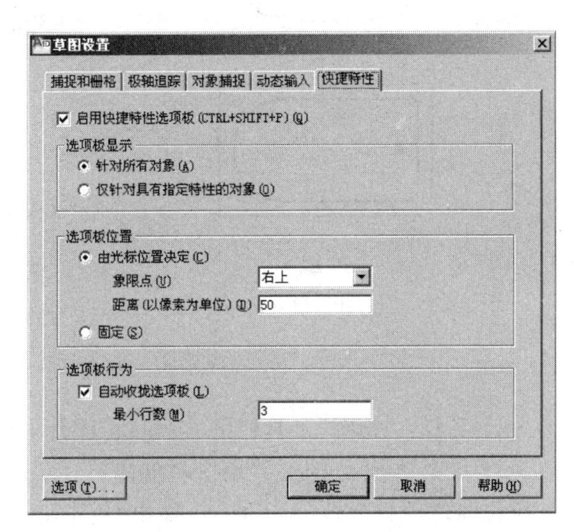

图 5.36 “快捷特性”选项卡

5.7 图形对象的组合与分解

在图样绘制过程中，经常会重复使用由若干图形对象组合成的一个图形单元或集合，例如在绘制建筑立面图时，需要绘制大量的门、窗图例；绘制电子线路图时，需要绘制大量的电阻、电容等元件等。利用 AutoCAD 提供的块功能，就可以将一些经常重复使用的对象组合在一起，形成一个块对象，并按指定的名称保存起来，使用时作为一个对象插入图形中，并可以进行统一的编辑和修改，可以大大简化重复的绘图工作。

用户如果需要修改组成图块的某个图形对象，还可以利用“分解”命令将图块分解成单个图形对象进行编辑和修改。

5.7.1 块的概念

块是由一个或多个图形对象组成的图形单元或集合，通常用于绘制复杂、重复的图形。当完成块创建后，可以根据用户需要将其作为单一的对象多次插入图形中的任意指定位置，并且可以采用不同的比例和角度插入图形中。块是 AutoCAD 系统提供的重要工具之一，具有提高绘图效率、节省存储空间、便于数据管理、易于编辑修改等主要特点。

根据不同的应用特点，建筑制图、电子线路图及机械制图中常用的块如图 5.37 所示。

1. 创建块

将一个或多个图形对象组合并命名，形成新的单个对象，该对象即为块。图块一般保存在某个图形文件内部，也可以以单独文件的形式保存。创建图块的操作如下：

- 命令行：BLOCK（键盘输入）。

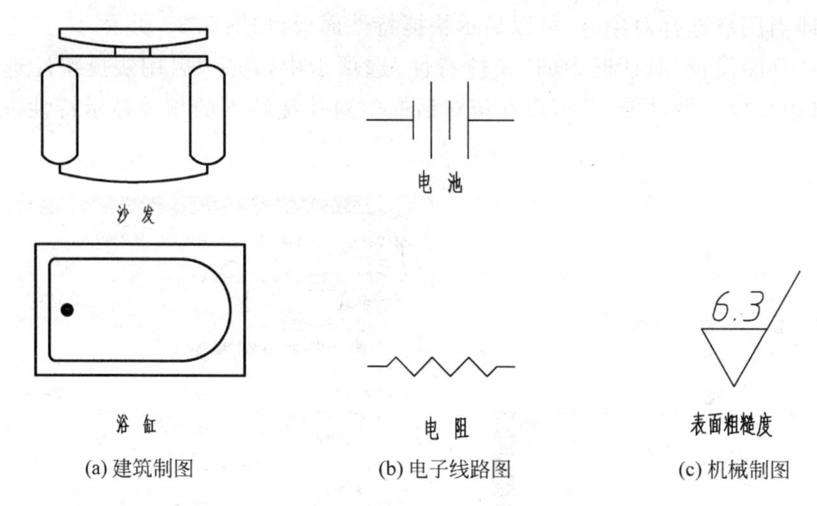

(a) 建筑制图　(b) 电子线路图　(c) 机械制图

图 5.37　各类技术图样中常用的块

- 工具栏:“绘图”工具栏的“创建块”图标。
- 下拉菜单:“绘图”→“块”→“创建”。

执行创建块命令后,AutoCAD 弹出“块定义”对话框,如图 5.38 所示。

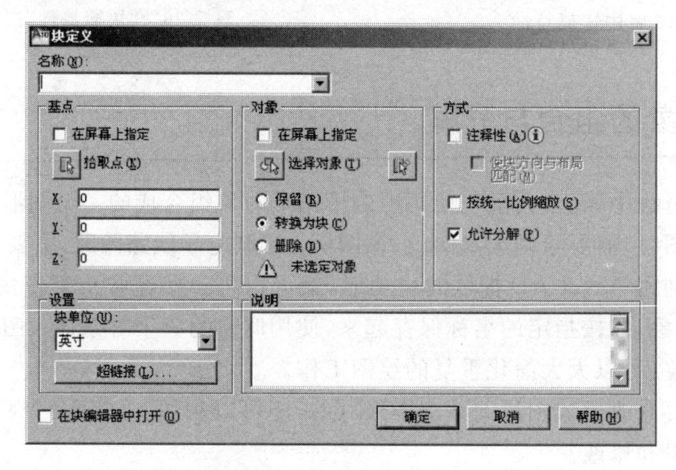

图 5.38　“块定义”对话框

“块定义”对话框中各选项的功能如下。

(1)“名称”文本框:用于指定块的名称。

(2)“基点”选项区域:用于设置块插入时的基点位置。可以直接在“X”、“Y”、“Z”文本框中输入基点位置坐标,也可以单击“拾取点”按钮,切换至绘图区域选择基点。一般基点可以选择块的对称中心、左下角或其他特征点位置。

(3)“对象”选项区域:用于设置组成块的对象。

- 单击“选择对象”按钮,可切换到绘图窗口选择组成块的图形对象;
- 单击“快速选择”按钮,可用于快速选择满足指定过滤条件对象;
- 选择“保留”单选框,创建块后绘图区域中仍保留组成块的各图形对象;
- 选择“转换为块”单选框,创建块后绘图区域中组成块的各图形对象转换为块对象;
- 选择“删除”单选框,创建块后删除绘图区域中组成块的所有图形对象。

(4)“方式”选项区域：用于设置块组成对象的显示方式。

◆ 选择“注释性”复选框，可以将对象设置成注释性对象；

◆ 选择“按统一比例缩放”复选框，可以设置插入块时是否按统一比例缩放；

◆ 选择“允许分解”复选框，设置块对象插入后是否可以被分解。

(5)“设置”选项区域：设置块的基本属性。可以选择插入块时的插入单位；单击“超链接”按钮可以定义与块相关联的超链接文档。

(6)“说明”文本框：用于输入所创建块的注释说明。

以创建建筑图样中的窗户块为例，如图 5.39 所示，说明“块定义”的具体操作步骤如下：

步骤 1：利用绘图命令创建图 5.39 所示的图形。

步骤 2：调用创建块命令，打开“块定义”对话框。

步骤 3：在“名称”文本框中输入块的名称——窗。

步骤 4：在“基点”选项区单击“拾取点”按钮，然后选择窗的左下角点 O，确定基点位置。

步骤 5：在“对象”选项区域中选择“保留”单选框，然后单击“选择对象”按钮，切换至绘图区域，选择所绘制的图形对象，然后按 Enter 键，返回“定义块”对话框。

步骤 6：在“块单位”下拉列表框中选择“毫米”选项，设置单位为毫米。

步骤 7：设置完毕，单击“确定”按钮完成块定义。

2. 图块存盘

用 BLOCK 命令定义的图块只能保存在当前文件中，该块只能在本图形文件中插入，如果需将块插入其他图形文件中，可以使用 WBLOCK 命令把图块以图形文件(.dwg 文件)的形式保存。这种方式可以将常用的图块作为公共绘图资源建立图库，以便随时调用。

执行 WBLOCK 后，AutoCAD 弹出“写块”对话框，如图 5.40 所示。在“源”选项区域中选择“块”单选框，表示要存盘的块取自于当前图形文件中保存的块。在下拉列表框中指定需要保存的块对象，并在“目标”选项区域中指定保存的文件名和路径。

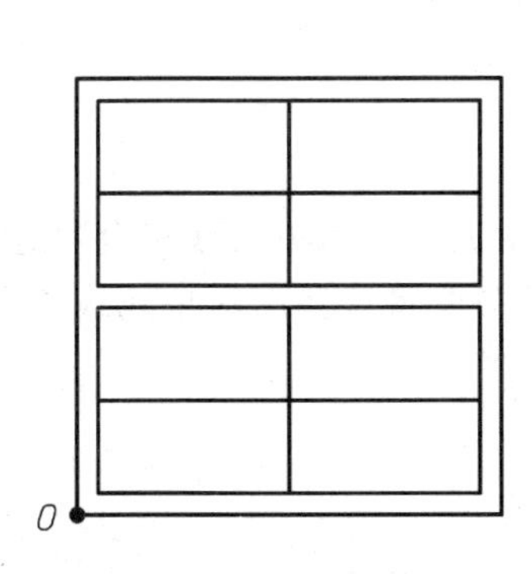

图 5.39 窗户图块

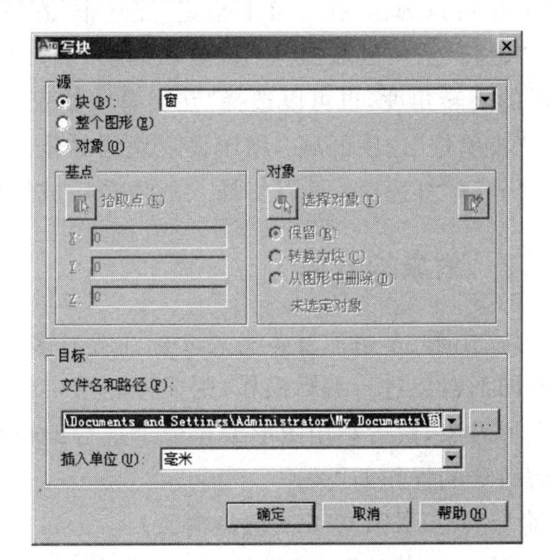

图 5.40 “写块”对话框

3. 图块的插入

在图样绘制过程中，用户可以根据需要随时插入已经定义好的图块到当前图形文件的指定位置，插入图块时可以改变图块的比例、旋转角度或把图块分解开。

插入图块的操作如下：

- 命令行：INSERT（键盘输入）。
- 工具栏："绘图"工具栏的"插入块"图标。
- 下拉菜单："插入"→"块"。

执行插入块命令后，AutoCAD 弹出"插入"对话框，如图 5.41 所示。

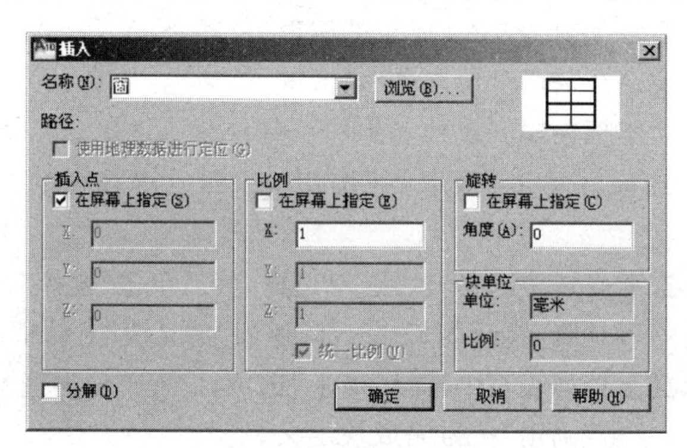

图 5.41 "插入"对话框

"插入"对话框中各选项的功能如下。

(1) "名称"下拉列表框：用于选择块或图形名称。也可以单击"浏览"按钮，系统打开"打开图形文件"对话框，选择已存的块或外部图形。

(2) "插入点"选项区域：用于设置块的插入点。用户可以在"X"、"Y"、"Z"文本框中输入插入点坐标，也可以选择"在屏幕上指定"复选框，在屏幕上指定插入点。

(3) "比例"选项区域：用于设置块的插入比例。用户可以在"X"、"Y"、"Z"文本框中输入插入比例，也可以选择"在屏幕上指定"复选框，在屏幕上指定插入比例。

(4) "旋转"选项区域：用于设置块的插入时的旋转角度。用户可以在"角度"文本框中输入插入时的旋转角度，也可以选择"在屏幕上指定"复选框，在屏幕上指定插入时的旋转角度。

(5) "块单位"选项区域：用于设定块的单位及比例。

(6) "分解"复选框：可以将插入的块分解成组成块的各图形对象。

5.7.2 对象的分解

对于块、矩形、多边形及各类尺寸标注等有多个对象组成的图形单元或集合，如需要对其中的单个图形对象进行编辑操作，则要先利用对象"分解"命令将这些图形单元或集合拆分成单个的图形对象，然后利用图形编辑命令进行编辑修改。

分解命令的操作如下：

- 命令行：EXPLODE（键盘输入）。
- 工具栏："修改"工具栏的"分解"图标。
- 下拉菜单："修改"→"分解"。

利用分解命令拆分矩形或块后如图 5.42 所示，其操作过程如下：

命令：EXPLODE ↵
选择对象：选择矩形或块对象　　(选择分解对象)
选择对象：↵　　(完成分解操作)

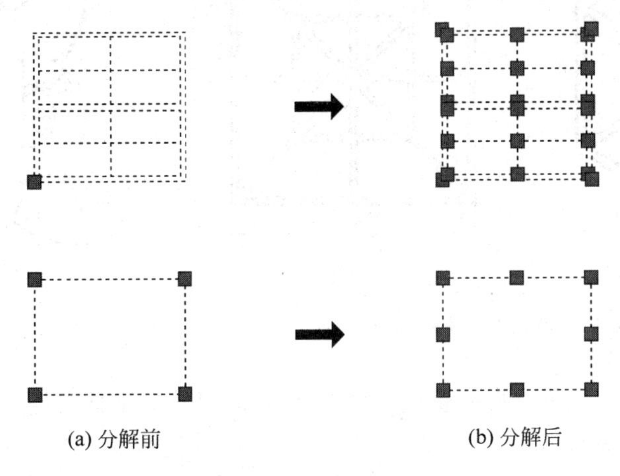

图 5.42　分解图形对象

习题

1. 根据所给尺寸，利用基本绘图和复制、镜像命令完成图 5.43 所示楼梯台阶的绘制(不标注尺寸)。

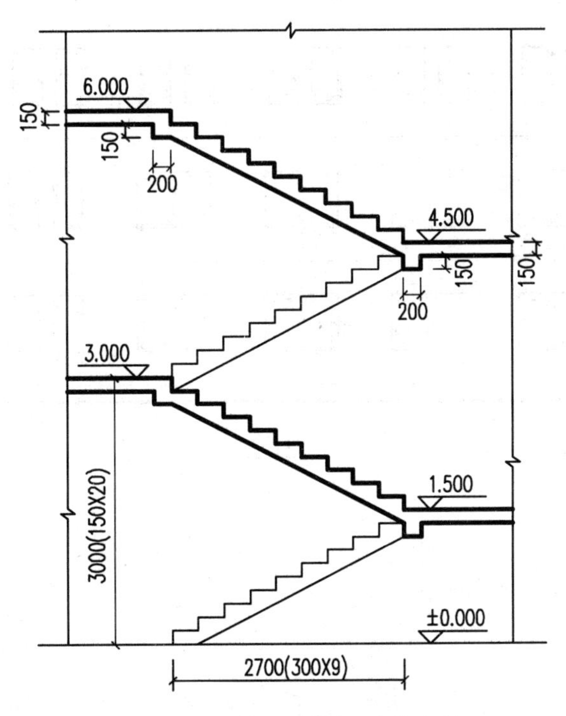

图 5.43　习题 1—楼梯台阶的绘制

2. 利用基本绘图命令及偏移、修剪命令完成图 5.44 所示图形的绘制(不标注尺寸)。

3. 利用基本绘图命令和镜像、修剪命令完成图 5.45 所示图形的绘制(不标注尺寸)。

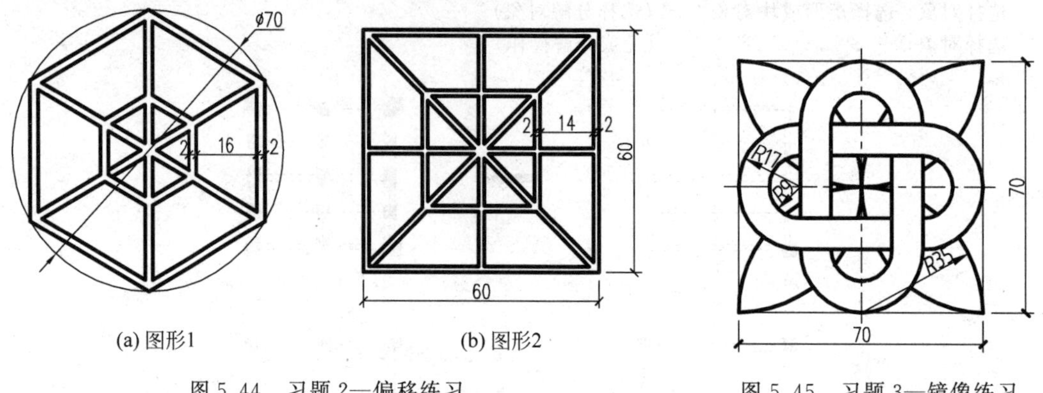

(a) 图形1　　(b) 图形2

图 5.44　习题 2—偏移练习

图 5.45　习题 3—镜像练习

4. 将图 5.46(a)、(b)所示窗立面图创建成图块,并使用插入和阵列命令完成图 5.46(c)的绘制(不标注尺寸)。

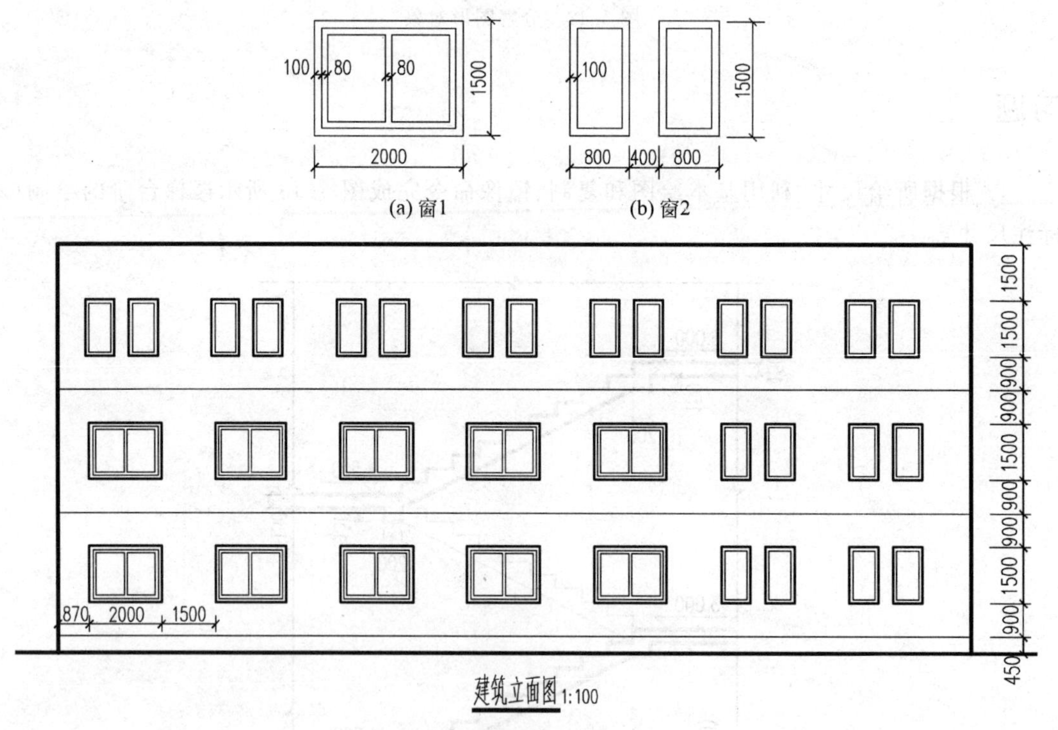

(a) 窗1　　(b) 窗2

(c) 立面图

图 5.46　习题 4—立面图绘制

第6章　文字与尺寸标注

学习目的与要求

文字和尺寸标注是工程图样中不可缺少的重要组成部分。

本章将详细介绍 AutoCAD 2010 的文字标注和尺寸标注功能。熟练掌握使用 AutoCAD 设置和标注符合国家制图标准的工程图文字和尺寸是本章学习的目的和要求。

绘制工程图样时，经常要在图样中标注一些文字和尺寸。使用 AutoCAD 标注文字和尺寸时，一般要经过两个步骤：首先应根据用户的需要设置要标注的文字样式和尺寸样式；然后使用文字标注和尺寸标注命令，在指定位置书写文字、标注尺寸。

6.1　文字样式的设置

6.1.1　设置文字样式

AutoCAD 中提供了“文字样式”对话框，通过这个对话框可以创建工程图样中所需要的符合国家标准的文字样式，或是对已有的文字样式进行编辑。

AutoCAD 中“文字样式”对话框可以通过以下三种方式调用：

- 命令行：STYLE 或 ST(键盘输入)。
- 工具栏：单击样式工具栏中的文字样式图标按钮 。
- 下拉菜单：“格式”→“文字样式……”。

执行命令后，系统弹出“文字样式”对话框，如图 6.1 所示，对话框包括以下几项内容。

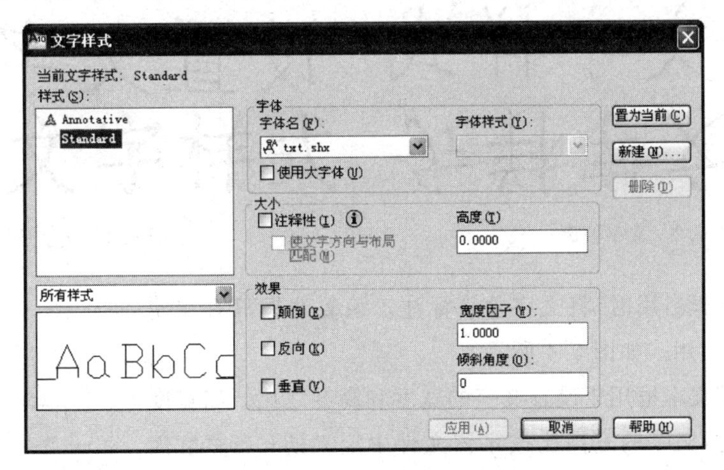

图 6.1　“文字样式”对话框

1. “样式”列表框

“样式”列表框显示文字样式列表。列表中包括已定义的文字样式和默认的文字样式。用户可以选择要使用的文字样式或选中要编辑的文字样式。

2. 预览区

预览区显示用户所选择的字体及文字样式的样例文字。

3. “字体”选项组

“字体”选项组用于改变文字样式的字体。

“字体名”下拉列表框中列出了当前系统中所有可用的字体，包括 TrueType 字体和 SHX 字体。当在“字体名”下拉列表框中选择了 SHX 字体时，AutoCAD 允许使用大字体。

“使用大字体”复选框启用时，“字体样式”列表框变成“大字体”列表框，用户可以设置大字体字型。大字体通常是指亚洲文字字体，如中文、日文等。AutoCAD 中提供了符合我国国家标准的大字体工程汉字字体：gbcbig.shx。

“字体样式”下拉列表框仅对 TrueType 字体有效，主要用于指定字体的字符格式。

4. “大小”选项组

“高度”文本框用于设置文字的高度。如果该值大于 0，这个数值就作为创建文字时的固定字高，在用 TEXT 命令输入文字时，系统不再提示输入字高参数；如果该值为 0，系统会在每一次用 TEXT 命令输入文字时提示输入字高。

5. “效果”选项组

“效果”选项组用于设置文字的特殊效果。

“颠倒”复选框启用时，将文字倒置标注，如图 6.2 所示。该选项对使用 MTEXT 命令标注的文字无影响。

“反向”复选框启用时，将文字反向标注，如图 6.3 所示。该选项对使用 MTEXT 命令标注的文字无影响。

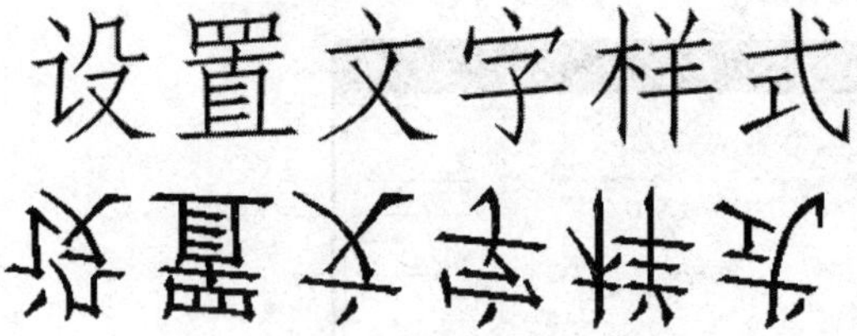

图 6.2 文字颠倒

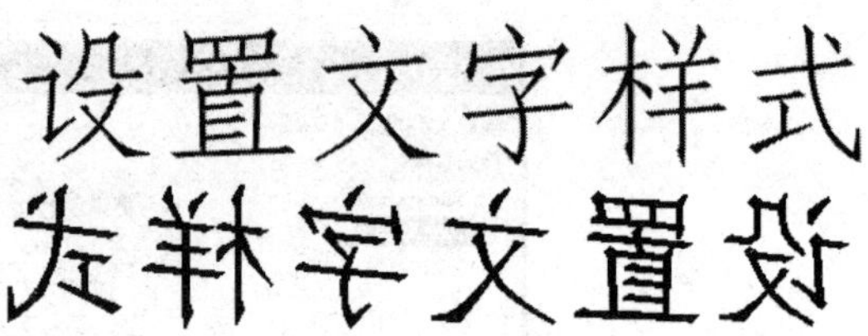

图 6.3 文字反向

“垂直”复选框启用时，将文字垂直标注。该复选框只有在使用 SHX 字体时可用。如图 6.4 所示。

图 6.4 文字垂直

“宽度因子”文本框用于设置文字的宽度和高度之比。当宽度因子设置为 1 时，文字的宽高比按字体文件中定义的；当宽度因子大于 1 时，字体变宽；当宽度因子小于 1 时，字体变窄。如图 6.5 所示。

“倾斜角度”文本框，设置文字的倾斜角度。角度为 0 时不倾斜，为正时向右倾斜，为负时向左倾斜。如图 6.6 所示。

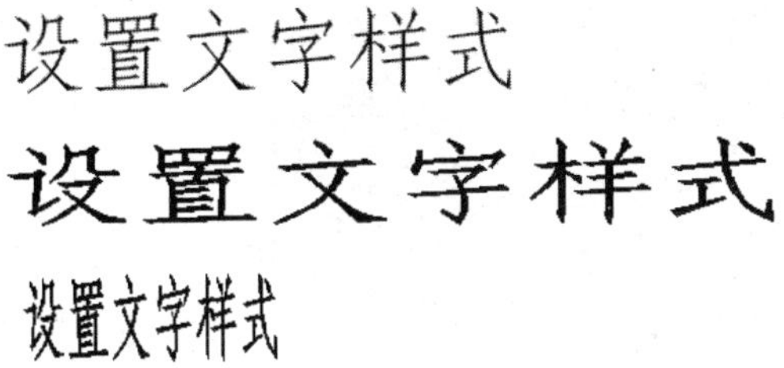

设置文字样式
设置文字样式
设置文字样式

图 6.5 不同宽高比的文字

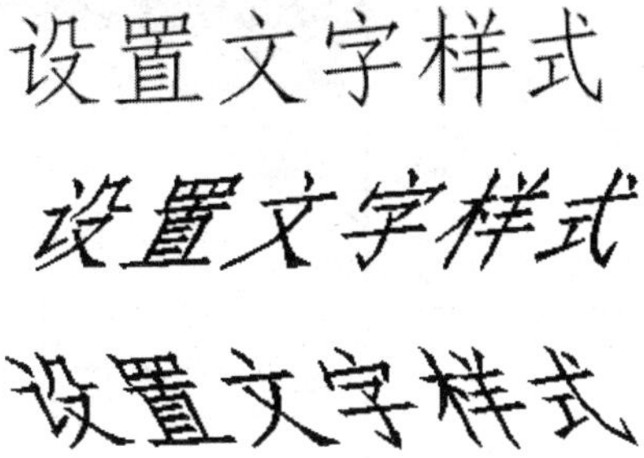

设置文字样式
设置文字样式
设置文字样式

图 6.6 文字倾斜

6. 右侧三个按钮

在“样式”列表框中单击选中一个文字样式，然后单击“置为当前”按钮 置为当前(C)，把选中的文字样式设置为当前文字样式。

图 6.7 “新建文字样式”对话框

在“样式”列表框中单击选中一个文字样式，然后单击“删除”按钮 删除(D)，把选中的文字样式删除。

单击“新建”按钮 新建(N)...，弹出如图 6.7 所示“新建文字样式”对话框。默认样式名为“样式××”(××为阿拉伯数字)，也可在“样式名”文本框中输入新建的文字样式名。

6.1.2 土建工程图样中的文字样式设置

2.3 节中已经介绍了国家制图标准关于字体的规定。根据这个规定，我们使用 AutoCAD 绘制土建工程图样时通常设置两种文字样式，一种用于标注土建工程图中的汉字，一种用于标注土建工程图中的数字和字母。

1. 设置“汉字”文字样式

步骤 1：打开“文字样式”对话框，如图 6.1 所示。

步骤 2：单击“新建”按钮，弹出“新建文字样式”对话框，如图 6.7 所示。在“样式名”文本框中输入“汉字”，如图 6.8 所示，单击“确定”按钮，返回“文字样式”对话框，进行“汉字”文字样式的设置。

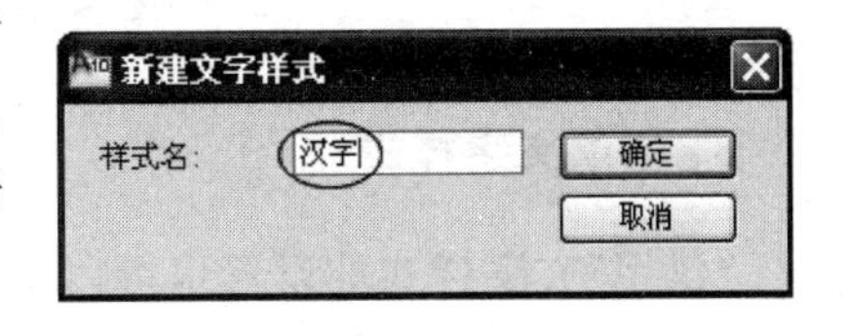

图 6.8 新建“汉字”文字样式

步骤 3：在“字体名”下拉列表框中选择“T 仿宋_GB2312”字体，在“字体样式”下拉列表框中选择“常规”样式，“高度”文本框中取默认值 0，在“宽度因子”文本框中输入“0.7”，其他使用默认设置。如图 6.9 所示。

步骤 4：单击“应用”按钮，完成“汉字”文字样式设置。

2. 设置“数字和字母”文字样式

步骤 1：打开“文字样式”对话框，如图 6.1 所示。

步骤 2：单击“新建”按钮，弹出“新建文字样式”对话框，在“样式名”文本框中输入“数字和字母”，单击“确定”按钮，返回“文字样式”对话框，进行“数字和字母”文字样式的设置。

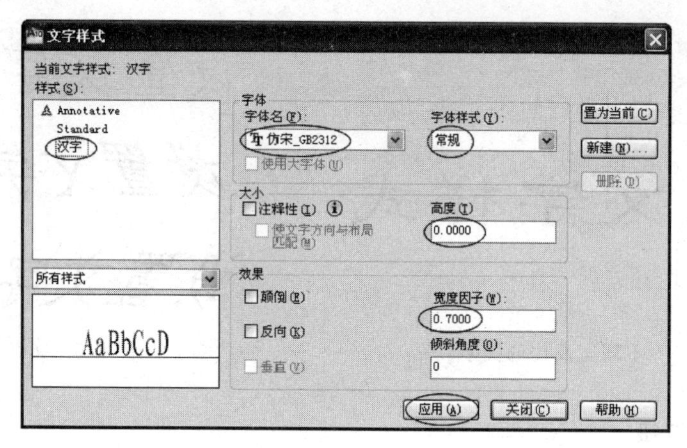

图 6.9 “汉字”文字样式设置

步骤 3：在“字体名”下拉列表框中选择“gbenor.shx”字体，启用“使用大字体”复选框，“字体样式”下拉列表框变为“大字体”列表框，在“大字体”列表框中选择“gbcbig.shx”字体，“高度”文本框中取默认值 0，在“宽度因子”文本框中输入“0.7”，其他使用默认设置。如图 6.10 所示。

步骤 4：单击“应用”按钮，完成“数字和字母”文字样式设置。

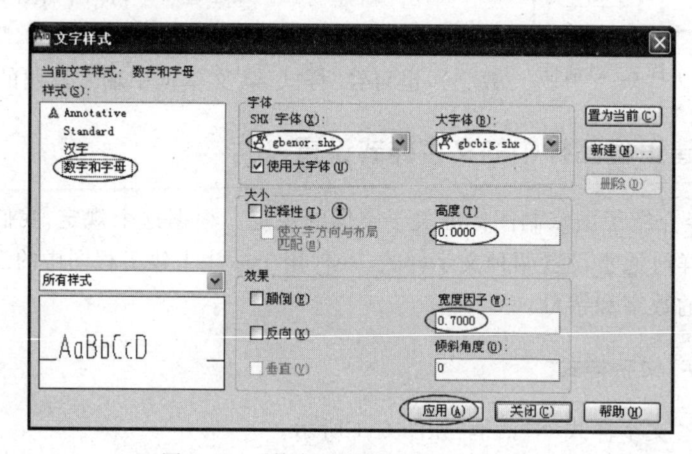

图 6.10 “数字和字母”文字样式设置

3. 修改文字样式

“汉字”文字样式的设置也可以使用大字体，因为大字体在打开图纸时加载速度较快。用户可以使用修改文字样式的方法，对“汉字”文字样式进行修改。

步骤 1：打开“文字样式”对话框，如图 6.11 所示。

步骤 2：在“样式”列表框中单击选中“汉字”文字样式，可以进行“汉字”文字样式的修改。

步骤 3：在“字体名”下拉列表框中选择“gbenor.shx”字体，启用“使用大字体”复选框，“字体样式”下拉列表框变为“大字体”列表框，在“大字体”列表框中选择“gbcbig.shx”字体，“高度”文本框中取默认值 0，在“宽度因子”文本框中输入“0.7”，其他使用默认设置。如图 6.11 所示。

步骤 4：单击“应用”按钮，完成“汉字”文字样式的修改。

4. 删除文字样式

在“样式”列表框中单击选中一个文字样式，然后单击“删除”按钮，把选中的文字样式删除。

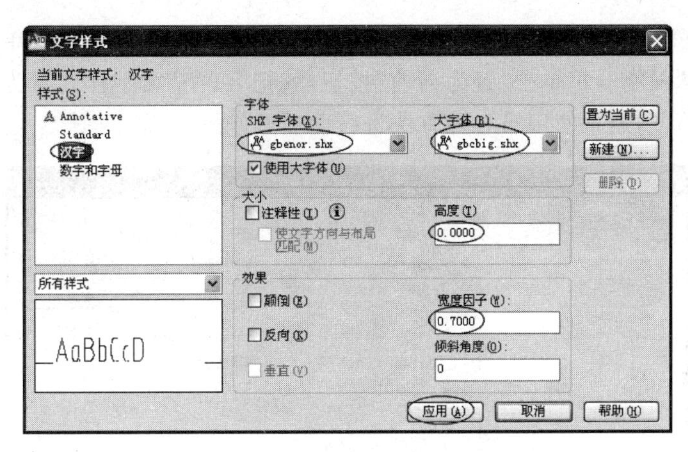

图 6.11 修改“汉字”文字样式

注意：不能删除当前文字样式或当前图形正在使用的文字样式。

5. 文字样式重命名

在“样式”列表框中，用鼠标左键连续单击三次需要重命名的文字样式，此时文字样式名变为文本框的形式，可以给文字样式重命名。

6. 文字样式“置为当前”

设置好文字样式之后，就可以在图样中进行文字标注。当图样中所标注的文字是汉字时，应将“汉字”文字样式置为当前；当图样中所标注的文字是数字或字母时，应将“数字和字母”文字样式置为当前。文字样式置为当前的方法有两种。

第一种：在“样式”工具栏的“文字样式控制”下拉列表框中列出了所有文字样式，单击要置为当前的文字样式，如单击图 6.12 中“数字和字母”，“数字和字母”文字样式即置为当前。这种方法操作比较简便。

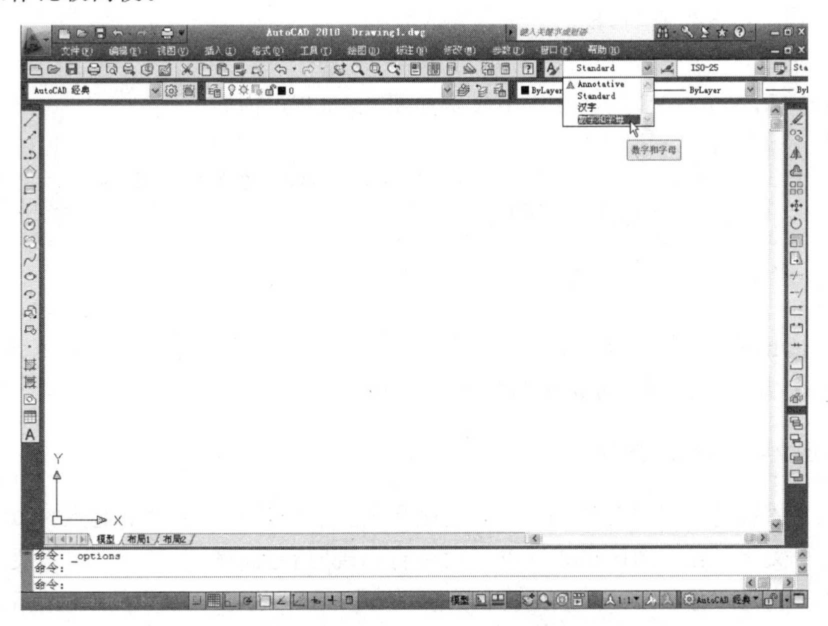

图 6.12 “数字和字母”文字样式置为当前

第二种：打开“文字样式”对话框，如图6.13所示。在“样式”列表框中单击要置为当前的文字样式，如单击“汉字”，再单击“置为当前”按钮，就把“汉字”文字样式置为当前。这种方法不如第一种方法简便，通常使用第一种方法进行此项操作。

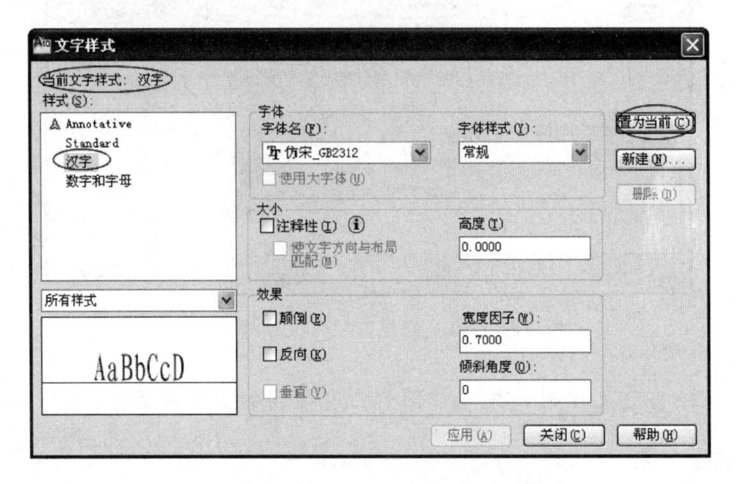

图6.13　“汉字”文字样式置为当前

6.2　文字的标注

6.2.1　单行文字的标注

单行文字标注是指在执行一次标注命令时，只能标注相同字高和相同旋转角度的文字。在执行一次单行文字标注命令时可以标注多行指定位置的文字，但所标注文字的每一行都是一个独立的对象。单行文字的标注在绘制土建工程图样中经常用到。

AutoCAD中“单行文字”的标注可以通过以下两种方式调用：

- 命令行：TEXT或DTEXT（键盘输入）。
- 下拉菜单：“绘图”→“文字”→“单行文字”。

执行命令后，AutoCAD的命令行中显示如图6.14所示内容。

```
命令： _dtext
当前文字样式： "汉字"  文字高度： 2.5000  注释性： 否
指定文字的起点或 [对正(J)/样式(S)]:
```

图6.14　“单行文字”标注的命令行显示

命令行中出现三个选项，即指定文字的起点、对正、样式。其中“指定文字的起点”是AutoCAD的默认选项。下面分别说明各个选项的操作步骤。

1. “指定文字的起点”选项

步骤1：在“指定文字的起点”提示下，直接指定一点作为标注文字的起点，AutoCAD将从该点往右书写文字。在绘图区指定一点后命令行出现“指定高度＜×××＞”的提示。

步骤2：“指定高度＜×××＞”的提示信息，如图6.15所示。＜＞中的数值是上次标注文字的字高，是AutoCAD的默认选项，直接回车此数值为此次标注文字的字高。也可以在命令行中直接输入标注文字的字高后回车确认。回车后命令行出现"指定文字的旋转角度<××>"的提示。

步骤3："指定文字的旋转角度<××>"的提示信息，如图6.15所示。<>中的数值是上次标注文字的旋转角度，是AutoCAD的默认选项，直接回车此数值为此次标注文字的旋转角度。也可以在命令行中输入文字的旋转角度后回车确认。

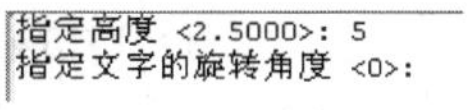

指定高度 <2.5000>: 5
指定文字的旋转角度 <0>:

图6.15　"单行文字"标注的命令行显示

注意：文字的旋转和文字的倾斜效果是不同的，如图6.16所示。

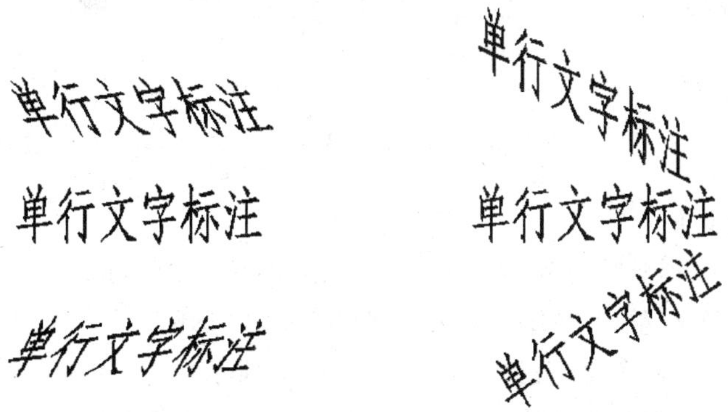

单行文字标注
单行文字标注
单行文字标注

(a) 文字的倾斜

单行文字标注
单行文字标注
单行文字标注

(b) 文字的旋转

图6.16　文字的倾斜与文字的旋转对比

步骤4：此时在屏幕上指定文字的起点位置处出现闪动光标，即可输入文字。输入一行文字后回车，可以继续输入另一行文字，直至回车两次结束文字的输入。

注意：在输入文字的过程中，可以随时改变文字的起点位置，只要将光标在指定的文字起点位置单击即可。

2. "对正"选项

如图6.14所示，在"指定文字的起点"提示下，输入J回车，AutoCAD执行"对正(J)"选项。此选项用来选择文字的对齐方式。执行"对正(J)"选项，命令行中出现14种文字的对齐方式可供用户选择，如图6.17所示。

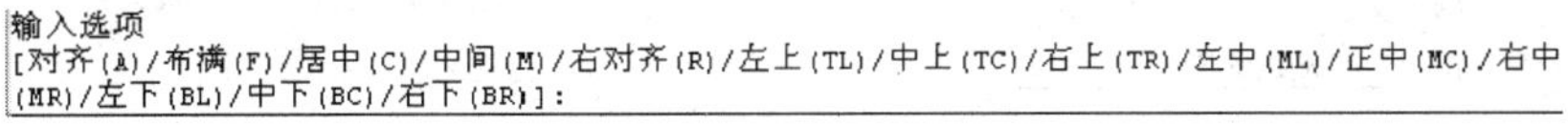

输入选项
[对齐(A)/布满(F)/居中(C)/中间(M)/右对齐(R)/左上(TL)/中上(TC)/右上(TR)/左中(ML)/正中(MC)/右中(MR)/左下(BL)/中下(BC)/右下(BR)]:

图6.17　"对正"选项下的14种文字对齐方式

AutoCAD提供的14种文字的对齐方式，其中默认的对齐方式是左对齐。为说明文字的上下位置，AutoCAD首先为标注文字定义了4条定位线：顶线(Top line)、中线(Middle line)、基线(Base line)和底线(Bottom line)，如图6.18所示。根据这4条文字定位线，各种文字对齐方式的含义如图6.19所示。各种对齐方式的操作使用方法如下。

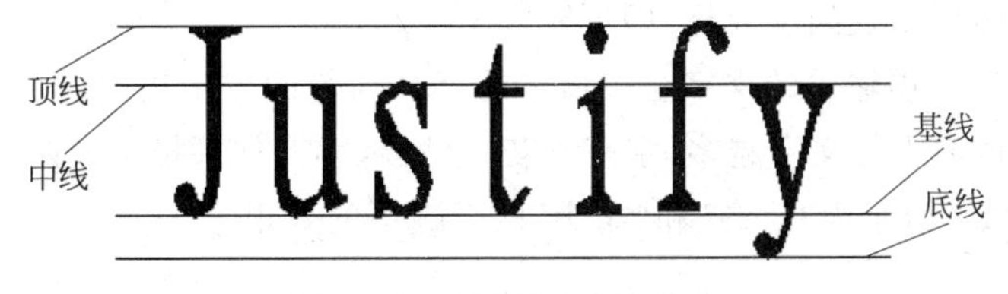

图6.18　文字的4条定位线

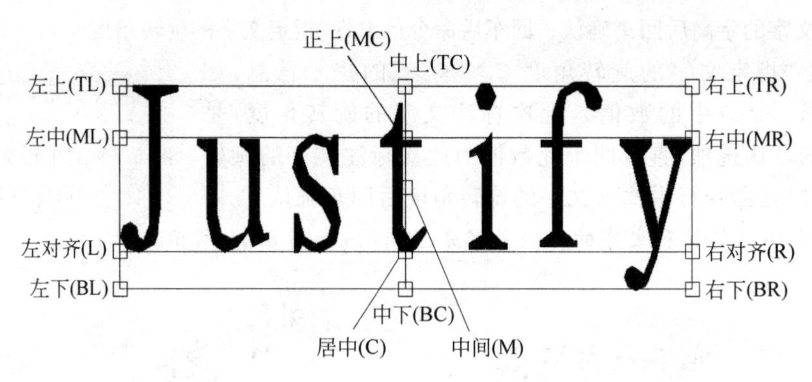

图 6.19　文字的对齐方式

1)“对齐(A)”选项

步骤 1：在命令行提示“[对齐(A)/布满(F)/居中(C)/中间(M)/右对齐(R)/左上(TL)/中上(TC)/右上(TR)/左中(ML)/正中(MC)/右中(MR)/左下(BL)/中下(BC)/右下(BR)]：”状态下输入 A 回车，出现提示信息如图 6.20 所示；

步骤 2：在“指定文字基线的第一个端点：”提示下，在屏幕上直接指定或通过坐标输入指定标注文字的起点；

步骤 3：在“指定文字基线的第二个端点：”提示下，指定标注文字的结束点；

步骤 4：此时屏幕出现闪动光标，即可输入文字。

执行“对齐(A)”选项输入的文字会均匀的位于指定的两点之间。指定了两点之后，每行输入的文字越多，字宽和字高越小。如果指定的两点不水平，则文字倾斜。

2)“布满(F)”选项

步骤 1：在命令行提示“[对齐(A)/布满(F)/居中(C)/中间(M)/右对齐(R)/左上(TL)/中上(TC)/右上(TR)/左中(ML)/正中(MC)/右中(MR)/左下(BL)/中下(BC)/右下(BR)]：”状态下输入 F 回车，出现提示信息如图 6.21 所示；

```
/中下(BC)/右下(BR)]: a
指定文字基线的第一个端点:
指定文字基线的第二个端点:
```

图 6.20　“对齐”选项的命令行显示

```
/中下(BC)/右下(BR)]: f
指定文字基线的第一个端点:
指定文字基线的第二个端点:
指定高度 <5.0000>:
```

图 6.21　“布满”选项的命令行显示

步骤 2：在“指定文字基线的第一个端点：”提示下，在屏幕上直接指定或通过坐标输入指定标注文字的起点；

步骤 3：在“指定文字基线的第二个端点：”提示下，指定标注文字的结束点；

步骤 4：出现“指定高度＜×××＞”提示信息，此时应输入标注文字的高度；

步骤 5：此时屏幕出现闪动光标，即可输入文字。

执行“布满(F)”选项输入的文字会按指定的字高均匀的位于指定的两点之间。指定了两点和字高之后，每行输入的文字越多，字高不变，字宽越小。如果指定的两点不水平，则文字倾斜。图 6.22、图 6.23 所示为“对齐”和“布满”两个选项的效果。

对齐文字标注
对齐文字标注
对齐文字
标注

图 6.22　“对齐”选项的文字标注

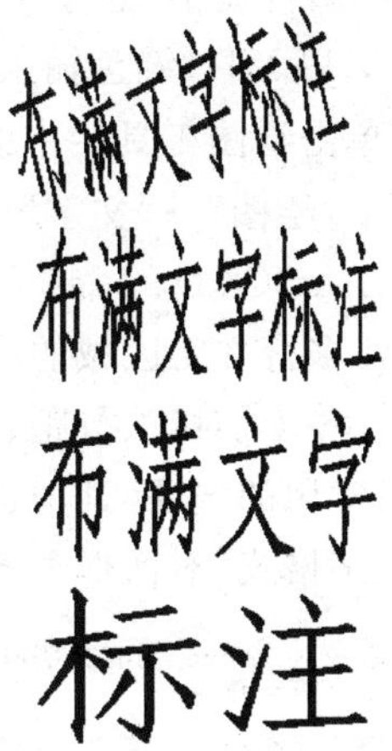

布满文字标注
布满文字标注
布满文字
标注

图 6.23　“布满”选项的文字标注

3）“居中(C)”选项

步骤 1：在命令行提示“[对齐(A)/布满(F)/居中(C)/中间(M)/右对齐(R)/左上(TL)/中上(TC)/右上(TR)/左中(ML)/正中(MC)/右中(MR)/左下(BL)/中下(BC)/右下(BR)]：”状态下中输入 C 回车，出现提示信息如图 6.24 所示；

步骤 2：在“指定文字的中心点”提示下，在屏幕上直接指定或通过坐标输入指定标注文字的中心点；

步骤 3：在“指定高度＜××××＞”提示下，输入标注文字的高度后回车；

步骤 4：在“指定文字的旋转角度＜××＞”提示下，输入标注文字的旋转角度；

步骤 5：此时屏幕出现闪动光标，即可输入文字。

执行“居中”选项输入的文字会按指定的中心点对齐。

其他对齐方式选项的使用方法与上述“居中(C)”选项的使用类似，不再赘述。文字的各种对齐方式含义如图 6.19 所示，可自行操作练习，查看文字书写效果。

3. “样式”选项

“样式”选项用来指定一个已有的文字样式作为当前文字样式。

如图 6.25 所示，在“指定文字的起点”提示下，输入 S 回车，命令行中出现“输入样式名或[?]＜××＞”提示，此时可以输入一个已有的文字样式名作为当前的文字样式；也可以输入“?”后两次回车，系统会打开文字窗口列出图形中的全部文字样式。

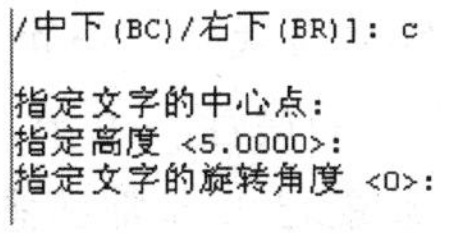

```
/中下(BC)/右下(BR)]: c

指定文字的中心点:
指定高度 <5.0000>:
指定文字的旋转角度 <0>:
```

图 6.24　“居中”选项的命令行显示

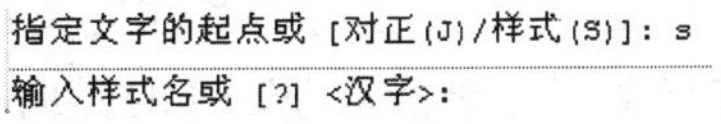

```
指定文字的起点或 [对正(J)/样式(S)]: s
输入样式名或 [?] <汉字>:
```

图 6.25　“样式”选项的命令行显示

6.2.2　多行文字标注

多行文字的标注是在指定的区域内以段落的方式标注文字。用该命令所标注的多行文字是一个对象。

AutoCAD 中“多行文字”的标注可以通过以下三种方式调用。

- 命令行：MTEXT（键盘输入）。
- 工具栏：单击绘图工具栏中的多行文字图标按钮 A 。
- 下拉菜单：“绘图”→“文字”→“多行文字……”。

执行命令后，AutoCAD 的命令行中出现“指定第一角点”提示，此时可以在屏幕上直接指定或坐标输入标注多行文字区域的第一个角点位置，接着命令行提示 8 个选项，如图 6.26 所示，即指定对角点、高度、对正、行距、旋转、样式、宽度、栏。其中“指定对角点”是 AutoCAD 的默认选项，也是最常用的选项，其他选项一般不在命令行中设置，而是在执行完“指定对角点”选项后弹出的“文字格式”对话框和多行文字编辑器中设置，这样更为方便。

```
命令: _mtext 当前文字样式: "汉字" 文字高度: 5 注释性: 否
指定第一角点:
指定对角点或 [高度(H)/对正(J)/行距(L)/旋转(R)/样式(S)/宽度(W)/栏(C)]:
```

图 6.26 “多行文字”标注的命令行显示

下面说明“指定对角点”选项的操作步骤。

1.“指定对角点”选项

在屏幕上指定一个点作为标注多行文字区域的另一个对角点。AutoCAD 以指定的这两个点形成一个矩形区域标注多行文字，其中“指定第一个角点”是标注多行文字的起点，这个矩形区域的宽度是多行文字的宽度，而多行文字的实际高度可以超出这个矩形区域的高度。

执行该选项后，AutoCAD 弹出一个“文字格式”对话框和一个多行文字编辑器。如图 6.27 所示。

图 6.27 “文字格式”对话框和多行文字编辑器

2.“文字格式”对话框

如图 6.27 所示，“文字格式”对话框可以设置多行文字的字体及大小。既可以在输入多行文字之前设置，也可以在输入多行文字之后改变全部或部分文字的属性。由于“文字格式”对话框和多行文字编辑器与 Word 的界面类似，用户对其界面、功能已经非常熟悉，所以下面只介绍“文字格式”对话框和多行文字编辑器中部分选项的功能。

(1)“样式”下拉列表框：指定多行文字的文字样式，可从下拉列表框中选择已经设置好的文字样式，如图 6.28 所示。

(2)“字体”下拉列表框：指定多行文字的字体，可从下拉列表框中选择各种字体，如图 6.29 所示。

(3)"字高"下拉列表框：指定多行文字的字高，可以从下拉列表框中选择已经设置过的字高，也可以在文本编辑框中直接输入字高，如图 6.30 所示。

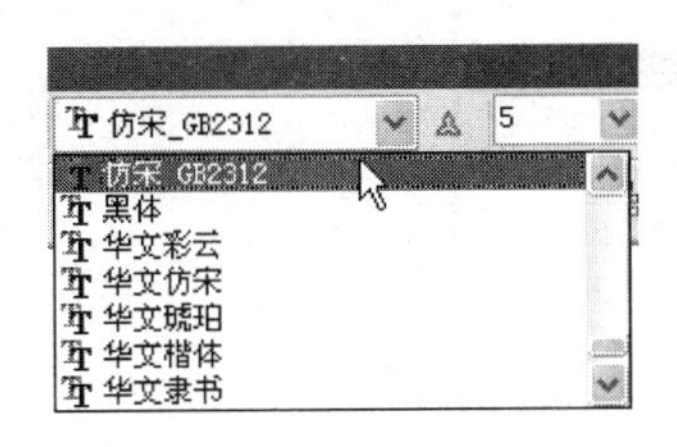

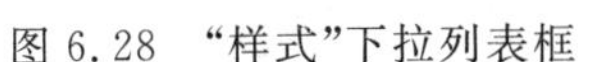

图 6.28 "样式"下拉列表框　　图 6.29 "字体"下拉列表框　　图 6.30 "字高"下拉列表框

(4) 粗体按钮 **B** 和斜体按钮 *I*：指定多行文字的粗体或斜体效果。只对 TrueType 字体有效，对 SHX 字体无效。

(5) 下划线按钮 U 和上划线按钮 Ō：下划线或上划线的开关。单击按钮开始画下划线或上划线，再次单击按钮结束画下划线或上划线。

(6) 堆叠按钮：用于标注分数。工程图样中有时需要标注一些分数，这些分数不能从键盘上直接输入，AutoCAD 中提供了三种分数形式的输入方法，以分数 1/100 的输入为例介绍，如表 6.1 所示。

表 6.1　AutoCAD 中堆叠标注的分数

堆叠前	1/100	1#100	1^100
堆叠后	$\frac{1}{100}$	1⁄100	$\begin{matrix}1\\100\end{matrix}$

第一种：输入 1/100，输入后选中 1/100 并单击堆叠按钮，则显示为 $\frac{1}{100}$。

第二种：输入 1#100，输入后选中 1#100 并单击堆叠按钮，则显示为 1⁄100。

第三种：输入 1^100，输入后选中 1^100 并单击堆叠按钮，则显示为 $\begin{matrix}1\\100\end{matrix}$。这种堆叠形式主要用于机械工程图中极限偏差的标注，土建工程图中应用较少。

(7)"颜色"下拉列表框：指定多行文字的颜色。直接从下拉列表框中选择各种颜色，如图 6.31 所示。

图 6.31 "颜色"下拉列表框

(8) 标尺按钮：控制多行文字编辑器中的标尺是否显示。

(9) 全部大写按钮 Aa 和小写按钮 aA：使选中的字母全部大写或小写。

(10)"倾斜角度"微调框 0/0.0000：指定多行文字的倾斜角度。单击微调框的上下箭头调整文字的角度。

(11)"宽度因子"微调框 0.7000：指定多行文字的宽高比例。单击微调框的上下箭头调整文字的宽高比例。

(12) 符号按钮 @：用于输入各种符号。单击符号按钮，显示符号列表，可以选择符号列表中的符号输入到多行文字。如图 6.32 所示。

(13)"选项"按钮：单击选项按钮，可以打开"选项"菜单。如图 6.33 所示。"选项"菜单中的选项多数与 Word 中类似，部分选项在"文字格式"对话框中也能设置，在此不再介绍。

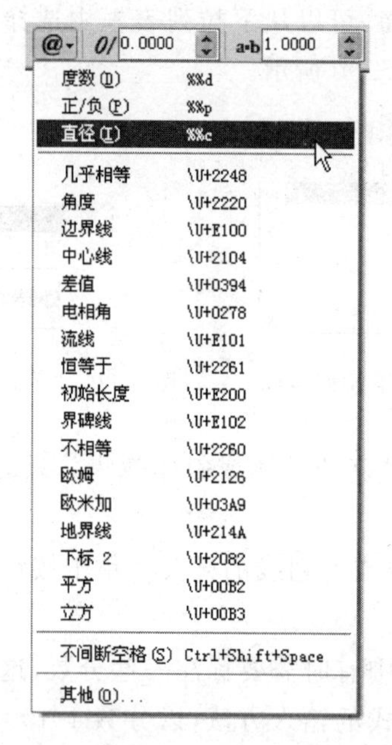

图 6.32 符号列表

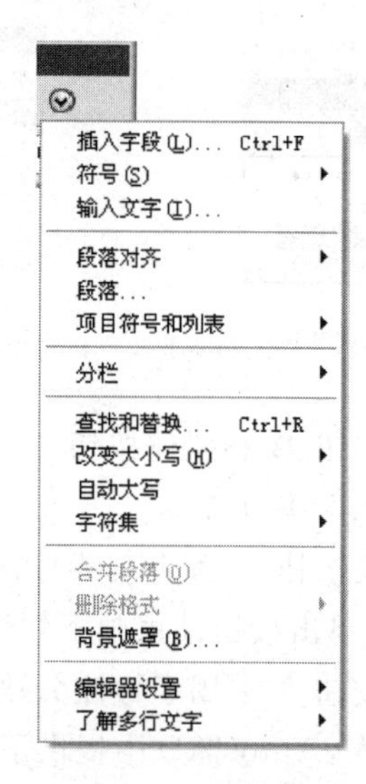

图 6.33 “选项”菜单

6.2.3 特殊字符的标注

土建工程图样中,除了需要标注汉字、数字和字母外,有时还需要标注一些特殊字符,这些特殊字符一般不能从键盘直接输入,AutoCAD 提供了一些控制码用来输入这些特殊符号,如表 6.2 所示。

表 6.2 AutoCAD 常用的控制码

控制码	说明	特殊符号示例
%%d	生成角度符号	°
%%c	生成直径符号	ϕ
%%%	生成百分比符号	%
%%p	生成正负符号	±
%%o	生成上划线	$\overline{123}$
%%u	生成下划线	$\underline{123}$

注意:

(1) 控制码中字符输入大小写均可。

(2) %%o 是上划线的开关,第一次出现%%o 时开始画上划线,第二次出现%%o 时上划线结束。%%u 是下划线的开关,输入方法同上划线。

6.3 文字的编辑

在土建工程图样中标注文字之后,有时需要修改标注的文字。AutoCAD 中提供了强大的文字编辑功能,可以实现对文字内容和各种属性的修改。

6.3.1 编辑文字内容

AutoCAD 中“编辑文字”可以通过以下两种方式实现。

- 命令行：DDEDIT（键盘输入）。
- 下拉菜单：“修改”→“对象”→“文字”→“编辑……”。

执行命令后，AutoCAD 的命令行中出现“选择注释对象”提示，如图 6.34 所示。此时光标变为拾取框，用拾取框单击需要修改的文字对象。选取要修改的文字对象不同，AutoCAD 给出的编辑文字的方法也不同。

命令：ddedit
选择注释对象或 [放弃(U)]：

图 6.34 “编辑”的命令行显示

1. 选取用单行文字标注的文字

单行文字反显变成文本框的形式，可以直接修改文字内容。

2. 选取用多行文字标注的文字

打开“文字格式”对话框和多行文字编辑器，可以对文字内容和文字的显示进行修改。

用户修改完选取的文字之后，命令行继续出现“选择注释对象”提示，用户可以继续选取需要修改的文字对象，直至回车结束编辑命令。

AutoCAD 还提供了更为简便的编辑文字的方式，即直接双击需要修改的文字对象。

6.3.2 编辑文字属性

在 AutoCAD 中直接单击需要修改的文字对象，屏幕上弹出“文字属性”窗口，如图 6.35 所示，可以在此窗口中修改文字的图层、内容、样式、对正、高度、旋转等属性。

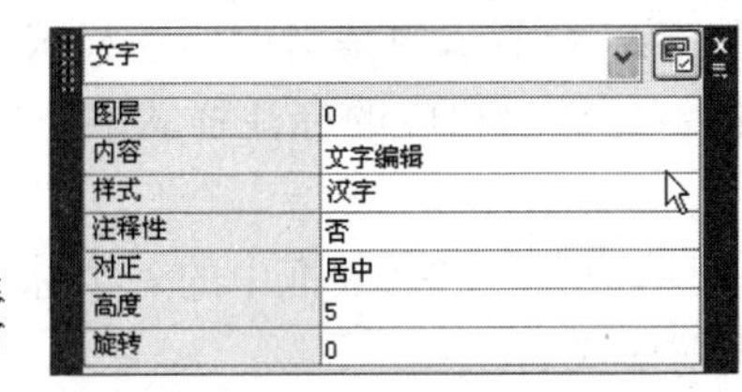

图 6.35 “文字属性”窗口

6.4 尺寸标注样式的设置

尺寸是工程图样的重要组成部分，使用 AutoCAD 绘制工程图样，必须在图样中正确标注尺寸。要使工程图样中的尺寸标注符合制图国家标准，应在标注尺寸前根据国家标准的规定设置所需的尺寸标注样式。

6.4.1 尺寸标注样式管理器

AutoCAD 中提供了“标注样式管理器”对话框，通过这个对话框可以方便地创建土建工程图样中需要的符合国家标准的尺寸标注样式，或是对已有的尺寸标注样式进行编辑。

AutoCAD 中“标注样式管理器”对话框可以通过以下三种方式调用。

- 命令行：DIMSTYLE（键盘输入）。
- 工具栏：单击样式工具栏中的标注样式图标按钮 。
- 下拉菜单：“格式”→“标注样式……”。

执行命令后，AutoCAD 弹出“标注样式管理器”对话框，如图 6.36 所示。

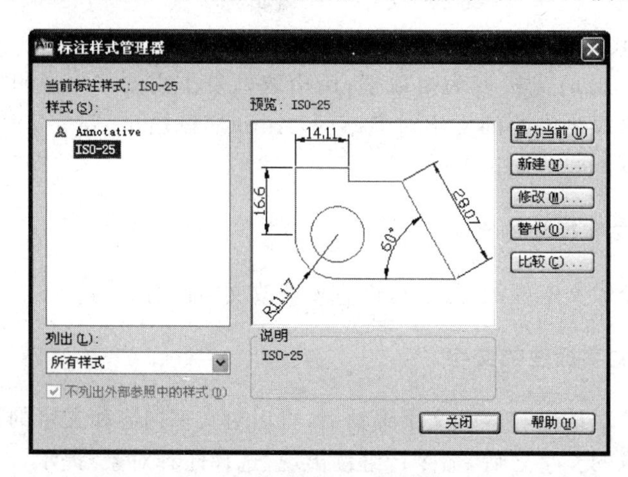

图 6.36 “标注样式管理器”对话框

“标注样式管理器”对话框包括以下几部分。

(1)“样式”列表框：用于显示图形中的尺寸标注样式列表。列表中包括已定义的标注样式和默认的标注样式。

(2)“列出”下拉列表框：指定在“样式”列表框中是显示“所有样式”还是显示“正在使用的样式”。

(3)“预览”区：在“预览：”处显示的是当前标注样式的名称；在“样式”列表框中单击选中一个标注样式，则“预览：”处显示相应的标注样式名。“预览”文本框中的图形显示当前标注样式的样例。

(4)“置为当前”按钮：单击“样式”列表框中的一个标注样式，再单击“置为当前”按钮，则选中的标注样式设置为当前样式。

(5)“修改”按钮：单击“样式”列表框中的一个标注样式，单击“修改”按钮，AutoCAD 弹出“修改标注样式”对话框，可以修改选中的标注样式。如图 6.37 所示。

(6)“替代”按钮：用于设置当前实体的尺寸标注样式。单击此按钮，AutoCAD 弹出“替代当前样式”对话框，该对话框中各选项与“修改标注样式”对话框完全相同，可以改变选项的设置，但这种修改只对指定的尺寸标注起作用。

(7)“比较”按钮：用于比较两个标注样式的区别。单击此按钮，AutoCAD 弹出“比较标注样式”对话框，如图 6.38 所示。

(8)“新建”按钮：创建一个新的尺寸标注样式。单击此按钮，AutoCAD 弹出“创建新标注样式”对话框，如图 6.39 所示。

“创建新标注样式”对话框包括“新样式名”文本框、“基础样式”下拉列表框、“用于”下拉列表框，分别介绍如下。

◆ “新样式名”文本框　在此文本框中输入新的尺寸标注样式名。

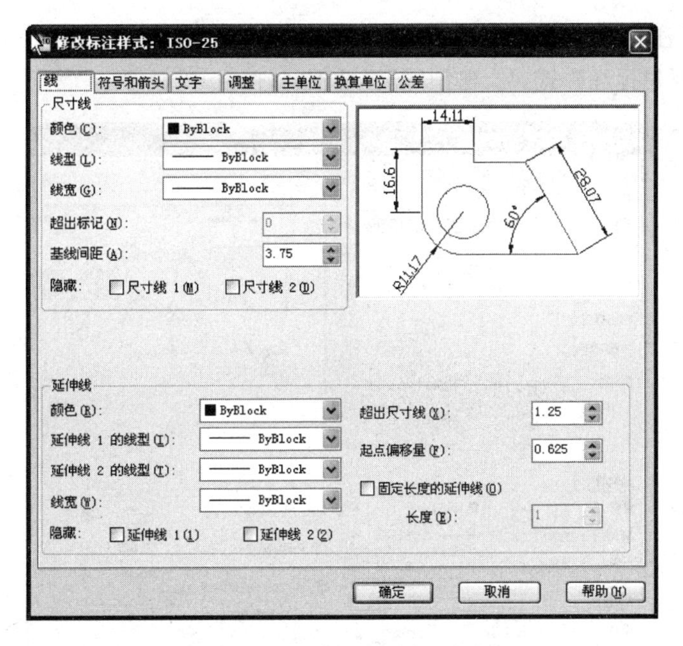

图 6.37　“修改标注样式”对话框

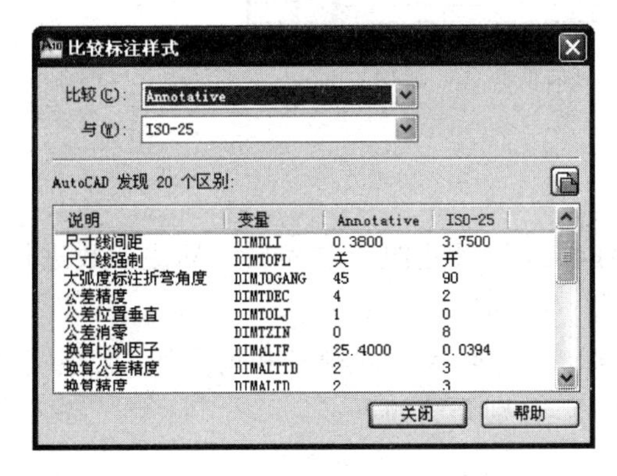

图 6.38　“比较标注样式”对话框

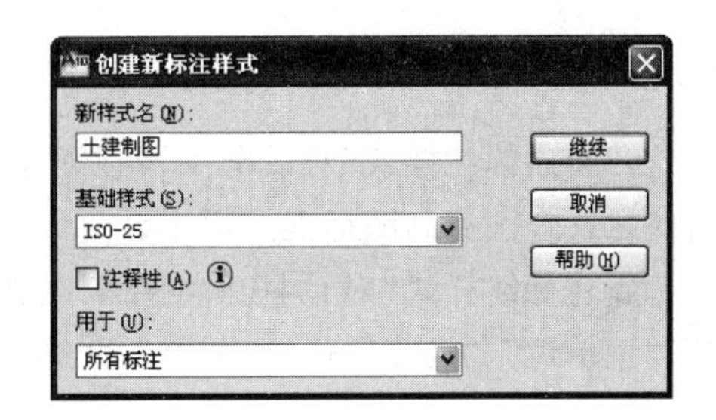

图 6.39　“创建新标注样式”对话框

- “基础样式”下拉列表框　确定新标注样式的基础标注样式。新的标注样式是在该基础样式的基础上修改一些参数而得到的。如图 6.40 所示，下拉列表框中显示所有的标注样式，可单击一个标注样式作为基础标注样式。
- “用于”下拉列表框　指定新的尺寸标注样式的使用范围。如图 6.41 所示，下拉列表框中显示所有尺寸类型，用户根据新建的标注样式的使用情况选择。如果新的标注样式在所有标注中都使用，则选择“所有标注”，如果新的标注样式只是在标注角度时使用，则选择“角度标注”。

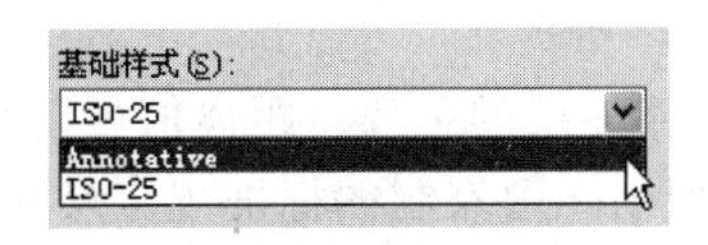

图 6.40　“基础样式”下拉列表框

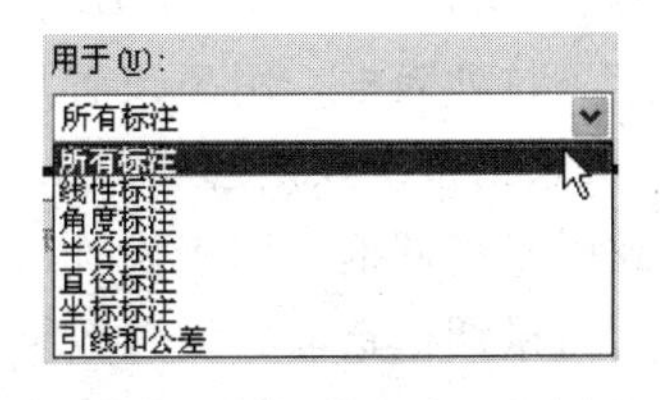

图 6.41　“用于”下拉列表框

在“创建新标注样式”对话框(见图 6.39)中把各选项设置好以后,单击“继续”按钮,AutoCAD 弹出“新建标注样式:土建制图”对话框,如图 6.42 所示。

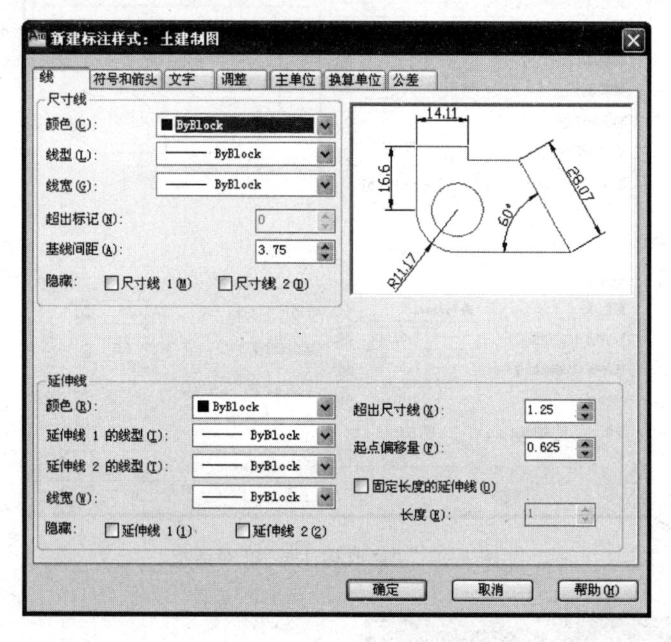

图 6.42 “新建标注样式”对话框和“线”选项卡

6.4.2 创建新的尺寸标注样式

在“新建标注样式”对话框中可以对新建标注样式的尺寸四要素和尺寸标注参数进行设置,使之符合国家制图标准的规定。

“新建标注样式”对话框中共有 7 个选项卡标签,包括“线”、“符号和箭头”、“文字”、“调整”、“主单位”、“换算单位”、“公差”,如图 6.42 所示,分别介绍如下。

1. 线

“新建标注样式”对话框中的第一个选项卡标签就是“线”,如图 6.42 所示。在这个选项卡里可以设置尺寸四要素中的尺寸线和尺寸界线的有关参数。

1) “尺寸线”选项组

“尺寸线”选项组设置尺寸线的有关参数,共包含 6 项内容的设置。

- “颜色”下拉列表框　用于设置尺寸线的颜色。可以直接从下拉列表框中选择各种颜色,一般采用系统默认选项 ByBlock,如图 6.42 所示。
- “线型”下拉列表框　用于设置尺寸线的线型。可以直接从下拉列表框中选择各种线型,一般采用系统默认选项 ByBlock,如图 6.42 所示。
- “线宽”下拉列表框　用于设置尺寸线的线宽。可以直接从下拉列表框中选择各种线宽,一般采用系统默认选项 ByBlock,如图 6.42 所示。
- “超出标记”微调框　用于设置尺寸线超出尺寸界线的距离。距离值可以直接输入,也可以通过微调框选取。设置效果如图 6.43 所示。国家制图标准规定尺寸线不宜超出尺寸界线,因此应设置为图 6.43(a)所示的样式。

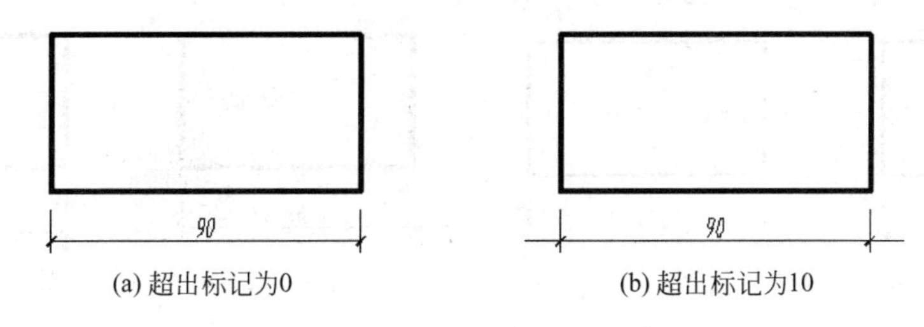

图 6.43　“超出标记”设置效果

注意：只有尺寸起止符号设置为斜线或无尺寸起止符号时，“超出标记”微调框才可以使用。

◆ “基线间距”微调框　用于设置使用基线方式标注尺寸时，相邻两个尺寸线之间的距离。距离值可以直接输入，也可以通过微调框选取。国家制图标准规定间距为 7～10mm。设置效果如图 6.44 所示。

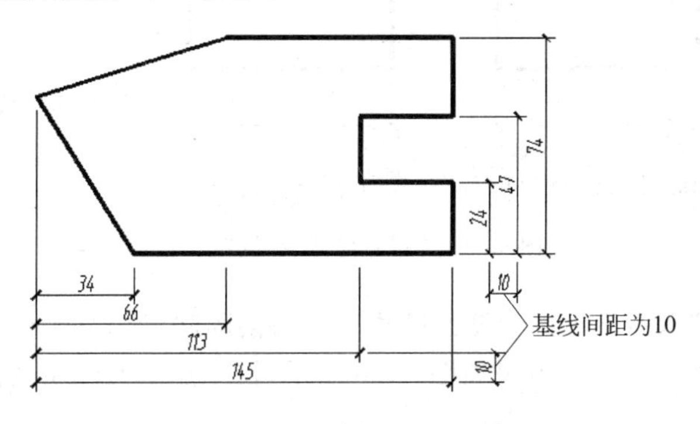

图 6.44　“基线间距”设置效果

◆ “隐藏”复选框　用于设置是否显示尺寸线及相应的尺寸起止符号。单击“尺寸线 1”复选框，则不显示靠近第一条尺寸界线的尺寸线部分；单击“尺寸线 2”复选框，则不显示靠近第二条尺寸界线的尺寸线部分；不选中“隐藏”复选框则尺寸线显示。设置效果如图 6.45 所示。根据国家标准应不选中“隐藏”。

2) “延伸线”选项组

“延伸线”选项组设置尺寸界线的有关参数，共包含 8 项内容的设置。

◆ “颜色”下拉列表框　用于设置尺寸界线的颜色。可以直接从下拉列表框中选择各种颜色，一般采用系统默认选项 ByBlock。

◆ “延伸线 1 的线型”下拉列表框　用于设置第一个尺寸界线的线型。可以直接从下拉列表框中选择各种线型，一般采用系统默认选项 ByBlock。

◆ “延伸线 2 的线型”下拉列表框　用于设置第二个尺寸界线的线型。可以直接从下拉列表框中选择各种线型，一般采用系统默认选项 ByBlock。

◆ “线宽”下拉列表框　用于设置尺寸界线的线宽。可以直接从下拉列表框中选择各种线宽，一般采用系统默认选项 ByBlock。

◆ “隐藏”复选框　用于设置是否显示尺寸界线。选中“延伸线 1”复选框，则隐藏第一条尺寸界线；选中“延伸线 2”复选框，则隐藏第二条尺寸界线。设置效果如图 6.46 所示。设置时应根据要标注尺寸的位置确定是否隐藏。例如，利用图样中的图线作为尺寸界限进行标注时，可选中“隐藏”复选框。

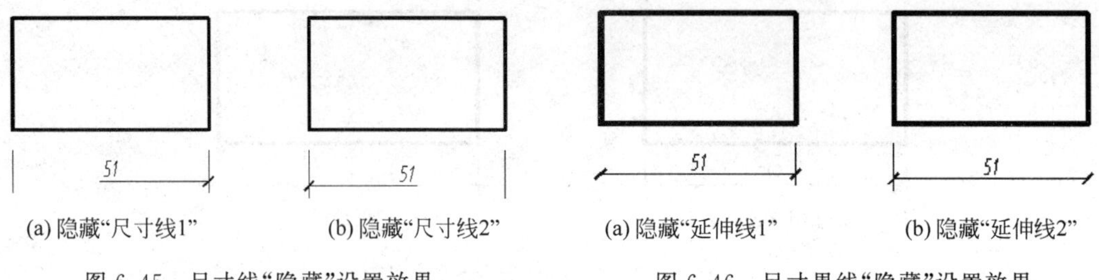

(a) 隐藏“尺寸线1”　(b) 隐藏“尺寸线2”

图 6.45　尺寸线“隐藏”设置效果

(a) 隐藏“延伸线1”　(b) 隐藏“延伸线2”

图 6.46　尺寸界线“隐藏”设置效果

◆ “超出尺寸线”微调框　用于设置尺寸界线超出尺寸线的距离。国家制图标准规定这个间距为 2～3mm，设置效果如图 6.47 所示。

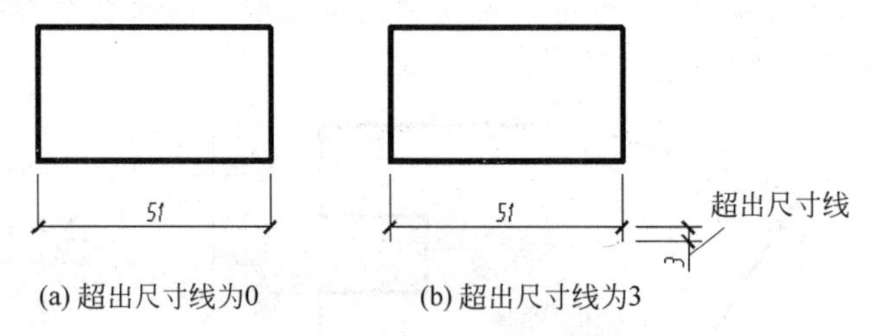

(a) 超出尺寸线为0　(b) 超出尺寸线为3

图 6.47　“超出尺寸线”设置效果

◆ “起点偏移量”微调框　用于设置尺寸界线的实际起点相对于标注时指定的尺寸界线起点偏移的距离。设置效果如图 6.48 所示，图中用小圆圈出的点是标注时指定的尺寸界线的起点。

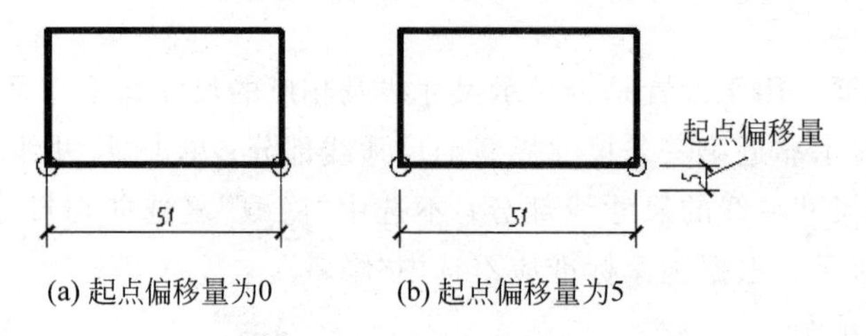

(a) 起点偏移量为0　(b) 起点偏移量为5

图 6.48　“起点偏移量”设置效果

◆ “固定长度的延伸线”复选框　用于固定尺寸界线的长度值。这个长度指从尺寸线开始，到尺寸界线实际的标注起点。选中“固定长度的延伸线”复选框，则“长度”微调框可用，可以直接输入尺寸界线的长度值或通过微调框设置长度值。设置效果如图 6.49 所示。

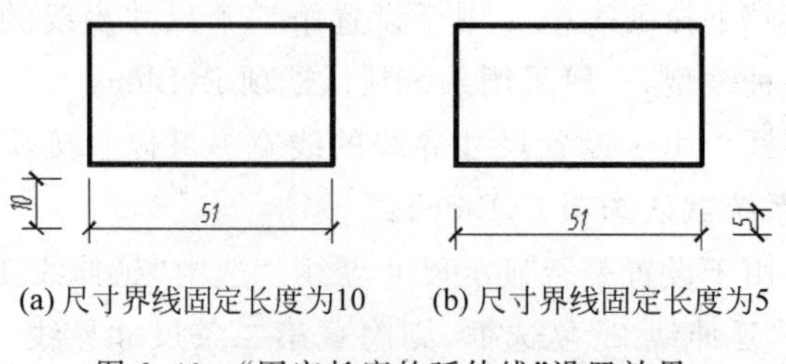

(a) 尺寸界线固定长度为10　(b) 尺寸界线固定长度为5

图 6.49　“固定长度的延伸线”设置效果

房屋建筑制图国家标准规定，尺寸界线的起点与图形轮廓线的偏移量大于等于 2mm。可利用“固定长度的延伸线”设置尺寸界线的固定长度值，使图形中尺寸标注整齐一致。

3）预览区

预览区显示用户所做的标注样式设置对样例尺寸的影响。

2. 符号和箭头

单击“新建标注样式”对话框中的第二个选项卡标签“符号和箭头”，对话框显示“符号和箭头”选项卡，如图 6.50 所示。在这个选项卡里可以设置尺寸起止符号的形式、圆心标记、折断标注、弧长符号、半径折弯标注和线性折弯标注等。这里只介绍土建工程图样标注中经常用到的设置。

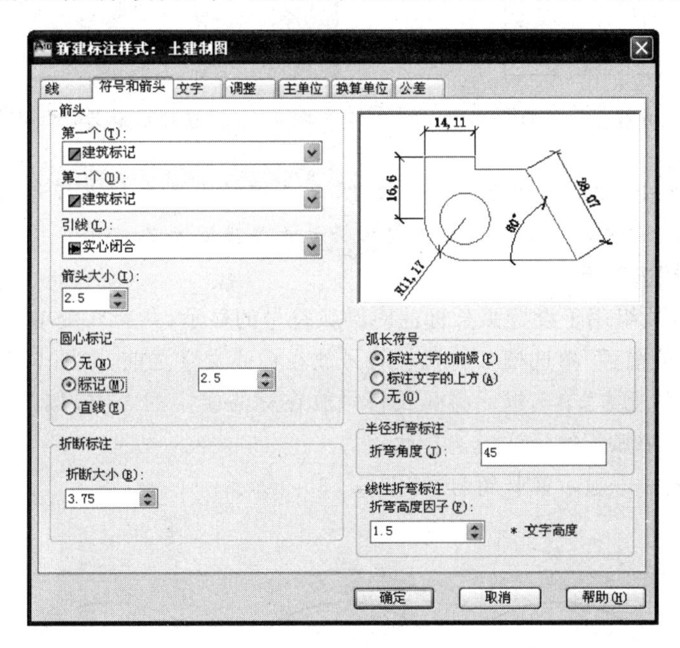

图 6.50　“符号和箭头”选项卡

1）“箭头”选项组

“箭头”选项组用于设置尺寸起止符号的形式，共包含 4 项内容的设置。

◆ “第一个”下拉列表框　用于设置第一个尺寸起止符号的形式。可以直接从下拉列表框中选择各种形式。

下拉列表框里有 AutoCAD 提供的 20 种尺寸起止符号形式，如图 6.51 所示。一般土建工程图中尺寸标注可选择“◩ 建筑标记”选项。也可自行绘制起止符号将其创建成图块，单击“用户箭头”弹出“选择自定义箭头块”对话框，在对话框中输入图块名即可，如图 6.52 所示。

◆ “第二个”下拉列表框　用于设置第二个尺寸起止符号的形式。

选择了第一个尺寸起止符号的形式之后，第二个尺寸起止符号的形式会自动默认与第一个相同。如果第二个尺寸起止符号需要选择不同的形式，可以直接从下拉列表框中选择。

◆ “引线”下拉列表框　用于设置使用引线方式标注时的尺寸起止符号的形式。可以直接从下拉列表框中选择各种形式。土建工程图通常选择“无”。

◆ “箭头大小”微调框　用于设置尺寸起止符号的大小。国家标准规定起止符号长度为 2～3mm。

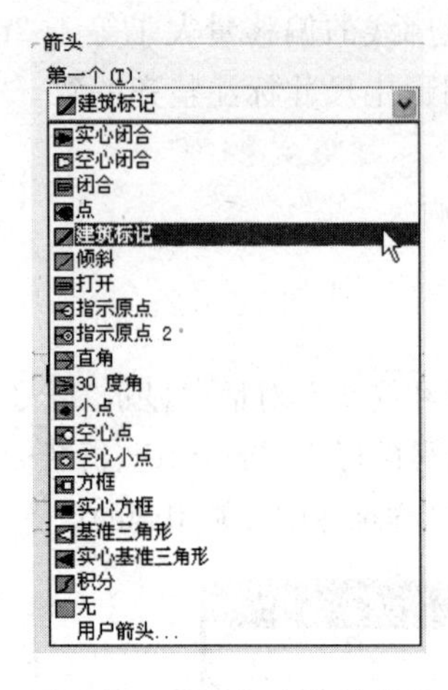

图 6.51 尺寸起止符号形式

图 6.52 “选择自定义箭头块”对话框

注意：“箭头大小”中的数字是指水平长度，而土建制图尺寸起止符号倾斜 45°，因此应在“1.5～2.1”之间取值，这时土建制图尺寸起止符号长度接近为 2～3mm。

2) “弧长符号”选项组

“弧长符号”选项组用于设置弧长标注时圆弧符号的显示，共有 3 个单选框。

- “标注文字的前缀”单选框　将弧长符号放在标注文字之前，如图 6.53(a)所示。
- “标注文字的上方”单选框　将弧长符号放在标注文字的上方，如图 6.53(b)所示。土建工程图样中弧长的标注应选择此项。
- “无”单选框　不显示弧长符号，如图 6.53(c)所示。

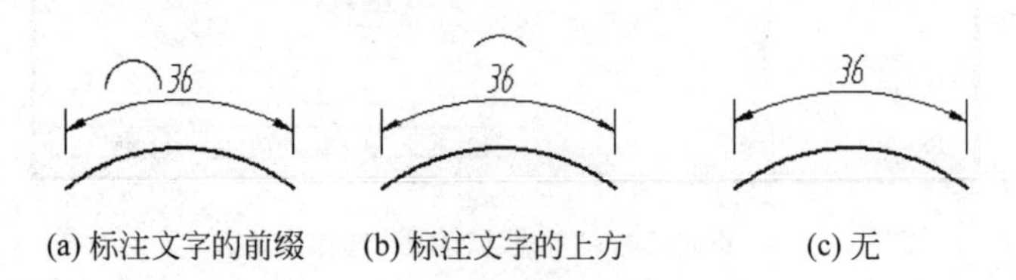

图 6.53 “弧长符号”设置效果

3) “半径折弯标注”选项组

“半径折弯标注”选项组用于设置使用折弯方式标注半径时折弯线的折弯角度，可在“折弯角度”文本框中输入折弯角度。折弯角度是指连接半径标注的两段折断的尺寸线的直线与尺寸线之间的夹角，如图 6.54 所示。折弯方式通常用于标注较大圆弧的半径。

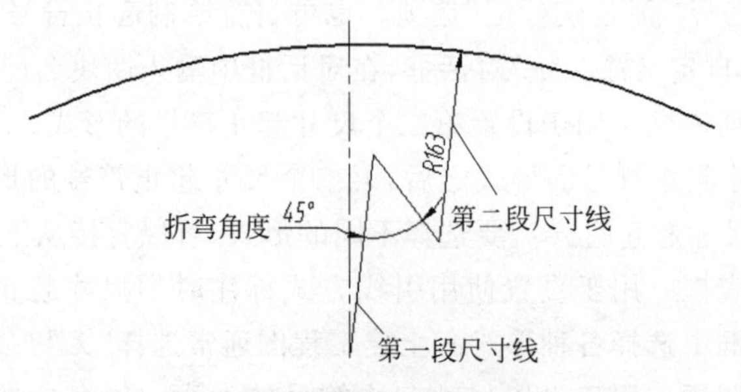

图 6.54 “折弯角度”设置效果

3. 文字

单击“新建标注样式”对话框中的第三个选项卡标签“文字”，对话框显示“文字”选项卡，如图 6.55 所示。在这个选项卡里可以设置尺寸数字的外观、位置和对齐方式等。

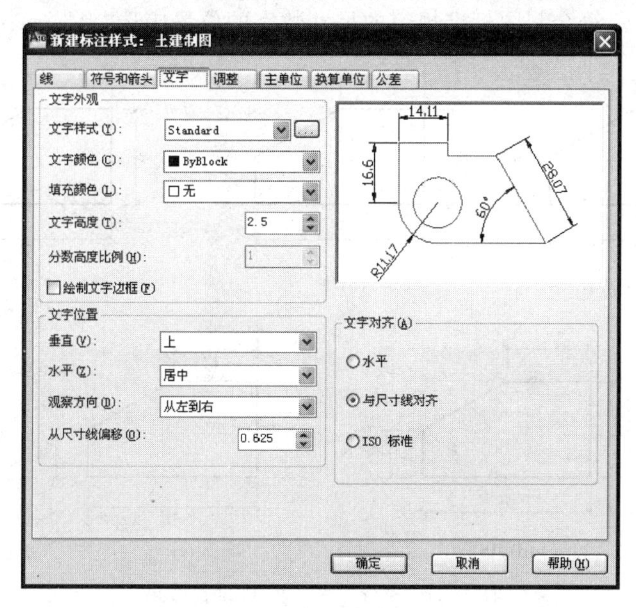

图 6.55 “文字”选项卡

1）“文字外观”选项组

“文字外观”选项组设置尺寸数字的文字样式、颜色、高度等，共包含 6 项内容的设置。

- “文字样式”下拉列表框　用于设置尺寸数字的文字样式。可以直接从下拉列表框中选择已经设置好的文字样式。也可以单击右侧按钮...，打开“文字样式”对话框创建新的文字样式或对已有文字样式进行修改。
- “文字颜色”下拉列表框　用于设置尺寸数字的颜色。可以直接从下拉列表框中选择各种颜色，一般采用系统默认选项 ByBlock。
- “填充颜色”下拉列表框　用于设置尺寸数字的背景颜色。可以直接从下拉列表框中选择各种颜色，一般选择“无”。
- “文字高度”微调框　用于设置尺寸数字的高度。可以直接输入，也可以利用微调框选取。

如果所选的文字样式中设置字高不是 0，则此处设置尺寸数字的高度无效，标注时尺寸数字字高与文字样式中设置字高相同；如果所选的文字样式中设置字高是 0，则此处设置的尺寸数字高度是标注尺寸时的字高。制图标准规定尺寸数字的高度应取 3.5mm 或 5mm。

- “分数高度比例”微调框　用于设置尺寸数字中分数数字的高度。分数数字的高度等于微调框中的数字乘以尺寸数字的高度。
- “绘制文字边框”复选框　用于设置尺寸数字周围是否绘制边框。选中此复选框，则尺寸数字加上边框；不选择尺寸数字不加边框。设置效果如图 6.56 所示。根据国家标准规定，尺寸数字应不加边框。

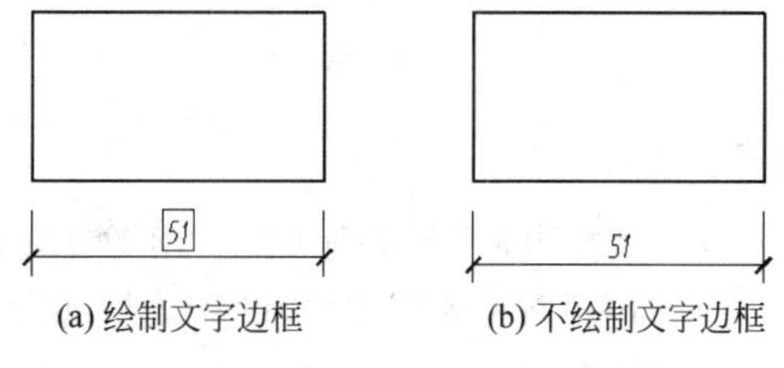

(a) 绘制文字边框　　(b) 不绘制文字边框

图 6.56 “绘制文字边框”设置效果

2)"文字位置"选项组

"文字位置"选项组设置尺寸数字的位置,共包含4项内容的设置。

◆ "垂直"下拉列表框　用于设置尺寸数字相对于尺寸线的垂直方向的位置。有"居中"、"上"、"外部"、"JIS"、"下"5种位置关系,其中"JIS"是指日本工业标准。设置效果如图6.57所示。符合制图标准规定的尺寸数字的位置应选"上"。

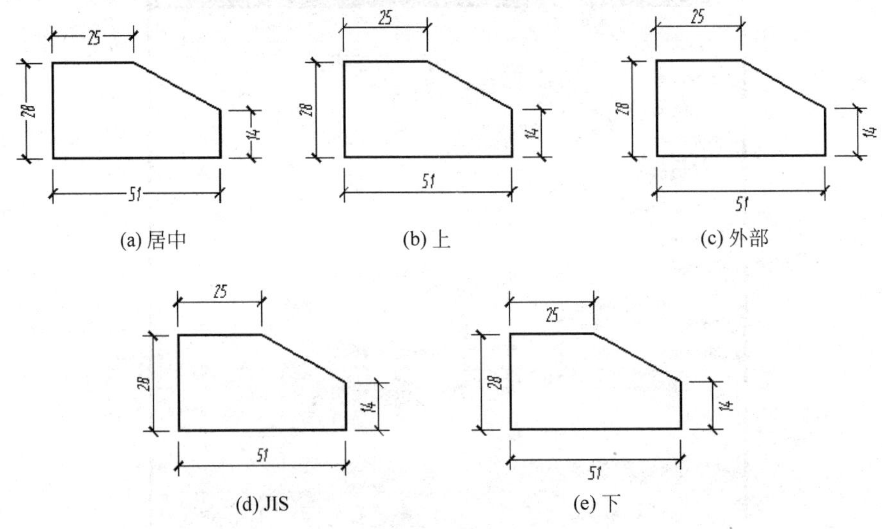

图6.57　文字位置"垂直"设置效果

◆ "水平"下拉列表框　用于设置尺寸数字相对于尺寸线的水平方向的位置。有"居中"、"第一条延伸线"、"第二条延伸线"、"第一条延伸线上方"、"第二条延伸线上方"5种位置关系,设置效果如图6.58所示。符合制图标准规定的尺寸数字的位置应选"居中"。

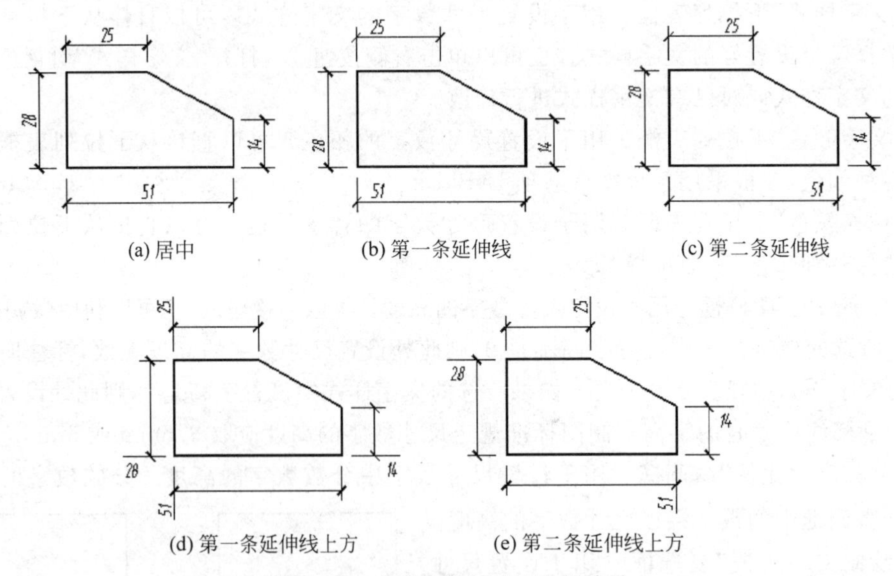

图6.58　文字位置"水平"设置效果

◆ "观察方向"下拉列表框　用于设置标注尺寸数字的观察方向。有"从左向右"、"从右向左"两种观察方向,设置效果如图6.59所示。符合制图标准规定的观察方向应选"从左向右"。

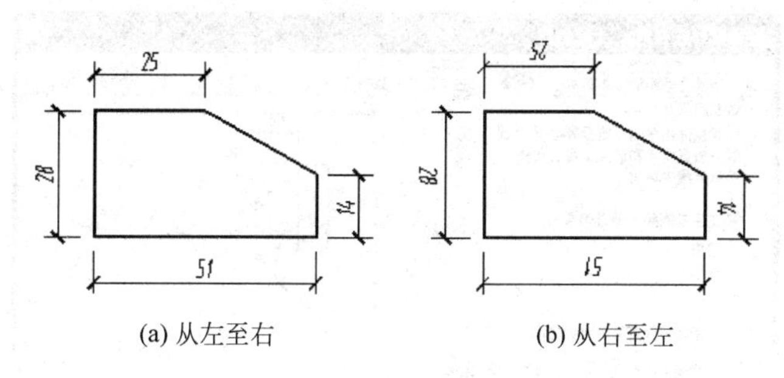

(a) 从左至右　　(b) 从右至左

图 6.59 “观察方向”设置效果

◆ “从尺寸线偏移”微调框　用于设置尺寸文字在尺寸界线中相对于尺寸线的位置关系。

3)“文字对齐”选项组

“文字对齐”选项组用于设置尺寸数字的字头方向,包含 3 个单选按钮。

◆ “水平”单选按钮　用于设置尺寸数字水平放置,即尺寸数字的字头方向总是向上,如图 6.60(a)所示。国家标准规定,角度标注时角度数字应一律水平书写,因此角度尺寸样式设置时应选择该项。

◆ “与尺寸线对齐”单选按钮　用于设置尺寸数字与尺寸线平行放置,即尺寸数字的字头方向总是与尺寸线平行,如图 6.60(b)所示。符合制图标准规定的线性尺寸标注应选择该选项。

◆ “ISO 标准”单选按钮　用于设置尺寸数字放置符合国际制图标准。即尺寸数字在尺寸界线之内时,尺寸数字与尺寸线平行;尺寸数字在尺寸界线之外时,尺寸数字水平放置。如图 6.60(c)所示。

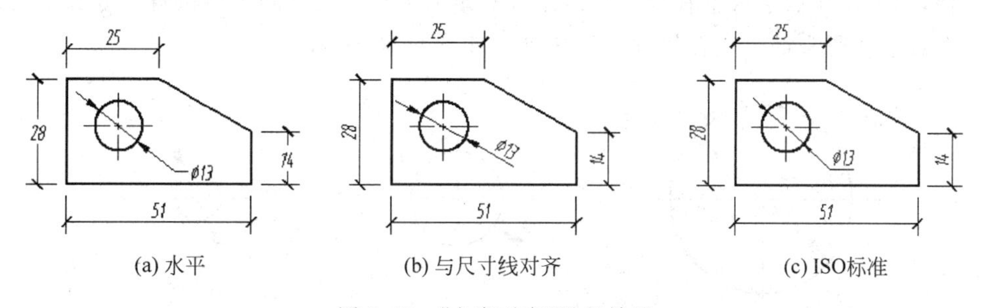

(a) 水平　　(b) 与尺寸线对齐　　(c) ISO标准

图 6.60 “文字对齐”设置效果

4. 调整

单击“新建标注样式”对话框中的第 4 个选项卡标签“调整”,对话框显示“调整”选项卡,如图 6.61 所示。

当标注位置允许时,AutoCAD 标注尺寸时总是把尺寸数字和箭头放在尺寸界线之内;当标注位置不够时,如标注较小的尺寸时,可以在这个选项卡里设置各尺寸要素之间的相对位置。

1)“调整选项”选项组

当尺寸界线之间没有足够的空间放置尺寸数字和箭头时,通过这个选项组来设置尺寸数字和箭头的放置位置,共包含 5 个单选框和一个复选框。

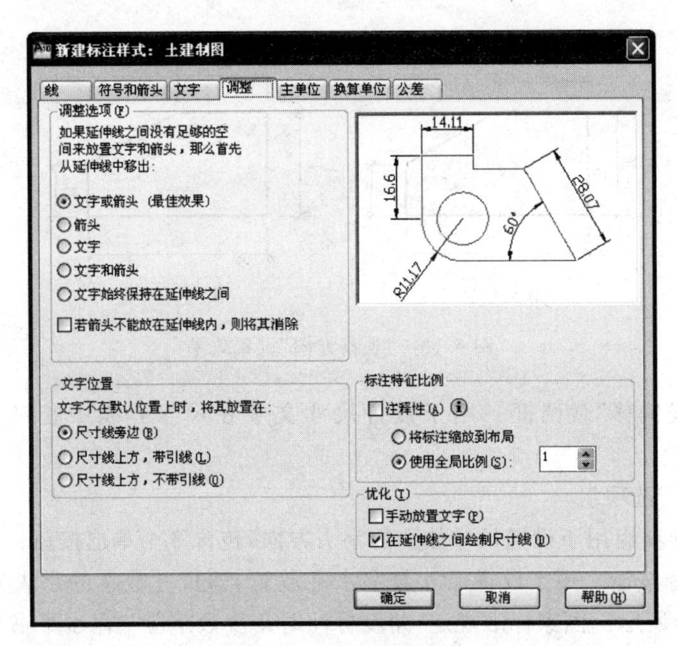

图 6.61 “调整”选项卡

- “文字或箭头(最佳效果)”单选框　选中此单选框时，如果尺寸界线之间只能放置尺寸数字，则把尺寸数字放置在尺寸界线之间；如果尺寸界线之间只能放置箭头，则把箭头放置在尺寸界线之间；如果尺寸界线之间尺寸数字和箭头都不能放置时，则尺寸数字和箭头都放置在尺寸界线之外。
- “箭头”单选框　选中此单选框时，如果尺寸界线之间只能放置尺寸数字或箭头里的一种，则把尺寸数字放置在尺寸界线之间；如果尺寸界线之间不能放置尺寸数字时，则尺寸数字和箭头都放置在尺寸界线之外。如图 6.62 所示。

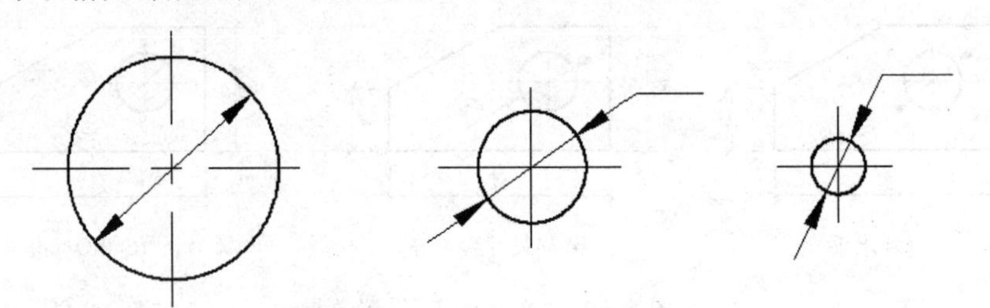

图 6.62 “箭头”单选按钮效果

- “文字”单选框　选中此单选框时，如果尺寸界线之间只能放置尺寸数字或箭头里的一种，则把箭头放置在尺寸界线之间；如果尺寸界线之间不能放置箭头时，则尺寸数字和箭头都放置在尺寸界线之外。如图 6.63 所示。
- “文字和箭头”单选框　选中此单选框时，如果尺寸界线之间只能放置尺寸数字或箭头里的一种，则尺寸数字和箭头都放置在尺寸界线之外。
- “文字始终保持在延伸线之间”单选框　选中此单选框时，尺寸数字始终放置在尺寸界线之间。
- “若箭头不能放在延伸线内，则将其消除”复选框　选中此复选框时，如果箭头不能放在尺寸界线之间，则省略箭头。

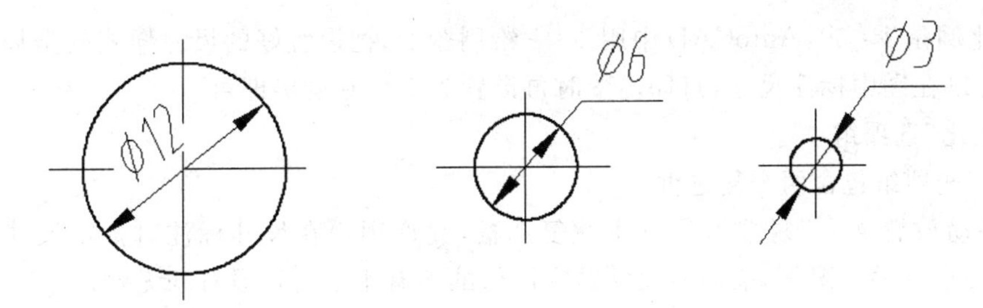

图 6.63　“文字”单选按钮效果

2）“文字位置”选项组

当尺寸数字不能放置在尺寸界线之间时，使用该选项设置尺寸数字的放置位置，共包含三个单选框。

- “尺寸线旁边”单选框　选中此单选框时，把尺寸数字放置在尺寸线的旁边，如图 6.64(a)所示。
- “尺寸线上方，带引线”单选框　选中此单选框时，把尺寸数字放置在尺寸线的上方，并用引线与尺寸线连接，如图 6.64(b)所示。
- “尺寸线上方，不带引线”单选框　选中此单选框时，把尺寸数字放置在尺寸线的上方，但不用引线与尺寸线连接，如图 6.64(c)所示。土建工程图样一般选择这种形式。

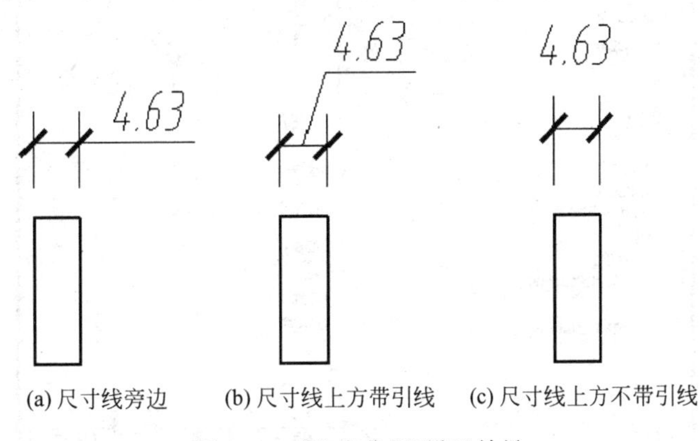

(a) 尺寸线旁边　(b) 尺寸线上方带引线　(c) 尺寸线上方不带引线

图 6.64　“文字位置”设置效果

3）“标注特征比例”选项组

“标注特征比例”选项组设置尺寸标注的比例，包含两个单选框。

- “将标注缩放到布局”单选框　根据当前模型空间视口与图纸空间之间的比例确定比例因子。
- “使用全局比例”单选框　用于设置标注样式的整体比例。

标注尺寸时，图样中显示的所有尺寸要素大小及偏移量数值都等于标注样式中设置的尺寸要素的大小及偏移量参数值乘以“全局比例”。但是“全局比例”并不改变尺寸标注时的测量值。如尺寸样式中尺寸数字的字高设置为 5，全局比例设置为 2，则标注尺寸时显示的尺寸数字字高等于样式中设置的字高 5 乘以全局比例 2，即标注尺寸时字高为 10；如果标注时测量标注对象的尺寸是 100，不管全局比例因子为何值，即不管尺寸数字字高为多少，尺寸数字标注的数值仍为 100。

通常 AutoCAD 中绘制土建工程图样时，不管原来图样的比例为多少，都以 1∶1 的比例绘制图样，而标注尺寸时，在设置尺寸样式时把“全局比例”设置为原来图样比例的倒数值。如原来绘图比例是 1∶50，AutoCAD 中用 1∶1 绘制图形，把设置好的尺寸样式的全局比例设置为 50，就可以在图中标注尺寸，打印出图时再设置为 1∶50 输出即可。

4)“优化”选项组

“优化”选项组包含两个复选框。

- “手动放置文字”复选框　选中此复选框，允许用户在尺寸标注时指定尺寸数字的位置。在这种情况下，前面对尺寸数字所做的所有水平对正设置均无效。
- “在延伸线之间绘制尺寸线”复选框　选中此复选框，则始终在两个尺寸界线之间画尺寸线。如果不选此复选框，当尺寸数字和箭头放在尺寸界线之外时，两个尺寸界线之间将不画尺寸线。

5. 主单位

单击“新建标注样式”对话框中的第 5 个选项卡标签“主单位”，对话框显示“主单位”选项卡，如图 6.65 所示。在这个选项卡里可以设置线性标注和角度标注时使用的尺寸单位格式和精度等。

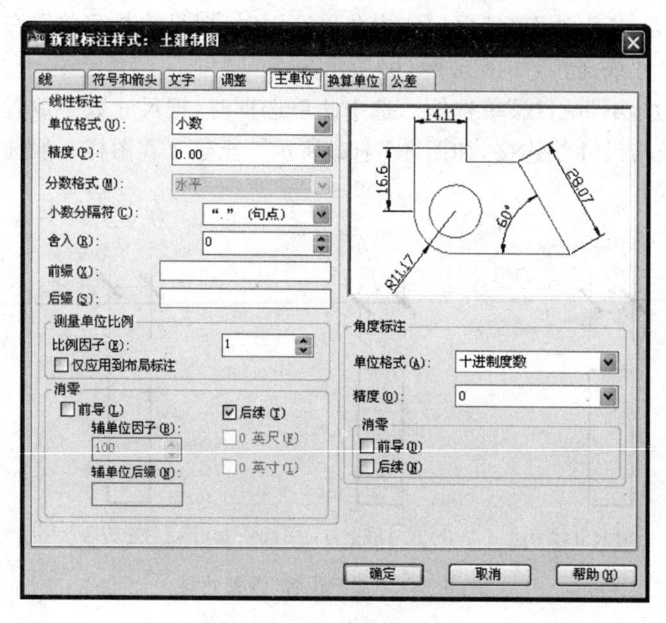

图 6.65　“主单位”选项卡

1)“线性标注”选项组

“线性标注”选项组设置除角度之外所有标注类型尺寸的单位格式和精度，包含以下内容。

- “单位格式”下拉列表框　设置除角度之外所有标注类型的单位格式。直接从下拉列表框中选择相应的单位格式即可。下拉列表框中提供了“科学”、“小数”、“工程”、“建筑”、“分数”、“Windows 桌面”共 6 种单位格式。土建制图中应选择“小数”单位格式。
- “精度”下拉列表框　设置尺寸标注时尺寸数字保留的小数位数，直接从下拉列表框中选择。
- “分数格式”下拉列表框　设置分数的格式。注意，只有在“单位格式”中选择了“分数”时，此列表框才可用。
- “小数分隔符”下拉列表框　设置用于十进制格式的分隔符。下拉列表框中提供了“.”句点、“,”逗点、“ ”空格三种形式。常用句点作小数分隔符。

◆ “舍入”微调框　设置除角度之外所有标注类型的尺寸测量值的舍入规则。如果输入 0.25，则所有标注距离都以 0.25 为单位进行舍入；如果输入 1，则所有标注距离都舍入为整数。

◆ “前缀”文本框　设置标注尺寸数字的前缀。当输入前缀时，将覆盖在直径和半径等标注中使用的默认前缀。如标注半径时，将用输入的前缀代替 R。

◆ “后缀”文本框　设置标注尺寸数字的后缀。

◆ “测量单位比例”选项组　设置除角度之外所有标注类型的尺寸测量值的比例因子。如“比例因子”设置为 5，则实际测量值为 1 的尺寸数值标注为 5。

◆ “消零”选项组　设置是否省略尺寸数字中的 0。

“前导”复选框：选中则不输出所有十进制标注中的前导 0。如 0.500 变为.500。

“后续”复选框：选中则不输出所有十进制标注中的后续 0。如 30.000 变为 30，12.500 变为 12.5。

2）“角度标注”选项组

“角度标注”选项组设置标注角度时的角度单位和精度，包含以下内容。

◆ “单位格式”下拉列表框　设置角度单位格式。直接从下拉列表框中选择相应的单位格式即可，下拉列表框中提供了“十进制度数”、“度/分/秒”、“百分度”、“弧度”4 种角度单位格式。

◆ “精度”下拉列表框　设置角度数字的小数位数，直接从下拉列表框中选择。

◆ “消零”选项组　设置是否省略角度数字中的 0。

6. 换算单位

单击“新建标注样式”对话框中的第 6 个选项卡标签“换算单位”，对话框显示“换算单位”选项卡。选中“显示换算单位”复选框，选项卡处于激活状态，如图 6.66 所示。选项卡用于设置换算单位的单位格式和精度等。有些内容与“主单位”选项卡重复，不再重复介绍。

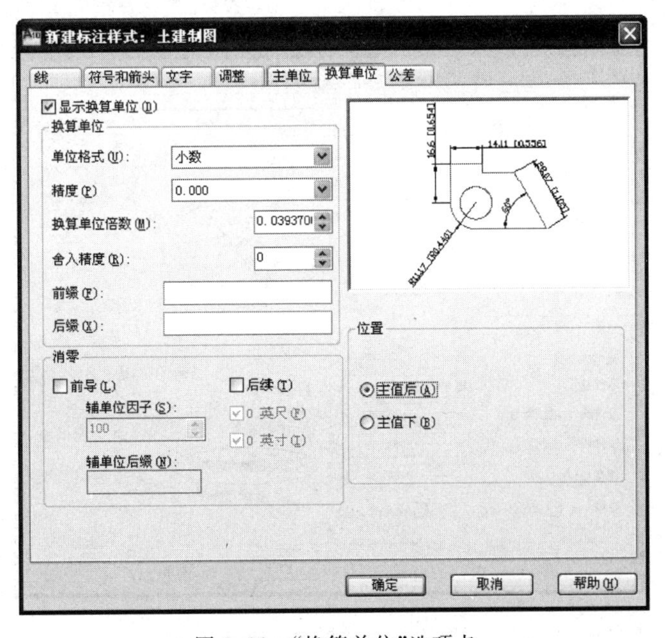

图 6.66　“换算单位”选项卡

- “显示换算单位”复选框　选中此复选框,则换算单位的尺寸数值与实际尺寸数值同时显示在所标注尺寸的数字中,括号内的为换算单位的尺寸数值。
- “换算单位倍数”微调框　设置主单位和换算单位的换算因子。如要将英寸转换为毫米,则输入 25.4 即可。该设置对角度标注没有影响。
- “主值后”单选框　选中单选框,则将换算单位放在主单位之后显示。
- “主值下”单选框　选中单选框,则将换算单位放在主单位之下显示。

7. 公差

单击“新建标注样式”对话框中的第 7 个选项卡标签“公差”,对话框显示“公差”选项卡。由于土建工程图样中不需要标注公差,这部分不再讲述。

6.4.3　土建工程图样中的尺寸标注样式设置

AutoCAD 的通用性体现在它可以根据不同用户的需要定制符合用户需要的设置,其中尺寸标注的设置就是一个充分的体现。由于各行业制图标准中对尺寸标注的要求各不相同,AutoCAD 允许用户根据需要创建新的尺寸标注样式以满足绘图的需要。下面介绍符合国家标准的土建工程图尺寸标注样式的设置过程。

(1) 打开“标注样式管理器”对话框。

(2) 单击“新建”按钮,弹出“创建新标注样式”对话框,如图 6.67 所示。在“新样式名”文本框中输入“土建制图”;“基础样式”选择“ISO—25”;“用于”选择“所有标注”。

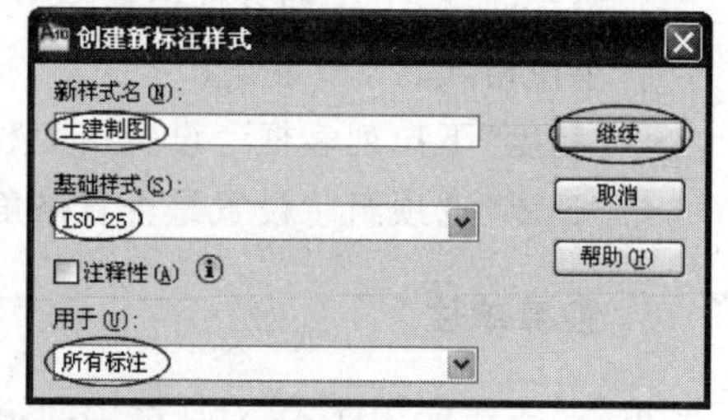

图 6.67　“创建新标注样式”对话框

(3) 单击“继续”按钮,弹出“新建标注样式:土建制图”对话框,单击“线”标签,进入“线”选项卡设置尺寸线和尺寸界线,设置结果如图 6.68 所示,设置说明如下。

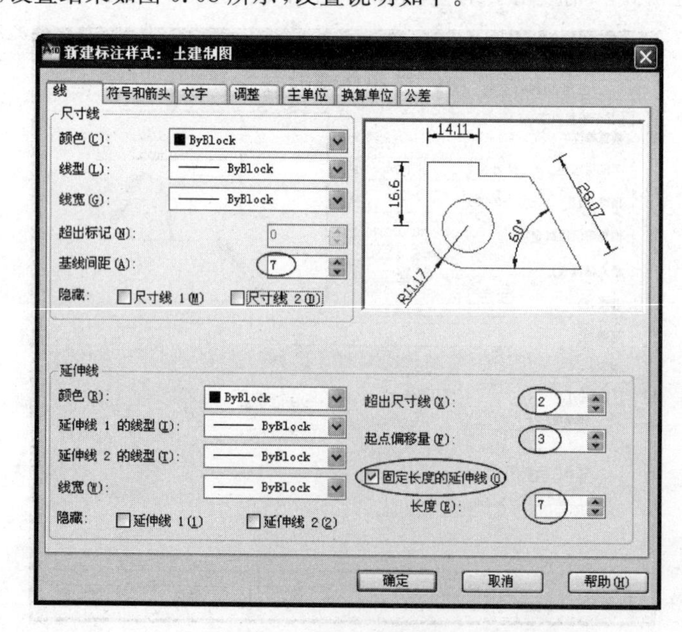

图 6.68　设置“线”选项卡

◆ 设置“尺寸线”选项组 “基线间距”设置为7，其余为默认设置。

◆ 设置“延伸线”选项组 “超出尺寸线”设置为2，“起点偏移量”设置为3，选中“固定长度的延伸线”复选框，“长度”设置为7，其余为默认设置。

(4) 单击“符号和箭头”标签，进入“符号和箭头”选项卡设置尺寸起止符号。如图6.69所示。

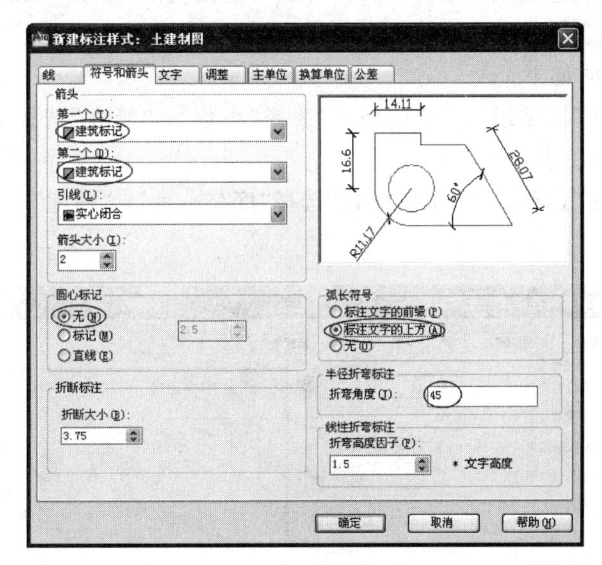

图6.69 设置“符号和箭头”选项卡

◆ 设置“箭头”选项组 “第一个”从下拉列表框中选择“建筑标记”，“第二个”自动变为“建筑标记”。其余为默认设置。

◆ 设置“圆心标记”选项组 选择“无”单选按钮。

◆ 设置“弧长符号”选项组 选择“标注文字的上方”单选按钮。

◆ 设置“半径折弯标注” “折弯角度”设置为45。

其余均为默认设置。

(5) 单击“文字”标签，进入“文字”选项卡设置尺寸数字。各参数设置结果如图6.70所示，设置说明如下。

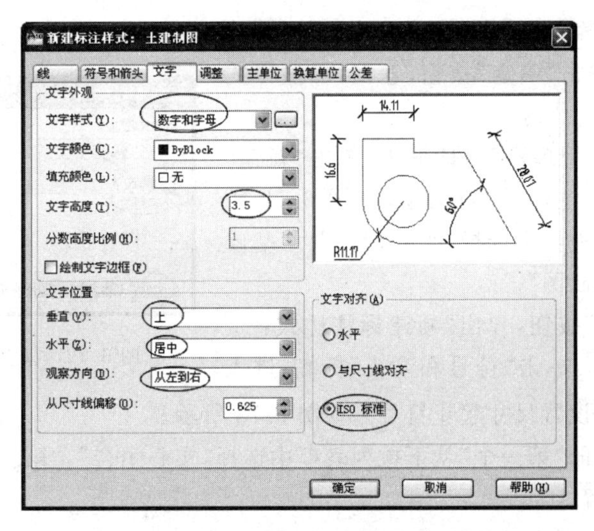

图6.70 设置“文字”选项卡

- 设置“文字外观”选项组　“文字样式”从下拉列表框中选择“数字和字母”；“文字高度”设置为 3.5。其余为默认设置。
- 设置“文字位置”选项组　均为默认设置。
- 设置“文字对齐”选项组　选择“ISO 标准”单选按钮。

(6) 单击“主单位”标签，进入“主单位 ”选项卡设置尺寸数字的单位和精度。设置结果如图 6.71 所示，设置说明如下。

- 设置“线性标注”选项组　“单位格式”选择“小数”；“精度”选择 0.00；“小数分隔符”选择“.”(句点)。其余为默认设置。
- 设置“角度标注”选项组　“单位格式”选择“度/分/秒”；“精度”选择“0d00’00””；其余均为默认设置。

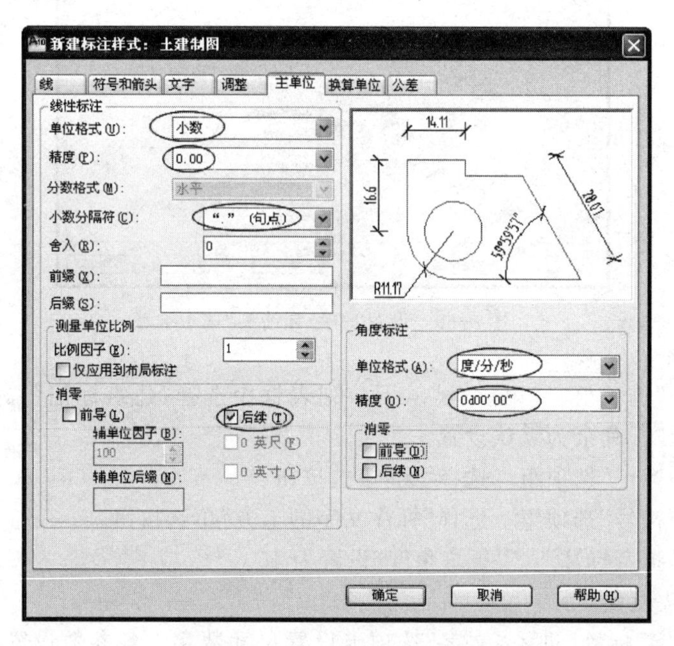

图 6.71　设置“主单位”选项卡

(7) “调整”、“换算单位”、“公差”选项卡均为默认设置。

(8) 设置完成，单击“确定”按钮，返回“标注样式管理器”对话框。

(9) 在“标注样式管理器”对话框中，单击“新建”按钮，弹出“创建新标注样式”对话框，如图 6.72 所示。在“用于”下拉列表框中选择“直径标注”。“基础样式”为默认的“土建制图”。

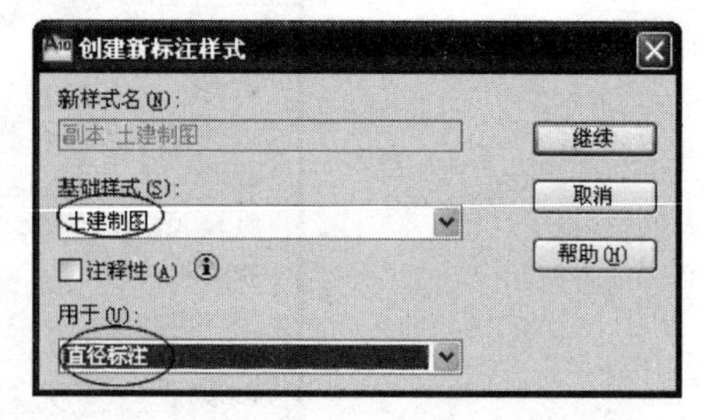

图 6.72　设置“直径标注”样式

(10) 单击“继续”按钮，弹出“新建标注样式：土建制图：直径”对话框，单击“符号和箭头”标签，进入“符号和箭头”选项卡设置尺寸起止符号。如图 6.73 所示。

将“箭头”选项组的“第一个”从下拉列表框中选择“实心闭合”，“第二个”自动变为“实心闭合”。其余为默认设置。

(11) 设置完成，单击“确定”按钮，返回“标注样式管理器”对话框。

(12) 在“标注样式管理器”对话框中，单击“新建”按钮，弹出“创建新标注样式”对话框，如图 6.74 所示。在“基础样式”下拉列表框中选择“土建制图”，在“用于”下拉列表框中选择“半径标注”。

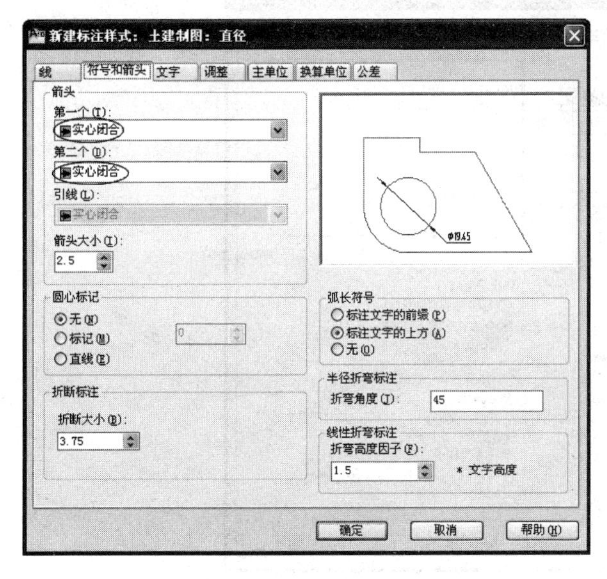

图 6.73 设置“直径标注”样式的尺寸起止符号

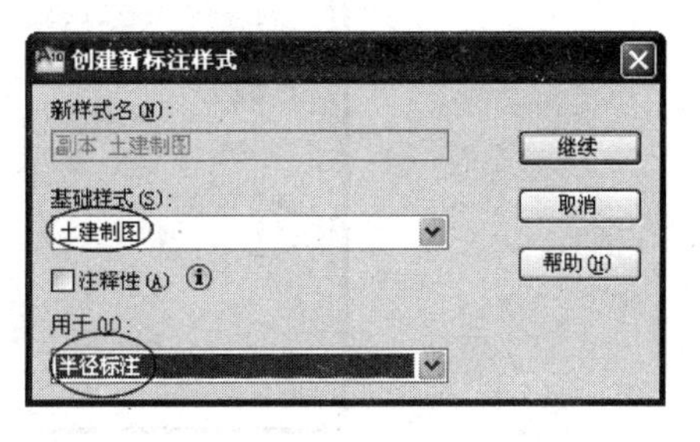

图 6.74 设置“半径标注”样式

(13) 单击“继续”按钮，弹出“新建标注样式：土建制图：半径”对话框，单击“符号和箭头”标签，进入“符号和箭头”选项卡设置尺寸起止符号。如图 6.75 所示。

将“箭头”选项组的“第二个”从下拉列表框中选择“实心闭合”。其余为默认设置。

(14) 设置完成，单击“确定”按钮，返回“标注样式管理器”对话框。

(15) 在“标注样式管理器”对话框中，单击“新建”按钮，弹出“创建新标注样式”对话框，如图 6.76 所示。在“基础样式”下拉列表框中选择“土建制图”，在“用于”下拉列表框中选择“角度标注”。

图 6.75 设置“半径标注”样式的尺寸起止符号

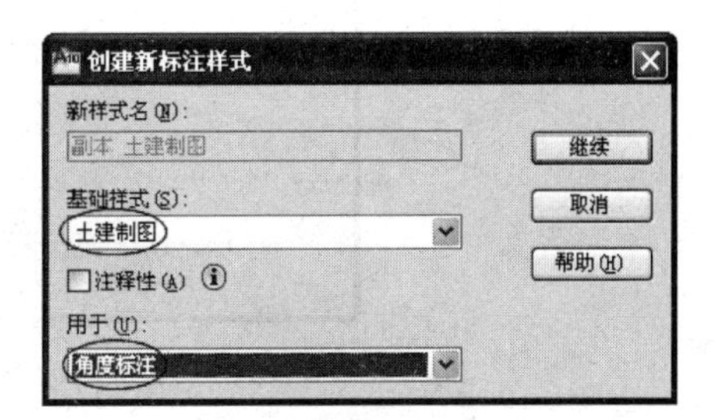

图 6.76 设置“角度标注”样式

(16) 单击“继续”按钮,弹出“新建标注样式:土建制图:角度”对话框,单击“符号和箭头”标签,进入“符号和箭头”选项卡设置尺寸起止符号。如图 6.77 所示。

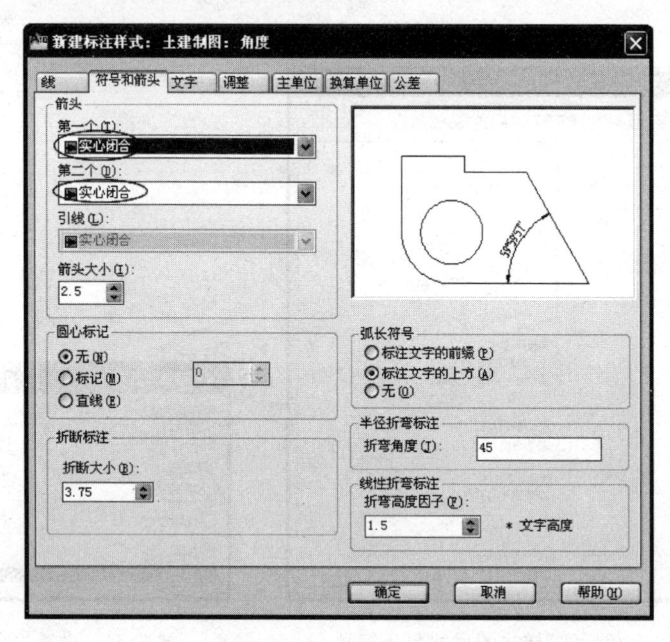

图 6.77 设置“角度标注”样式的尺寸起止符号

将“箭头”选项组的“第一个”从下拉列表框中选择“实心闭合”,“第二个”自动变为“实心闭合”。其余为默认设置。

(17) 单击“文字”标签,进入“文字”选项卡设置尺寸数字。如图 6.78 所示。在“文字对齐”选项组中选择“水平”单选按钮。

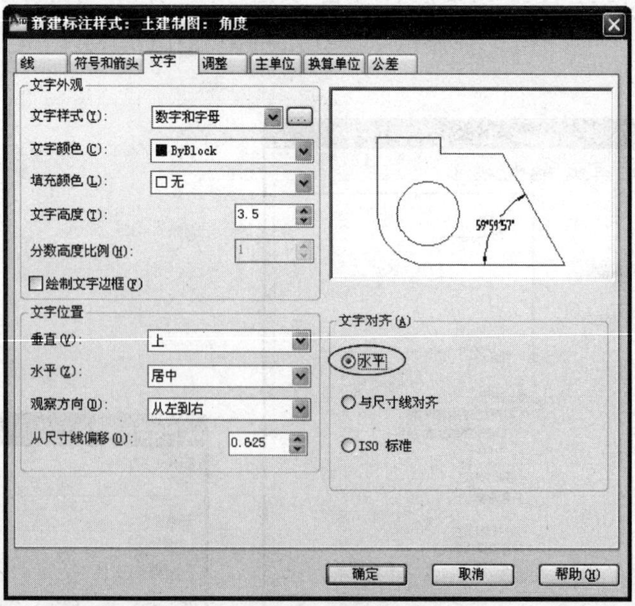

图 6.78 设置“角度标注”样式的文字

(18) 设置完成,单击"确定"按钮,返回"标注样式管理器"对话框。

(19) 在"标注样式管理器"对话框中,选择"土建制图"标注样式,单击"置为当前"按钮,把新设置的标注样式"土建制图"设置为当前标注样式。如图 6.79 所示。

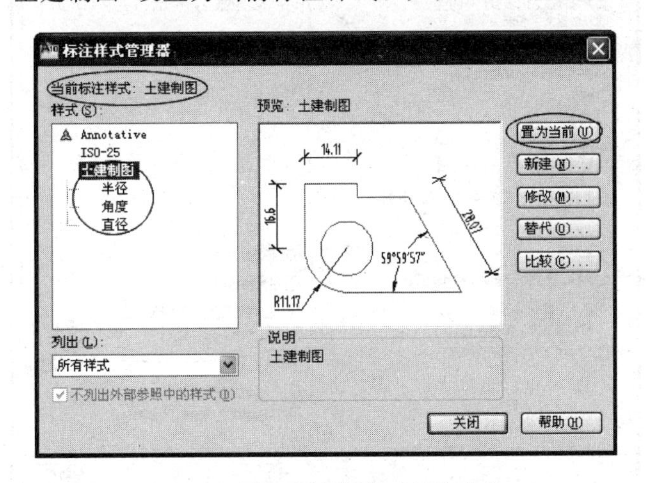

图 6.79 "土建制图"样式置为当前

6.4.4 土建工程图样中的尺寸标注样式修改

建筑物的形体比图纸要大得多,因此,土建工程图样都是用缩小的比例绘制的。在 AutoCAD 中绘制缩小比例的工程图样,有两种方法,设置好的"土建制图"尺寸标注样式也要根据这两种方法作相应的修改。

以绘制 1∶100 比例的建筑平面图为例,介绍一下"土建制图"尺寸标注样式的修改方法。

1. 第一种方法

在 AutoCAD 中用 1∶1 的比例绘制建筑平面图,这时需要在"土建制图"尺寸标注样式中修改"全局比例",修改方法和步骤如下。

步骤 1: 打开"标注样式管理器"对话框,在"样式"列表框中单击"土建制图"标注样式。

步骤 2: 单击修改按钮,弹出"修改标注样式: 土建制图"对话框,单击"调整"标签,进入"调整"选项卡进行设置。如图 6.80 所示。

在"标注特征比例"选项组,选中"使用全局比例"单选按钮,在后面的微调框中输入 100,即把全局比例设置为 100。

步骤 3: 单击"确定"按钮,返回"标注样式管理器"对话框,完成设置。

"直径标注"、"半径标注"、"角度标注"都是以"土建制图"为基础样式创建的,所以,修改"土建制图"尺寸标注样式的全局比例,"直径标注"、"半径标注"、"角度标注"的全局比例也都随之修改,即变为 100。

把"土建制图"尺寸标注样式设置为当前标注样式后,标注图样尺寸。标注尺寸时,"土建制图"标注样式中所设置的尺寸要素参数值都会乘以这个全局比例显示,但是标注的尺寸数字数值还是标注对象的实际测量值。如画图时尺寸是 100,标注时尺寸数字数值仍是 100。

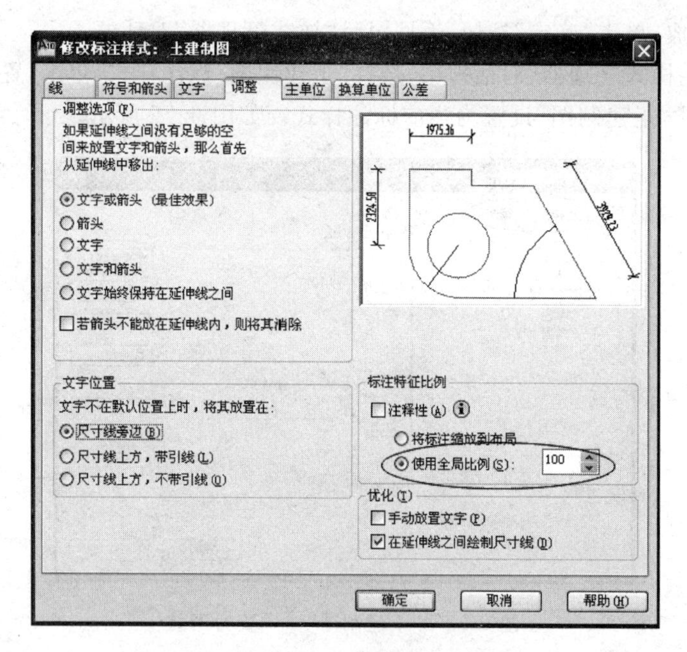

图 6.80　设置"土建制图"全局比例

2. 第二种方法

在 AutoCAD 中用 1∶100 的比例绘制建筑平面图，即以原图的比例绘制图形。这时需要在"土建制图"尺寸标注样式中修改"测量单位比例因子"，修改方法和步骤如下。

步骤 1：打开"标注样式管理器"对话框，在"样式"列表框中单击"土建制图"标注样式。

步骤 2：单击"修改"按钮，弹出"修改标注样式：土建制图"对话框，单击"主单位"标签，进入"主单位"选项卡进行设置。如图 6.81 所示。

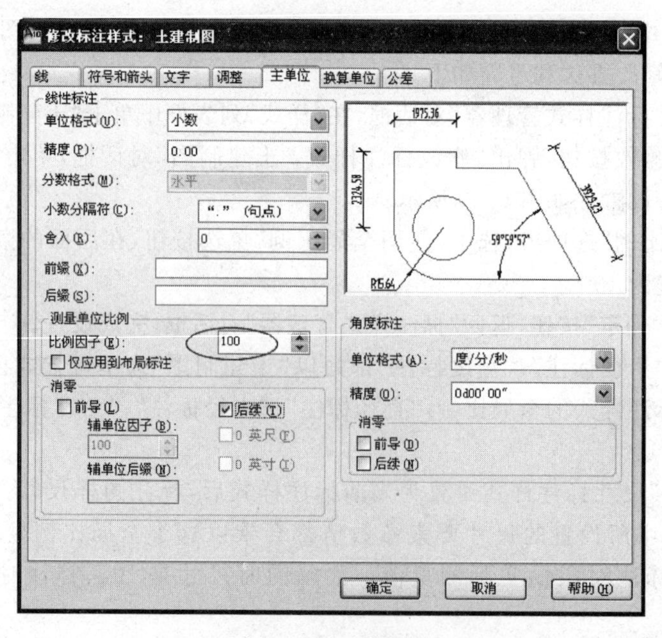

图 6.81　设置"土建制图"测量单位比例因子

在“测量单位比例”选项组，把“比例因子”设置为100。

步骤3：单击“确定”按钮，返回“标注样式管理器”对话框，完成设置。

把“土建制图”尺寸标注样式设置为当前标注样式后，可以标注图样尺寸。标注尺寸时，“土建制图”标注样式中所设置的尺寸要素参数值1∶1显示，但是标注的尺寸数字数值等于标注对象的实际测量值与调整单位比例因子的乘积。如画图时尺寸是100，标注时尺寸数字数值是100乘以调整单位比例因子。

绘制土建工程图样时，常用第一种方法，因为不论何种比例的图形，都可以用1∶1的比例绘制，只要在标注尺寸时设置好尺寸标注样式的全局比例，就可以进行尺寸标注。

6.4.5 土建工程图样中的尺寸标注样式替代

在进行尺寸标注时，有时会出现某些尺寸标注与所设置的尺寸标注样式大部分参数都相同，但又有个别参数不同的情况。如果为了标注这些尺寸而创建新的尺寸标注样式，操作较繁琐；如果修改原来的尺寸标注样式，则用该样式标注的所有尺寸(包括已经标注的尺寸)都会改变成修改后的样式，也不可行。这时，设置一个原来尺寸标注样式的替代样式，就可以解决这个问题。

例如，《房屋建筑制图统一标准》中规定：总尺寸的尺寸界线应靠近所指部位，中间的分尺寸的尺寸界线可稍短，但其长度应相等。如图6.82所示。

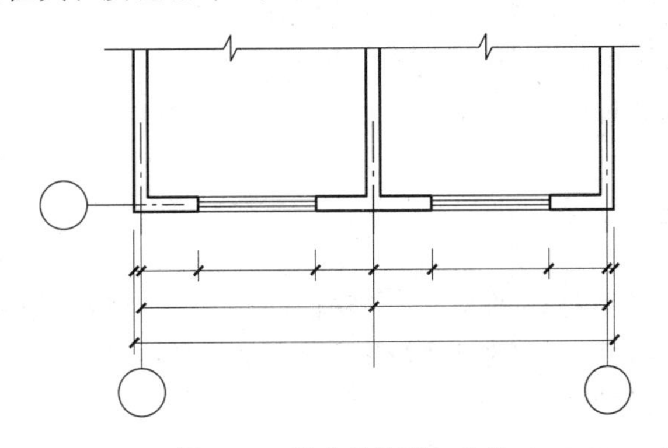

图6.82 尺寸的排列与对齐

这时，制图标准规定中对尺寸界线有不同的要求，即总尺寸的尺寸界线应靠近图形，而中间分尺寸的尺寸界线可稍短，但长度要相等。前面设置的“土建制图”尺寸标注样式中，尺寸界线的长度固定为7，适合分尺寸的标注；而总尺寸的尺寸界线应该要靠近图形，总尺寸除了尺寸界线这个参数与分尺寸不同外，其余参数全部相同。标注总尺寸时，就可以设置一个“土建制图”标注样式的替代样式用于标注总尺寸。

下面以此为例，说明尺寸标注样式替代的使用方法和操作过程。

步骤1：打开“标注样式管理器”对话框，在“样式”列表框中单击“土建制图”标注样式。

步骤2：单击“替代”按钮，弹出“替代当前样式：土建制图”对话框，单击“线”标签，进入“线”选项卡进行设置。如图6.83所示。

在“延伸线”选项组中，把“起点偏移量”设置为3，取消选中图6.83中“固定长度的延伸线”复选框，使其不可用。

步骤3：单击“确定”按钮，返回“标注样式管理器”对话框，“土建制图”标注样式下出现了“＜样式替代＞”标注样式，单击“关闭”按钮，完成设置。

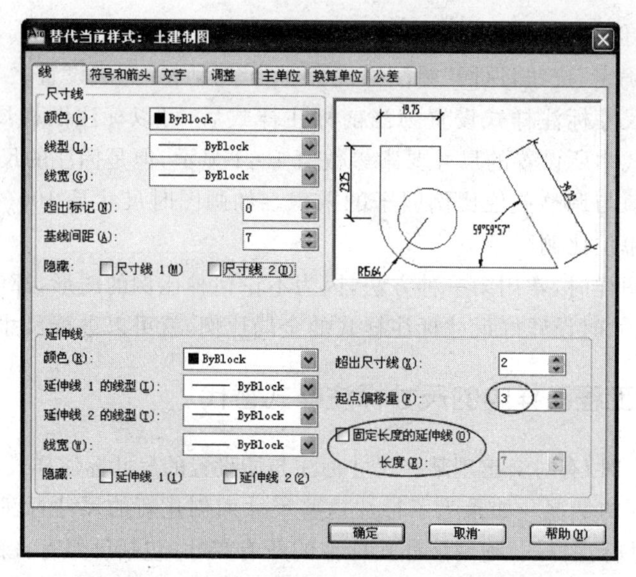

图 6.83 设置“土建制图”标注样式的替代样式

步骤 4：这时，可以用设置好的“＜样式替代＞”标注样式，标注总尺寸。

步骤 5：总尺寸标注完成后，打开“标注样式管理器”对话框，选中样式列表框中的“＜样式替代＞”右击，在快捷菜单中单击“删除”按钮，弹出一个“标注样式—Delete 标注样式”对话框，单击“是”按钮，把“＜样式替代＞”删除。

6.5 尺寸的标注

土建工程图样中，需要标注的尺寸类型有线性尺寸、直径和半径尺寸、角度尺寸等。AutoCAD 中提供了标注这些尺寸的尺寸标注命令。调用这些尺寸标注命令有三种方式：

- 命令行直接输入命令。
- “标注”下拉菜单中选择标注命令。
- 单击“标注”工具栏中的命令图标。

注意：AutoCAD 默认的工作界面上没有“标注”工具栏，如果需要把“标注”工具栏放到 AutoCAD 的工作界面上，可以用以下方法实现：

单击“工具”→“工具栏”→“AutoCAD” →单击“标注”子菜单 →弹出“标注”工具栏，如图 6.84 所示。可以任意调整这个工具栏的放置位置。

图 6.84 “标注”工具栏

下面介绍土建工程图样中经常用到的尺寸标注命令。

6.5.1 线性标注

线性标注主要包括水平、垂直或旋转方向的尺寸标注。

AutoCAD 中“线性”标注的命令可以通过以下三种方式调用。

- 命令行：DIMLINEAR 或 DIMLIN（键盘输入）。
- 工具栏：单击标注工具栏中的线性图标按钮。
- 下拉菜单："标注"→"线性"。

注意：在标注线性尺寸时，应首先打开对象捕捉，这样可以准确、快速的捕捉交点、端点等特殊点。打开或关闭对象捕捉有两种方法：一种是在键盘上按 F3 键；一种是单击左下角状态栏中的对象捕捉图标。

执行命令后，AutoCAD 的命令行中显示如图 6.85 所示内容。

命令行中出现两个选项，即"指定第一条延伸线原点"、"选择对象"。其中"指定第一条延伸线的原点"是 AutoCAD 的默认选项。下面分别介绍使用这两个选项标注尺寸的过程。

1."指定第一条延伸线原点"选项

步骤 1：在"指定第一条延伸线原点"提示下，直接在屏幕上指定要标注尺寸线段的一个端点作为第一条尺寸界线的起点。

步骤 2：命令行出现"指定第二条延伸线原点"的提示，如图 6.86 所示。直接在屏幕上指定线段的另外一个端点作为第二条尺寸界线的起点。

步骤 3：命令行出现如图 6.86 所示的各项提示。

```
命令: _dimlinear
指定第一条延伸线原点或 <选择对象>:
```

图 6.85　"线性"标注的命令行显示

```
指定第二条延伸线原点:
指定尺寸线位置或
[多行文字(M)/文字(T)/角度(A)/水平(H)/垂直(V)/旋转(R)]:
```

图 6.86　"线性"标注的命令行提示

- 指定尺寸线位置　可以移动鼠标指定合适的尺寸线位置后单击鼠标左键。

注意：指定时如两个尺寸界线的起点在一条水平线上，则标注水平方向的尺寸；在一条垂直线上，则标注垂直方向的尺寸。如果指定的两点不在同一条水平或垂直线上，指定尺寸线位置时上下移动鼠标则标注两点之间的水平尺寸，左右移动鼠标则标注两点之间的垂直尺寸。

- 多行文字　在命令行输入 M 回车，弹出"文字格式"对话框和多行文字编辑器，可以在多行文字编辑器里指定尺寸数字。
- 文字　在命令行输入 T 回车，命令行出现"输入标注文字<30>"提示，< >中数字是 AutoCAD 自动测量得到的线段长度值，如<30>，直接回车则尺寸数字标注为 30；可以在此数值之前加前缀，如输入"%%c<>"后回车，则尺寸数字标注为 ϕ30。如图 6.87(a)所示。另外也可以在此时输入用户需要的数值，这种情况只适合局部某个尺寸数值的调整，不宜大量使用。
- 角度　在命令行输入 A 回车，命令行出现"指定标注文字的角度"提示，可以指定尺寸数字的旋转角度。设置效果如图 6.87(b)所示。
- 水平　在命令行输入 H 回车，则无论标注什么方向的线段，始终标注水平方向尺寸。
- 垂直　在命令行输入 V 回车，则无论标注什么方向的线段，始终标注垂直方向尺寸。
- 旋转　在命令行输入 R 回车，命令行出现"指定尺寸线的角度"提示，可以指定尺寸线与水平线所夹的角度，标注平行于该角度方向的尺寸。标注效果如图 6.87(c)所示。

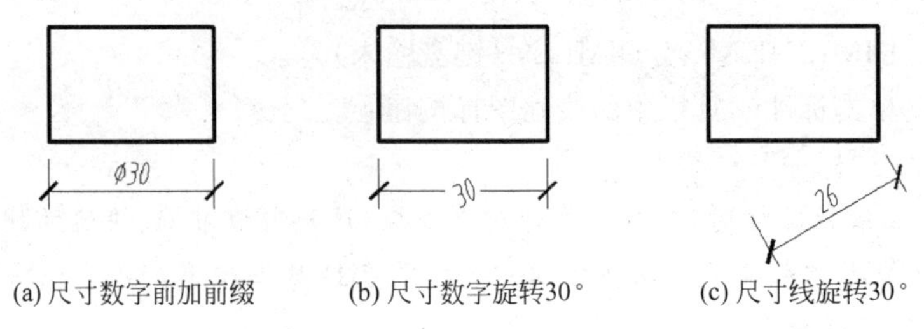

(a) 尺寸数字前加前缀　　(b) 尺寸数字旋转30°　　(c) 尺寸线旋转30°

图 6.87 “线性”标注时各种标注效果

2. “选择对象”选项

步骤 1：在图 6.85 的提示状态下直接回车，进入“选择对象”选项。

步骤 2：命令行出现“选择标注对象”提示，同时光标变为拾取框，直接在屏幕上选择要标注尺寸的线段。

步骤 3：命令行出现“指定尺寸线位置或[多行文字(M)/文字(T)/角度(A)/水平(H)/垂直(V)/旋转(R)]：”提示，与图 6.86 相同，前面已经介绍。

6.5.2 对齐标注

对齐标注是用于标注倾斜方向的尺寸，即标注与两个尺寸界线起点的连线平行方向的尺寸。AutoCAD 中“对齐”标注的命令可以通过以下三种方式调用。

- 命令行：DIMALIGNED（键盘输入）。
- 工具栏：单击标注工具栏中的对齐图标按钮。
- 下拉菜单：“标注”→“对齐”。

执行命令后，AutoCAD 的命令行中显示如图 6.88 所示内容。

命令行中出现两个选项，即“指定第一条延伸线原点”、“选择对象”。下面分别介绍使用这两个选项标注尺寸的过程。

1. “指定第一条延伸线原点”选项

步骤 1：在“指定第一条延伸线原点”提示下，直接在屏幕上指定要标注尺寸线段的一个端点作为第一条尺寸界线的起点。

步骤 2：命令行出现“指定第二条延伸线原点”的提示，如图 6.89 所示。直接在屏幕上指定线段的另外一个端点作为第二条尺寸界线的起点。

步骤 3：命令行出现如图 6.89 所示的各项提示。

各选项操作方法和设置过程同“线性”标注，不再赘述。

2. “选择对象”选项

其操作方法和设置过程同“线性”标注，如图 6.90 所示。

```
命令: _dimaligned
指定第一条延伸线原点或 <选择对象>:
```

图 6.88 “对齐”标注的命令行显示

```
指定第二条延伸线原点:
指定尺寸线位置或
[多行文字(M)/文字(T)/角度(A)]:
```

图 6.89 “对齐”标注的命令行提示

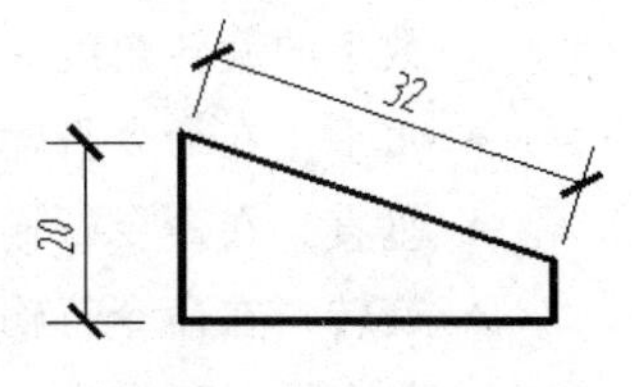

图 6.90 “对齐”标注示例

6.5.3 基线标注

基线标注是标注尺寸时使用同一条尺寸界限作为基准线进行的标注。使用该命令时，要求图形中必须存在一个相关的尺寸标注。

如图 6.91 所示，首先应使用“线性”标注命令，标注水平方向尺寸“34”和垂直方向尺寸“24”，作为基线标注的尺寸界线基准；然后调用“基线”标注命令。水平方向尺寸以相关尺寸“34”的一条尺寸界线作为基准线，使用基线标注方式标注三道水平尺寸；垂直方向尺寸以相关尺寸“24”的一条尺寸界线作为基准线，使用基线标注方式标注两道垂直方向尺寸。

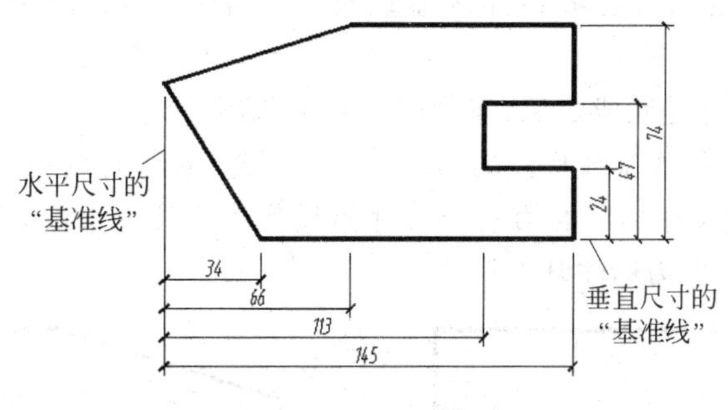

图 6.91 “基线”标注示例

AutoCAD 中“基线”标注的命令可以通过以下三种方式调用。

- 命令行：DIMBASELINE（键盘输入）。
- 工具栏：单击标注工具栏中的基线图标按钮 。
- 下拉菜单：“标注”→“基线”。

命令：_dimbaseline
指定第二条延伸线原点或 [放弃(U)/选择(S)] <选择>:

图 6.92 “基线”标注的命令行显示

执行命令后，AutoCAD 的命令行中显示如图 6.92 所示内容。

命令行中出现三个选项，即“指定第二条延伸线原点”、“放弃”、“选择”。下面分别介绍使用这三个选项标注尺寸的过程。

1. “指定第二条延伸线原点”选项

此时默认将上述标注的线性尺寸“34”的第一条尺寸界线作为所有使用基线标注方式标注的尺寸的第一条尺寸界线。可以直接在屏幕中指定要进行基线标注的尺寸的第二条尺寸界线位置。

步骤 1：指定水平方向尺寸 66 的第二个尺寸界线起点；

步骤 2：命令行出现“指定第二条延伸线原点或［放弃(U)/选择(S)］＜选择＞：”提示，指定水平方向尺寸 113 的第二个尺寸界线起点；

步骤 3：命令行继续出现“指定第二条延伸线原点或［放弃(U)/选择(S)］＜选择＞：”提示，指定水平方向尺寸 145 的第二个尺寸界线起点；

步骤 4：命令行继续出现“指定第二条延伸线原点或［放弃(U)/选择(S)］＜选择＞：”提示，连续回车两次，命令结束。

2. “放弃”选项

命令行出现“指定第二条延伸线原点或［放弃(U)/选择(S)］＜选择＞：”提示时，如果指定第二个尺寸界线起点有错误,可以输入“U”回车,可以重新指定第二个尺寸界线起点。

3.“选择”选项

“选择”是命令默认选项,因此,在命令行提示状态“指定第二条延伸线原点或[放弃(U)/选择(S)]<选择>:”下直接回车即可。

步骤1:命令行出现“选择基准标注”提示,光标变为拾取框,可以在已有的尺寸标注中任意指定一个尺寸界线作为基线标注的第一个尺寸界线。

步骤2:命令行出现“指定第二条延伸线原点或[放弃(U)/选择(S)]<选择>:”提示,这时,把上一步指定的尺寸界线作为基线标注的第一个尺寸界线起点,开始基线尺寸标注。

步骤3:所有基线标注完成之后,连续回车两次,结束命令。

指定不同的尺寸界线作基线标注的第一个尺寸界线,尺寸标注的效果不同,如图6.93所示。图6.93(a)是指定尺寸“34”的第一个尺寸界线作为标注基准线,图6.93(b)中指定尺寸“34”的第二个尺寸界线作为标注基准线。

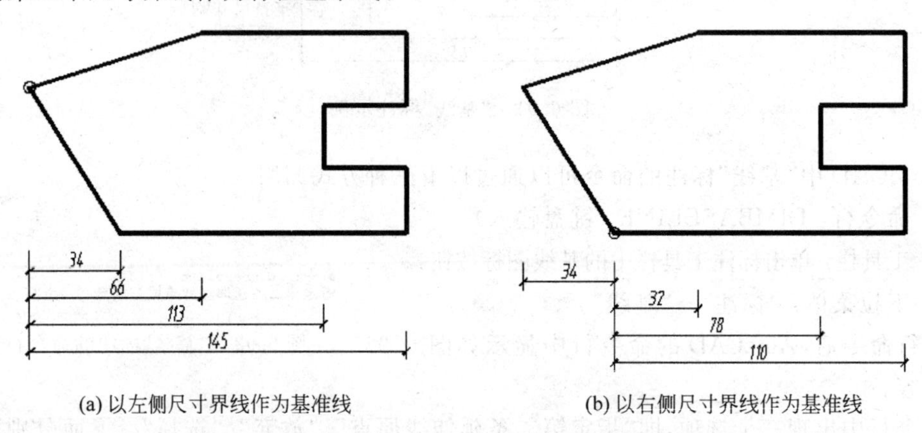

(a) 以左侧尺寸界线作为基准线　　(b) 以右侧尺寸界线作为基准线

图6.93　指定不同的尺寸界线作为“基线”的标注示例

6.5.4　连续标注

用于标注一系列首尾相连的若干个连续尺寸。标注时,连续标注尺寸中的后一个尺寸是把前一个尺寸的第二个尺寸界线作为其第一个尺寸界线进行标注。使用该命令时,要求图形中必须存在一个相关的尺寸标注。

如图6.94所示的尺寸,就是采用连续标注的方式进行标注的图形。具体命令操作过程如下。

首先使用“线性”标注命令,标注水平方向尺寸34,标注中第一个尺寸界线的起点选择最左边的点;然后调用“连续”标注命令。

AutoCAD中“连续”标注的命令可以通过以下三种方式调用。

- 命令行:DIMCONTINUE(键盘输入)。
- 工具栏:单击标注工具栏中的连续图标按钮 。
- 下拉菜单:“标注”→“连续”。

执行命令后,AutoCAD的命令行中显示如图6.95所示内容。

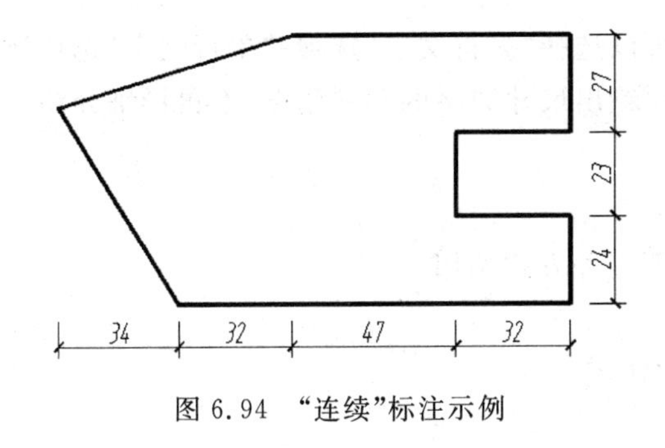

图 6.94 “连续”标注示例

```
命令: _dimcontinue
指定第二条延伸线原点或 [放弃(U)/选择(S)] <选择>:
```

图 6.95 “连续”标注的命令行显示

命令行中出现三个选项，即“指定第二条延伸线原点”、“放弃”、“选择”。下面分别介绍使用这三个选项标注尺寸的过程。

1. “指定第二条延伸线原点”选项

此选项是将首先标注的线性尺寸“34”的第二条尺寸界线默认为下一个要标注尺寸的第1个尺寸界线起点。这种情况下，可以直接在屏幕中指定要进行连续标注的尺寸的第二个尺寸界线起点。依次连续指定下一个连续标注的尺寸的第二个尺寸界线起点，就得到如图 6.94 所示的结果。

在命令行出现“指定第二条延伸线原点或［放弃(U)/选择(S)］＜选择＞：”提示状态下，连续回车两次，命令结束。

注意：命令行出现“指定第二条延伸线原点或［放弃(U)/选择(S)］＜选择＞：”提示时，如果指定第二个尺寸界线起点有错误时，输入 U 回车，可以重新指定第二个尺寸界线起点。

2. “放弃”选项

操作与“基线标注”类似，不再介绍。

3. “选择”选项

操作与“基线标注”类似，不再介绍。

6.5.5 直径标注

AutoCAD 中“直径”标注的命令可以通过以下三种方式调用。

• 命令行：DIMDIAMETER（键盘输入）。

• 工具栏：单击标注工具栏中的直径图标按钮。

• 下拉菜单：“标注”→“直径”。

执行命令后，AutoCAD 的命令行中显示如图 6.96 所示内容。

```
命令: _dimdiameter
选择圆弧或圆:
标注文字 = 27
指定尺寸线位置或 [多行文字(M)/文字(T)/角度(A)]:
```

图 6.96 “直径”标注的命令行显示

具体操作过程如下。

步骤 1：命令行中出现“选择圆弧或圆”提示，光标变为拾取框，可以直接在屏幕上选择要标注直径尺寸的圆或圆弧。系统自动测量出要标注的直径值，并提示 “标注文字＝27”，即提示要标注的圆的直径为 27。

步骤 2：命令行提示“指定尺寸线位置或［多行文字(M)/文字(T)/角度(A)］：”，这时可以移动鼠标指定合适的尺寸线位置后单击鼠标左键，AutoCAD 将按照测量所得圆弧的直径值标注出直径。

其他各项操作与“线性”标注时操作相类似，可以选择“多行文字”选项、“单行文字”选项进行尺寸数字的输入和编辑，也可以选择“角度”选项给出尺寸数字的倾斜角度，不再详细介绍。

6.5.6 半径标注

AutoCAD 中“半径”标注的命令可以通过以下三种方式调用。

- 命令行：DIMRADIUS（键盘输入）。
- 工具栏：单击标注工具栏中的半径图标按钮。
- 下拉菜单：“标注”→“半径”。

执行命令后，AutoCAD 的命令行中显示如图 6.97 所示内容。

```
命令: dimradius
选择圆弧或圆:
标注文字 = 13
指定尺寸线位置或 [多行文字(M)/文字(T)/角度(A)]:
```

图 6.97 “半径”标注的命令行显示

步骤 1：命令行中出现“选择圆弧或圆”提示，光标变为拾取框，可以直接在屏幕选择要标注半径尺寸的圆或圆弧。系统自动测量出要标注的半径值，并提示“标注文字＝13”，即提示要标注的圆弧的半径是 13。

步骤 2：命令行提示“指定尺寸线位置或［多行文字(M)/文字(T)/角度(A)］：”，这时可以移动鼠标指定合适的尺寸线位置后单击鼠标左键，AutoCAD 将按照测量所得圆弧的半径值标注出半径。

各项操作与“直径”标注操作类似，不再介绍。

6.5.7 角度标注

AutoCAD 中“角度”标注的命令可以通过以下三种方式调用。

- 命令行：DIMANGULAR（键盘输入）。
- 工具栏：单击标注工具栏中的角度图标按钮。
- 下拉菜单：“标注”→“角度”。

执行命令后，AutoCAD 的命令行中显示如图 6.98 所示内容。

命令行中出现四个选项，即“选择圆弧”、“选择圆”、“选择直线”或“选择指定顶点”，下面分别介绍使用各选项标注角度尺寸的过程。

1. 选择圆弧

标注整个圆弧的角度尺寸。即以该圆弧的圆心为角度的顶点，以该圆弧的起点和终点作为标注角度的两条尺寸界线的起点，标注该圆弧的角度尺寸。如图 6.99 所示，操作步骤如下：

```
命令: _dimangular
选择圆弧、圆、直线或 <指定顶点>:
```

图 6.98 “角度”标注的命令行显示

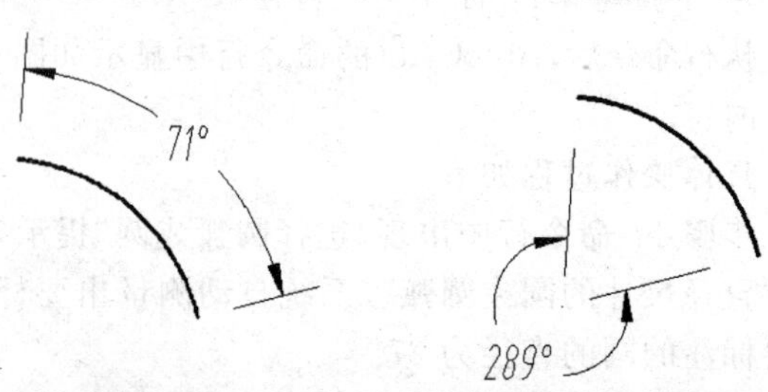

(a) 指定第一象限时　(b) 指定第四象限时

图 6.99 “选择圆弧”时的角度标注示例

步骤 1：直接在屏幕上选择要标注角度尺寸的圆弧。

步骤 2：命令行出现“指定标注弧线位置或［多行文字(M)/文字(T)/角度(A)/象限点(Q)］：”提示，分别说明如下。

◆ 指定标注弧线位置　可以移动鼠标指定合适的尺寸线位置后单击鼠标左键，AutoCAD 将按照测量所得到的值标注出角度。

注意：标注中为尺寸线指定的位置决定了标注角度的象限。如图 6.99 所示。

◆ 多行文字　操作见线性标注，在多行文字编辑器里输入和编辑尺寸数字。

◆ 文字　操作见线性标注，在命令行中输入和编辑尺寸数字。

◆ 角度　操作见线性标注，指定尺寸数字的倾斜角度。

◆ 象限点　输入 Q，执行此操作。

象限点是角度进行标注时在直线或圆弧的端点、圆心或两个顶点之间形成的。创建角度标注时，可以测量 4 个可能的角度。通过指定象限点，使用户可以确保标注正确的角度。

以图 6.99 所示为例，输入 Q 回车，➡命令行出现“指定象限点”提示，输入“1”；➡命令行出现“指定标注弧线位置或［多行文字(M)/文字(T)/角度(A)/象限点(Q)］：”提示；此时无论为尺寸线指定的位置在何处，都只能标注第一象限的角度，即 71°。

2. 选择圆

对圆上的某段圆弧标注角度尺寸。即以该圆的圆心为角度的顶点，在圆上确定两点作为标注角度的两条尺寸界线的起点，标注这两点之间圆弧的角度尺寸。如图 6.100 所示，具体操作步骤如下。

步骤 1：直接在屏幕上选择要标注角度的圆上的一点，以该点作为角度标注的第一个尺寸界线的起点。如图 6.100 中的点 A。

步骤 2：命令行出现“指定角的第二个端点：”提示，在屏幕上选择另外一点，以该点作为角度标注的第二个尺寸界线的起点。

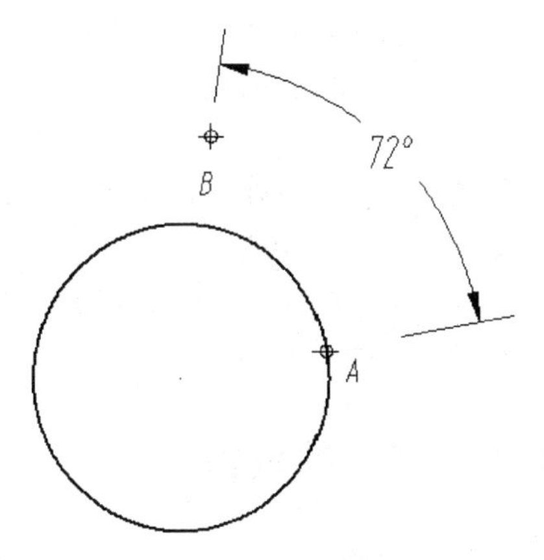

图 6.100　“选择圆”时的角度标注示例

注意：角的第二个端点，可以在该圆上，也可以不在该圆上选取。如图 6.100 中的点 B。

步骤 3：命令行出现“指定标注弧线位置或［多行文字(M)/文字(T)/角度(A)/象限点(Q)］：”提示，操作过程同“1. 选择圆弧”中所述。

3. 选择直线

标注两直线之间的角度。即以两直线的交点为角度的顶点，分别以两条直线作为标注角度的两条尺寸界线，标注这两条直线之间的角度尺寸。如图 6.101 所示，具体操作步骤如下。

步骤 1：直接在屏幕上选择要标注角度的一条直线。

步骤 2：命令行出现“选择第二条直线：”提示，在屏幕上选择另外一条直线。

步骤 3：命令行出现“指定标注弧线位置或［多行文字(M)/文字(T)/角度(A)/象限点(Q)］：”提示，操作过程同“1. 选择圆弧”中所述。

注意：标注两直线之间的夹角尺寸时，AutoCAD中标注的夹角总是小于180°。标注时尺寸线指定的位置决定了标注角度的象限。如图6.101所示。

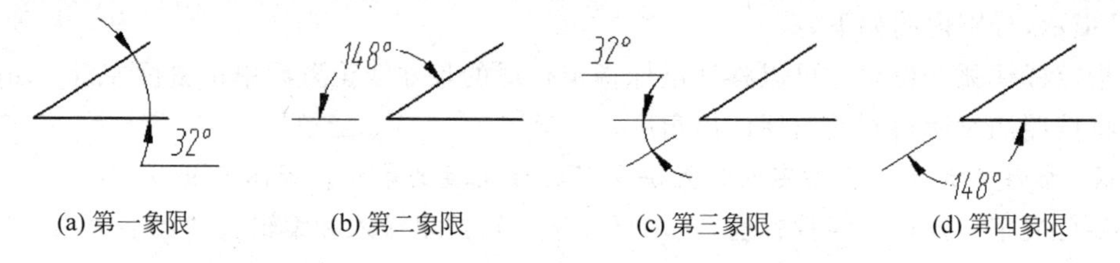

(a) 第一象限　(b) 第二象限　(c) 第三象限　(d) 第四象限

图6.101 “选择直线”时的角度标注的象限示例

4. 选择指定顶点

指定不在同一直线上的三点标注角度。即以指定的第一点作为角度的顶点，分别以另外两点作为标注角度的两条尺寸界线的起点，标注角度尺寸。如图6.102所示，具体操作步骤如下。

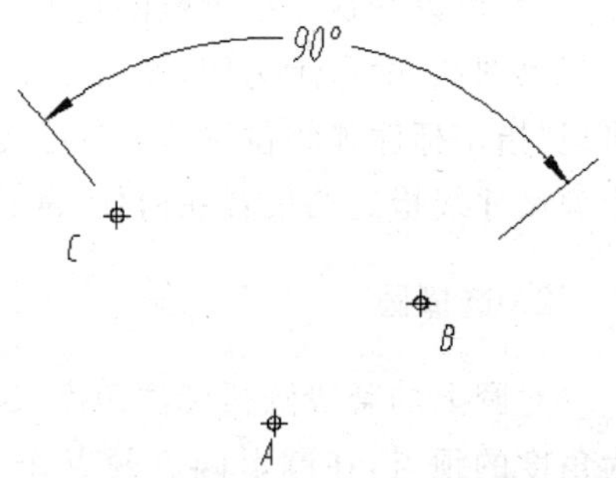

图6.102 “指定顶点”时的角度标注示例

步骤1：直接回车。

步骤2：命令行出现“指定角的顶点：”提示，在屏幕上指定一点作为角度的顶点。如图6.102中的点A。

步骤3：命令行出现“指定角的第一个端点：”提示，在屏幕上指定一点作为标注角度的第一个尺寸界线的起点。如图6.102中的点B。

步骤4：命令行出现“指定角的第二个端点：”提示，在屏幕上指定一点作为标注角度的第二个尺寸界线的起点。如图6.102中的点C。

步骤5：命令行出现“指定标注弧线位置或［多行文字(M)/文字(T)/角度(A)/象限点(Q)］：”提示，操作过程同“1. 选择圆弧”中所述。

6.6 尺寸的编辑

图样中的尺寸标注完成后，AutoCAD中允许对标注好的尺寸进行编辑修改，并提供了许多对已经创建好的尺寸标注进行编辑修改的命令。下面介绍在土建工程图样中经常使用的编辑修改尺寸标注的命令。

6.6.1 编辑标注

编辑尺寸标注中的尺寸数字和尺寸界线。

AutoCAD中“编辑标注”的命令可以通过以下两种方式调用。

- 命令行：DIMEDIT（键盘输入）。
- 工具栏：单击标注工具栏中的编辑标注图标按钮。

执行命令后，AutoCAD的命令行中显示如图6.103所示内容。

```
命令: _dimedit
输入标注编辑类型 [默认(H)/新建(N)/旋转(R)/倾斜(O)] <默认>: _o
```

图6.103 “编辑标注”的命令行显示

命令行中出现4个选项，即“默认”、“新建”、“旋转”、“倾斜”，下面分别介绍使用这4个选项编辑尺寸标注的操作方法。

1. “默认”选项

“默认”选项将所选尺寸标注中被移动或被旋转过的尺寸数字恢复到尺寸标注样式中设置的默认位置和方向。也可以在菜单“标注”→“对齐文字”→“默认”中直接调用该选项。操作过程如下。

步骤1：直接回车。

步骤2：命令行出现“选择对象”提示，此时直接在屏幕上选择需要编辑的尺寸标注对象。

步骤3：命令行出现“找到1个”，又出现“选择对象”提示，可以继续选择需要编辑的尺寸标注对象。

步骤4：直至需要编辑的对象全部选择完成，直接回车，结束命令。

2. “新建”选项

“新建”选项用多行文字编辑器对尺寸数字进行编辑修改，操作过程如下。

步骤1：在命令行输入“N”回车，弹出“文字格式”对话框和多行文字编辑器，“＜＞”表示AutoCAD自动测量的尺寸数值。如果尺寸数字需要加前缀，在“＜＞”前输入前缀，如输入“％％C”即编辑器里显示“％％C＜＞”；如果尺寸数字需要加后缀，在“＜＞”后输入后缀；如果想改变尺寸数字的数值，直接输入要改变的数值或文字，删除“＜＞”。输入完成之后单击“确定”按钮。

步骤2：命令行出现“选择对象”提示，此时直接在屏幕上选择需要编辑的尺寸标注对象。

步骤3：命令行出现“找到1个”，又出现“选择对象”提示，可以继续选择需要编辑的尺寸标注对象。

步骤4：直至需要编辑的对象全部选择完成，直接回车，结束命令。

操作完成之后，编辑尺寸数字的效果如图6.104所示。

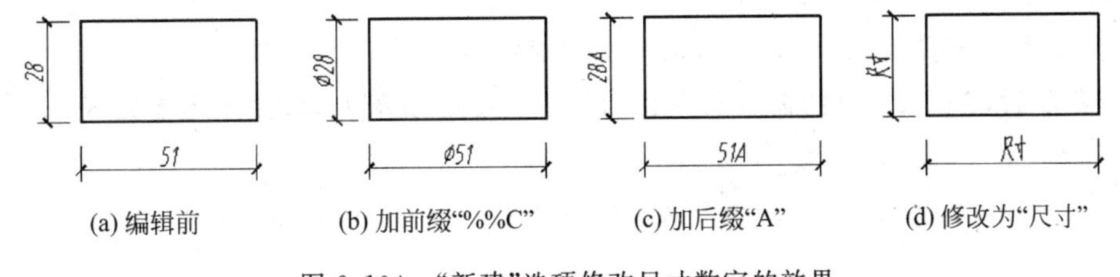

(a) 编辑前　(b) 加前缀“%%C”　(c) 加后缀“A”　(d) 修改为“尺寸”

图6.104　“新建”选项修改尺寸数字的效果

3. “旋转”选项

“旋转”选项用于指定尺寸数字的倾斜角度，操作过程如下。

步骤1：在命令行输入R回车，命令行出现“指定标注文字的角度”提示，此时输入指定的尺寸数字的倾斜角度后回车。

步骤2：命令行出现“选择对象”提示，此时直接在屏幕上选择需要编辑的尺寸标注对象。

步骤3：命令行出现“找到1个”，又出现“选择对象”提示，可以继续选择需要编辑的尺寸标注对象。

步骤4：直至需要编辑的对象全部选择完成，直接回车，结束命令。

操作完成之后,修改尺寸数字的效果如图 6.105(b)所示。

4."倾斜"选项

"倾斜"选项指定线性标注时,尺寸界线的倾斜角度。也可以在菜单"标注"→"倾斜"中直接调用该选项,操作过程如下。

步骤 1:在命令行输入 O 回车,命令行出现"选择对象"提示,此时直接在屏幕上选择需要编辑的尺寸标注对象。

步骤 2:命令行出现"找到 1 个",又出现"选择对象"提示,可以继续选择需要编辑的尺寸标注对象。

步骤 3:直至需要编辑的对象全部选择完成,直接回车。

步骤 4:命令行出现"输入倾斜角度(按 Enter 表示无):"提示,直接回车,尺寸界线不倾斜;输入倾斜角度后回车,尺寸界线倾斜指定的角度。

操作完成之后,修改尺寸界线的效果如图 6.105(c)所示。

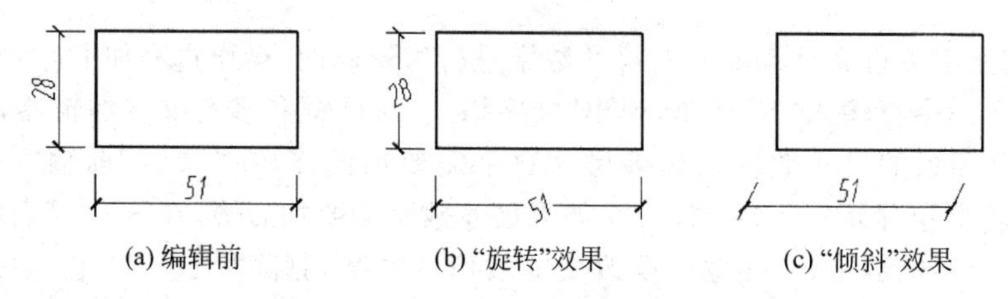

(a) 编辑前　(b)"旋转"效果　(c)"倾斜"效果

图 6.105 "旋转"和"倾斜"选项的修改效果

6.6.2 编辑标注文字

编辑标注文字用于修改尺寸标注中尺寸数字的位置。

AutoCAD 中"编辑标注文字"的命令可以通过以下两种方式调用:

- 命令行:DIMTEDIT(键盘输入)。
- 工具栏:单击工具栏中的编辑标注文字图标按钮。

执行命令后,AutoCAD 的命令行中显示如图 6.106 所示内容,操作步骤如下。

```
命令: dimtedit
选择标注:
为标注文字指定新位置或 [左对齐(L)/右对齐(R)/居中(C)/默认(H)/角度(A)]:
```

图 6.106 "编辑标注文字"的命令行显示

步骤 1:在"选择标注"提示下,直接在屏幕上选择需要编辑的尺寸标注对象。

步骤 2:命令行中出现 6 个选项,即"为标注文字指定新位置"、"左对齐"、"右对齐"、"居中"、"默认"、"角度"。下面分别介绍使用这 6 个选项修改尺寸数字位置的操作方法。

- "为标注文字指定新位置"选项　修改尺寸数字的位置,包括修改尺寸界线和尺寸线的位置。操作方法是鼠标单击尺寸数字将其拖动到任意的位置,单击鼠标左键,结束命令。修改尺寸数字位置的效果如图 6.107 所示。
- "左对齐"选项　使尺寸数字以尺寸线为基准左对齐。此选项只对线性尺寸、直径尺寸、半径尺寸有效。

操作过程是在命令行提示"指定标注文字的新位置或 [左(L)/右(R)/中心(C)/默认

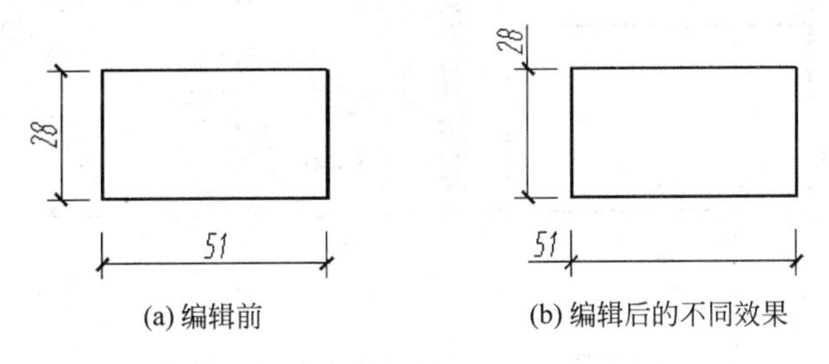

(a) 编辑前 (b) 编辑后的不同效果

图 6.107 “为标注文字指定新位置”的效果

(H)/角度(A)]:”状态下直接输入 L 回车。

注意:*尺寸数字左对齐,对于水平方向尺寸标注,尺寸数字在尺寸线的左侧;对于竖直方向尺寸标注,尺寸数字在尺寸线的上方。如图 6.108(b)所示。*

◆ “右对齐”选项 使尺寸数字以尺寸线为基准右对齐。此选项只对线性尺寸、直径尺寸、半径尺寸有效。

操作过程是在命令行提示“指定标注文字的新位置或[左(L)/右(R)/中心(C)/默认(H)/角度(A)]:”状态下直接输入 R 回车。

注意:*尺寸数字右对齐,对于水平方向尺寸标注,尺寸数字在尺寸线的右侧;对于竖直方向尺寸标注,尺寸数字在尺寸线的下方。如图 6.108(c)所示。*

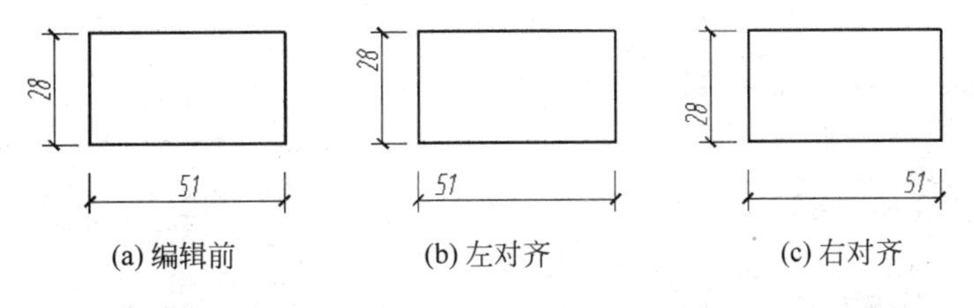

(a) 编辑前 (b) 左对齐 (c) 右对齐

图 6.108 “左对齐”、“右对齐”的效果

◆ “居中”选项 将尺寸数字放置在尺寸线的中间位置。

操作过程是在命令行提示“指定标注文字的新位置或[左(L)/右(R)/中心(C)/默认(H)/角度(A)]:”状态下直接输入 C 回车。

◆ “默认”选项 将尺寸数字恢复到尺寸标注样式中设置的默认位置。

操作过程是在命令行提示“指定标注文字的新位置或[左(L)/右(R)/中心(C)/默认(H)/角度(A)]:”状态下直接输入 H 回车。

◆ “角度”选项 修改尺寸数字的倾斜角度。操作过程如下:

步骤 1:在命令行提示“指定标注文字的新位置或[左(L)/右(R)/中心(C)/默认(H)/角度(A)]:”状态下直接输入 A 回车。

步骤 2:命令行出现“指定标注文字的角度”提示,直接输入指定的尺寸数字的倾斜角度后回车。

6.6.3 使用快捷方式编辑尺寸标注

在 AutoCAD 2010 中直接单击需要修改的尺寸标注对象,屏幕上弹出“快捷”窗口,如图 6.109 所示,可以在此窗口中修改尺寸标注的标注样式、测量单位、尺寸数字数值等属性。

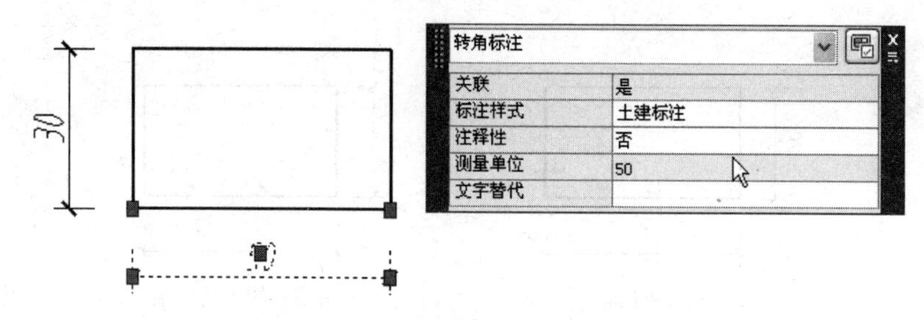

图 6.109 使用快捷方式编辑尺寸标注

6.6.4 用特性命令编辑尺寸

使用“特性”命令编辑尺寸标注，不仅可以修改尺寸数字的内容，修改尺寸的颜色、图层、线型等属性，还可以修改尺寸标注样式里的各项设置。

AutoCAD 中“特性”的命令可以通过以下两种方式调用：

- 命令行：PROPERTIES（键盘输入）。
- 下拉菜单：“修改”→“特性”。

执行命令后，屏幕上弹出如图 6.110 所示的“特性”对话框，下拉列表框中显示“无选择”。此时，直接在屏幕上选择一个尺寸标注，选择后“特性”对话框的下拉列表框中显示“转角标注”，如图 6.111 所示，对话框中显示所选尺寸标注的所有特性，可以在这个对话框中修改尺寸标注的属性。

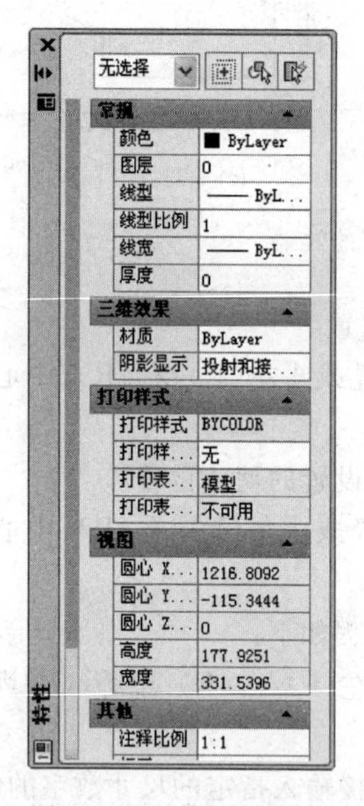

图 6.110 “特性”对话框

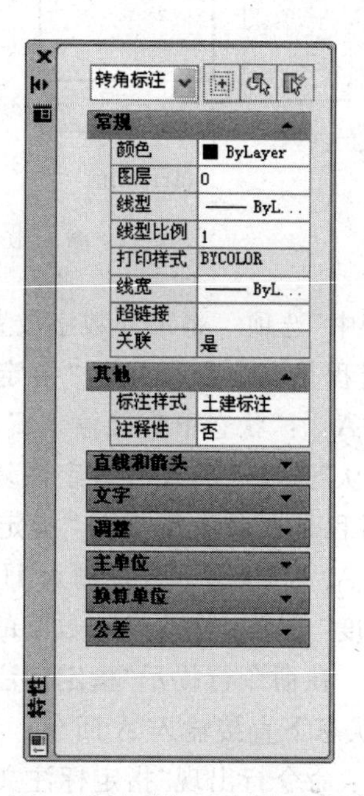

图 6.111 选择对象后的“特性”对话框

习题

1. 绘制图 6.112 所示标题栏，根据标题栏文字内容设置文字样式，并填写标题栏内容（其中“CAD 技能等级一级考评”为 10 号字，“考生所在学校或单位”为 7 号字，其他为 5 号字）。

2. 设置尺寸样式，给第 4 章 5、6 题及第 5 章 2、3 题标注尺寸。

3. 按 1∶1 的比例绘制图 6.113 所示组合体三面投影图，并设置尺寸数字样式和尺寸标注样式，对绘制的组合体三面投影图进行尺寸标注。

4. 用 A4 图纸按 1∶100 的比例绘制图 6.114 所示建筑平面图并标注尺寸，要求图线正确，尺寸标注清晰。

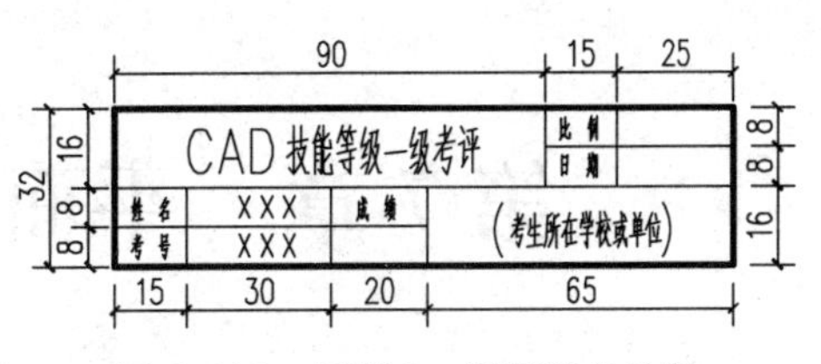

图 6.112　习题 1—标题栏的绘制

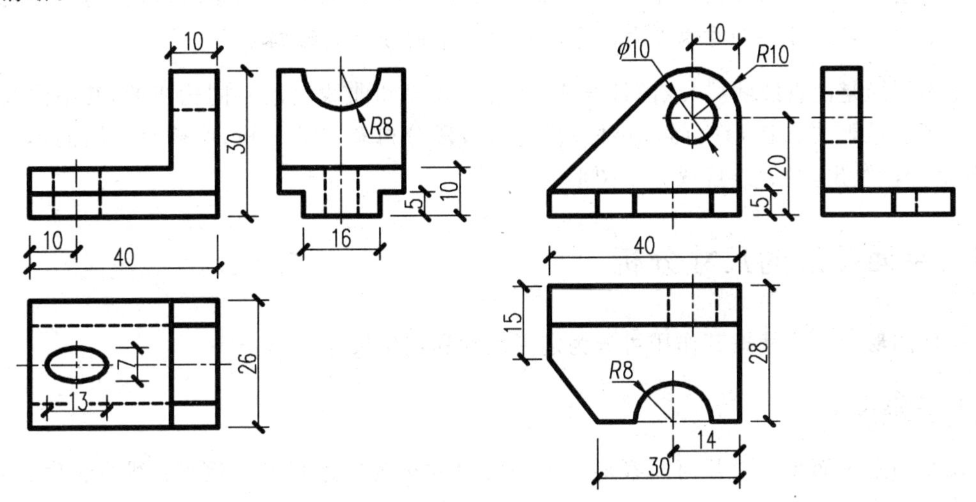

图 6.113　习题 2—组合体三面投影图绘制

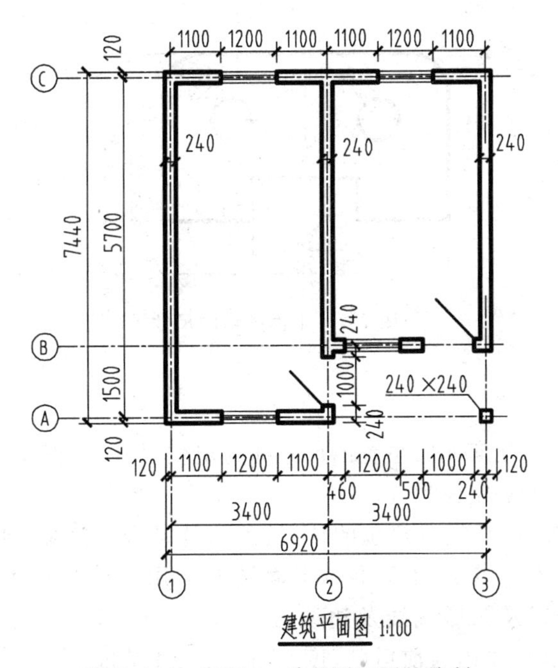

图 6.114　习题 3—建筑平面图的绘制

第7章　平面图形的分析与绘制

学习目的与要求

平面图形一般由一些基本的平面几何图形组成。要正确绘制一个平面图形，首先要学会分析平面图形中尺寸的相互关系，确定线段的性质，掌握正确的作图步骤，以提高画图技巧和速度。本章学习的目的和要求是熟练掌握平面图形的分析和绘制方法。

平面图形是由直线线段、或曲线线段、或直线线段和曲线线段共同构成的，其中曲线线段多是圆弧。绘制平面图形之前，应对图形进行线段分析和尺寸分析，明确每一段的形状和大小，然后分段绘出，最后连接成一个图形。

7.1　平面图形的尺寸分析

平面图形上的尺寸按其作用可分为定形尺寸和定位尺寸两类。

1. 定形尺寸

用来确定平面图形上几何元素形状大小的尺寸称为定形尺寸。例如：线段长度、圆及圆弧的直径和半径，以及角度大小等，如图7.1中的尺寸70、40、26、10、$R10$、$\phi10$等均为定形尺寸。

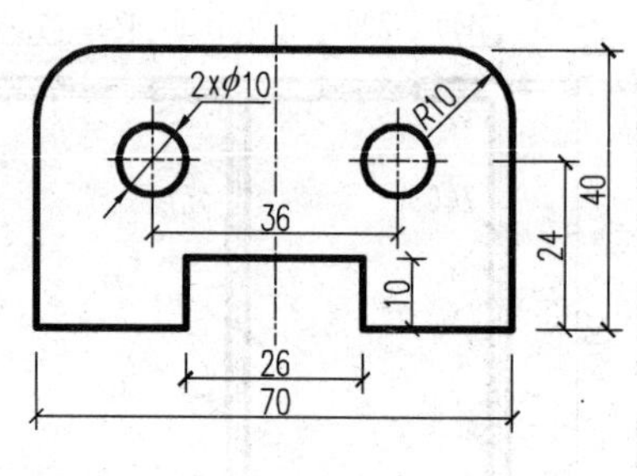

图7.1　平面图形的尺寸

2. 定位尺寸

用来确定平面图形上几何元素位置的尺寸称为定位尺寸，如图7.1中确定线段和圆弧中心位置的尺寸24、36等就是定位尺寸。

平面图形的定位尺寸，必须有定位的依据，即尺寸基准。通常，平面图形有长和宽两个方向，每个方向至少应有一个尺寸基准。平面图形上用来作尺寸基准的可以是对称中心线、圆和圆弧的中心线以及图形底线及边线等。图7.1中即是以对称中心线作为左右（长度）方向的尺寸基准，以底线作为前后（宽度）方向的尺寸基准。

绘制和标注平面图形时，应首先进行平面图形的尺寸分析，确定图形长度方向和宽度方向的基准，然后依次分析确定出各线段的定位尺寸和定形尺寸。

图7.2列举了一些常见图形的尺寸注法，供读者标注尺寸时参考。

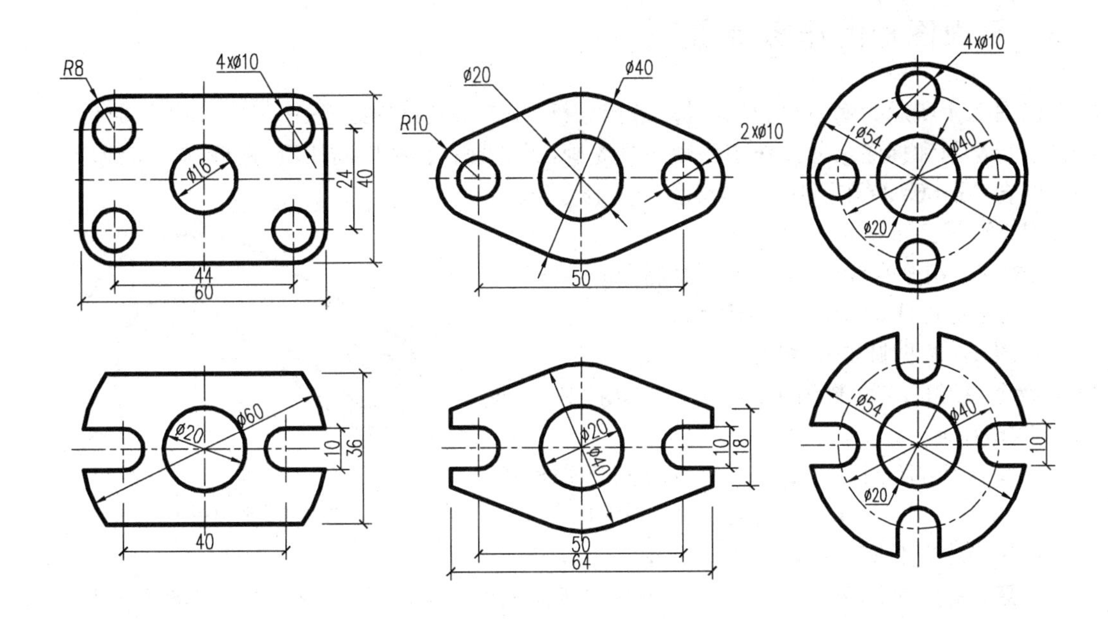

图 7.2　常见平面图形的尺寸标注示例

7.2　平面图形的线段分析

平面图形是根据给定的尺寸绘制而成的。对于有圆弧连接的图形绘制，如果图形中各线段的定形和定位尺寸已完全给出，绘图时可根据这些尺寸将它们直接画出。但有时，图形中的有些线段的定形和定位尺寸并未完全给出，对这些线段需要根据已给的尺寸及该线段与相邻线段间的连接关系，通过几何作图才能画出。因此，我们将有圆弧连接的平面图形按其线段的尺寸是否完全给出将其分为已知线段、中间线段和连接线段三类。

1. 已知线段

定形尺寸和定位尺寸均给出，可直接画出的线段和圆弧，称为已知线段。如图 7.3 所示的矩形框内尺寸对应的各线段。

2. 中间线段

有定形尺寸，但定位尺寸不全，需要根据与其他线段或圆弧的一个连接关系画出的线段或圆弧，称为中间线段。如图 7.3 所示的圆形框内尺寸对应的圆弧段。

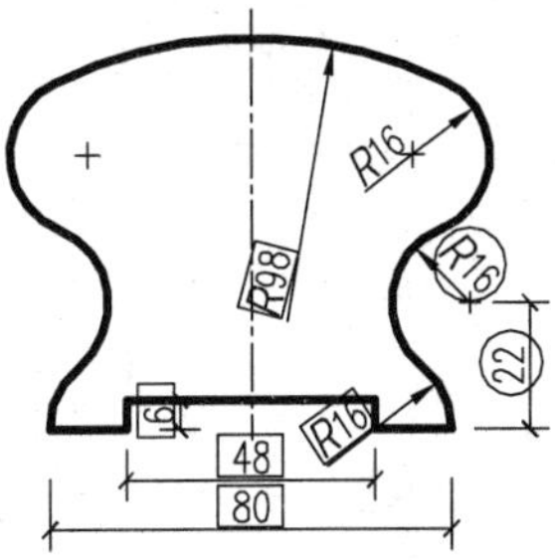

3. 连接线段

只有定形尺寸，没有定位尺寸，只能在已知线段和中间线段画出后，根据两个连接关系画出的线段或圆弧，称为连接线段。如图 7.3 所示的未框尺寸对应的两个圆弧段。

图 7.3　平面图形的线段分析示例

7.3 平面图形的作图步骤

以图 7.4 所示为例，首先对其线段进行分析，分析出其已知线段、中间线段和连接线段，然后再进行绘制和标注尺寸。作图的顺序是先画已知线段，再画中间线段，最后画连接线段。

结合 AutoCAD 作图环境，具体作图步骤如下。

(1) 绘制已知线段

步骤 1：用画直线命令(LINE)绘制同心圆 *R*10、ϕ12 的圆心定位线，如图 7.5(a)所示。

步骤 2：根据圆心的相对定位尺寸(36、4)，用复制命令(COPY)绘制圆 *R*25 的圆心定位线。如图 7.5(b)所示。

步骤 3：用画圆命令(CIRCLE)绘制已知圆弧 *R*10、ϕ12、*R*52、*R*25。并利用打断命令(BREAK)将圆弧在适当位置打断。如图 7.4(c)所示。

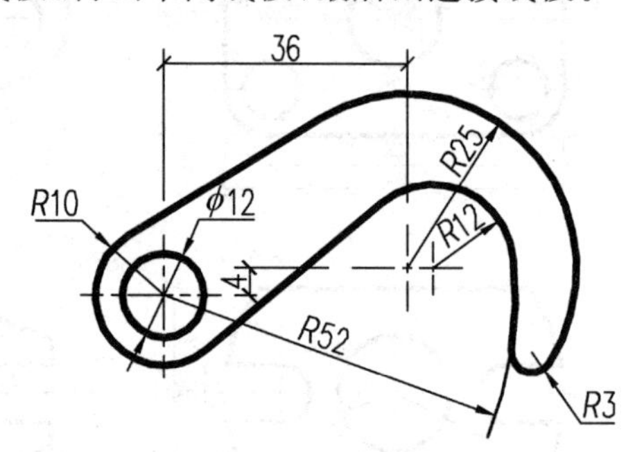

图 7.4　平面图形

注意：应注意切点的大致位置，打断时应保留足够的圆弧段，以便于与其他对象相切。

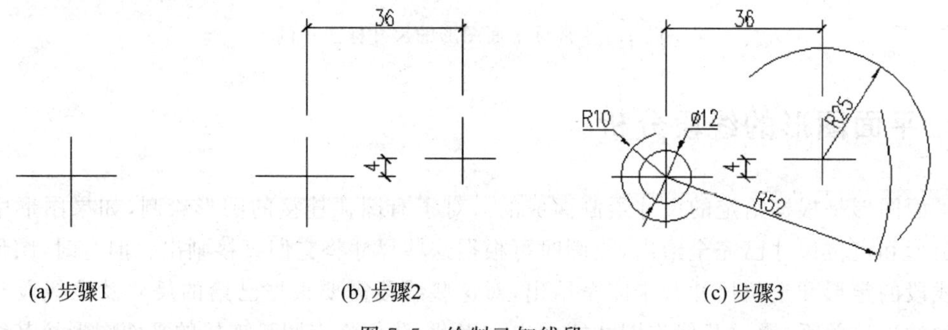

(a) 步骤1　　(b) 步骤2　　(c) 步骤3

图 7.5　绘制已知线段

(2) 绘制中间线段

分析可知，图 7.4 的圆弧段 *R*12 的圆心位置没有定位尺寸，需要根据与 *R*52 圆弧的连接关系确定出圆心位置，画出圆弧，因此是中间线段。具体作图步骤如图 7.6 所示。

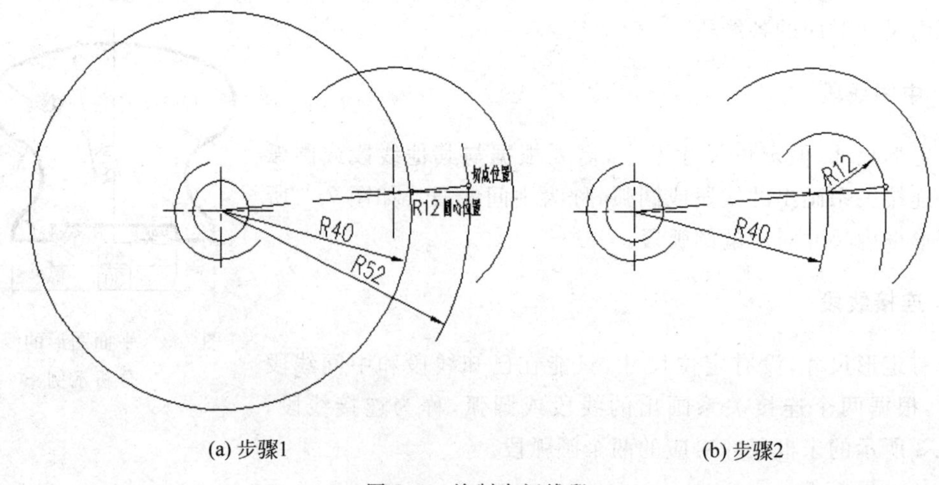

(a) 步骤1　　(b) 步骤2

图 7.6　绘制中间线段

步骤 1：用画圆命令(CIRCLE)绘制 $R40$ 圆弧，确定出 $R12$ 圆弧的圆心及与 $R52$ 的切点。如图 7.6(a)所示。

步骤 2：利用画圆命令完成 $R12$ 圆弧的绘制。并利用修剪命令(TRIM)和打断命令(BREAK)整理图形。结果如图 7.6(b)所示。

(3) 绘制连接线段

步骤 1：使用画圆命令(CIRCLE)，选择其中的"切点、切点、半径(T)"选项，绘制圆弧 $R3$，如图 7.7(a)所示。

步骤 2：使用画线命令(LINE)和对象捕捉功能绘制两条与圆弧相切的直线，如图 7.7(b)所示。

注意：在执行"LINE"命令提示"指定第一点："时，应使用捕捉切点功能。当状态栏捕捉对象过多使切点不易捕捉时，可键盘输入"TAN"(即临时捕捉切点)，然后将鼠标移至在圆弧切点附近，这时光标处出现提示"递延切点"，单击完成直线第一点的定位。当出现"指定下一点"时，方法同上。

步骤 3：使用修剪命令(TRIM)整理，如图 7.7(c)所示。

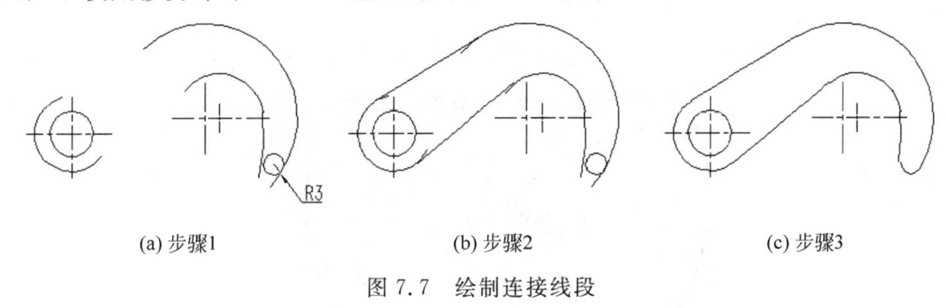

图 7.7　绘制连接线段

(4) 标注尺寸，完成全图，如图 7.4 所示。

注意：标注尺寸时应首先设定线性尺寸标注样式、直径标注样式、半径标注样式等。具体设置和标注方法详见第 6 章。

习题

1. 分析图 7.8 所示平面图形，并在 A4 图纸上按 1∶1 的比例绘制并标注尺寸，要求尺寸标注正确、线型分明。

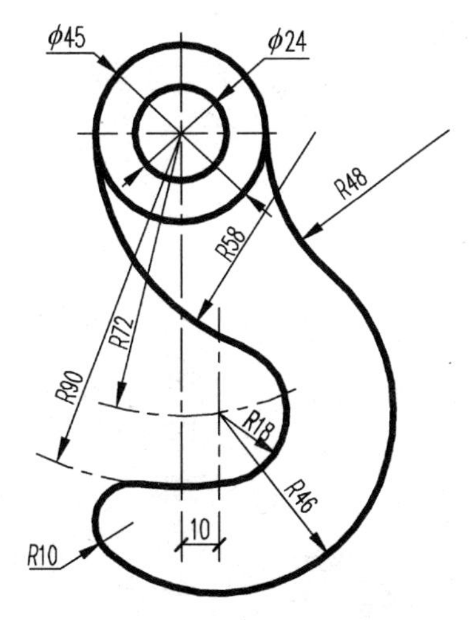

图 7.8　习题 1—吊钩的绘制

2. 完成图 7.9 所示两个平面图形的绘制并标注尺寸。比例自定,要求尺寸标注正确、线型分明。

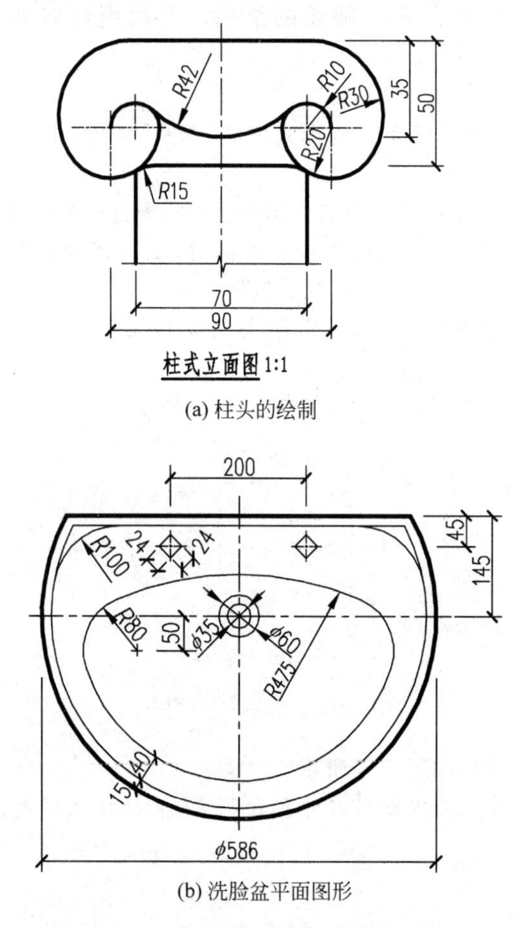

(a) 柱头的绘制

(b) 洗脸盆平面图形

图 7.9 习题 2—平面图形的绘制

第3篇

工程形体的表达与绘制

本篇包括：

第8章　形体投影图的绘制

学习目的与要求

掌握形体投影图的画法和尺寸标注方法是绘制土木建筑工程图样的基础，对于已经学习过画法几何及工程制图课程的读者，本章可以快速浏览，通过章节后面的习题进行复习和巩固；而对于初学者，必须认真学习本章，为熟练绘制土木建筑工程图样打好基础。

8.1　形体投影图的基本概念

8.1.1　三面投影图的形成及其投影规律

1. 投影法的基本知识

如图8.1所示，三角形ABC是空间形体，S是投射中心，平面H是投影面，S与点A、B、C的连线是投射线，这些投射线与平面H的交点组成的三角形abc，称为ABC在平面H上的投影，这种把空间形体转化为平面图形的方法就叫投影法。其中，形体、投射线、投影面称为投影三要素。

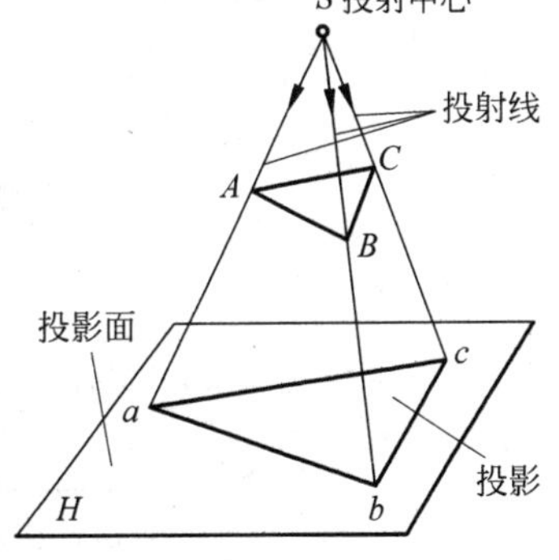

图8.1　投影法

投影法分为中心投影法和平行投影法。

1）中心投影法

投射线交汇于一点（S）的投影法称为中心投影法。如图8.1所示。

2）平行投影法

当投射中心移至无穷远处时，投射线即可视为互相平行。投射线相互平行的投影法称为平行投影法。根据投射方向与投影面之间的几何关系，平行投影又分为斜投影和正投影。

- 斜投影　当投射线与投影面倾斜时所得的投影，如图8.2所示。
- 正投影　当投射线与投影面垂直时所得的投影，如图8.3所示。

由于正投影法易于确定物体形状和大小，便于度量和绘图，因此绘制形体投影图样的方法多采用正投影法，通常将正投影简称为投影，以下不再另外说明。

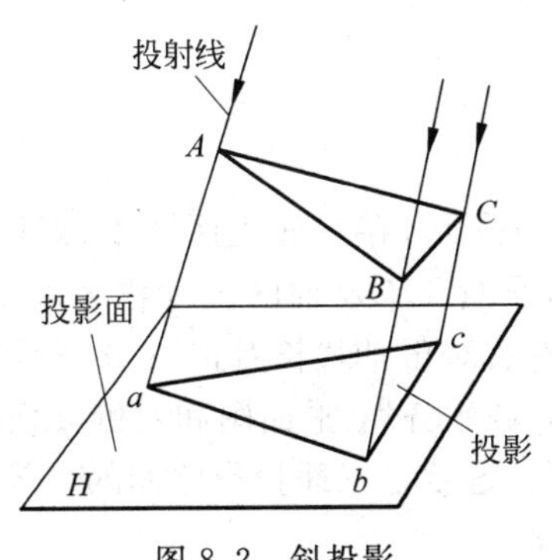

图8.2　斜投影

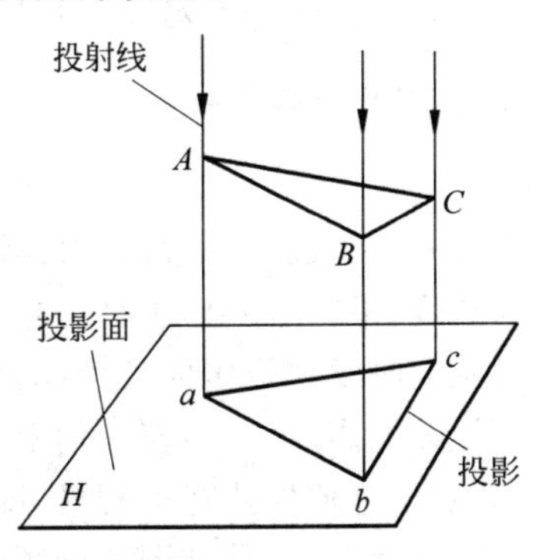

图8.3　正投影

2. 三面投影图的形成

如图8.4所示,空间点A_1、A_2、A_3在H面上的投影都是a,说明单面投影不能唯一确定空间点A的位置。为此,通常采用三投影面体系来表达物体的形状,即在空间建立互相垂直的三个投影面。

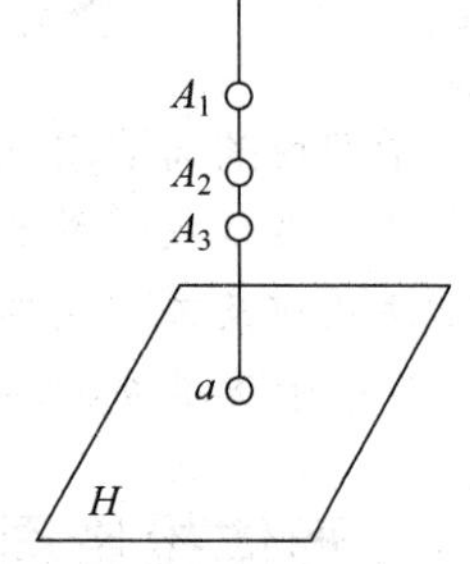

图8.4 点的单面投影

如图8.5所示,正立投影面用字母V表示,简称正面或V面;水平投影面用字母H表示,简称水平面或H面;侧立投影面用字母W表示,简称侧面或W面。三投影面两两相交形成三条投影轴,V面和H面的交线称为OX轴,H面和W面的交线称为OY轴,V面和W面的交线称为OZ轴。三个投影轴的交点O称为原点。

将空间形体置于三面投影体系中,然后分别向三个投影面作正投影,即可得到空间形体三个方向的正投影图,如图8.6所示。从前向后在V面上得到的投影,称为正面投影图,简称正面投影或V投影;从上向下在H面上得到的投影,称为水平投影图,简称水平投影或H投影;从左向右在W面上得到的投影,称为侧面投影图,简称侧面投影或W投影。

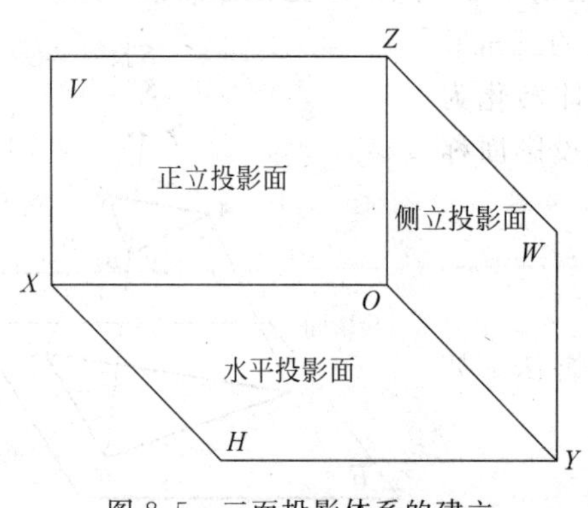

图8.5 三面投影体系的建立

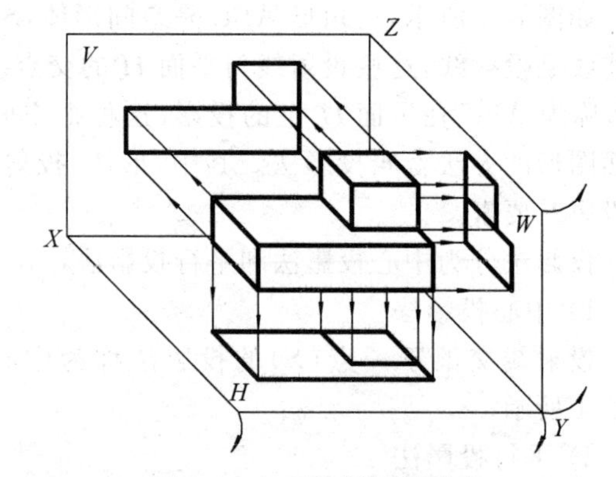

图8.6 三面投影图的形成

为了便于作图和表达,通常把互相垂直的三个投影面上的投影画在一张二维的图纸上,其方法是:V面不动,把H面沿OX轴向下旋转90°,把W面沿OZ轴向右旋转90°,就得到了位于同一平面上的三个正投影图,这就是空间形体的三面投影图。如图8.7所示。

在土木建筑工程图中,通常将三面投影图简称为三面图,其正面投影称为正立面图,水平投影称为平面图,侧面投影称为左侧立面图。实际绘图应用中,可去掉投影面边框和投影轴,各投影图间保持一定的间隔和对应关系即可。如图8.8所示。

3. 三面投影图的投影规律

1)投影关系

空间形体有长、宽、高三个方向的尺寸。如图8.9所示,在三面投影图中,形体平行于OX轴的尺寸称为长度,平行于OY轴的尺寸称为宽度,平行于OZ轴的尺寸称为高度。因此,正立面图和平面图同时反映形体的长度,必须使它们左右对正,即"长对正";正立面图和左侧立面图同时反映形体的高度,必须使它们上下对齐,即"高平齐";平面图和左侧立面图同时反映形体的宽度,必须使它们保持宽度相等,即"宽相等"。这就是三面投影之间的三等关系,即"长对正、高平齐、宽相等"。它是画图和读图的基本规律。

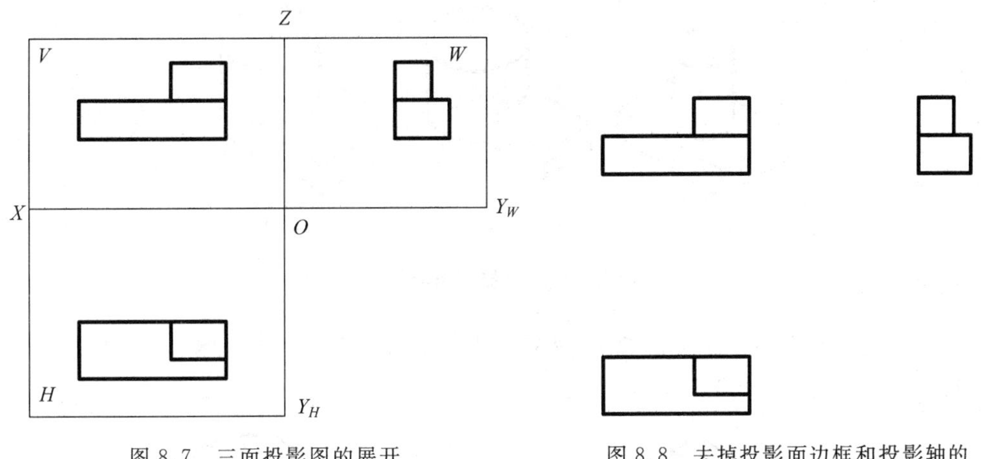

图 8.7 三面投影图的展开

图 8.8 去掉投影面边框和投影轴的三面投影图

2）方位关系

空间形体有上下、左右、前后 6 个方位。在三面投影图中，正立面图反映形体的左右、上下关系，平面图反映形体的左右、前后关系，左侧立面图反映形体的前后、上下关系。如图 8.10 所示。

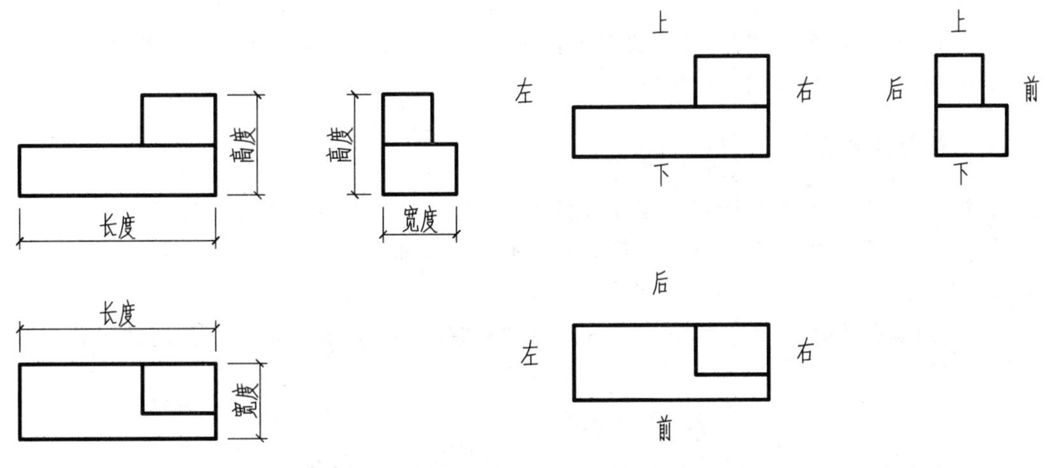

图 8.9 三面投影图的投影关系

图 8.10 三面投影图的方位关系

8.1.2 形体投影图绘制方法与步骤

任何工程建筑形体从几何角度分析，都可以看作是由一些基本形体如棱柱、棱锥、棱台、圆柱、圆锥、圆台、球体等组成，这种由基本形体组合而成的形体称为组合体。

组合体按其组合形式可分为叠加型、切割型和综合型三种。

叠加型组合体是由若干个基本体叠加而成的组合体。根据叠加形式不同又包括堆积、相交、相切，如图 8.11 所示。

切割型组合体是由基本体经过切割(包括挖孔)而成的组合体，如图 8.12 所示。

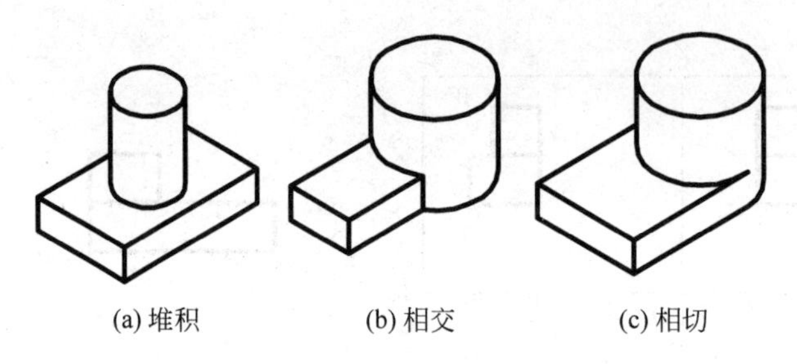

(a) 堆积　　(b) 相交　　(c) 相切

图 8.11　叠加型组合体

综合型组合体是既有基本体的叠加、又有基本体的切割而成的组合体,大部分复杂的组合体都是综合型组合体,如图 8.13 所示。

图 8.12　切割型组合体

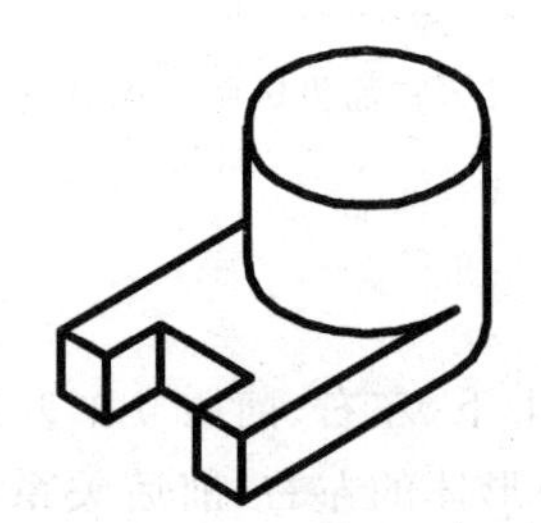

图 8.13　综合型组合体

画组合体的三面投影图时,首先要对组合体进行形体分析,然后确定正立面图,最后根据三等投影关系绘制组合体的三面投影图。

1. 进行形体分析

形体分析法是绘制组合体的三面投影图和标注组合体的尺寸的基本方法。

假想将一个复杂的组合体分解为若干个基本体的叠加或切割,并弄清楚各基本体的形状、相对位置以及组合方式,这种方法叫形体分析法。

如图 8.14 所示形体,用形体分析法可以将其分解成一个八棱柱和一个五棱柱以叠加的方式组合而成。

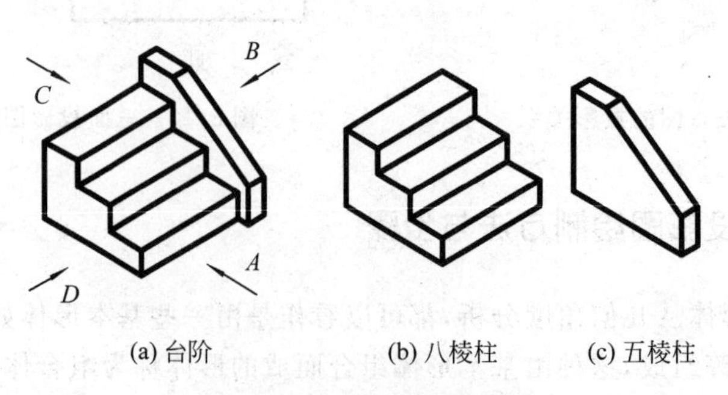

(a) 台阶　　(b) 八棱柱　　(c) 五棱柱

图 8.14　组合体的形体分析

注意:绘制组合体的三面投影图时,要正确表达各个基本体之间的表面连接方式。

(1) 两基本体表面共面时,不画分界线,如图 8.15 所示。

(2) 两基本体表面相交时,应画交线,如图 8.16 所示。

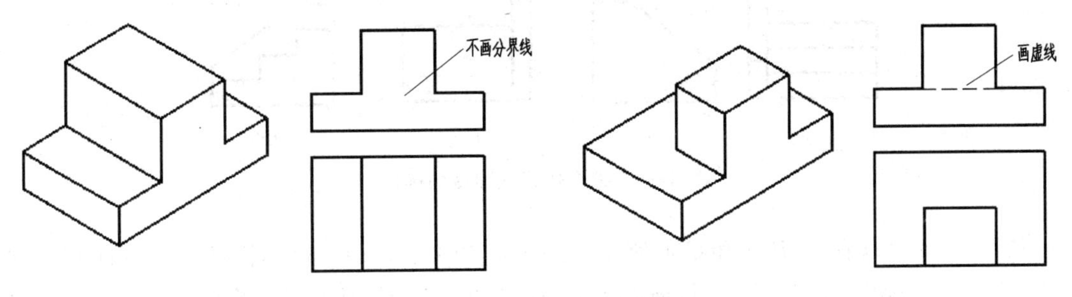

图 8.15　表面共面时无分界线

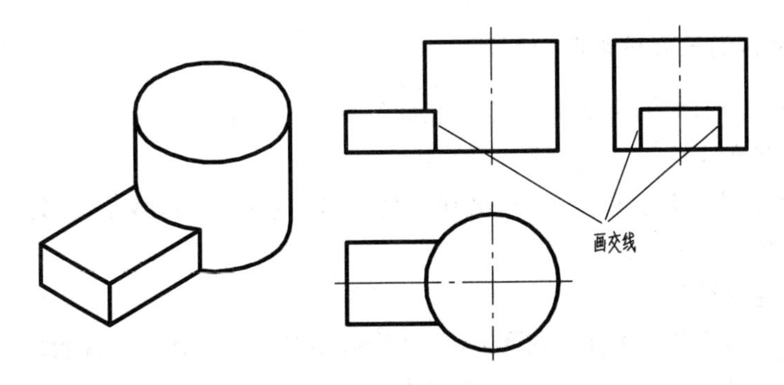

图 8.16　相交时画交线

(3) 两基本体表面相切时，不应画切线，如图 8.17 所示。

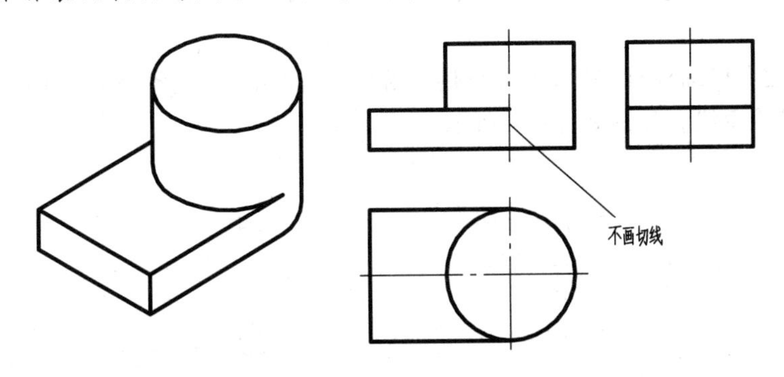

图 8.17　相切时不画切线

2. 确定正立面图

确定正立面图包括确定组合体的放置位置和确定正立面图的投影方向两个问题。

1) 确定组合体的放置位置

选择组合体的自然稳定的安放位置。

2) 确定正立面图的投影方向

选择最能反映组合体的形状特征及其各部分之间相互位置，并且使三面投影图中的虚线较少的投影方向作为正立面图的投影方向。

以图 8.14(a)所示形体为例，形体的放置位置选择的是自然安放位置，*A*、*B*、*C*、*D* 四个投射方向都可以作为正立面图的投影方向。如图 8.18 所示是这四个方向的正立面图。

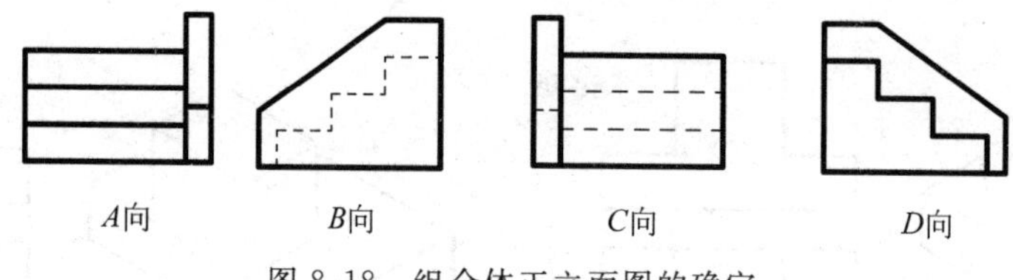

图 8.18 组合体正立面图的确定

从图 8.18 可以看到,B 向和 C 向所作的正立面图中有较多的虚线,因此不选 B 向和 C 向作为正立面图的投影方向。如选 D 向作正立面图的投影方向,则左侧立面图中又有较多的虚线。因此,应选 A 向作为正立面图的投影方向。

3. 绘制组合体的三面投影图

以图 8.18 所示形体为例,说明组合体三面投影图的绘制方法和步骤。

1) 布图,画基准线

根据三面投影图的大小和位置,画出基准线。画出基准线后,各个投影图的具体位置就确定了。如图 8.19(a)所示。

2) 画三面正投影图

根据组成组合体的各基本体的投影特点,逐个画出各个基本体的三面投影图。画图时,注意应将 3 个面的投影图联系起来画,先画每个基本体的特征投影图,再利用"长对正、高平齐、宽相等"的三等关系画出其他两面投影图。每当叠加(或切割)一个基本体时,都要分析其与已画的基本体的组合方式和表面连接关系,以检查有无多画或少画的线。如图 8.19(b)、(c)所示。

3) 检查,加深

先按形体逐个仔细检查,最后再检查整个组合体,注意重点检查各基本体之间的表面连接方式,不可多线或少线。如图 8.19(d)所示。

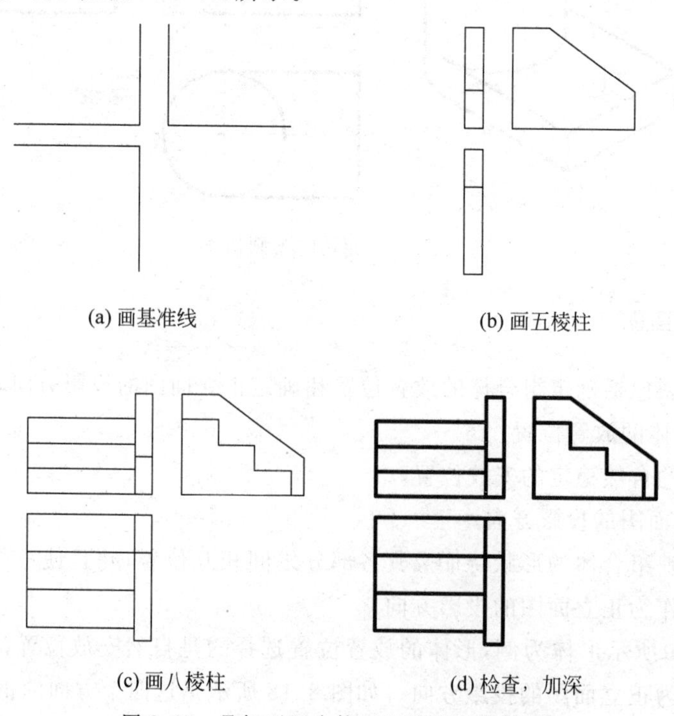

(a) 画基准线　　(b) 画五棱柱

(c) 画八棱柱　　(d) 检查,加深

图 8.19 叠加型组合体三面投影图的绘制

4. 绘制切割型组合体的三面投影图

如图 8.20 所示的组合体为切割型组合体，其三面投影图的绘制方法和步骤如下。

1) 形体分析

根据形体分析法的基本原则，图 8.20 所示组合体可以看作是由四棱柱先被一个侧垂面切割，再被两个侧平面和一个水平面切割一个 U 形槽而成的。

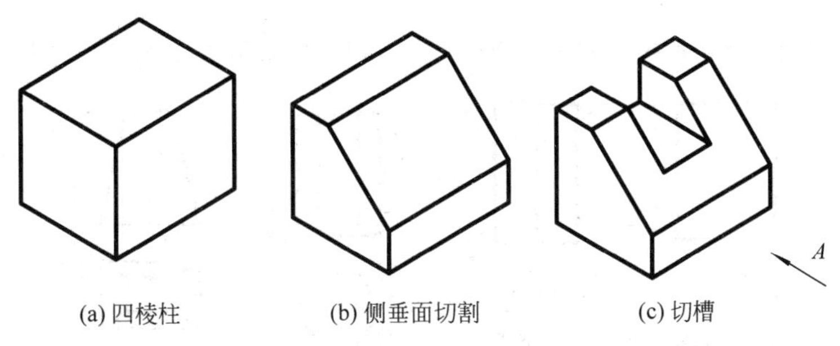

图 8.20　切割型组合体的形体分析

2) 确定正立面图

如图 8.20(c)所示，选 A 向作为正立面图的投影方向。

3) 绘制三面投影图

对于切割型组合体，应先绘制未切割的完整基本体的投影，再依次绘制切割之后的投影。画图时注意每切割一次，要画出截交线，并将被切去的图线擦去。如图 8.21(a)、(b)、(c)所示。

4) 检查，加深(见图 8.21(d))。

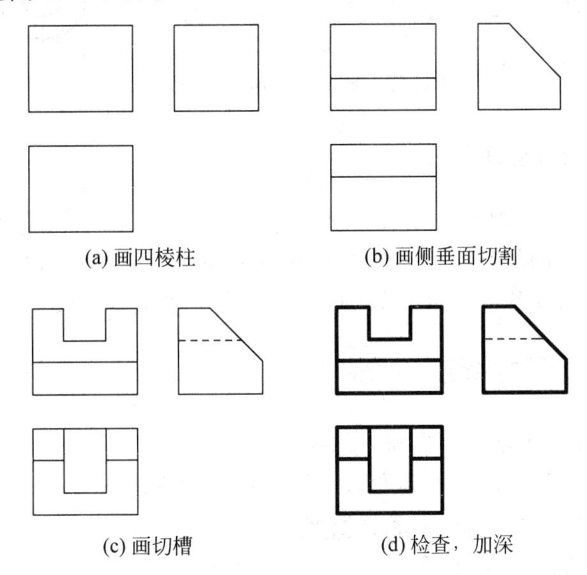

图 8.21　切割型组合体三面投影图的绘制

8.2　形体投影图的尺寸标注

三面投影图只能表达形体的形状，而形体的大小以及各部分之间的相对位置关系，则由尺寸来确定。所以一个完整的形体三面投影图必须标注尺寸。

8.2.1 常见基本体的尺寸标注

组合体是由基本体经过叠加或切割而组成的,因此,要学习组合体的尺寸标注,首先应该熟悉常见的基本体及其切割体的尺寸标注。

1. 常见基本体的尺寸标注

基本体要标注长、宽、高三个方向的尺寸。图 8.22 是常见基本体的尺寸标注。

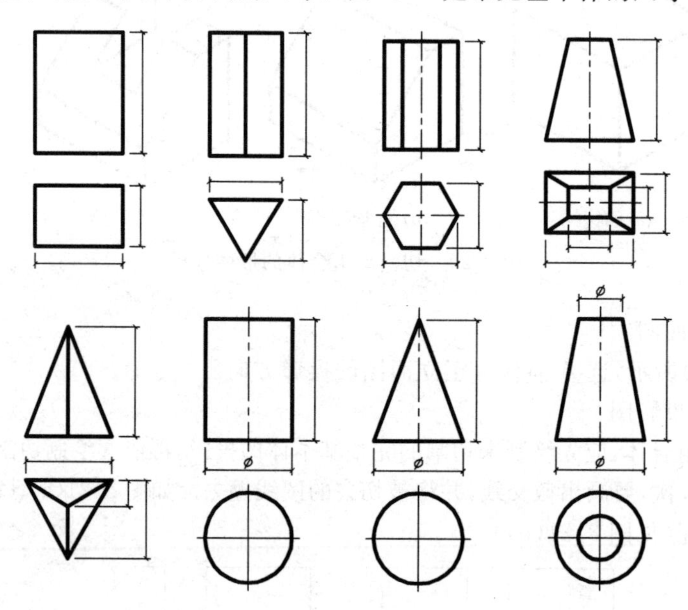

图 8.22 常见基本体的尺寸标注

2. 常见切割体的尺寸标注

切割体是在基本体的基础上经过截切形成的。当基本体被截切后,除了要注出基本体的尺寸外,还要标注截平面的尺寸。由于基本体和截平面的相对位置确定后截交线的形状也就确定了,所以不必注出截交线的尺寸。如图 8.23 是常见切割体的尺寸标注。

8.2.2 组合体的尺寸标注

标注形体尺寸的基本要求是:正确、完整、清晰。

- 正确 尺寸标注要符合国家标准关于尺寸标注的有关规定,详见 2.5 节。
- 完整 标注的尺寸要完整,不能有遗漏。
- 清晰 尺寸布置要整齐,便于阅读。

组合体是由基本体组合而成的,组合体标注的尺寸要能够正确表达这些基本体的大小以及它们之间相对位置,因此,标注组合体尺寸的基本方法同样是形体分析法。在形体分析的基础上,组合体要标注三类尺寸:定形尺寸、定位尺寸和总体尺寸。

1. 定形尺寸

确定组合体中各基本体形状大小的尺寸,称为定形尺寸。

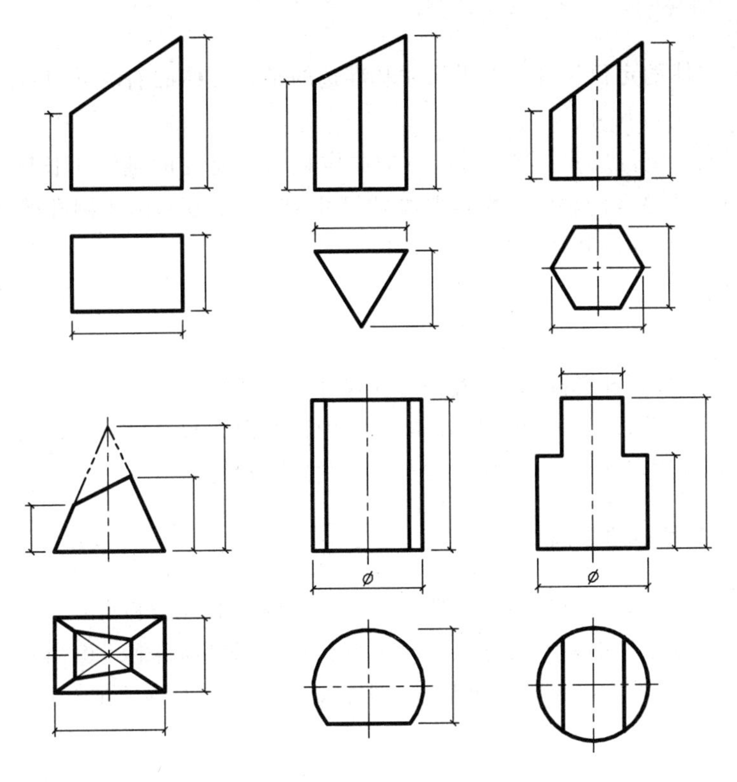

图 8.23 常见切割体的尺寸标注

如图 8.24 所示组合体,由长方体和圆孔两个基本体组合而成。其定形尺寸为:长方体的长 60、宽 30、高 10,圆孔的直径 ϕ16 和深度 10。

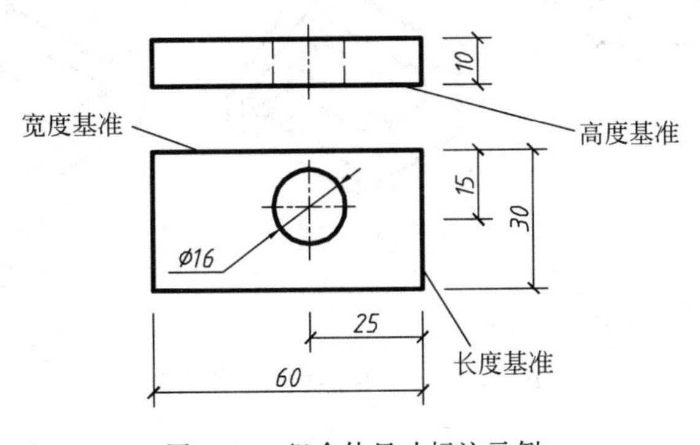

图 8.24 组合体尺寸标注示例

2. 定位尺寸

确定组合体中各基本体之间相对位置的尺寸,称为定位尺寸。

标注定位尺寸之前,要先选定组合体的尺寸基准。

每个组合体都应有长、宽、高 3 个方向的尺寸基准。一般可选组合体的对称中心线、回转体的轴线或较大的平面作为尺寸基准。如图 8.24 所示的组合体,其长度方向的尺寸基准选组合体的右端面,宽度方向的尺寸基准选组合体的后端面,高度方向的尺寸基准选组合体的底面。选定组合体长、宽、高 3 个方向的尺寸基准之后,就可以从这 3 个尺寸基准出发,标注每个基本体的定位尺寸。

(1) 标注长方体的定位尺寸：由于尺寸基准选的是长方体的右端面、后端面和底面，所以长方体不需要标注定位尺寸。

(2) 标注圆孔的定位尺寸：圆孔长度方向的定位尺寸是孔的轴线距长度基准的尺寸 25，宽度方向的定位尺寸是孔的轴线距宽度基准的尺寸 15，高度方向由于圆孔的底面与高度基准面重合，所以不需要标注圆孔的高度定位尺寸。

3. 总体尺寸

组合体的总长、总宽和总高尺寸，称为总体尺寸。

如图 8.24 所示，总长尺寸 60 是长方体的长度尺寸，总宽尺寸 30 是长方体的宽度尺寸，总高尺寸 10 是长方体的高度尺寸，总体尺寸与已标的定形尺寸重合。

4. 组合体的尺寸标注举例

下面以图 8.25 所示组合体为例，说明组合体尺寸标注的方法和步骤。

根据组合体尺寸标注的基本方法——形体分析法，首先应将图 8.25 所示组合体分解为若干个基本体，选定三个方向的尺寸基准后，分别标注出每个基本体的定形尺寸和定位尺寸，最后再标注总体尺寸。

1) 形体分析

如图 8.25 所示的组合体可以分解为由一个五棱柱和一个八棱柱叠加而成。

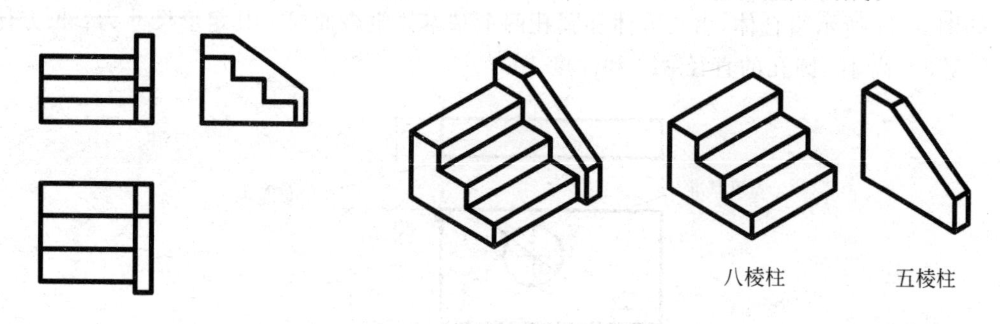

(a) 组合体的三面投影图　　(b) 组合体的形体分析

图 8.25　组合体的尺寸标注举例

2) 选择尺寸基准

由于组合体左右、前后、上下均不对称，因此无法选对称中心线作为尺寸基准。经分析，可选组合体的右端面作长度方向的尺寸基准；选组合体的后端面作宽度方向的尺寸基准；选组合体的底面作高度方向的尺寸基准。如图 8.26(a)所示。

3) 标注定形和定位尺寸

逐个标注各基本体的定形和定位尺寸，如图 8.26(b)、(c)所示。

- 五棱柱的定形尺寸　15,30,80,30,100。
- 八棱柱的定形尺寸　90,30,30,30,20,20,20。
- 五棱柱的定位尺寸　与选定的基准重合，不需要标注。

◆ 八棱柱的定位尺寸　长度定位尺寸 15 已标注；由于八棱柱的后表面与宽度基准重合，底面与高度基准重合，所以八棱柱不需要宽度和高度方向的定位尺寸。

4）标注总体尺寸

标注总长尺寸 105，总宽 100 已标注，总高 80 已标注。如图 8.26(d)所示。

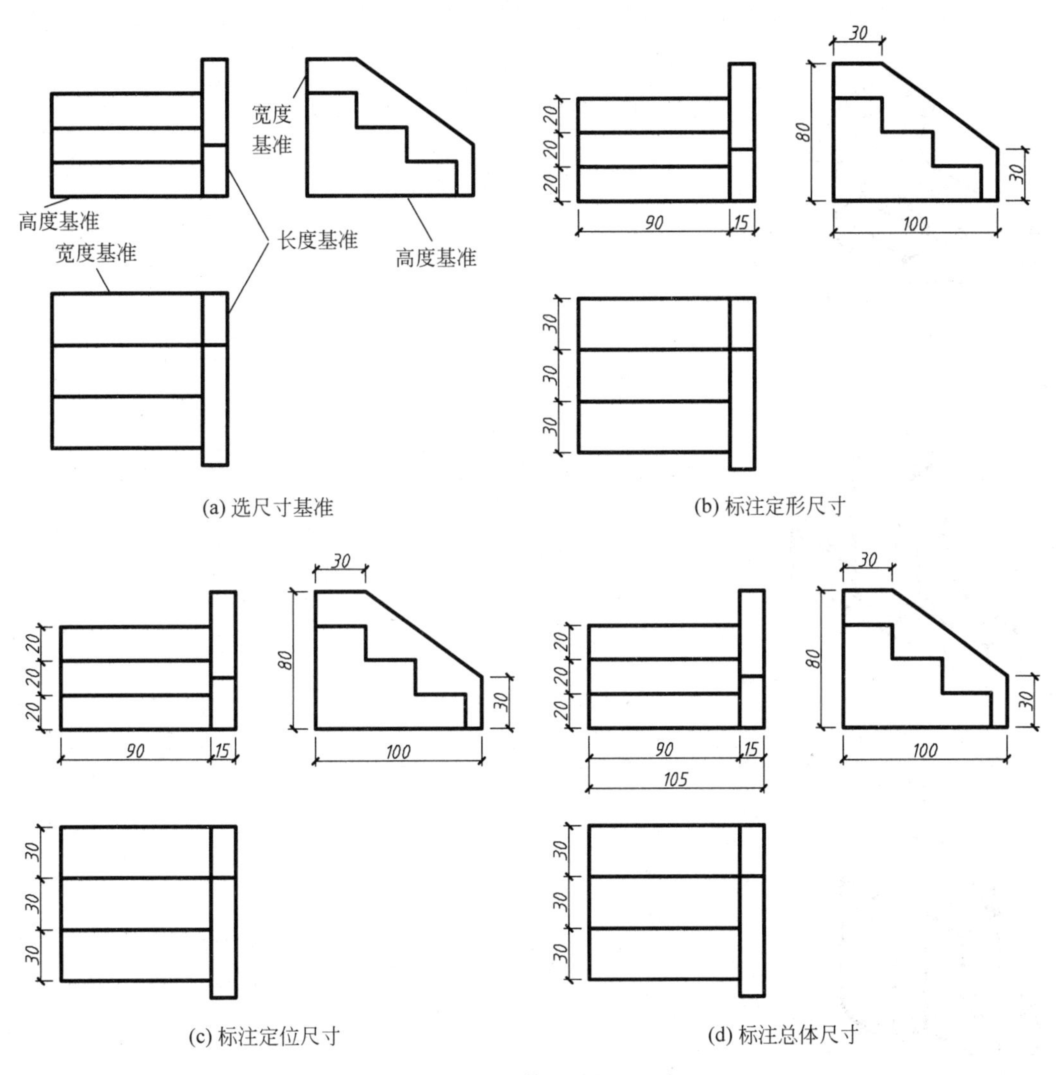

(a) 选尺寸基准　(b) 标注定形尺寸

(c) 标注定位尺寸　(d) 标注总体尺寸

图 8.26　组合体尺寸标注示例

注意：

为了使尺寸标注清晰要注意以下几点：

(1) 尺寸标注应排列整齐，投影图中同一方向的尺寸应组织在若干条水平或垂直的尺寸线上，对于建筑形体应组成几道封闭的尺寸链，并且把大尺寸注放在小尺寸的外侧。

(2) 为了看图方便，尺寸宜标注在投影图的外侧，并尽可能把尺寸标注在最能反映形体特征的投影图上。

(3) 尺寸尽量不注写在虚线上。

习题

1. 根据组合体轴测图,确定正立面图的投影方向,绘制组合体三面投影图(在空白位置作图,下同),尺寸直接从图中量取。

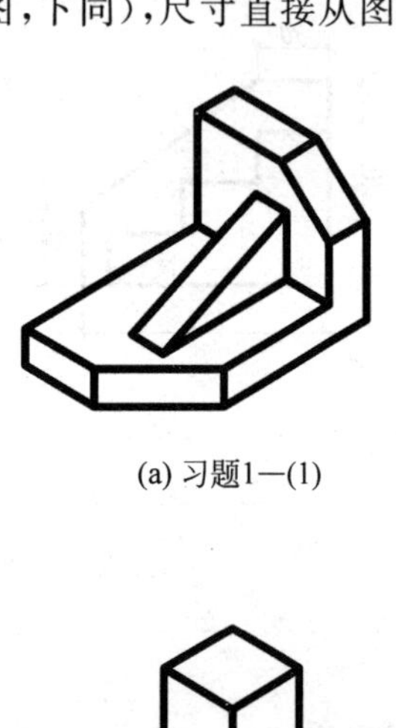

(a) 习题1—(1)

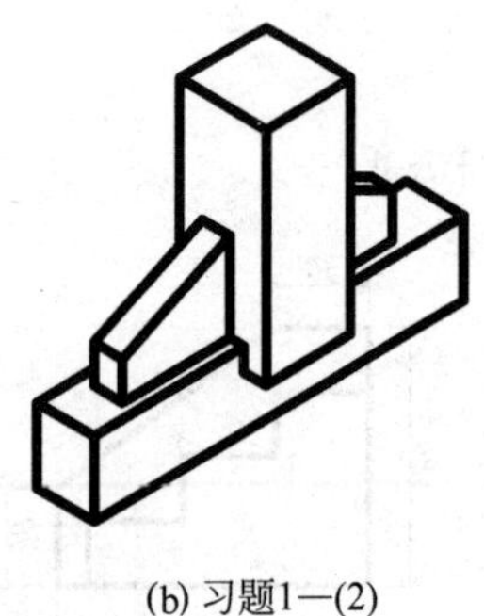

(b) 习题1—(2)

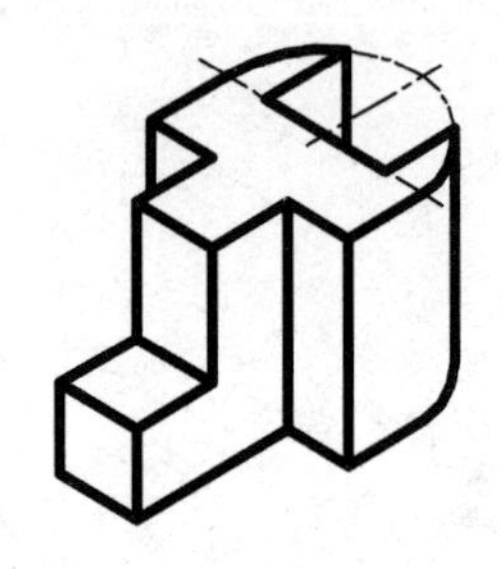

(c) 习题1—(3)

图 8.27 习题 1

2. 根据组合体轴测图,补全组合体三面投影图中所缺的图线。

3. 根据组合体已知两面投影,求第三面投影。

4. 根据楼梯轴测图(楼梯宽 15; 平台 15×15; 踏步高 3、宽 5),绘制楼梯的三面图,并标注尺寸。

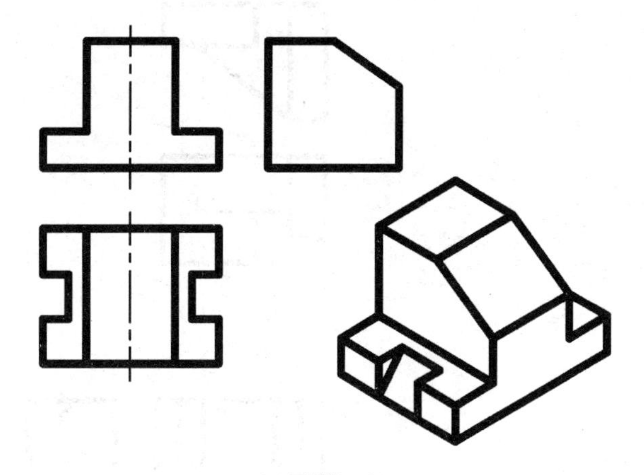

(a) 习题2—(1)

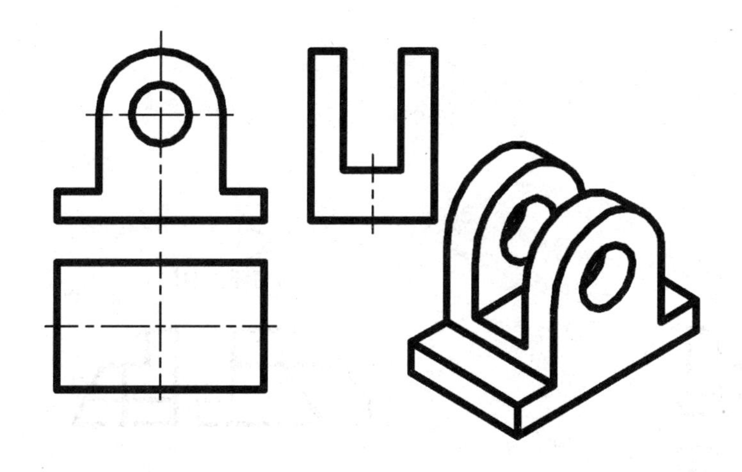

(b) 习题2—(2)

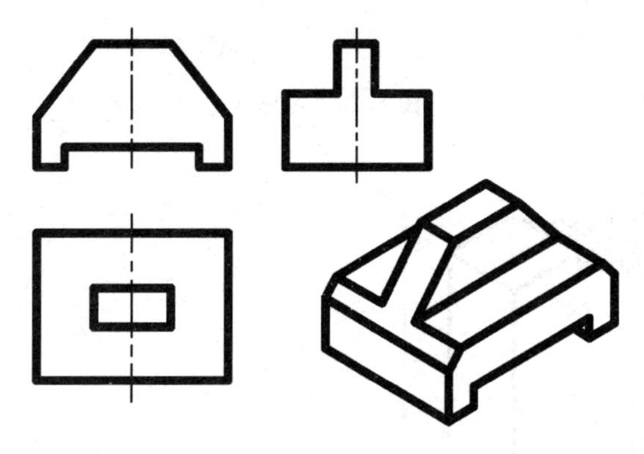

(c) 习题2—(3)

图 8.28 习题 2

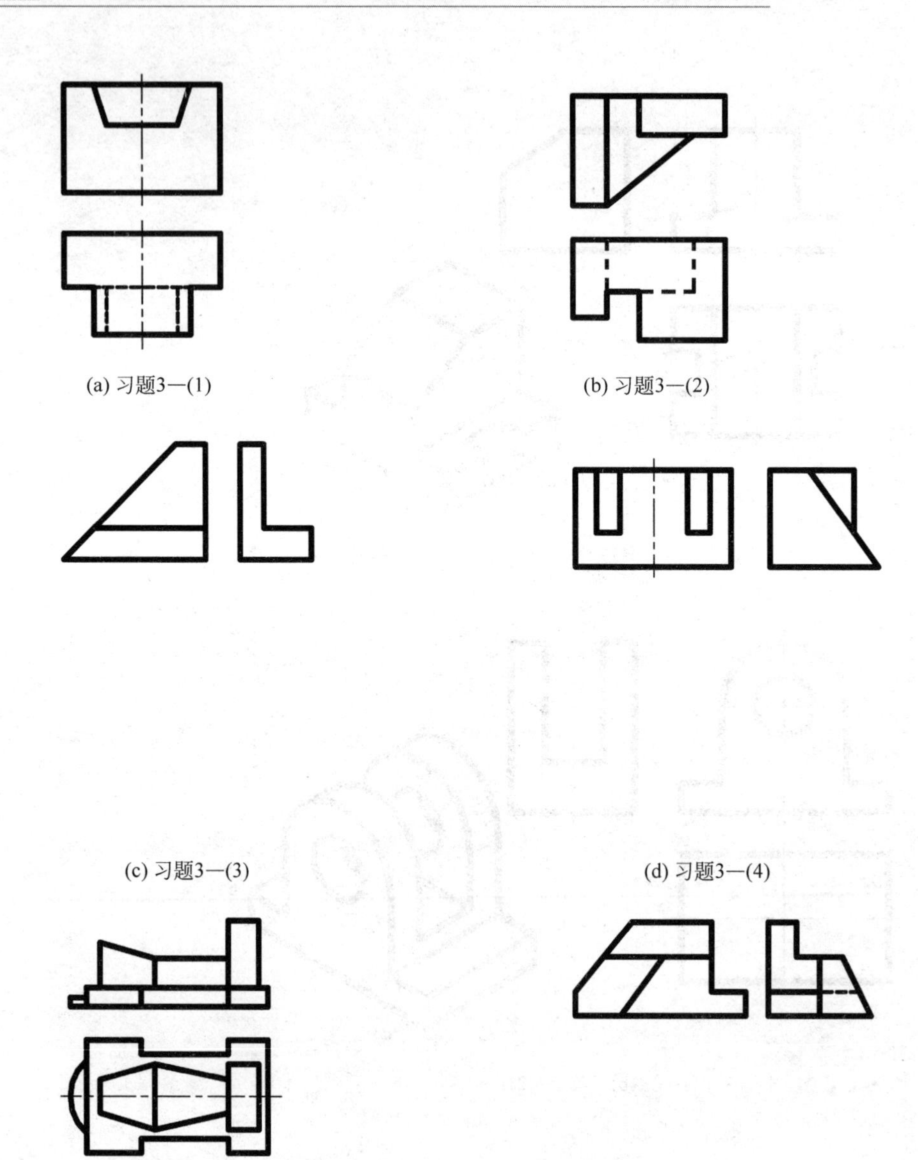

(a) 习题3—(1)　(b) 习题3—(2)

(c) 习题3—(3)　(d) 习题3—(4)

(e) 习题3—(5)　(f) 习题3—(6)

图 8.29　习题 3

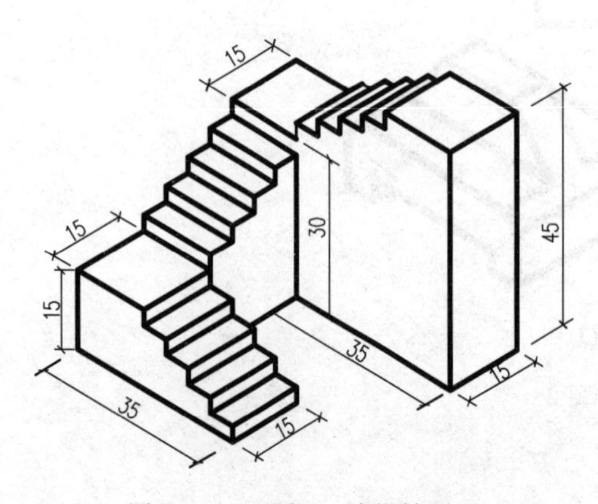

图 8.30　习题 4—楼梯轴测图

第 9 章　工程形体的表达方法

学习目的与要求

本章在学习形体三面投影图的基础上，介绍视图、剖面图、断面图等工程形体的图样表达方法，从而使工程形体的表达更为方便、清晰、简洁。熟练掌握工程形体的各种图样表达方法，画图时根据形体的具体情况恰当选用，是本章学习的目的和要求。

9.1　视图及配置

9.1.1　基本视图

1. 基本投影面

在原有的三个投影面 V、H、W 的对面，再增设 3 个分别与它们平行的投影面 V_1 面、H_1 面、W_1 面，形成一个像正六面体的 6 个投影面，这 6 个投影面称为基本投影面。如图 9.1 所示。

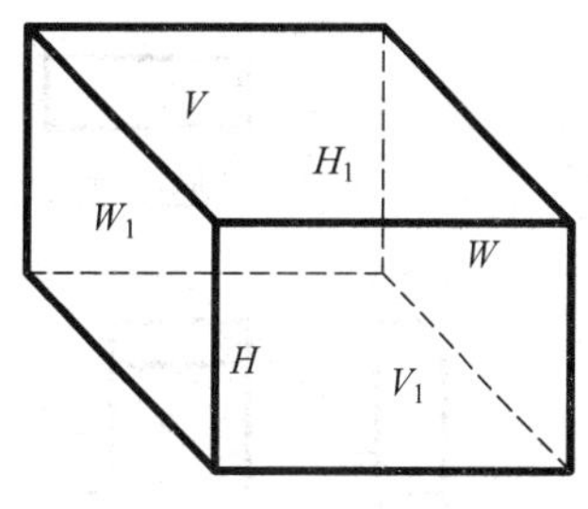

图 9.1　6 个基本投影面

2. 基本视图的形成

将工程形体放在 6 个基本投影面之中，按观察者→形体→投影面的关系，从形体的前、后、左、右、上、下 6 个方向分别向基本投影面进行投影，得到的 6 个投影图称为基本视图，如图 9.2 所示。其名称如下：

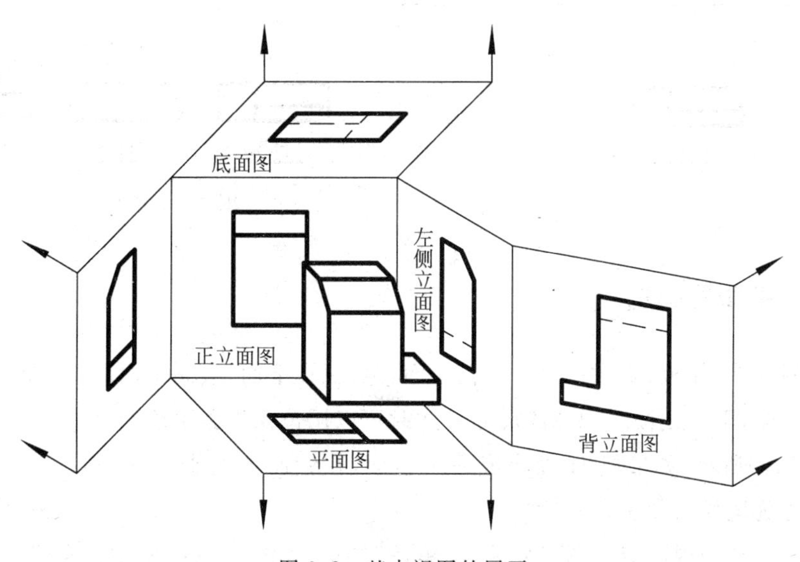

图 9.2　基本视图的展开

- 正立面图　从前向后投影所得的视图；
- 背立面图　从后向前投影所得的视图；
- 左侧立面图　从左向右投影所得的视图；
- 右侧立面图　从右向左投影所得的视图；
- 平面图　从上向下投影所得的视图；
- 底面图　从下向上投影所得的视图。

为了使6个基本视图画在一张二维的图纸上，将6个基本投影面连同其投影按图9.2所示展开，即正立面图保持不动，其他各投影图按箭头所指方向展开到与正立面图在同一平面上。展开后的6个基本视图如图9.3所示，基本视图之间仍保持“长对正、高平齐、宽相等”的三等规律。

3. 基本视图的配置

考虑到6个基本视图布置在同一张图纸上时的图纸幅面限制，视图通常不按图9.3所示配置。可按《房屋建筑制图统一标准》规定来进行配置，如图9.4所示。

每个视图一般均应标注图名。图名宜标注在视图的下方或一侧，并在图名下用粗实线绘制一条横线，其长度应以图名所占长度为准。如图9.4所示。

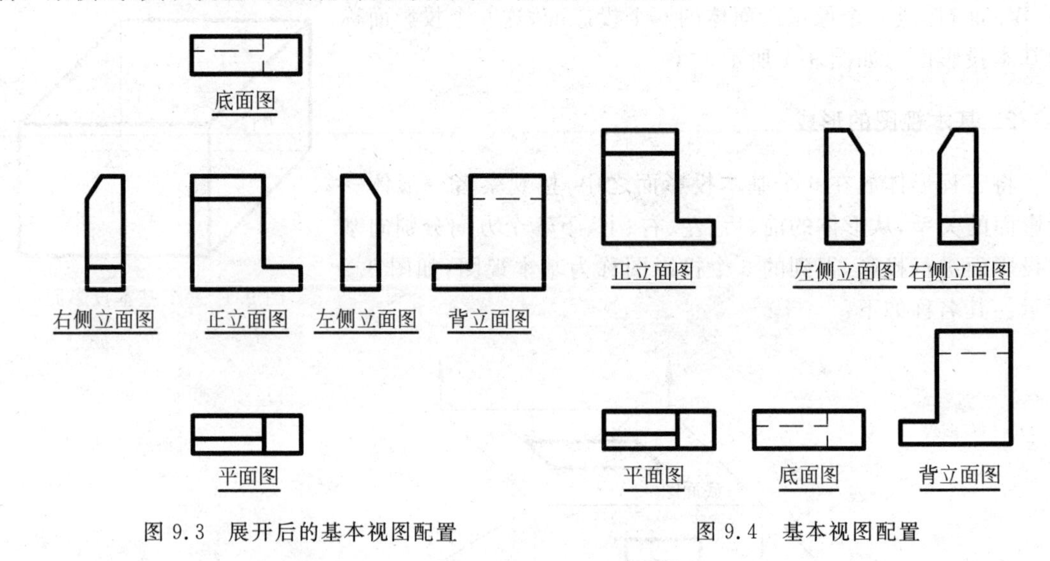

图9.3　展开后的基本视图配置　　　图9.4　基本视图配置

9.1.2 镜像投影法

有些工程构造，如板、梁、柱，由于板在上面，梁、柱在下面，绘制平面图时，梁、柱不可见，因此要用虚线绘制，不方便读图和标注尺寸。此时可以用镜像投影法绘制。

如图9.5(a)所示，如果把 H 面当成一个镜面，在镜面中就能得到形体可见的垂直映象，这种投影法称为镜像投影法。

镜像投影所得的视图应在图名后注写“镜像”二字，如图9.5(b)所示；或按图9.5(c)所示画出镜像投影识别符号。

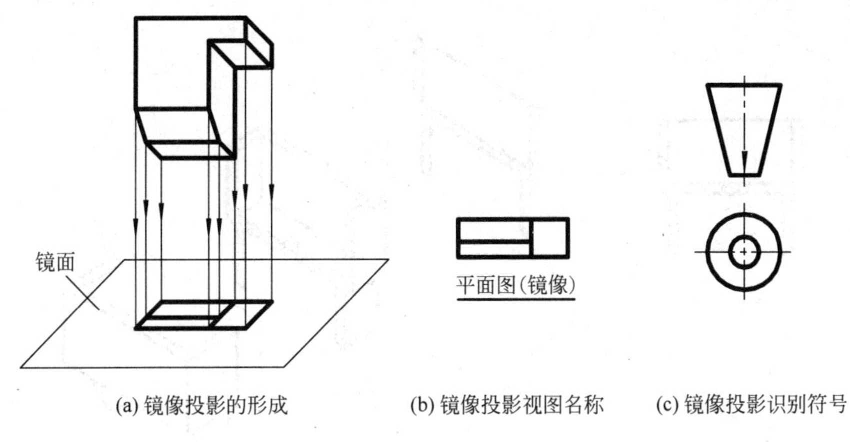

(a) 镜像投影的形成　(b) 镜像投影视图名称　(c) 镜像投影识别符号

图 9.5　镜像投影法

9.2　剖面图和断面图

当一个工程形体的内部结构比较复杂时，由于内部的各种构造轮廓线都用虚线表示，会使投影图上实线和虚线纵横交错、层次不清，不便于画图、读图和标注尺寸。因此，国家标准规定对于内部有空腔的工程形体，可采用剖面图或断面图的形式来表达。

9.2.1　剖面图的概念

1. 剖面图的形成

假想用一个剖切平面在工程形体的适当部位剖切开，然后移走观察者和剖切平面之间的部分，将剩余的部分投影到投影面上，所得到的图形称为剖面图，简称剖面。

如图 9.6 所示水池的三面投影图，由于内部有空腔，三个投影图上都出现了许多虚线，不便于看图和尺寸标注。可使用剖面图来解决问题。

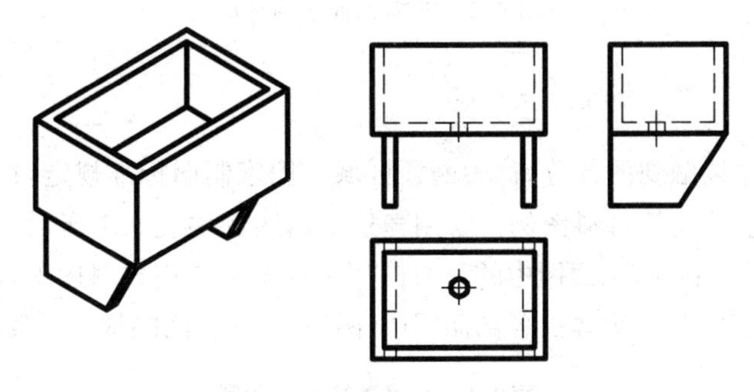

图 9.6　水池的三面投影图

假想将图 9.6 所示水池用一个正平面 P 通过水池的排水孔轴线，将水池剖开，然后移走水池的前半部分，将剩余的部分向 V 面投影，就得到了一个剖面图，如图 9.7 所示。同样，假想用一个侧平面 Q 通过水池的排水孔轴线，将水池剖开，然后移走水池的左半部分，将剩余的部分向 W 面投影，就得到另一个剖面图，如图 9.8 所示。可以看到，这时原来正立面图、左侧立面图中不可见的虚线在剖面图中变成了可见的实线。

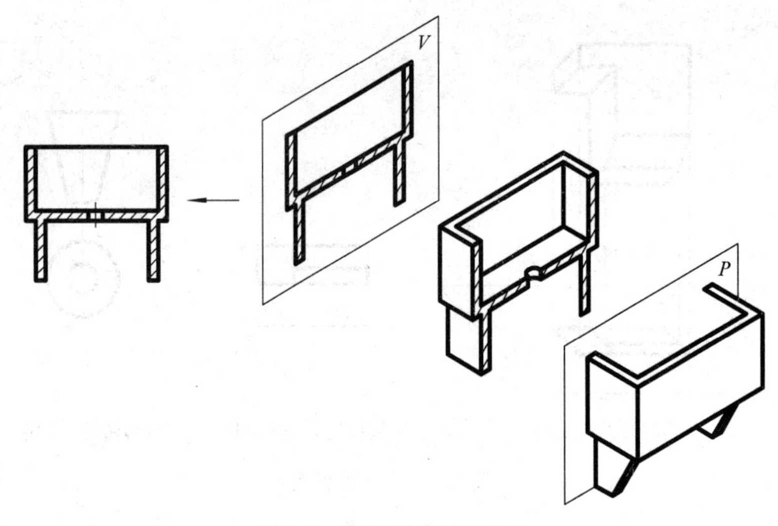

图 9.7　V 向剖面图的形成

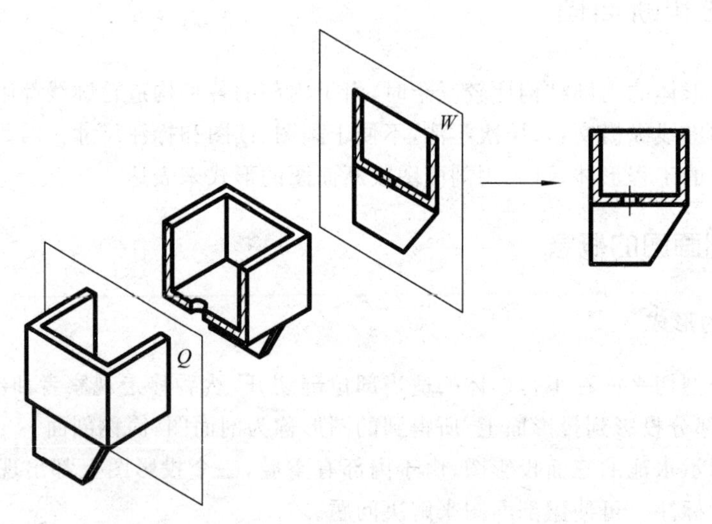

图 9.8　W 向剖面图的形成

2. **材料图例**

剖切平面与形体接触到的部分,称为断面区域。国家制图标准规定,在断面区域上应按照形体的材料画出相应的建筑材料图例。常用建筑材料图例如表 9.1 所示。

当未指明形体的材料时,剖面图中的材料图例一律画成通用材料图例,即画成方向一致、间隔均匀的 45°细实线。在同一形体的各剖面图中,图例线方向、间隔均应一致。如图 9.9 所示。

表 9.1　常用建筑材料图例

名　称	图　例	备　注	名　称	图　例	备　注
自然土壤		包括各种自然土壤	多孔材料		包括水泥珍珠岩、沥青珍珠岩、泡沫混凝土、非承重加气混凝土、软木、蛭石制品等

续表

名称	图例	备注	名称	图例	备注
夯实土壤			纤维材料		包括矿棉、岩棉、玻璃棉、麻丝、木丝板、纤维板等
砂、灰土		靠近轮廓线绘较密的点	泡沫塑料材料		包括聚苯乙烯、聚乙烯、聚氨酯等多孔聚合物类材料
砂砾石、碎砖三合土			木材		1. 上图为横断面，从左至右为垫木、木砖或木龙骨 2. 下图为纵断面
石材			胶合板		应注明为X层胶合板
毛石			石膏板		包括圆孔、方孔石膏板、防水石膏板等
普通砖		包括实心砖、多孔砖、砌块等砌体。断面较窄不易绘出图例线时，可涂红	网状材料		1. 包括金属、塑料网状材料 2. 应注明具体材料名称
耐火砖		包括耐酸砖等砌体	液体		应注明具体液体名称
空心砖		指非承重砖砌体	橡胶		
饰面砖		包括铺地砖、马赛克、陶瓷锦砖、人造大理石等	塑料		包括各种软、硬塑料及有机玻璃等
焦渣、矿渣		包括与水泥、石灰等混合而成的材料	防水材料		构造层次多或比例大时，采用上面图例
混凝土		1. 本图例指能承重的混凝土及钢筋混凝土 2. 包括各种强度等级、骨料、添加剂的混凝土 3. 在剖面图上画出钢筋时，不画图例线 4. 断面图形小，不易画出图例线时，可涂黑	金属		1. 包括各种金属 2. 图形小时，可涂黑
钢筋混凝土			玻璃		包括平板玻璃、磨砂玻璃、夹丝玻璃、钢化玻璃、中空玻璃、加层玻璃、镀膜玻璃等
粉刷		本图例采用较稀的点			

3. 剖面图的画法

图 9.9 所示的剖面图为图 9.6 所示水池剖切后所得图形,以此为例,说明剖面图的画法及要求。

1) 确定剖切平面及其位置

剖切平面一般应平行于剖面图所投射的投影面;剖切位置应通过工程形体内部孔的轴线或工程形体的对称面。

2) 画出剖切符号并标注

剖切符号由剖切位置线和投射方向线组成。

- 剖切位置线 就是剖切平面的积聚投影,剖切位置线用两段粗实线绘制,长度宜为 6～10mm,剖切位置线在图中不应与其他图线相交。如图 9.9 所示。
- 投射方向线 投射方向线画在剖切位置线的外端且与剖切位置线垂直,用粗实线绘制,长度宜为 4～6mm。如图 9.9 所示。
- 剖切符号的编号 剖切符号宜采用阿拉伯数字进行编号,顺序应是由左至右、由上至下连续编排,编号数字应注写在投射方向线的端部,然后在相应的剖面图的下方写上剖切符号的编号,作为剖面图的图名,如 1—1 剖面图,2—2 剖面图等,并在图名下方绘制与图名等长的粗实线。如图 9.9 所示。
- 需要转折的剖切位置线 应在转角的外侧加注与该符号相同的编号,如图 9.10 所示。
- 有些习惯画法可以不标注剖切符号 如通过形体的对称面的剖切符号、房屋建筑图中平面图的剖切符号等,可以不标注。

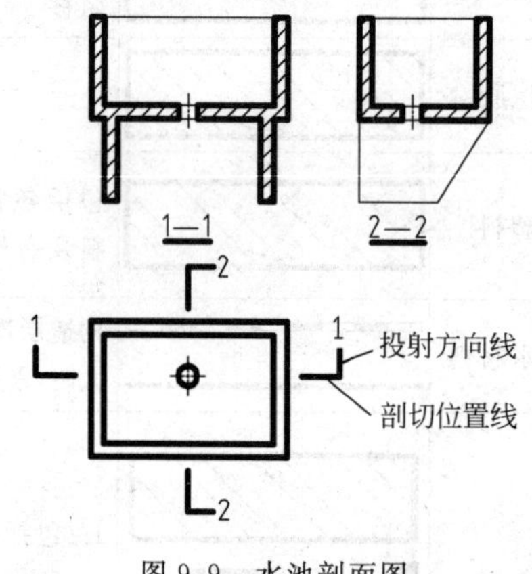

图 9.9 水池剖面图

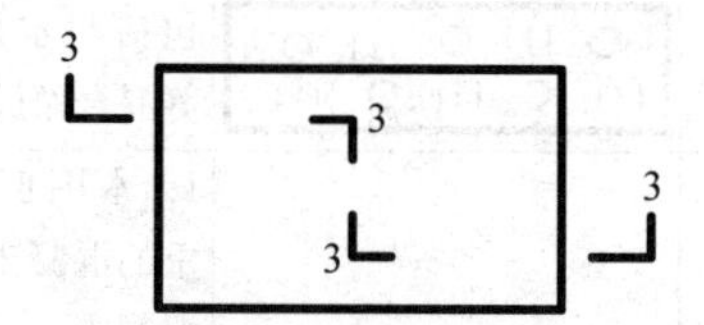

图 9.10 需要转折的剖切符号画法

3) 画剖面图

在工程形体被剖切平面剖切的位置,假想移去观察者和剖切平面之间的部分,将剩余的部分向投影面投射,剖面图除了应画出剖切面剖到的断面部分的轮廓线外,还应画出沿投射方向看到部分的轮廓线,被剖切面切到部分的轮廓线用粗实线绘制,剖切面没有剖到,但可以看到的部分,用中实线绘制。如图 9.9 所示。

4) 画建筑材料图例

在断面区域画上建筑材料图例,未指明形体的材料时,剖面图中的材料图例一律画成通用材料图例。如图 9.9 所示。

5）标注剖面图的名称

在剖面图的下方标注剖切符号的编号，作为剖面图的图名。如图 9.9 所示。

4. 画剖面图时应注意的几个问题

（1）剖面图只是表达工程形体内部结构的方法，剖切和移去一部分是假想的，因此除剖面图外的其他视图仍应按完整形状画出。

（2）当一个工程形体具有多个断面区域时，其材料图例的画法应一致。

（3）对于剖切平面后的不可见部分，若在其他视图中已经表达清楚，则虚线可以省略，即一般情况下剖面图中不画虚线。

9.2.2 剖面图的种类

在工程图样中，主要应用的剖面图有全剖面图、半剖面图、局部剖面图、分层剖面图和阶梯剖面图等 5 种。

1. 全剖面图

假想用一个剖切平面完全剖开形体后所得到的剖面图称为全剖面图。

全剖面图适用于外部形状简单、内部结构复杂的工程形体。前面的图 9.9 所示的 1—1 剖面图和 2—2 剖面图就是全剖面图。

2. 半剖面图

对于对称形体，通常以中心线为界，一半画形体外形视图，一半画成剖面图表达内部结构，这样得到的剖面图称为半剖面图。如图 9.11 所示的工程形体，就是以形体左右对称中心线为界，一半是外形的投影视图，可以表达出圆孔的位置和大小；一半是剖切后的剖面图，表达内部结构。

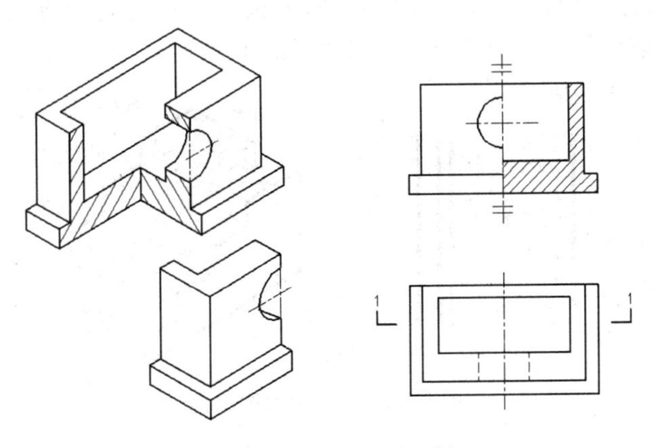

图 9.11　半剖面图示例

半剖面图适用于内外结构形状都要表达的对称形体。

绘制半剖面图时要注意的几个问题：

（1）半剖面图应以形体的对称中心线作为剖面图和视图的分界线。

（2）通常情况下，当对称中心线为竖直线时，将半个剖面图画在中心线的右方；当对称中心线为水平线时，将半个剖面图画在中心线的下方。如图 9.11 所示。

3. 局部剖面图

当工程形体的内部结构需要表达，但是没有必要作全剖面图或不适合作半剖面图时，可以用剖切平面局部的方法剖开工程形体，投影所得的剖面图称为局部剖面图。

如图 9.12 所示是一个钢筋混凝土杯形基础，在不影响外形表达的情况下，平面图中采用了局部剖面图，可以表示基础内部钢筋的配置情况。

局部剖面图不需要标注剖切符号。

在局部剖面图中，视图和剖面图的分界线是波浪线，波浪线不应与任何图线重合。

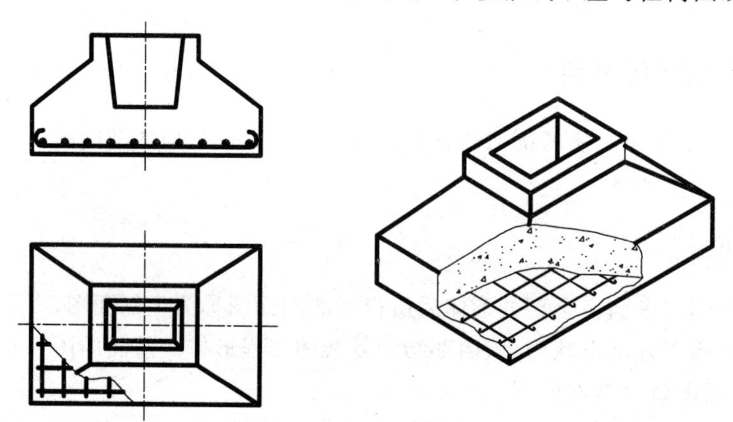

图 9.12 局部剖面图示例

4. 分层剖面图

在建筑工程图中，为了表达房屋的地面、屋面、墙面等处的构造，可用平行平面按构造层次逐层局部剖开，这种用分层剖切的方法所得的剖面图，称为分层剖面图。

分层剖面图应按层次以波浪线将各层隔开，波浪线不应与任何图线重合。如图 9.13 所示，用分层局部剖切表示了某马路边上人行道的多层构造的情况。

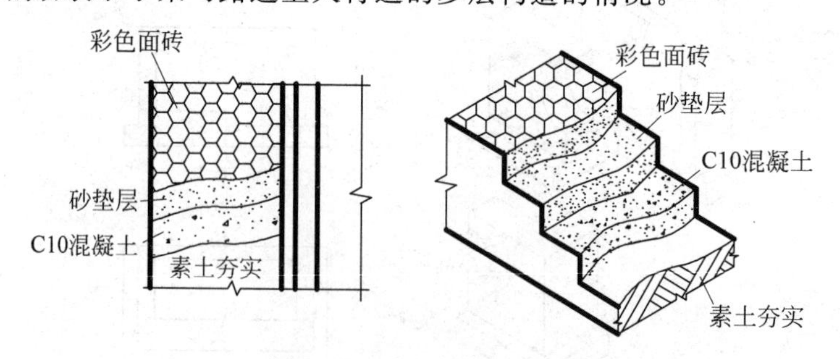

图 9.13 分层剖面图示例

5. 阶梯剖面图

如图 9.14(a)所示工程形体，内部的两个孔都需要剖开表达，当用一个平行于 V 面的剖切平面剖切时，只能剖到一个孔，而另外一个孔无法剖到。怎么解决？可以用两个或两个以上平行的剖切平面分别将形体剖开，这样投影得到的剖面图称为阶梯剖面图。如图 9.14(b)所示的 1—1 剖面图。

注意：由于剖切是假想的，因此，不应在阶梯剖面图中画剖切平面的交线。另外，阶梯剖面图应使用需要转折的剖切符号的画法。如图 9.14(b)所示。

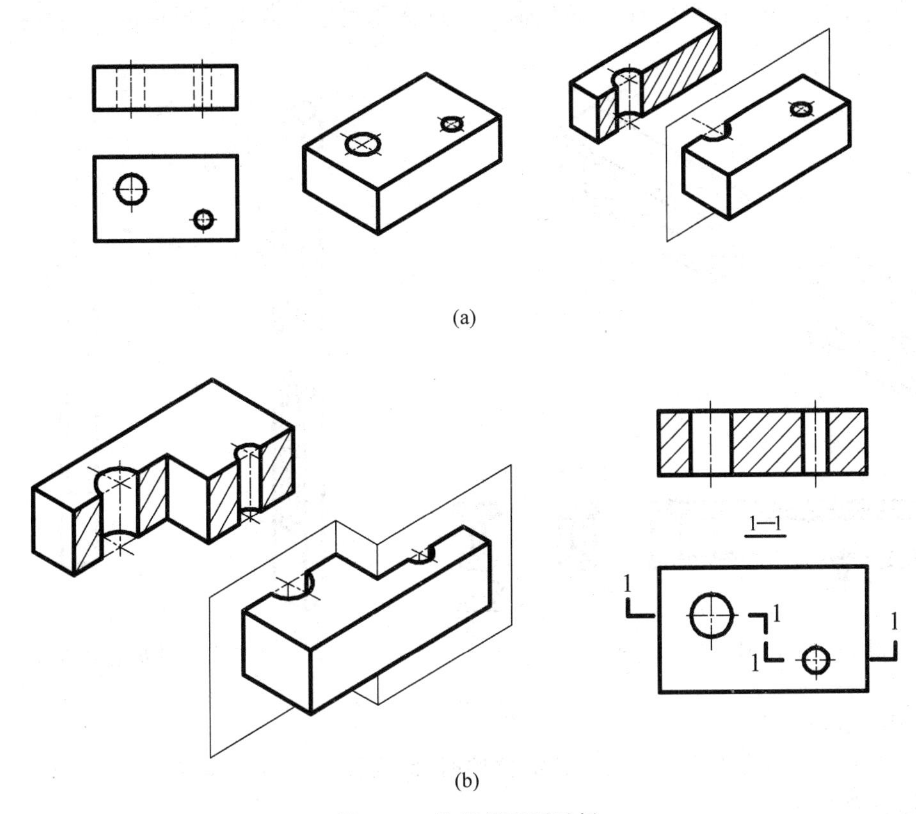

(a)

(b)

图 9.14　阶梯剖面图示例

9.2.3　断面图的种类与画法

1. 断面图的形成

1）断面图的概念

假想用一个平行于某个投影面的剖切平面剖开形体，只画剖切平面切到部分的图形，得到的这个图形称为断面图。如图 9.15 所示。

2）断面图的标注

断面的剖切符号应只用剖切位置线表示，并应以粗实线绘制，长度宜为 6～10mm。

断面剖切符号的编号宜采用阿拉伯数字，按顺序连续编排，并应注写在剖切位置线的一侧；编号所在的一侧应为该断面的投射方向。如图 9.15 所示。

3）断面图与剖面图的区别

- 剖面图是体的投影，断面图是面的投影，剖面图中包含了断面图。如图 9.15 所示。
- 标注不同。剖面图标注剖切位置线、投射方向线和剖切编号；断面图只标注剖切位置线和剖切编号。如图 9.15 所示。

2. 断面图的种类与画法

断面图分为移出断面图、中断断面图和重合断面图 3 种。

1）移出断面图

绘制在图形外的断面图称为移出断面图。移出断面图的轮廓线用粗实线绘制。如图 9.16 所示,当一个工程形体有多个断面图时,断面图可绘制在靠近形体的一侧并按顺序依次排列。

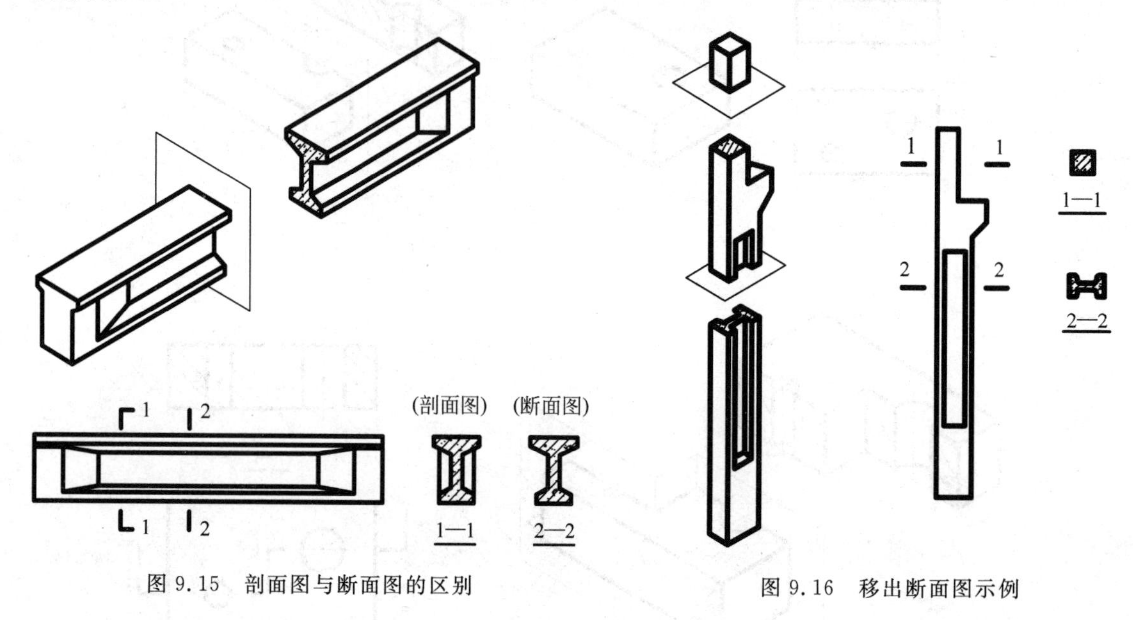

图 9.15　剖面图与断面图的区别　　图 9.16　移出断面图示例

2）中断断面图

如图 9.17 所示,当工程形体是细长的杆件时,断面图也可以绘制在杆件的中断处。此时不需要标注剖切符号。

图 9.17　中断断面图示例

3）重合断面图

如图 9.18 所示,绘制在图形内的断面图称为重合断面图。重合断面图的轮廓线用粗实线绘制。重合断面图不需要标注剖切符号。

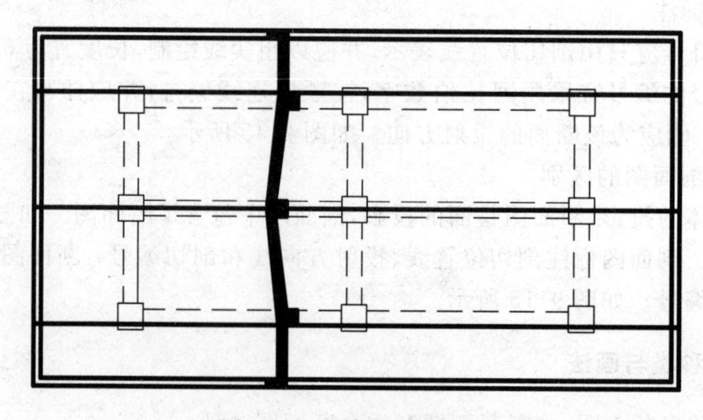

图 9.18　重合断面图示例

9.3　其他表达方法

1. 对称视图的简化画法

如图 9.19 所示，当构配件的视图有一条对称线时，可只画该视图的一半；视图有两条对称线时，可只画该视图的 1/4，并画出对称符号。对称符号由对称线和两端的两对平行线组成。对称线用细点画线绘制；平行线用细实线绘制，其长度宜为 6～10mm，每对的间距宜为 2～3mm；对称线垂直平分于两对平行线，两端超出平行线宜为 2～3mm。

当图形稍超出其对称线时，也可不画对称符号，而在超出对称线部分画上折断线。如图 9.20 所示；当对称的形体需画剖面图或断面图时，一般以对称符号为界，一半画视图（外形图），一半画剖面图或断面图。如图 9.21 所示。

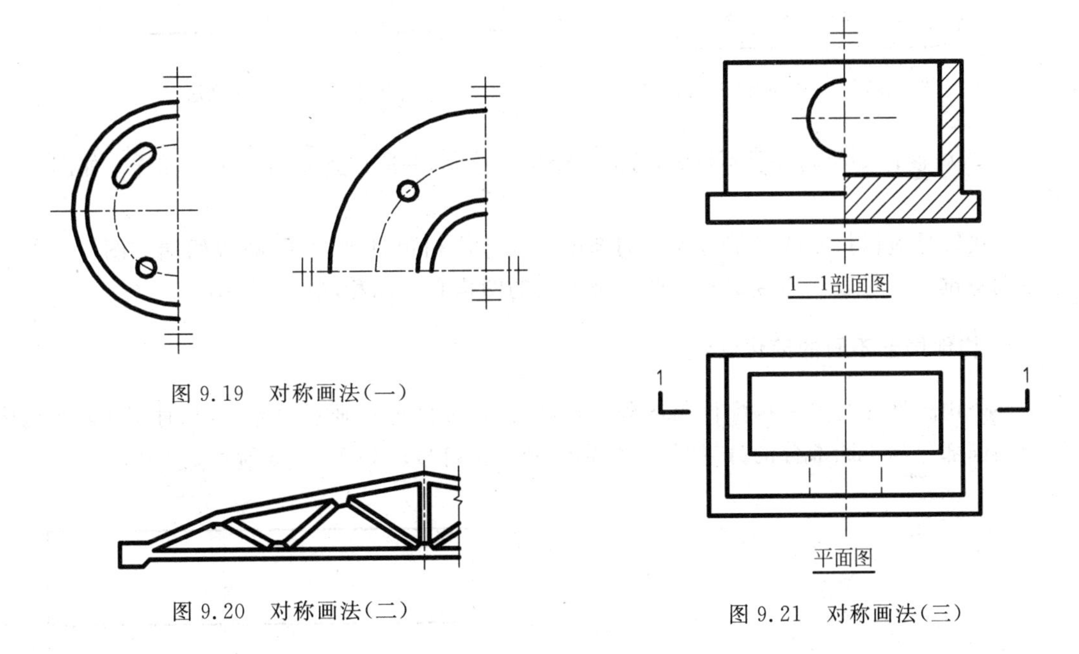

图 9.19　对称画法（一）

图 9.20　对称画法（二）

图 9.21　对称画法（三）

2. 相同要素的简化画法

构配件内多个完全相同而连续排列的构造要素，可仅在两端或适当位置画出其完整形状，其余部分以中心线或中心线交点表示。如图 9.22 所示。

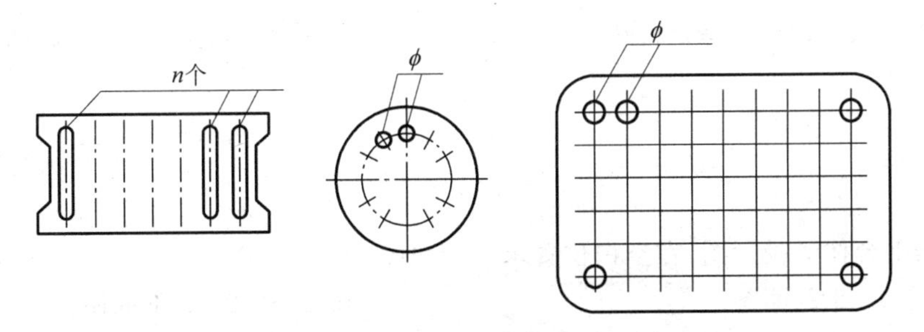

图 9.22　相同要素的简化画法（一）

如相同构造要素少于中心线交点,则其余部分应在相同构造要素的中心线交点处用小圆点表示。如图 9.23 所示。

3. 折断简化画法

较长的构件,如沿长度方向的形状相同或按一定规律变化,可断开省略绘制,断开处应以折断线表示。如图 9.24 所示。

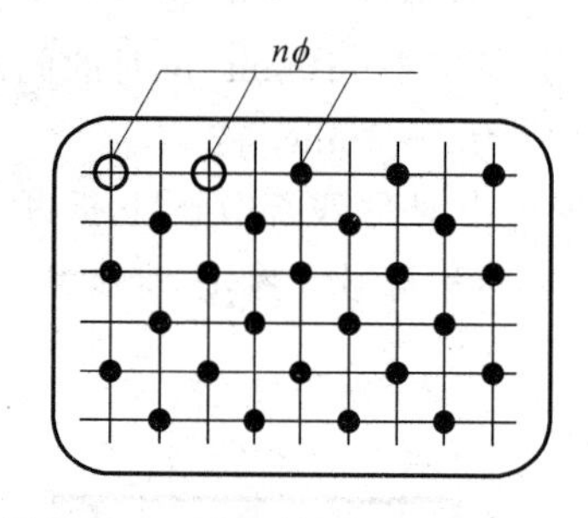

图 9.23 相同要素的简化画法(二)

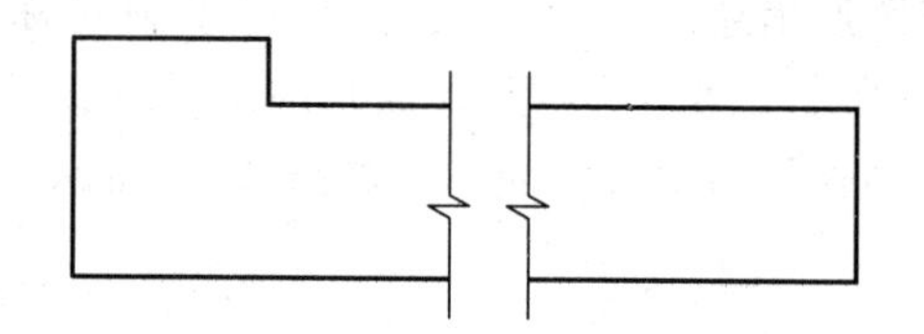

图 9.24 折断简化画法

一个构配件,如绘制位置不够,可分成几个部分绘制,并应以连接符号表示相连。如图 9.25 所示。

连接符号应以折断线表示需连接的部位。两部位相距过远时,折断线两端靠图样一侧应标注大写拉丁字母表示连接编号。两个被连接的图样必须用相同的字母编号。

4. 构件局部不同的简化画法

一个构配件如与另一构配件仅部分不相同,该构配件可只画不同部分,同时应在两个构配件的相同部分与不同部分的分界线处,分别绘制连接符号。如图 9.26 所示。

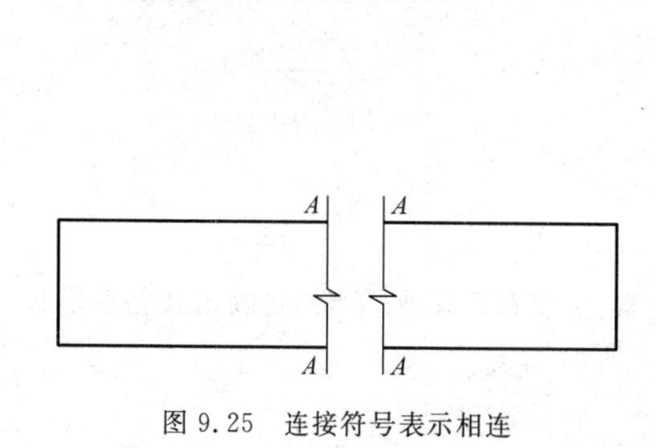

图 9.25 连接符号表示相连

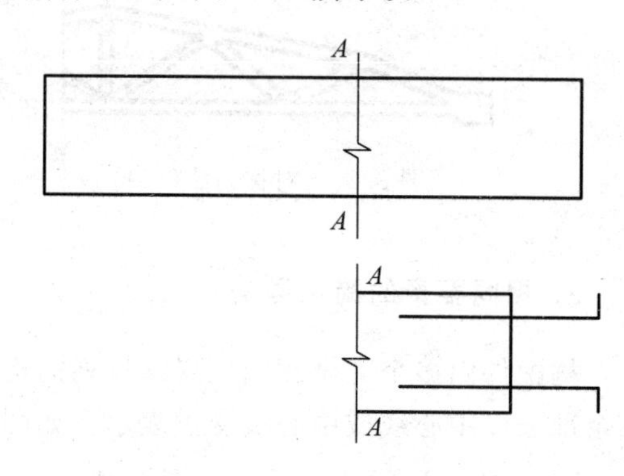

图 9.26 构件局部不同的简化画法

习题

1. 根据组合体的投影图,在空白位置求作剖面图。

(1) 求作 1—1 剖面图。　　(2) 求作 1—1、2—2 剖面图。

2. 已知组合体的平面图和 1—1 剖面图,在空白位置求作 2—2 半剖面图。

3. 已知房屋模型的平面图和立面图,在空白位置求作 1—1、2—2 剖面图。

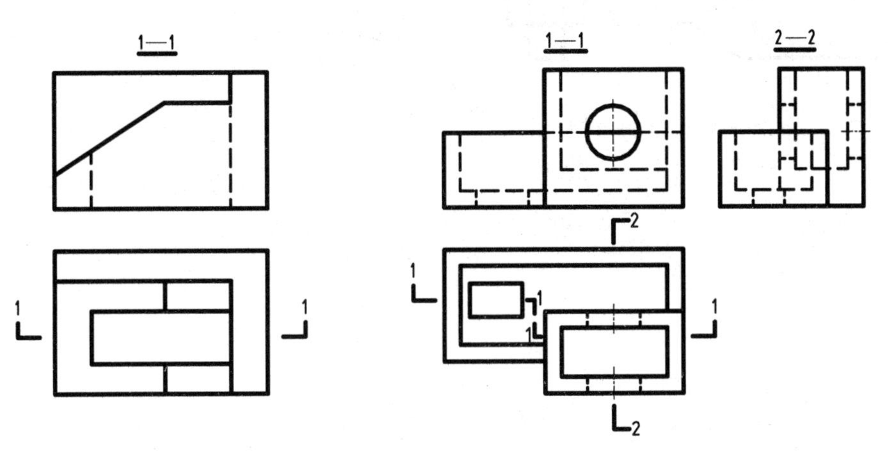

图 9.27　习题 1—求作剖面图

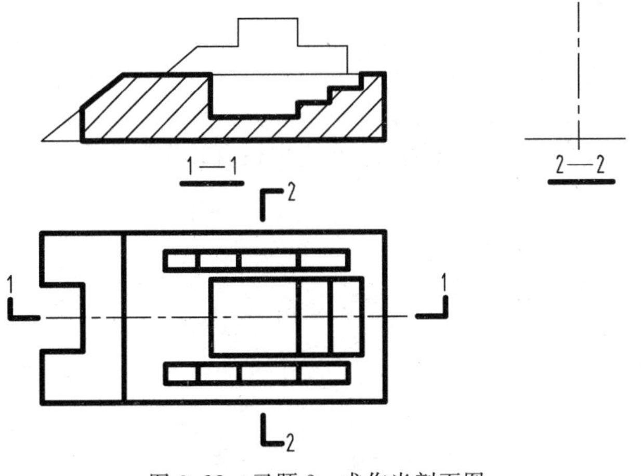

图 9.28　习题 2—求作半剖面图

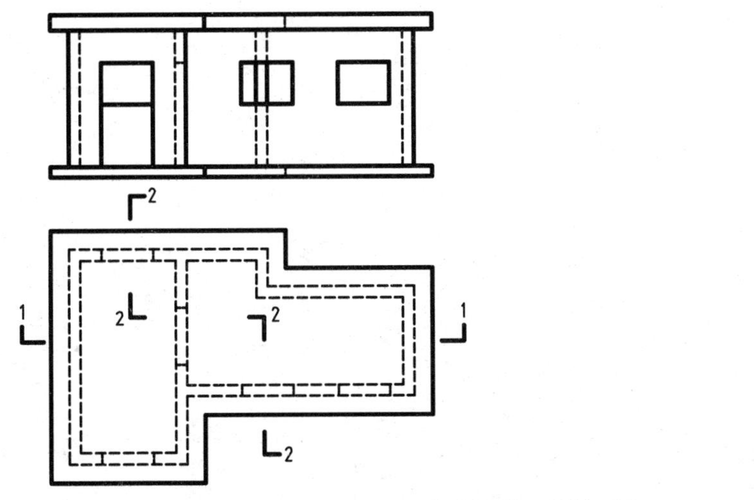

1—1

2—2

图 9.29　习题 3—求作房屋模型的剖面图

4. 按照变截面梁的投影图,在空白位置求作 1—1、2—2 断面图。

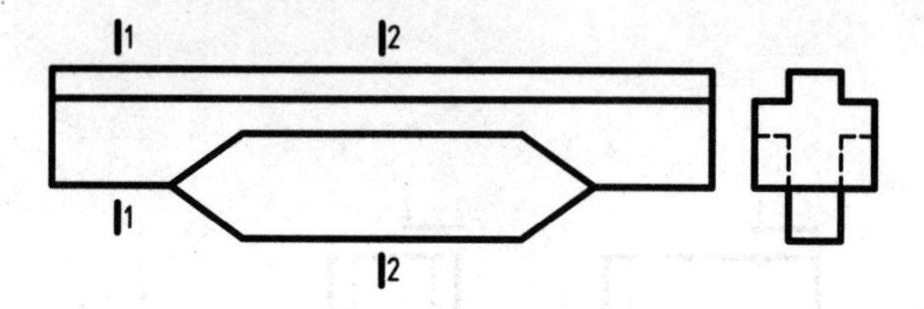

图 9.30 习题 4—求作变截面梁的断面图

5. 按照变截面柱的投影图,求作 1—1、2—2、3—3 断面图(在空白位置作图)。

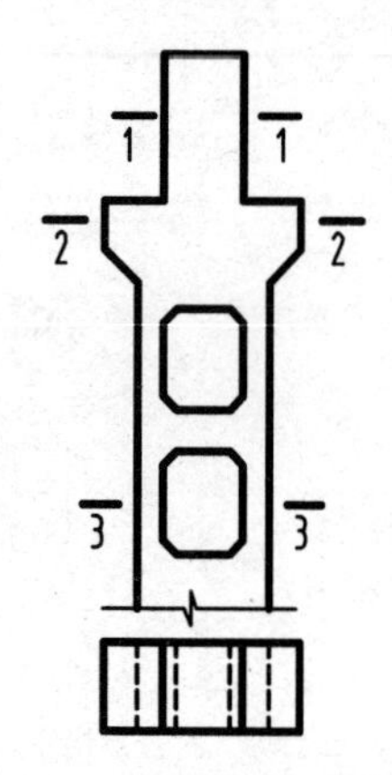

图 9.31 习题 5—求作变截面柱的断面图

第4篇

土木与建筑图样的绘制

本篇包括：

第 10 章　土木与建筑绘图环境的设置

学习目的与要求

AutoCAD 绘图环境的设置是方便绘图、提高绘图效率的重要技巧。本章结合土木与建筑图国家制图标准及常用符号的基本规定，学习绘图所需要的通用设置和初始绘图环境的设置，使得在相同或类似绘图环境参数下能够直接调用，以达到提高绘图效率和实际绘图能力的目的。

10.1　土木与建筑图样常用符号的规定及绘制

在土木与建筑施工图中，有很多符号在图纸中经常出现，例如指北针、标高符号、轴线编号等。国家制图标准对这些符号的表达方法、图线及符号尺寸都有严格的规定和要求，它们在图纸中的大小不因图形比例的变化而改变，为了提高绘图效率，通常把这类符号预先绘制并保存为图块或以图库的形式存储，以便随时调出使用。

1. 标高符号

标高符号是土木与建筑图样中最为常见的符号之一。标高是房屋施工图中用于表示建筑物某一部位高度的一种尺寸形式，它反映建筑物中某部位与确定的基准点的高度差。房屋施工图中的标高，是施工中高度方向的控制尺寸，以保证房屋施工过程中沿高度方向的准确性。

标高符号为细实线等腰直角三角形，建筑总平面图中的室外地坪标高用涂黑的三角形表示。在图样的同一位置需表示几个不同标高时，标高数字可同时注写多个。标高的画法及标注方法如表 10.1 所示。

表 10.1　标高符号的画法及标注方法

画法	3mm 45°	3mm 45°	
形式	总平面图的室外标高符号	平面图的楼地面标高符号	所注部位的引出线 立面图、剖面图各部位的标高符号
立面与剖面图标高符号注法	(数字) 左边标注时 (数字)	(数字) 右边标注时 (数字)	(数字) 特殊情况时
多层标注时	(9.900) (6.600) 3.300		

2. **索引符号和详图符号**

为了便于查阅详图,房屋施工图通过索引符号和详图符号来说明详图在图纸上的位置和关系。在图样中某些需要绘制详图的地方注明详图的编号和详图所在图纸的编号,这种符号称为索引符号;在所绘制的详图中应注明详图的编号和被索引的详图所在图纸的编号,这种符号称为详图符号。将索引符号和详图符号联系起来,就能顺利地查找详图,以便施工。

索引符号和详图符号的具体画法和表示方法如表 10.2 所示。索引符号的引出线应与水平直径线相连接,宜采用水平方向直线或与水平方向成 30°、45°、60°、90°角的直线、再转成水平方向的直线,文字说明写在水平直线的上方或端部,如表 10.2 所示。

表 10.2　索引符号及详图符号的画法及表示方法

名　　称	表 示 方 法	画　　法
索引符号	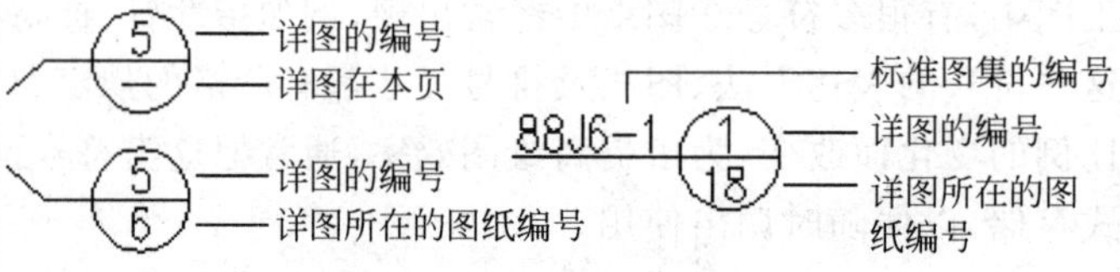 5 — 详图的编号 — — 详图在本页 5 — 详图的编号 6 — 详图所在的图纸编号 88J6-1 — 标准图集的编号 1 — 详图的编号 18 — 详图所在的图纸编号	圆圈直径为 10mm,圆及水平直径和引出线均以细实线绘制
剖面索引符号	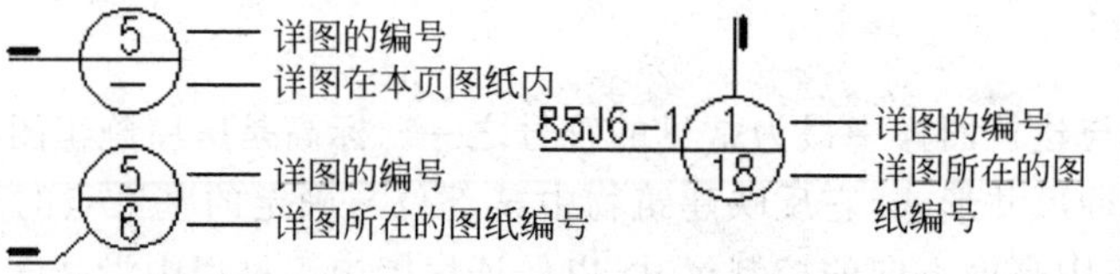 5 — 详图的编号 — — 详图在本页图纸内 5 — 详图的编号 6 — 详图所在的图纸编号 88J6-1 1 — 详图的编号 18 — 详图所在的图纸编号	圆圈画法同上,粗短线代表剖切位置,引出线所在的一侧为投射方向
详图符号	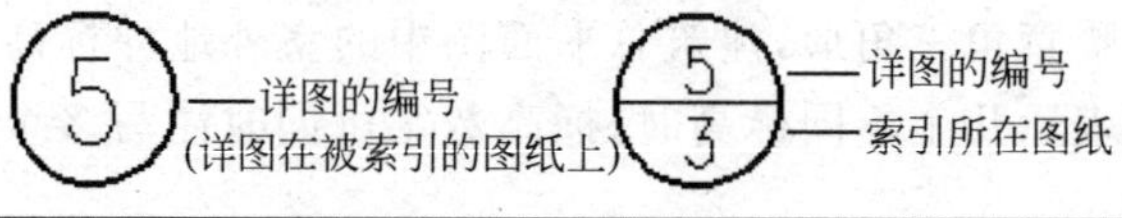 5 — 详图的编号(详图在被索引的图纸上) 5 — 详图的编号 3 — 索引所在图纸	圆圈直径为 14mm,圆圈用粗实线绘制

3. **定位轴线**

土木与建筑图样中的定位轴线是确定房屋各承重构件(如承重墙、柱、梁)位置及标注尺寸的基线,是施工中定位、放线的重要依据。凡承重墙、柱、梁或屋架等主要承重构件的位置都应进行轴线编号,凡需确定位置的建筑局部或构件,都应注明其与附近轴线的尺寸关系。

定位轴线采用细单点长画线绘制,其端部是细实线圆(直径为 8～10mm),圆圈内注明编号。关于定位轴线的编排及标注应注意以下两点。

(1) 定位轴线的编号,横向用阿拉伯数字由左至右依次编号,竖向用大写拉丁字母从下至上顺序编写,如图 10.1 所示。I、O、Z 三个字母不能用作定位轴线;字母数量不够时,可用双字母(如 AA、BB)或单字母加下脚注(如 A_1);当图形组合较复杂时,可采用分区编号。

(2) 由于详图表达的内容有时具有通用性,因此当一个详图适用几根定位轴线时(如墙身详图),应同时注明各有关轴线的编号,如图 10.2 所示;通用详图中的定位轴线,只画圆,不注写轴线编号。

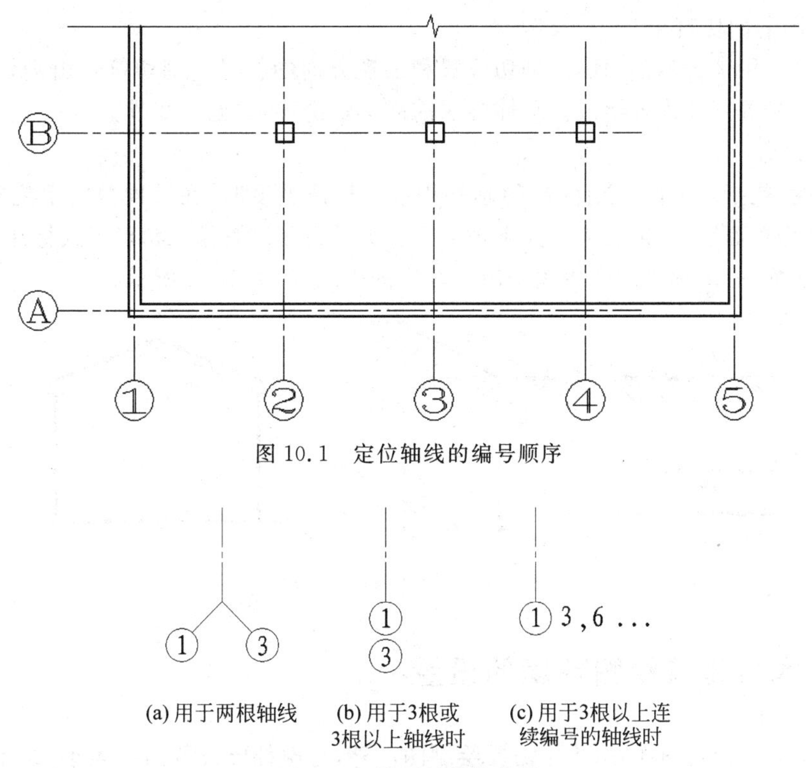

图 10.1　定位轴线的编号顺序

图 10.2　详图的轴线编号

4. 其他符号

1) 指北针

指北针的形状如图 10.3 所示，其圆的直径为 24mm，用细实线绘制；指针尾部的宽度为 3mm；指针端部应注写“北”或“N”。需用较大直径绘制指北针时，指针尾部宽度为直径的 1/8。

2) 对称符号

对称符号由对称线和两端的两对平行线组成。对称线用细单点长画线绘制；平行线用细实线绘制，其长度为 6～10mm，每对的间距为 2～3mm；对称线垂直平分于两对平行线，两端超出平行线 2～3mm，如图 10.4 所示。

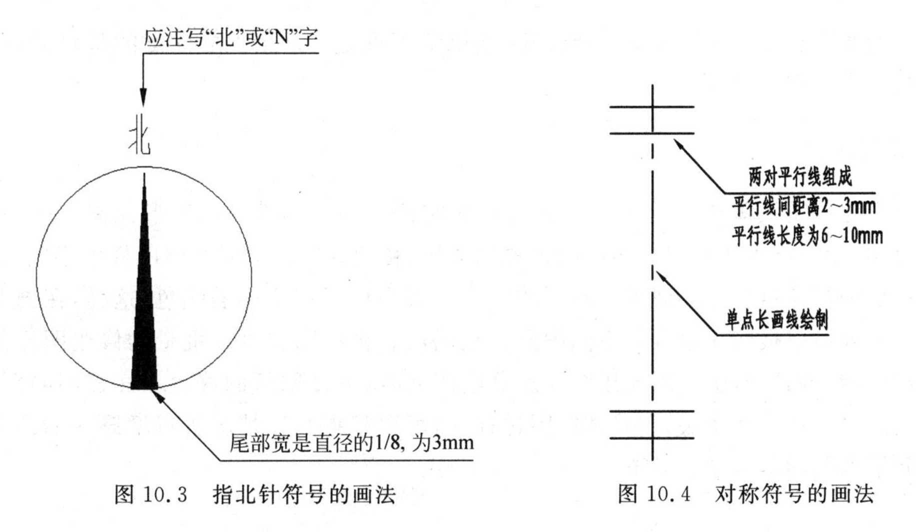

图 10.3　指北针符号的画法

图 10.4　对称符号的画法

3) 剖面图的剖切符号

剖切符号是用来表示剖面图的剖切位置和剖视方向的符号。剖切符号由剖切位置线、投射方向线和编号等三项内容组成。具体画法前面已经讲述,详见9.2节。

4) 坡度符号

所谓坡度,是指一平面(或直线)的倾斜程度。标注坡度时,在坡度数字下应加注坡度符号,坡度符号为单面箭头,箭头应指向下坡方向。另外也可用直角三角形形式标注。坡度符号常见于建筑剖面图、屋顶平面图中关于屋面坡度的表示,如图10.5所示。

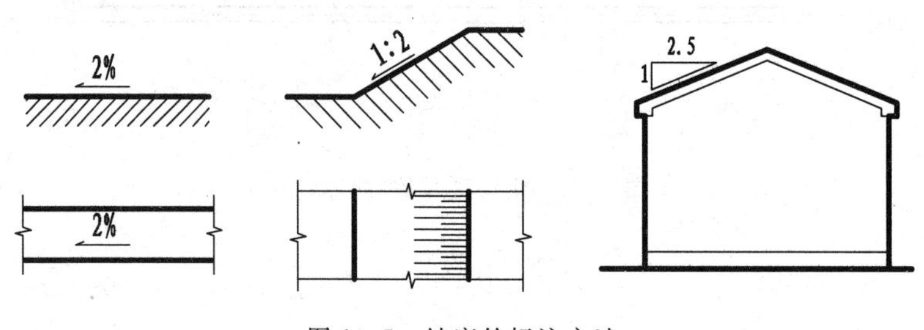

图10.5 坡度的标注方法

10.2 土木与建筑绘图环境的设置

用AutoCAD绘制图样时,除了需要绘制图形外,每次都要设置图纸大小、绘制图框、标题栏;还需要设置不同的图层、设置不同的线型和线宽以表达不同的含义;设置不同的图线颜色以区分图形的不同部分;设置图形常用的字体和标注形式等。为了避免很多重复劳动,提高绘图效率,往往将这些绘制图形以外的通用设置和基本作图事先绘制成一张基础图形,根据专业图样的特点进行一些必要的设置和作图,将其保存为图形文件,每次使用时调用该图形文件,在此基础上进行绘图,将这种基础图形称为样板图。

下面以A3幅面为例,介绍土木与建筑绘图样板图的设置方法。

10.2.1 绘图环境的设置

1. 设置绘图单位和精度

命令的调入和使用在第3章已经讲述,这里不再重复。这里需要注意的是对话框中各参数值的设置。如图10.6所示。

2. 设置图层

在土木与建筑工程图中,图层设置的目的是将图样中不同性质的图形元素按照一定的规律进行分类,便于修改和绘制。图层的设置以够用、精简为宜。只要能将图样中不同的图形对象按照一定的规律进行分类即可。不同的图层一般来说要用不同的颜色,这样,在画图时,能够从颜色上就可以很明显地区分不同图元所在图层。根据图层可以批量的修改图元的颜色、线型、线宽等特性,同时也可以使用图层隐藏绘图元素,方便图纸的修改。样板图的图层设置一般可先定义一些常用图层,在具体绘图过程中,可以根据具体情况进行增删。如图10.7所示是建筑平面图的基本图层设置。

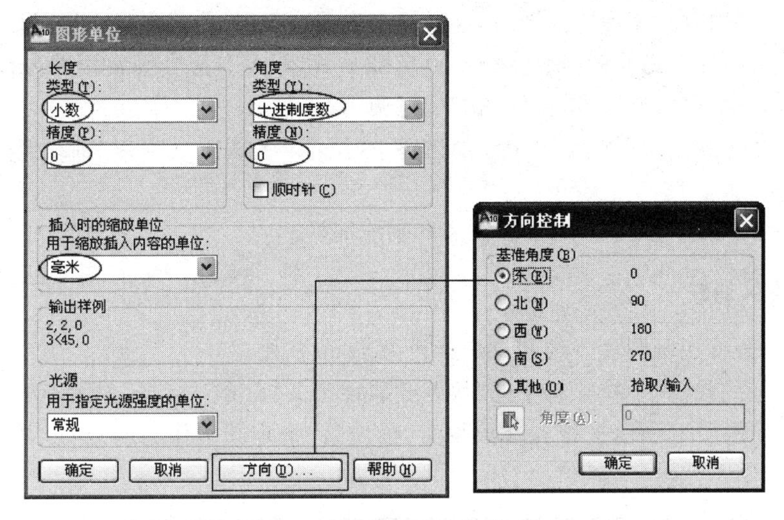

图 10.6　设置图形单位对话框

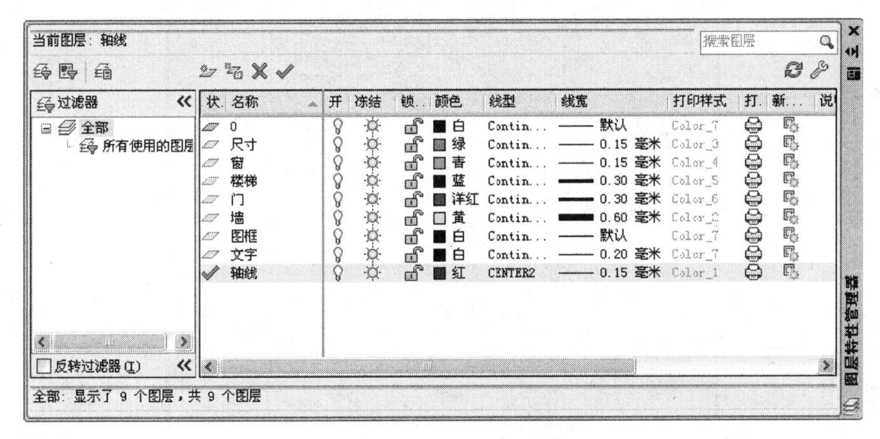

图 10.7　图层设置

3. 设置文字样式

按照 6.1.2 节所述方法设置两种字体样式：一种用于标注图中汉字；另一种用于标注数字及字母。

4. 设置尺寸样式

按照 6.4.3 节～6.4.5 节所述方法设置尺寸标注样式。

注意：一般建筑施工图平、立、剖面图的绘图比例为 1∶100。通常，在 AutoCAD 中先用 1∶1 的比例绘制建筑平、立、剖面图，出图时再根据需要设定出图比例（如 1∶100）。采用这种方法绘图时，为了使尺寸线、尺寸界线、尺寸起止符号等尺寸标注要素与图形大小匹配，在设置尺寸标注样式设置时应将“全局比例”设置为 100，文字大小也要相应放大 100 倍，即取 350。

10.2.2　定义常用图块

在 AutoCAD 中使用块可以大大提高绘图的效率。在模板设置时，应将常用的、反复使用的图形元素定义成块，以便使用时可以随时调用，节省时间，提高效率。应注意，定义块时最好在 0 层上定义，调用时在使用层上插入，这样插入时是哪个层，块就在哪个层了。

样板图设置时应将指北针、轴线编号、标高符号、详图索引符号等常用符号以及一些常用图形(如各种门、窗)定义成块，以便绘图时随时调用。

定义块的命令及使用在 5.7 节中已经讲述，这里不再重复。下面以“轴线编号”为例，说明具体应用方法。

例如：创建带属性的图块，用于标注竖向轴线编号。

1. 首先定义属性

步骤 1：首先使用画圆命令绘制一个半径为 4mm 的圆。

步骤 2：选择“绘图”下拉菜单中的“块”→“属性定义”命令对话框，如图 10.8 所示。

步骤 3：按图 10.8 所示进行各参数设置，确定后，指定圆心作为插入点。结果如图 10.9 所示。

图 10.8 块属性定义对话框参数设置

竖向轴线编号

图 10.9 设置属性效果

2. 定义块

菜单或命令行输入“BLOCK”命令，弹出块定义对话框，各参数设置如图 10.10 所示。

注意块的命名应清楚明了，可命名为“竖向轴线编号”，块的插入点应拾取为“圆的上象限点”；选择对象时将图 10.9 全部选中，确定后就完成了竖向轴线编号图块的创建。

10.2.3 绘制图幅、图框及标题栏

以 A3 图幅为例，说明具体绘制方法。

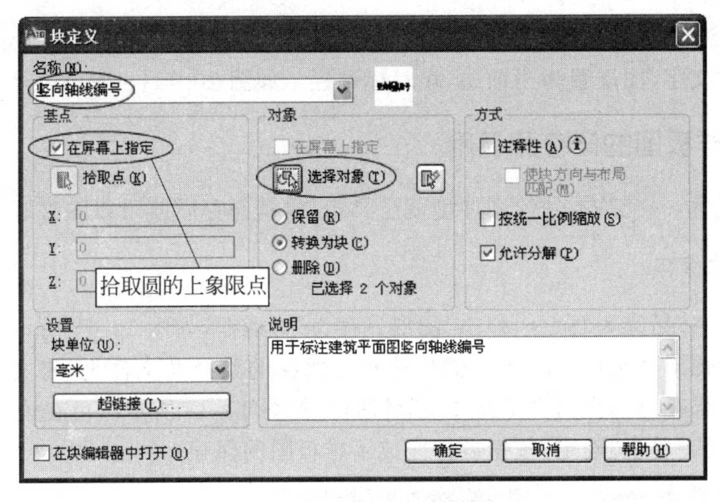

图 10.10　“块”定义对话框参数设置

A3 图幅的标准尺寸为 420mm×297mm，可以利用画线命令(LINE)、矩形命令(RECTANGLE)、偏移命令(OFFSET)、拉伸命令(STRETCH)等完成图幅、图框、标题栏的绘制。具体步骤如下：

第一步，将“图框”图层设置为当前层；

第二步，用矩形命令绘制长 420、宽 297 的长方形，如图 10.11(a)所示；

第三步，用偏移命令将长方形向内偏移 5，如图 10.11(b)所示；

第四步，用拉伸命令将内长方形左侧边线向右拉伸 20，如图 10.11(c)所示；

第五步，用画线命令绘制标题栏，如图 10.11(d)所示；标题栏具体样式如图 2.6 所示；

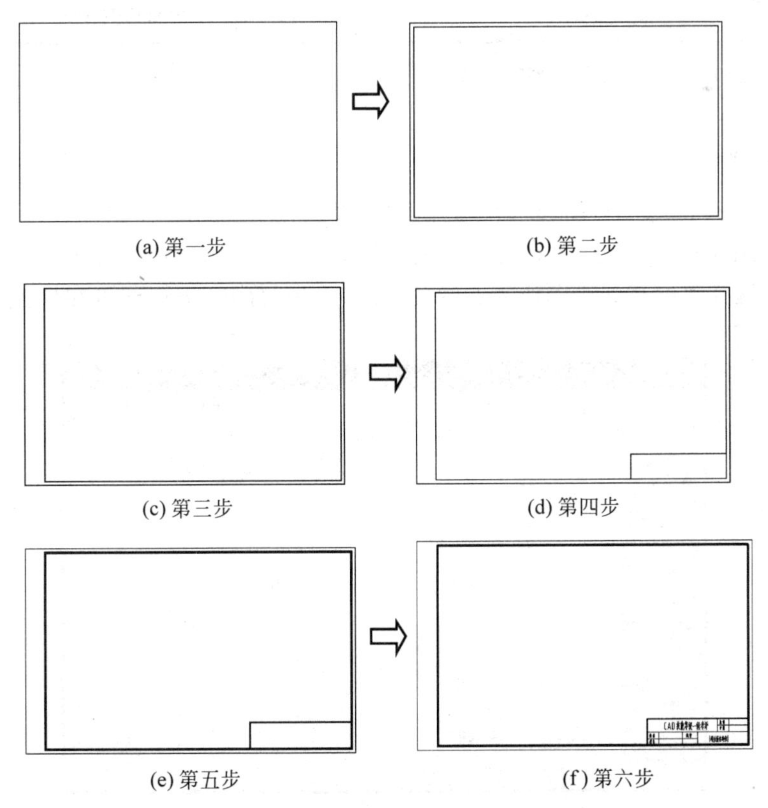

图 10.11　绘制图幅、图框、标题栏步骤

第六步,按照国标线宽设置图幅线、图框线及标题栏等,如图 10.11(e)所示;

第七步,将"文字"图层置为当前层,填写标题栏。如图 10.11(f)所示。

10.2.4 样板图的保存和调用

经过以上设置,一个基本的绘图环境就已具备,将其保存后就可以随时调出使用了。

1. 样板图的保存

选择"文件"→"另存为"命令,弹出"图形另存为"对话框,如图 10.12 所示。将文件类型选择为"AutoCAD 图形样板(*.dwt)",然后选择要保存的路径及文件夹,将文件名命名为"A3样板图"。单击"保存"后,弹出 "样板选项"对话框,如图 10.13 所示。可在说明中对样板图进行描述,方便使用。单击"确定"按钮后即完成了样板图的保存。

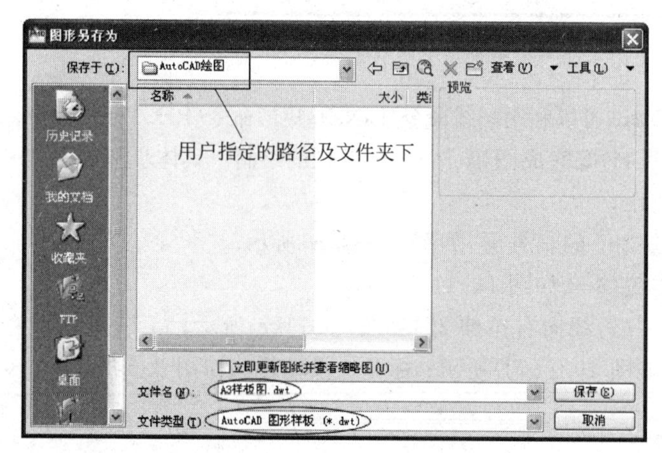

图 10.12 "图形另存为"对话框

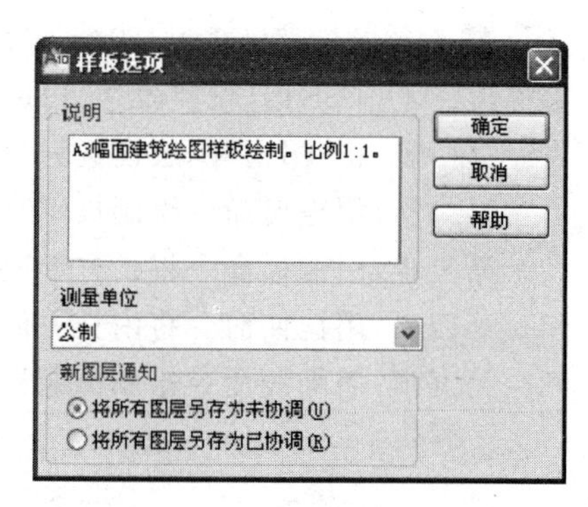

图 10.13 "样板选项"对话框

2. 样板图的调用

选择下拉菜单"文件"→"新建"命令,弹出"选择样板"对话框,如图 10.14 所示。在"查找范围"下拉列表中,选择样板图所在的路径及文件夹,将"文件类型"选择为"AutoCAD 图形样板(*.dwt)",这样就可找到绘图所需要的样板图,单击"打开"按钮即可在样板图所设置的绘图环境下绘图。

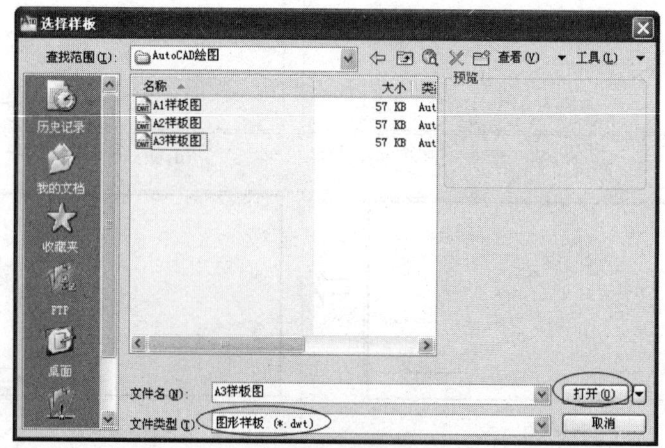

图 10.14 "选择样板"对话框

习题

1. 创建带属性的横向轴线编号图块，块名为“横向轴线编号”，基点为轴线圆的右象限点，如图 10.15 所示。

图 10.15　带属性的横向轴线编号图块

2. 创建如图 10.16 所示的标题栏图块（不标注尺寸），并将图中指定的部分文字定义属性，以便插入时根据需要填写不同的内容。

3. 创建建筑平面图样板图，图幅 A2。

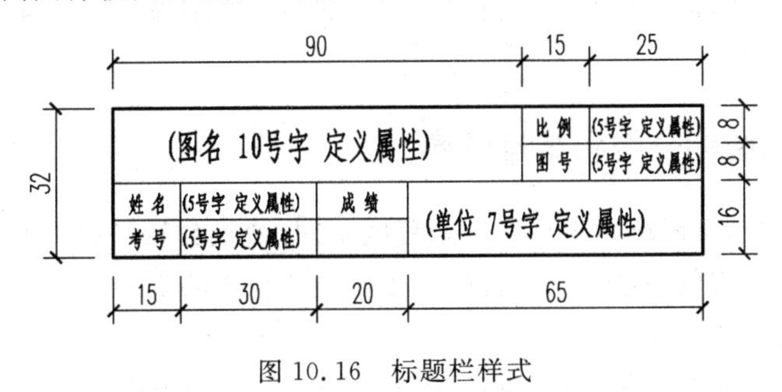

图 10.16　标题栏样式

第11章　建筑施工图的绘制

学习目的与要求

本章主要根据AutoCAD软件的应用特点，针对建筑施工图的图示内容和房屋平、立、剖面图及建筑详图的绘图方法、绘图步骤进行详细介绍。要求通过学习，了解建筑施工图的基本知识和图示内容，掌握应用AutoCAD软件绘制建筑平面图、立面图、剖面图和详图的方法。

11.1　房屋施工图的基本知识

一项房屋建筑工程从制定计划到最终建成，须经过一系列的过程，房屋工程设计是其中一个重要环节。通过设计，最终形成作为指导房屋建设施工的依据——图纸，我们称其为“房屋施工图”，简称“施工图”。

11.1.1　施工图的分类和编排顺序

一套完整的房屋施工图根据工程的复杂程度不同，图纸数量可以由几张图或几十张图组成，大型复杂的建筑工程的图纸甚至上百张。根据专业分工的不同，房屋施工图分为建筑施工图、结构施工图和设备施工图。

为了便于施工，方便图纸的查找和阅读，国家建筑标准设计图集(04J801)对房屋施工图的编排制定了统一的标准，其排列顺序是：施工图总封面、图纸目录、设计总说明、建筑施工图、结构施工图、设备施工图(包括给水排水施工图、采暖通风施工图、电气施工图等)。如图11.1所示。

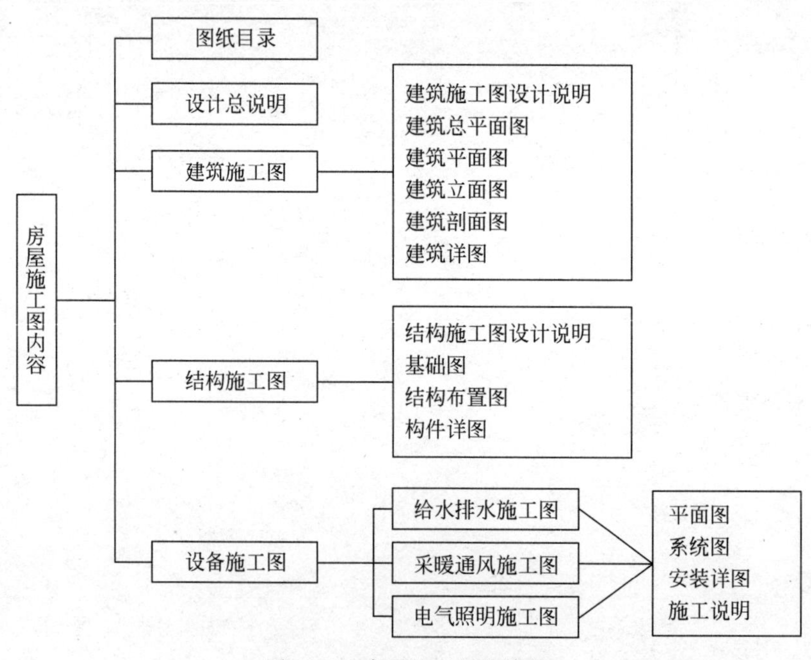

图11.1　房屋施工图的编排

1. 施工图总封面

施工图总封面应标明以下内容：项目名称；编制单位名称；项目的设计编号；设计阶段；编制单位法定代表人、技术总负责人和项目总负责人的姓名及其签字或授权盖章；编制年月。如图 11.2 所示。

工程项目名称

编制单位名称
设计资质证号：（加盖公章）
设计编号：
设计阶段：（施工图）

法定代表人：打印名　技术总负责人：打印名　项目总负责人：打印名

签名或盖章　签名或盖章　签名或盖章

年　月

图 11.2　施工图总封面格式

2. 图纸目录

目录是为了便于查阅图纸的，应排列在图纸的前面，说明该套图纸有几类，各类图纸分别有几张，每张图纸的图号、图名、图幅大小。工程项目均宜有总目录，用于查阅图纸和报建使用，专业图纸目录放在各专业图之首。建筑专业图纸目录格式如表 11.1 所示。

表 11.1　建筑专业图纸目录格式

图 纸 目 录				
序号	图号	图纸名称	图幅	备注
1	建施—1	总平面定位图	A2	
2	建施—2	建筑施工图设计说明	A1	
3	建施—3	底层平面图	A1	
…	…	…	…	
	建通—1	本工程通用阳台详图	A1	
…	…	…	…	
	01J304	楼地面建筑构造		
	…	…		

3. 设计总说明

设计总说明主要介绍工程概况、设计依据、施工及建造时应注意的事项。内容一般包括：

(1) 本工程施工图设计的依据；

(2) 本工程的建筑概况，如建筑名称、建设地点、建筑面积、建筑等级、建筑层数、人防工程等级、主要结构类型、抗震设防烈度等；

(3) 对采用新技术、新材料的做法说明；

(4) 室内室外工程的用料说明，如墙身防潮层、楼面、屋面、勒脚 、散水、内外墙面面层做法等。

4. 建筑施工图

建筑施工图简称建施，主要表示建筑物的总体布局、外部造型、内部布置、细部构造、内外装饰的图样。图纸内容主要包括总平面图、建筑平面图、建筑立面图、建筑剖面图、门窗表和建筑详图等。

5. 结构施工图

结构施工图简称结施，主要表示房屋的结构设计内容，如房屋承重构件的布置、形状、大小、材料以及连接情况的图样。图纸内容主要包括基础图、结构布置图、构件详图等。

6. 设备施工图

设备施工图简称设施，主要表示上、下水及暖气管道管线布置，卫生设备及通风设备等的布置，电气线路的走向和安装要求等。图纸内容主要包括给水排水、采暖通风、电气照明等设备的平面布置图、系统图和详图。

11.1.2 建筑平面图图示内容及要求

1. 图示内容

(1) 墙体、柱、内外门窗位置及编号；

(2) 注写房间的名称或编号；

(3) 注写有关外部和内部尺寸与标高；

(4) 表示电梯、楼梯位置及楼梯上下方向、踏步数及主要尺寸；

(5) 表示阳台、雨篷、窗台、通风道、烟道、管道井、雨水管、坡道、散水、排水沟、花池等位置及尺寸；

(6) 表示固定的卫生器具、水池、工作台、橱柜、隔断等设施及重要设备位置；

(7) 表示地下室、地坑、检查孔、墙上预留洞、高窗等位置与标高，如不可见，则应用细虚线画出；

(8) 底层平面图中应画出剖面图的剖切符号，并在底层平面图附近画出指北针(注：指北针、剖切符号、散水、明沟、花池等在其他楼层平面图中不再重复画出)；

(9) 标注有关部位节点详图的索引符号；
(10) 注写图名和比例。

2. 比例

常用比例 1∶50、1∶100。

3. 线型

建筑平面图中的线型一般有5种：
(1) 剖到的墙柱断面轮廓用粗实线；
(2) 剖到的门扇用中实线或细实线；
(3) 定位轴线用细单点长画线；
(4) 看到的构配件轮廓和剖到的窗扇用细实线；
(5) 被挡住的构配件轮廓用细虚线。

4. 尺寸标注与标高

建筑平面图标注的尺寸有三类：外部尺寸、内部尺寸及标高。
1) 外部尺寸
外部尺寸共有三道尺寸：由外向内，第一道为总尺寸，表示房屋的总长、总宽；第二道为轴线尺寸，表示定位轴线之间的距离；第三道为细部尺寸，表示外部门窗洞口的宽度和定位尺寸。三道尺寸线之间应留有适当距离(一般为7～10mm，第三道尺寸线距图形最外轮廓线宜为15～20mm)，以便注写数字。
2) 内部尺寸
内部尺寸表示内墙上门窗洞口和某些构配件的尺寸和定位。
3) 标高
通常以一层主要房屋的室内地坪为零点(标记为±0.000)，分别标注出各房间楼地面的相对标高，注意标高以米为单位，注写到小数点后三位。

5. 图例

"国标"规定建筑构配件代号一律用汉语拼音的第一个字母大写来表示。如门的代号用M表示，窗的代号用C表示。为了便于区分图样中不同形式种类的门窗，在门窗代号后面加注编号，如M1、M2、…和C1、C2、…，同一编号表示同一类型的门窗，即它们的构造与尺寸完全相同。

通常情况下，门窗代号可按材质或功能编排。例如，木门—MM，钢门—GM，塑钢门—SGM，铝合金门—LM，卷帘门—JM；木窗—MC，钢窗—GC，铝合金窗—LC，木百叶窗—MBC。

图11.3为一些常用门窗的图例，门窗洞的大小及其形式都应按投影关系画出。门窗立面图例中的斜线是门窗扇的开启符号，实线为外开，虚线为内开，开启方向线交角的一侧为铰链，即安装合页的一侧，一般设计图中可不表示。门平面图的门扇可绘制成90°或45°斜线，开启弧线宜绘出。

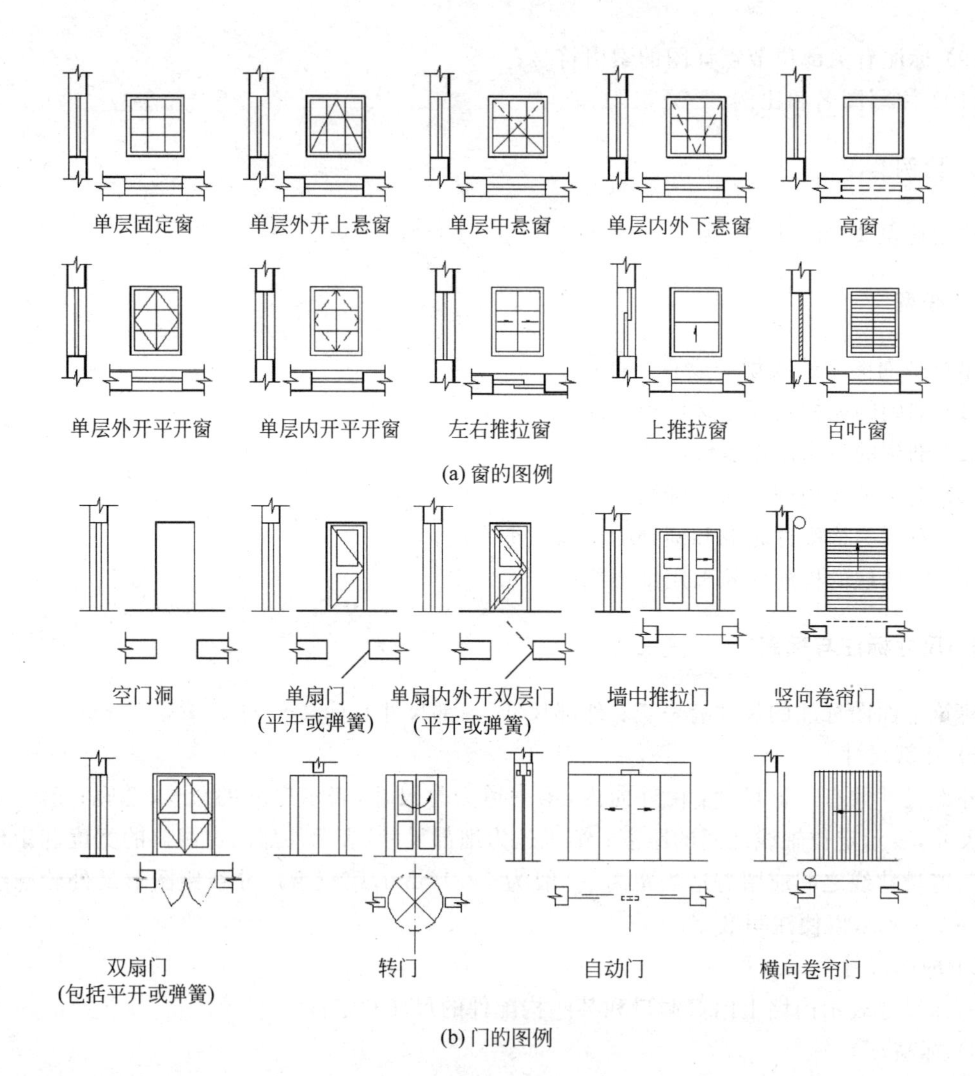

图 11.3 常用门窗图例

其他图例如图 11.4 所示。

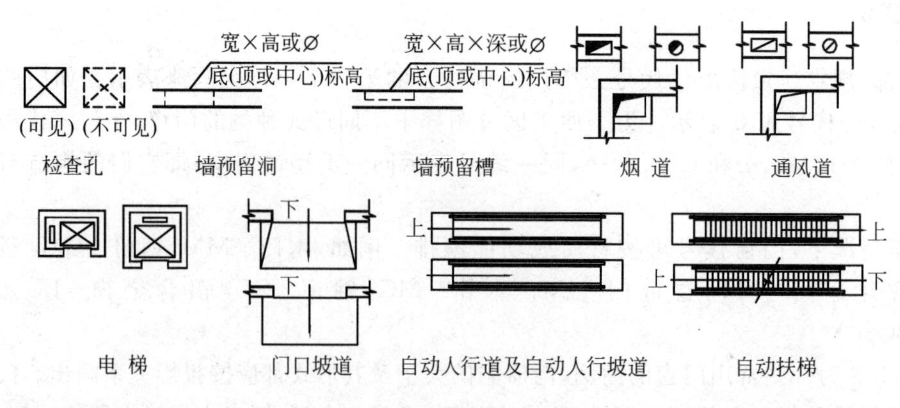

图 11.4 其他图例

11.1.3 建筑立面图图示内容及要求

1. 图示内容

(1) 建筑物两端或分段的轴线及编号。

(2) 女儿墙顶、檐口、柱、室外楼梯和消防梯、烟囱、雨篷、阳台、门窗、门斗、勒脚、雨水管、台阶、坡道、花池，其他装饰构件和粉刷分格线示意等；外墙的留洞应注尺寸与标高(宽×高×深及定位尺寸)。

(3) 在平面图上表示不出的窗编号，应在立面图上标注。平、剖面图未能表示出来的屋顶、檐口、女儿墙、窗台等标高或高度，应在立面图上分别注明。

(4) 各部分构造、装饰节点详图的索引。

对称式建筑物，在不影响构造处理和施工的情况下，立面图可绘制一半，并在对称轴线处画对称符号；左右两侧立面完全相同时，可以只画一个侧立面。

2. 比例

常用比例1∶50、1∶100。

3. 线型

在绘制建筑立面图时，为了加强图面效果，使外形清晰、重点突出和层次分明，国家标准将立面图线型分为5种：

(1) 室外地坪线用线宽为1.4b的特粗实线绘制；

(2) 房屋立面的外墙和屋脊轮廓线用线宽为b(b的取值按国家标准，常取b=0.7mm或1.0mm)的粗实线绘制；

(3) 在外轮廓线之内的凹进或凸出墙面的轮廓线，用线宽为0.5b的中实线画，如窗台、门窗洞、檐口、阳台、雨篷、柱、台阶等构配件的轮廓线；

(4) 门窗扇、栏杆、雨水管和墙面分格线等均用线宽为0.25b的细实线绘制；房屋两端的轴线用细单点长画线绘制。

4. 标高与尺寸标注

建筑立面图宜标注室外地坪、入口地面、雨篷底、门窗上下口、檐口、女儿墙顶及屋顶最高处部位的标高。标高一般注在图形外，并做到符号上下对齐、大小一致，必要时，可标注在图内。除了标高外，有时还需注出一些无详图的局部尺寸，用以补充建筑构造、设施或构配件的定位尺寸和细部尺寸。

11.1.4 建筑剖面图图示内容及要求

1. 图示内容

(1) 墙、柱、轴线及轴线编号；

(2) 室外地面、底层地(楼)面、各层楼板、屋顶(包括檐口、烟囱、天窗、女儿墙等)、门、窗、梁、楼梯、台阶、坡道、散水、平台、阳台、雨篷等内容；

(3) 标高及高度方向上的尺寸(高度方向上的尺寸包括外部尺寸与标高以及内部尺寸与标高);

(4) 表示楼地面各层的构造,可用引出线说明。若另画有详图,在剖面图中可用索引符号引出说明;若已有"面层做法表"时,在剖面图上不再作任何标注;

(5) 节点构造详图的索引。

2. 比例

常用比例1∶50、1∶100。

3. 线型

建筑剖面图中的线型一般有三种:剖到的墙柱断面轮廓用粗实线;看到的构配件轮廓和剖到的门窗扇用细实线;定位轴线用细单点长画线。

4. 尺寸与标高

建筑剖面图的尺寸包括"外部尺寸与标高"和"内部尺寸与标高"。

(1) 外部尺寸与标高:宜标注室内外地坪、台阶、地下层地面、门窗、雨篷、楼地面、阳台、平台、檐口、屋脊、女儿墙等处完成面的尺寸与标高;

(2) 内部尺寸与标高:宜标注各层楼地面标高(含地下层在内),室内隔板、平台、门窗等的高度尺寸。

5. 材料图例

剖面图中的断面内须画出材料图例,常用建筑材料图例见表9.1。

11.1.5 建筑详图图示内容及要求

1. 图示内容

(1) 内外墙节点、楼梯、电梯、厨房、卫生间等局部平面放大和构造详图;

(2) 室内外装饰方面的构造、线脚、图案等;

(3) 特殊的或非标准门、窗、幕墙等应有构造详图;

(4) 其他凡在平、立、剖面或文字说明中无法交代或交代不清的建筑构配件和建筑构造。

2. 比例

详图常采用的比例为:1∶1、1∶2、1∶5、1∶10、1∶20、1∶50。

3. 线型

由于详图可以用平面图、立面图或剖面图等形式表达,因此线型的粗细与上述平面图、立面图或剖面图要求相同。

4. 详图符号与索引符号

在建筑平面图、立面图和剖面图中,凡需绘制详图的部位均应注出索引符号,而在所画出的详图上应注明相应的详图符号。详图符号与索引符号必须对应一致,以便看图时查找相互有关的图纸。详图符号与索引符号的画法及表示方法详见10.1节。

11.2　建筑平面图的绘制

以如图11.5所示"某住宅单元标准层平面图"为例，说明建筑平面图绘制的基本过程和方法。绘制要求：A3图幅，绘图比例1∶100。

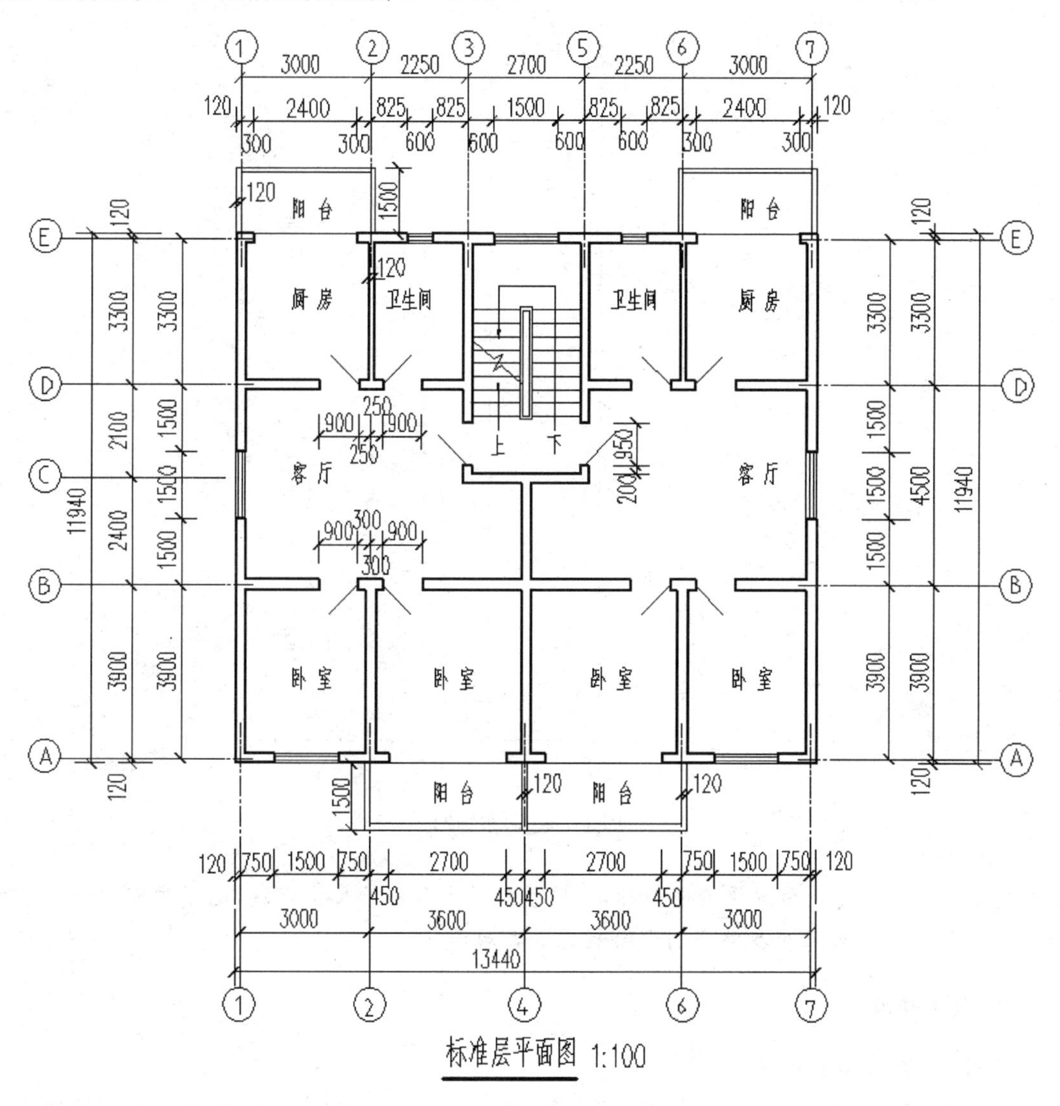

图11.5　平面图绘制示例

1. 调用样板图

在第10章中已经讲述了A3样板图的设置及样板图的调用。根据前面所学知识，调用上述设置好的A3样板图，作为初始的绘图环境。

注意：由于绘图比例为1∶100，因此在绘图前应使用"比例"命令将A3图幅放大100倍。设置尺寸样式全局比例为100。

2. 绘制轴网

由于平面图左右对称，因此可采取先绘制图形左侧的一半，然后再镜像得到整个平面图形的方法。

将“轴线”图层设置为当前层，打开“正交”模式，用“直线”和“偏移”命令绘制横向和竖向轴线，如图 11.6 所示。

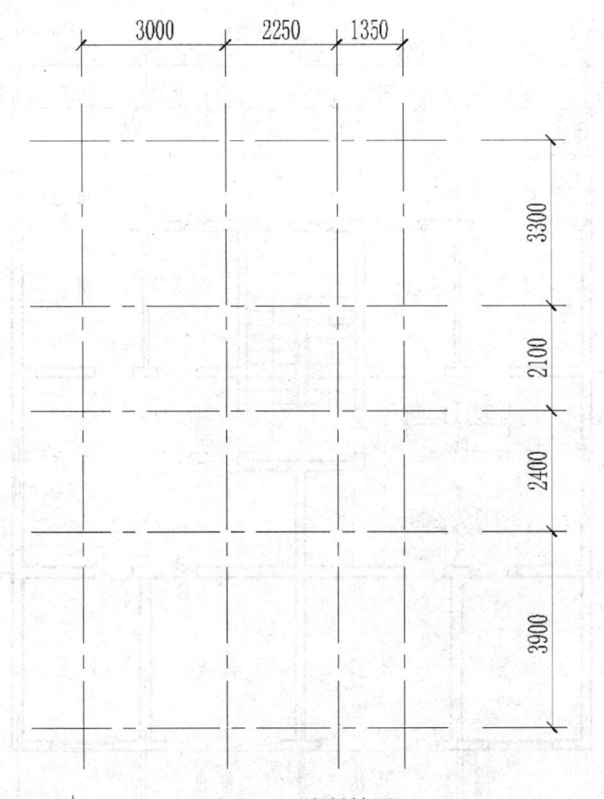

图 11.6 绘制轴网

注意：图中尺寸是为方便绘图而标记的，并不是平面图的尺寸标注，以下步骤中的尺寸均同。平面图的尺寸标注应在整个图形绘制完成之后进行。

3. 绘制墙体

步骤 1：设置多线样式。

调用下拉式菜单“格式”/“多线样式”命令，弹出“多线样式”对话框；单击“新建”按钮弹出“创建新的多线样式”对话框，在“新样式名”栏中输入“240”，如图 11.7 所示。单击“继续”按钮，则弹出“新建多线样式：240”对话框，将其中的图元偏移量设为“120”和“－120”，单击“确定”按钮完成 240 墙体多线的设置，如图 11.8 所示。

用同样方法设置“新建多线样式：120”，图元偏移量设为“60”和“－60”，可完成 120 墙体多线的设置。多线样式的数量可根据具体图形灵活处理。

步骤 2：将“墙”图层设置为当前层，绘制墙体。

首先将“240”多线置为当前，调用下拉式菜单命令“绘图”/“多线”命令。在命令行输入“J”

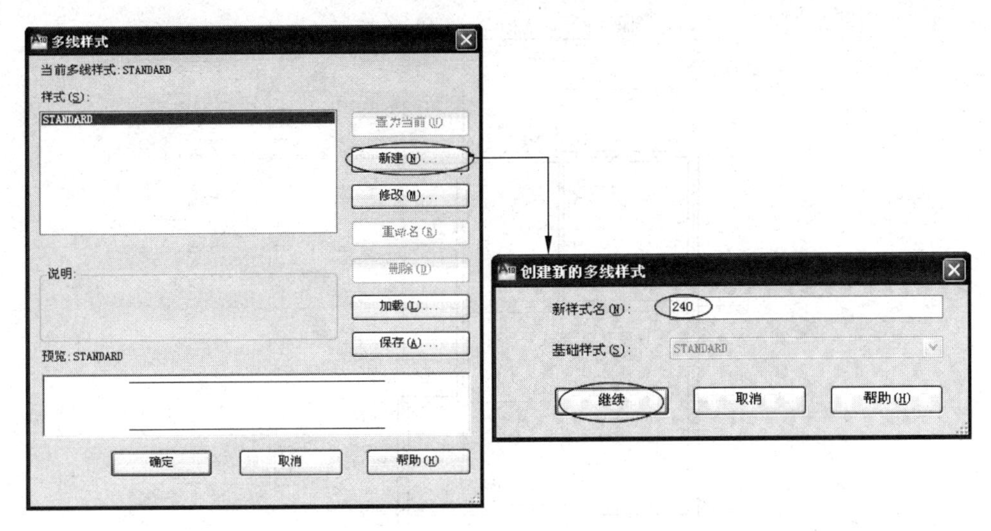

图 11.7　创建多线样式 240

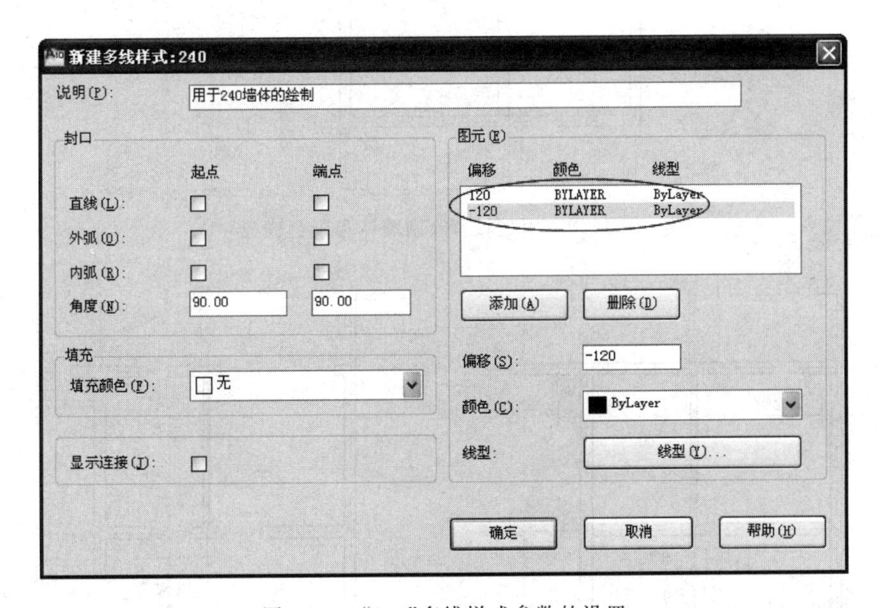

图 11.8　“240”多线样式参数的设置

(对齐)——“Z”(无),“ST”(样式)——“240”,“S”(比例)——“1”。打开“捕捉”,捕捉各轴线交点作为绘制 240 多线的起点和终点,即可完成 240 墙体的绘制。

用同样方法再将“120”多线置为当前,完成 120 墙体的绘制;然后在“120”多线样式下,输入“J”——“T”(上),绘制阳台栏板线。

绘制结果如图 11.9 所示。

4. 确定门窗位置

步骤 1:选择“直线”和“偏移”命令,绘制门窗位置线,偏移距离如图 11.10(a)所示。

步骤 2:选择“分解”命令通过窗口选取所有图线,将图形分解(多线是一个整体图元,可通过分解或使用多线编辑来进行修改和编辑)。分解图形后,利用“修剪”命令,窗口选取所有图线,对墙体交接处及门窗洞口处进行修剪,结果如图 11.10(b)所示。

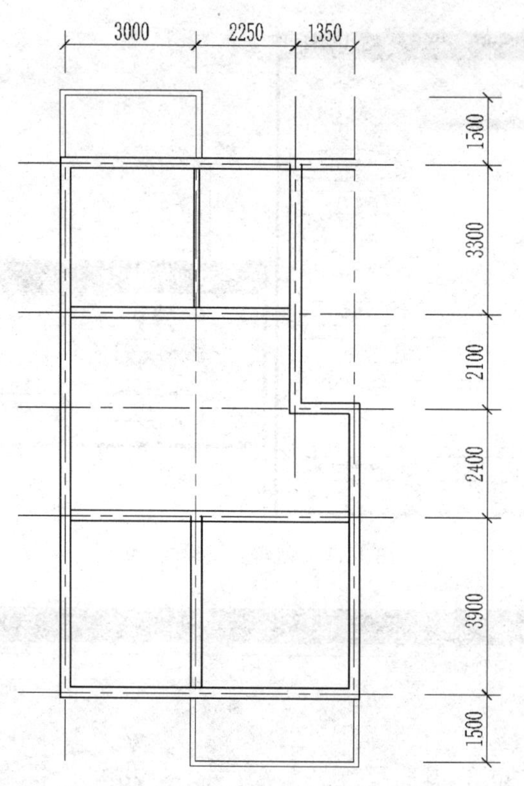

图 11.9 用“多线”绘制墙体和阳台栏板

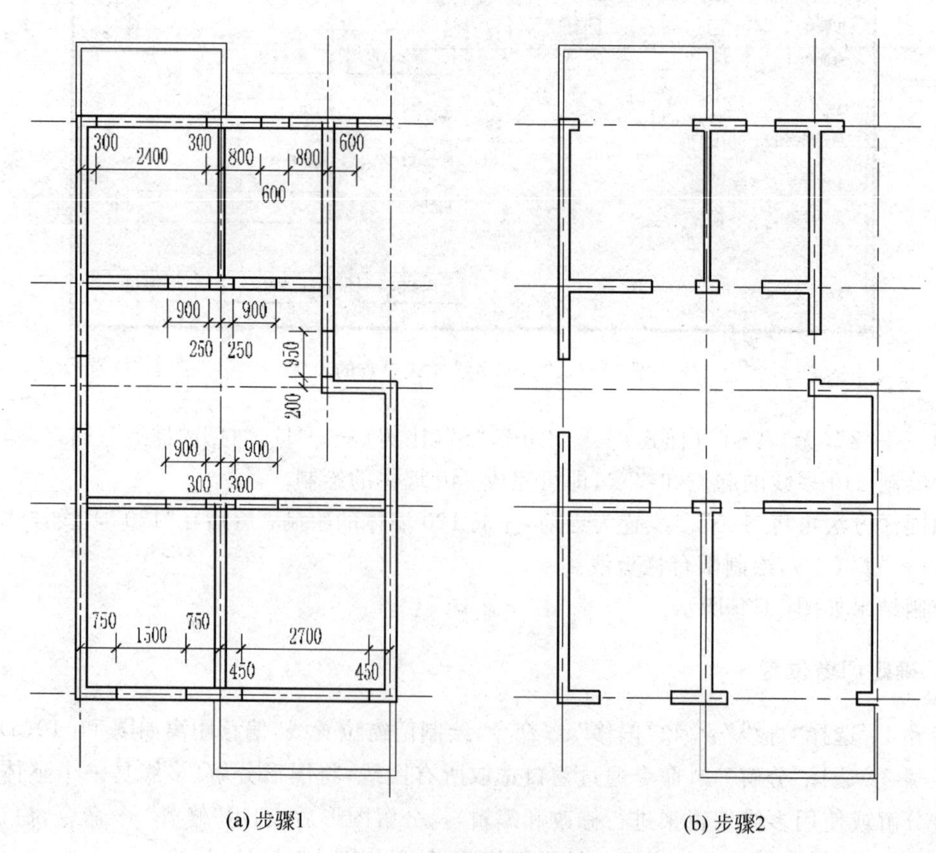

(a) 步骤1 (b) 步骤2

图 11.10 确定门窗位置

注意：为了使图形镜像准确，应注意镜像线处墙线及阳台隔板线的处理。

5. 绘制门窗

步骤1：创建“窗”图块。

将“0”层设置为当前层，用于图块的创建。使用“直线”和“偏移”命令完成线段长100，间距为80的四条平行线段的绘制，如图11.11所示。然后使用定义块命令完成“窗”图块的创建。

步骤2：插入图块“窗”。

首先将“窗”层设置为当前层，然后根据插入的具体窗宽设置插入比例，确定好插入点完成窗的插入。如图形左下角第一个窗的宽度为“1500”，其X方向的插入比例应设置为“15”。

注意：图块的创建与插入在5.7节中已经讲述，可参照前面的知识进行练习。

步骤3：绘制门。

当平面图中门的数量较多时也可通过创建并插入图块的方式进行门的绘制。本例中由于门的数量较小，且门宽只有900和950两种形式，因此可直接绘制。具体绘制方法如下：

将“门”层设置为当前层，在状态栏中“极轴追踪”处右击，打开快捷菜单，选择“设置”进入“草图设置”对话框，设置极轴增量角为“45°”。然后在“捕捉”和“极轴追踪”状态下，利用“直线”命令，确定端点后，直接输入长度数值即可完成门的绘制。

门窗绘制结果如图11.12所示。

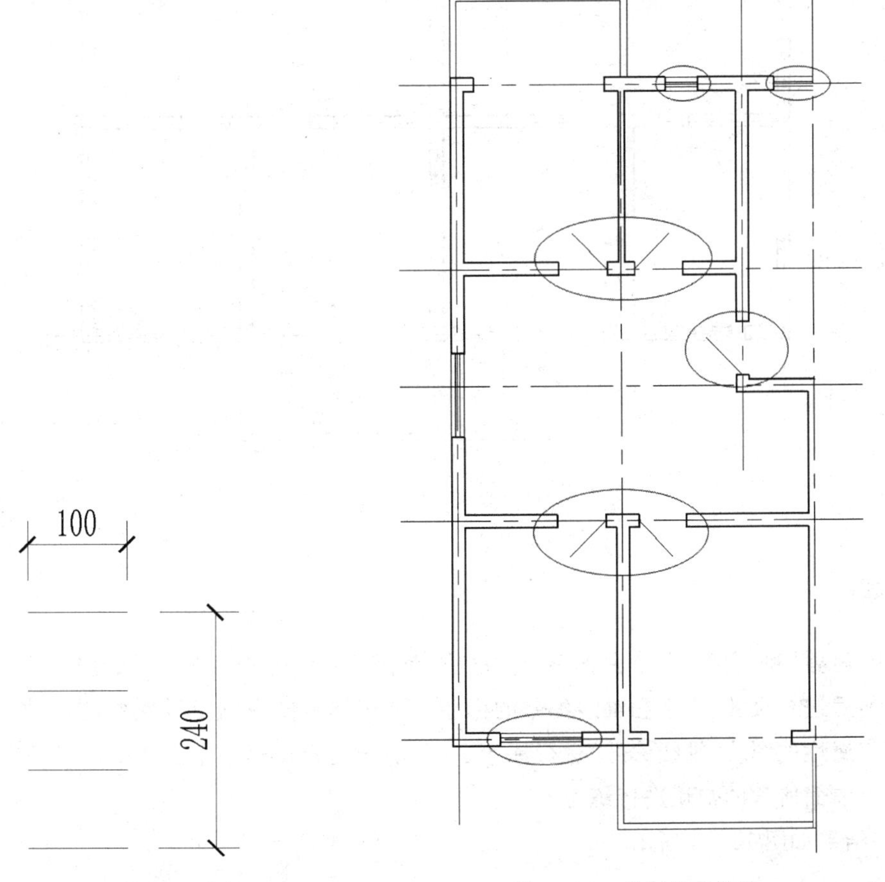

图11.11　窗块的绘制

图11.12　绘制门窗结果

6. 楼梯的绘制

楼梯的绘制主要使用"直线"和"偏移"命令,完成一侧的绘制,另一侧镜像即可。本例中楼梯具体绘图步骤不再赘述。

7. 镜像完成平面图的绘制

利用"镜像"命令完成整个房屋的平面图,如图 11.13 所示。

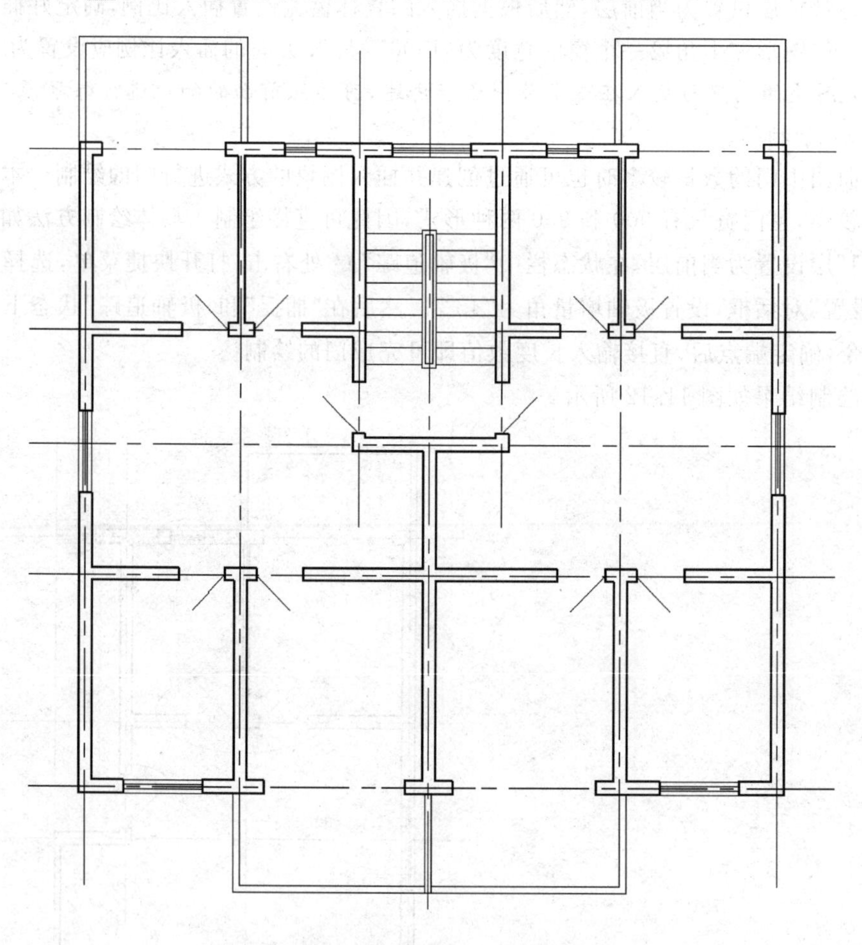

图 11.13 镜像后的平面图

8. 标注

使用"修剪"和"删除"命令去掉多余的图线,整理图形。分别将图层"尺寸"、"文字"设置为当前层,然后进行尺寸、文字和轴线编号的标注。利用样板图中已经设置好的尺寸、文字的样式,以及带属性的图块"轴线编号"进行标注。(这部分内容在第 6 章及 10.2.2 节已经详细讲解,可参考前面所学的知识进行练习)。

最终结果如图 11.14 所示。

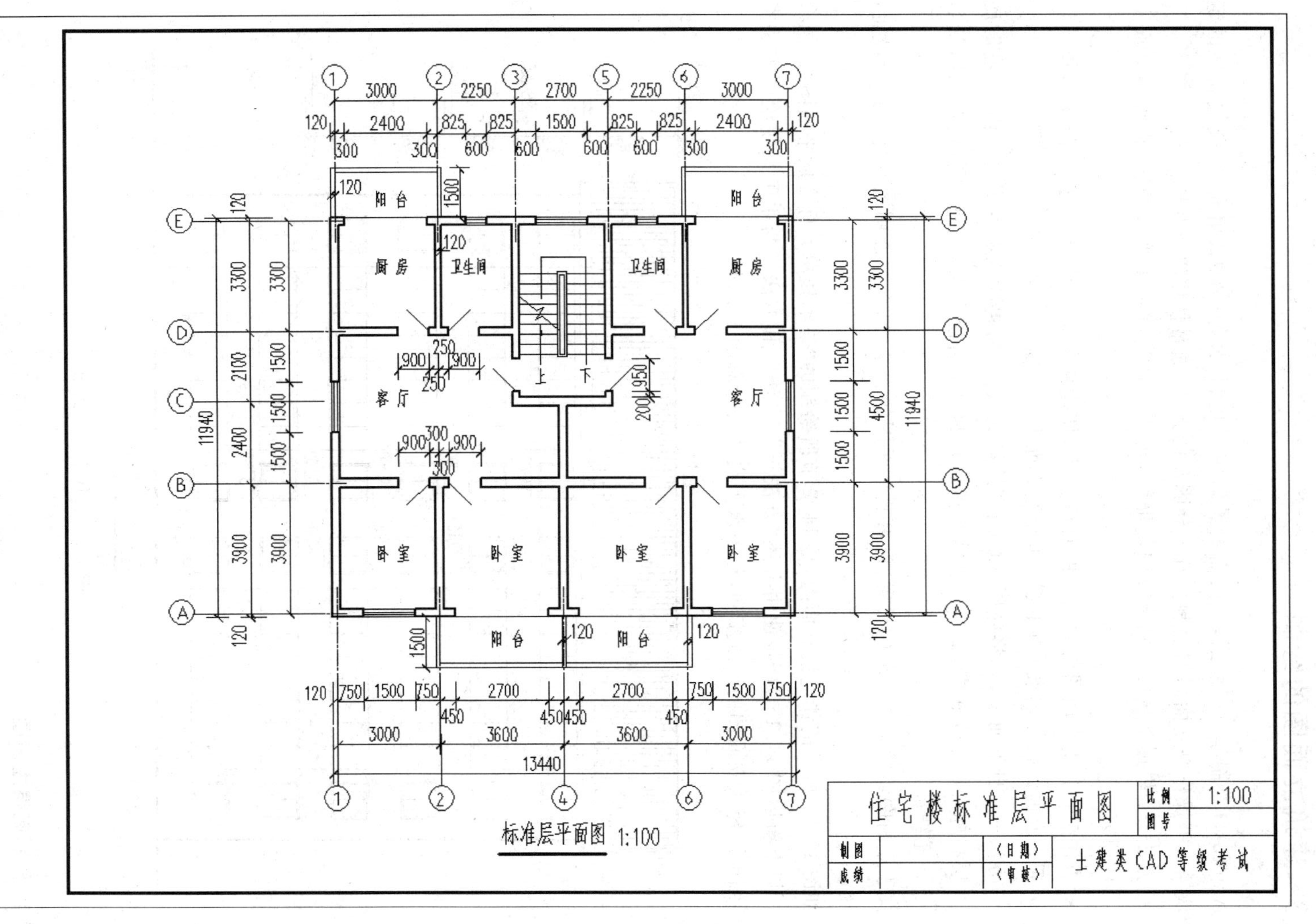

图 11.14　建筑平面图绘制结果

11.3 建筑立面图的绘制

AutoCAD绘制建筑立面图,一般需要灵活应用复制、镜像、阵列、填充、块及块属性的定义和块插入等操作。立面图的绘制没有十分固定的方法,通常使用以下几种方法。

- 方法一:根据轴线尺寸画出竖向辅助线,再依据标高确定水平辅助线,再绘制立面上的门窗。
- 方法二:利用平面图与立面图的对应关系,使用画线命令确定外轮廓、门窗的竖向位置;依据标高确定水平辅助线,再绘制立面上的门窗。
- 方法三:自下而上,先将底层立面内容绘制完成,而后再绘制标准层立面内容(有时底层和标准层立面相同,此步可省略),然后复制完成各层立面的绘制,再绘制屋顶,最后补充细部。

关于立面图绘图基本环境的设置,可参照平面图的方法,结合立面图图示特点进行设置,不再赘述。

如图11.15所示的住宅楼立面图,是11.2节所绘制的"住宅楼单元标准层平面图"的组合立面。以下将以图11.15为例,使用上述"方法三"(方法一和方法二与手工尺规绘图方法类似)详细讲述建筑立面图的绘制步骤,相关水平尺寸可参看图11.14。

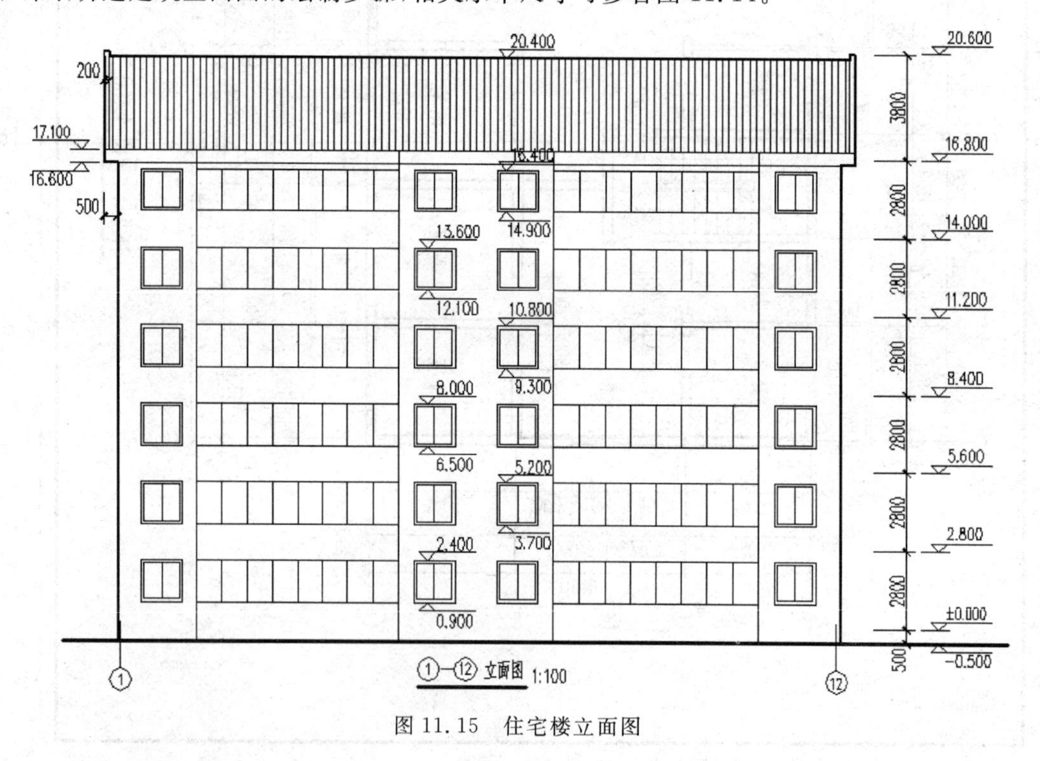

图11.15 住宅楼立面图

1. 绘制底层立面图

步骤1:绘制地坪线及一层水平定位线,包括:室外地坪(−0.500)、一层室内地面±0.000、一层窗台水平定位线(0.900)、层高定位线(2.800)等。结果如图11.16(a)所示。

步骤2:绘制竖向墙面外轮廓线及窗竖向定位线。结合图11.14所示平面图,可以确定住宅两侧外墙轮廓线、一层最左侧窗的竖向定位线以及阳台的定位线。结果如图 11.16(b)所示。

步骤 3：绘制一层立面窗及阳台。立面图的门、窗等构件一般可将其做成块，便于重复使用。块的创建及插入见前面有关章节。结果如图 11.16(c)所示。

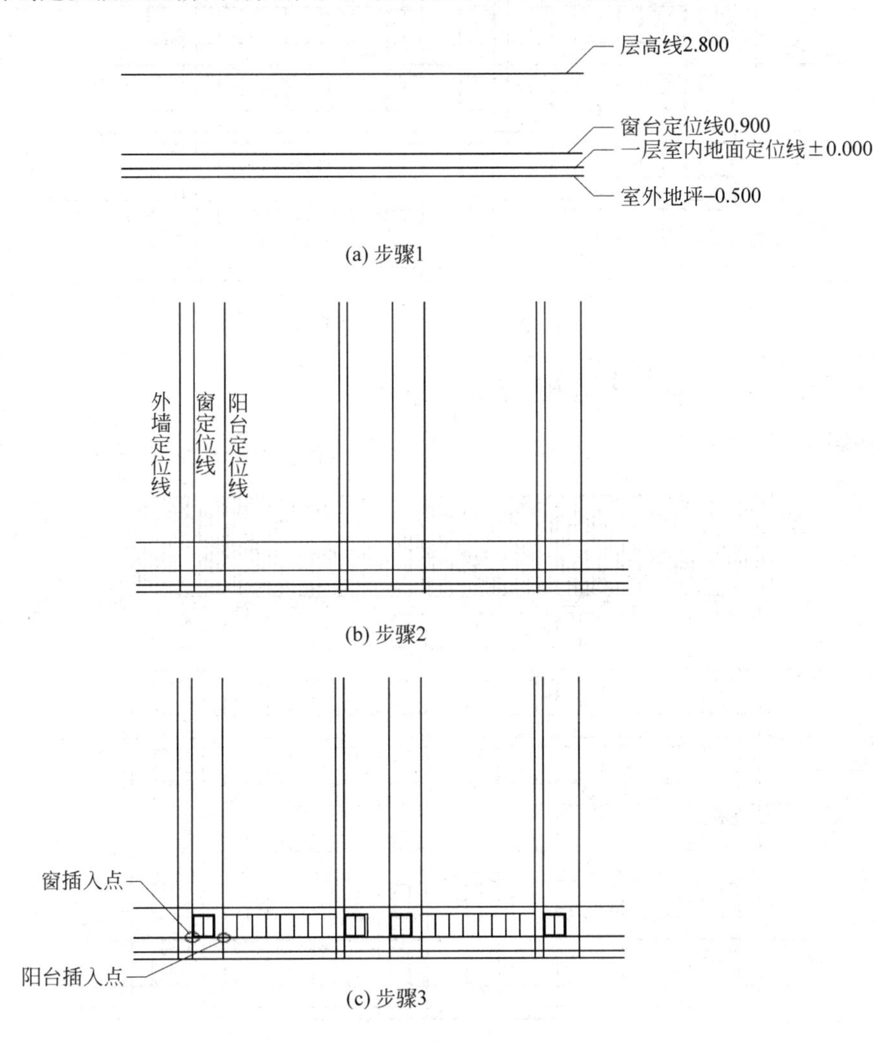

(a) 步骤1

(b) 步骤2

(c) 步骤3

图 11.16　绘制底层立面图

2. 绘制二至六层立面图

将底层立面图沿层高(该立面图层高均为 2.8)进行复制或阵列，结果如图 11.17 所示。

3. 绘制檐口及屋顶

步骤 1：根据檐口标高“16.600”、“17.100”；屋顶标高“20.400”、“20.600”及屋檐挑出尺寸(500)完成屋面的绘制。

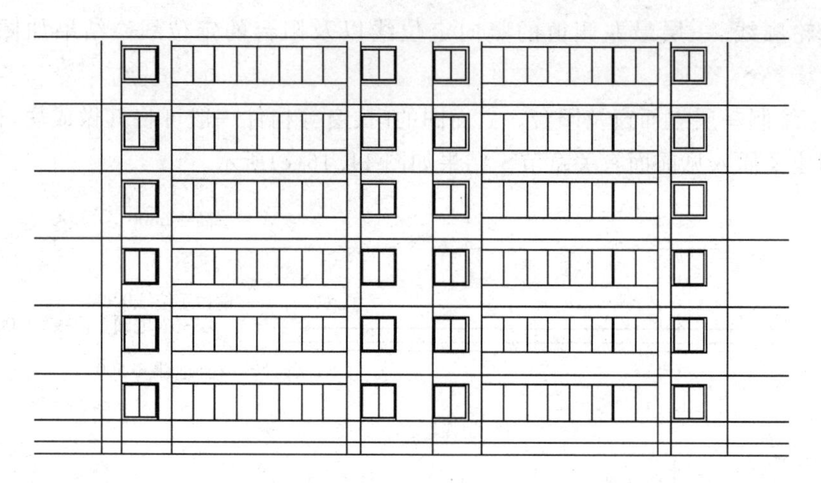

图 11.17 绘制二至六层立面图

步骤 2：使用图案填充命令完成屋面部分的填充。

结果如图 11.18 所示。

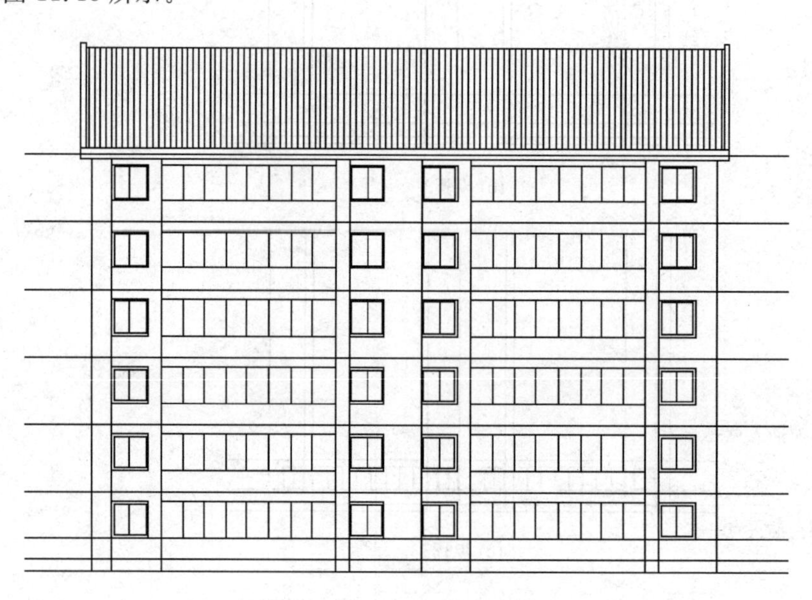

图 11.18 绘制檐口及屋顶

4. 标注及图形整理

步骤 1：根据各层层高定位线、窗台、窗高等进行标高标注。

步骤 2：对各层层高进行竖向尺寸标注。

步骤 3：标注两端外墙的定位轴线。

步骤 4：删除多余图线，整理图形。

步骤 5：注写图名及标题栏中文字。

最终结果如图 11.19 所示。

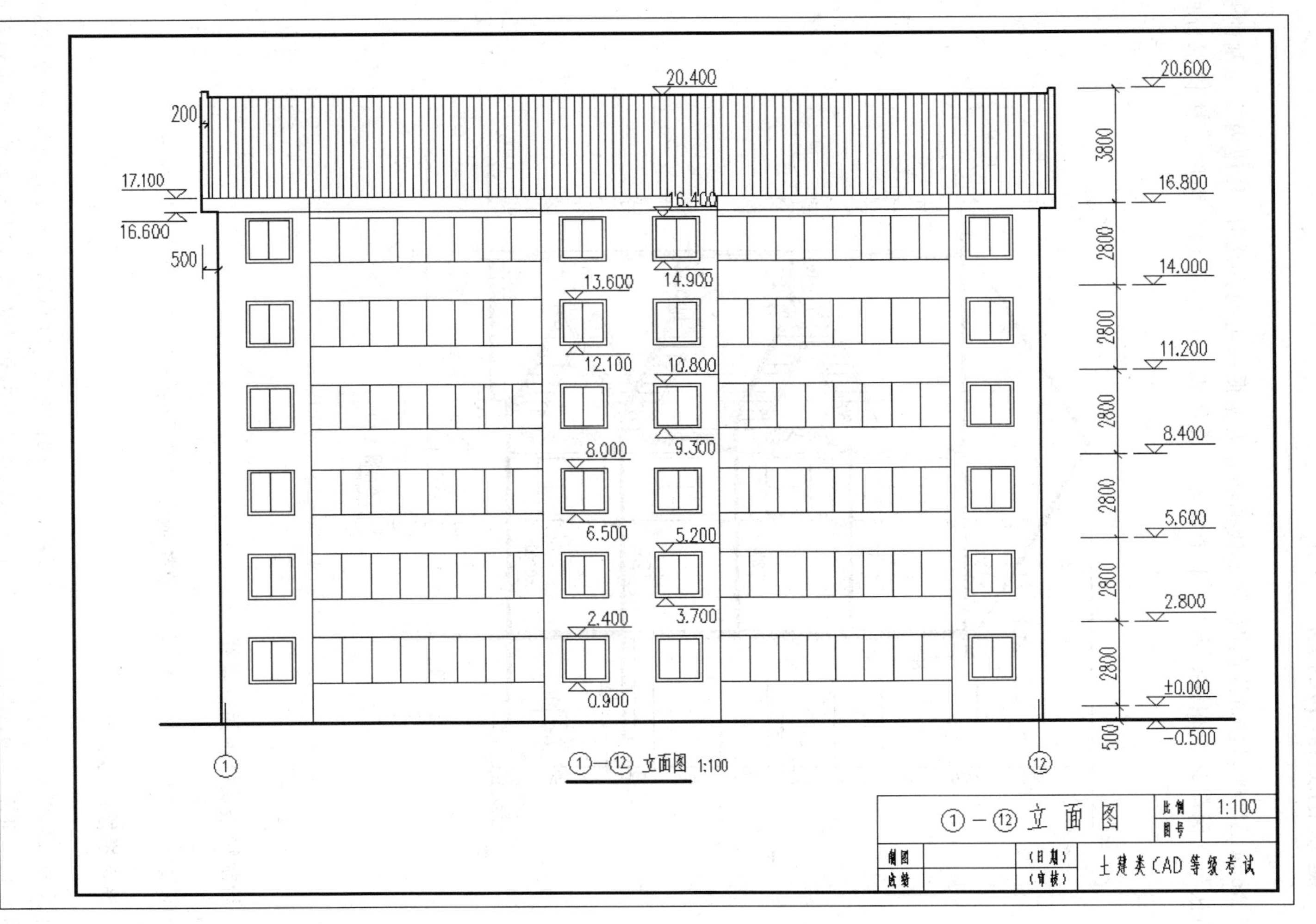

图 11.19 标注及图形整理结果

11.4 建筑剖面图的绘制

用 AutoCAD 绘制建筑剖面图，除了楼梯部分需遵循一定的方法外，其他内容绘制的步骤和方法与立面图基本相同。所以，本节将重点介绍图 11.20 所示剖面图中楼梯部分的绘制。

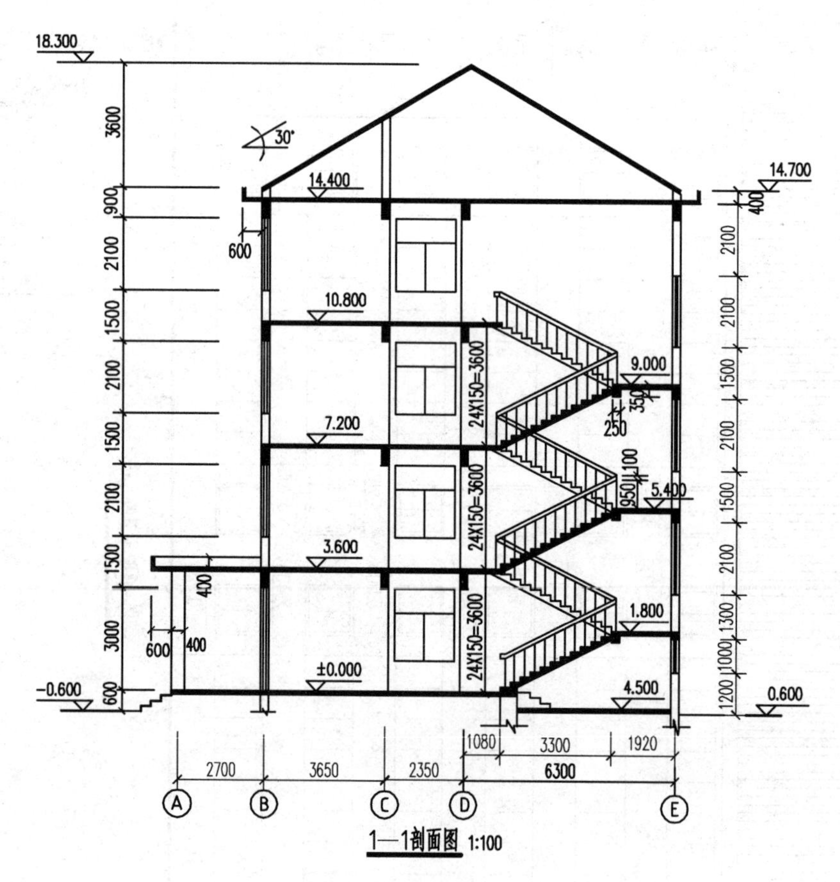

图 11.20 建筑剖面图

1. 绘制轴线及楼地面位置线

画线命令结合正交功能完成轴线及楼地面位置线的绘制，结果如图 11.21 所示。

2. 确定梯段的起止点

由图 11.20 可知，该楼梯属于等跑楼梯，各层梯段起止点均对齐，梯段起点距 *D* 轴 1080，梯段的水平方向长 3300，如图 11.22 所示。等跑楼梯绘制较为简单，但是应注意，当遇到不等跑楼梯时，必须结合楼梯详图确定每层梯段起止点，这是非常重要的。

3. 绘制楼梯踏步

步骤 1：由图 11.20 可知，楼梯踏步高 150，踏步宽 300，共 12 步，11 个踏面。可先在图外

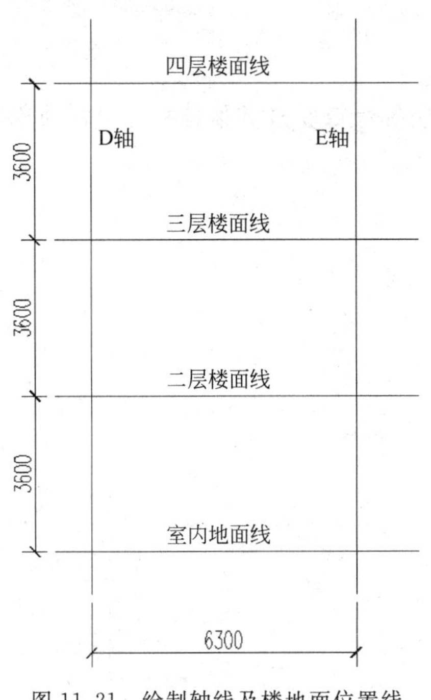

图 11.21 绘制轴线及楼地面位置线

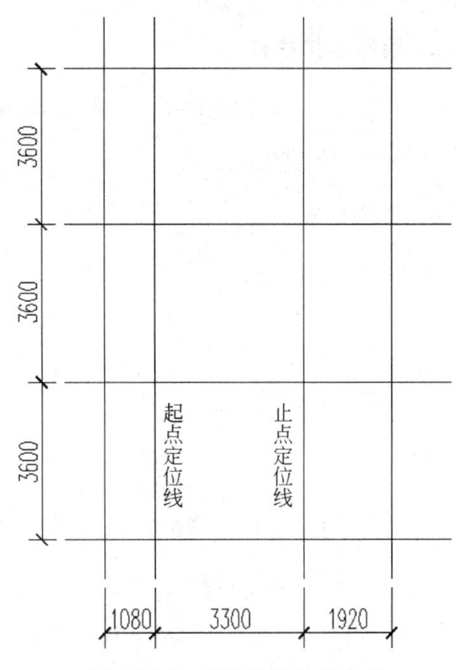

图 11.22 确定梯段的起止点

侧空白处,绘制出一个踏步,然后连续复制 11 步楼梯踏步。使用"镜像"命令可得到另一方向梯段,结果如图 11.23 所示。

步骤 2:根据梯段起止点的位置将绘制好的梯段复制到各层楼面。同时绘制出各层楼板及休息平台,结果如图 11.24 所示。

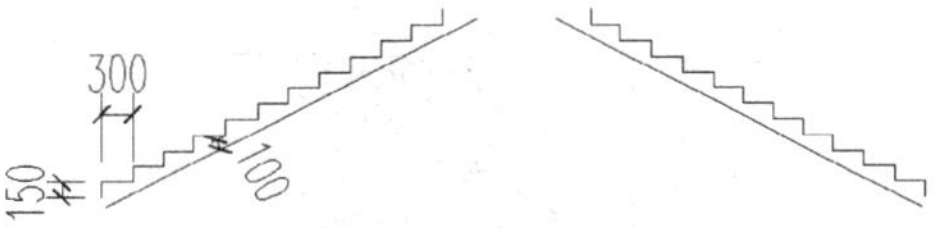

图 11.23 绘制楼梯踏步

4. 绘制平台梁断面

结果如图 11.25 所示。

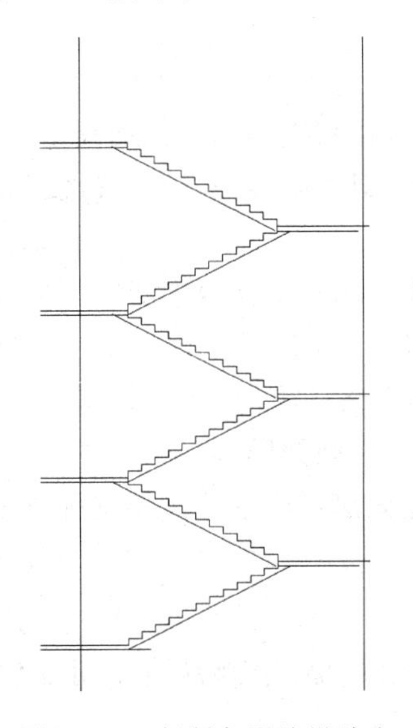

图 11.24 复制各层楼梯踏步

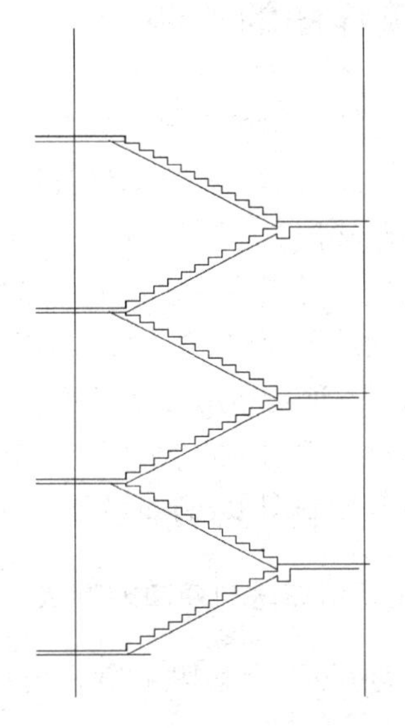

图 11.25 绘制平台梁

5. 绘制楼梯栏杆

首先完成一个梯段栏杆的绘制,然后通过镜像、复制等命令完成其他各梯段栏杆的绘制。结果如图 11.26 所示。

6. 填充断面

如图 11.27 所示。

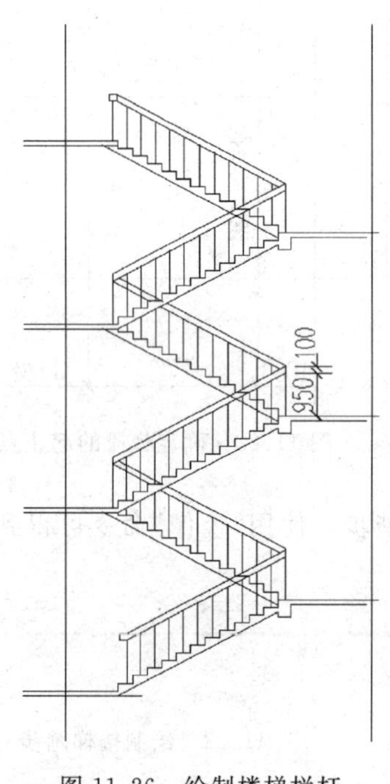

图 11.26 绘制楼梯栏杆

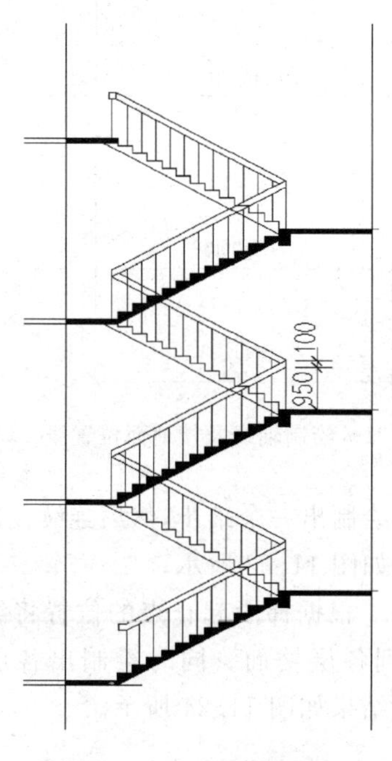

图 11.27 填充断面

11.5 建筑详图的绘制

建筑详图是施工图的重要组成部分,是对建筑平面图、立面图和剖面图未表达清楚部位的进一步深化。建筑详图包括外墙墙身详图、楼梯详图、卫生间详图、门窗详图以及阳台、雨篷和其他固定设备的详图。

建筑详图的图纸表达形式可分为平面详图、立面详图和剖面详图等。因此,建筑详图的绘制方法综合了建筑平面图、立面图、剖面图的绘制方法。通常用 AutoCAD 绘制建筑详图主要采取两种方式:一种是利用已完成建筑平面图、立面图或剖面图,从中截取需画详图的相应部位,对其进行细化、编辑,主要是用于绘制楼梯详图、卫生间详图等;另一种方法是根据构造要求从无到有直接绘制图形,例如墙身节点详图等构造做法详图主要采用这种方法。

1. 截取相应部位绘制详图的方法

如图 11.28 所示,为某职工宿舍楼标准层平面图局部,绘制其卫生间部位的详图,比例 1∶50。

步骤 1：在图 11.28 所示标准层平面图中，交叉窗口选择图中虚线框范围内容，使用复制命令将其复制出来。结果如图 11.29 所示。

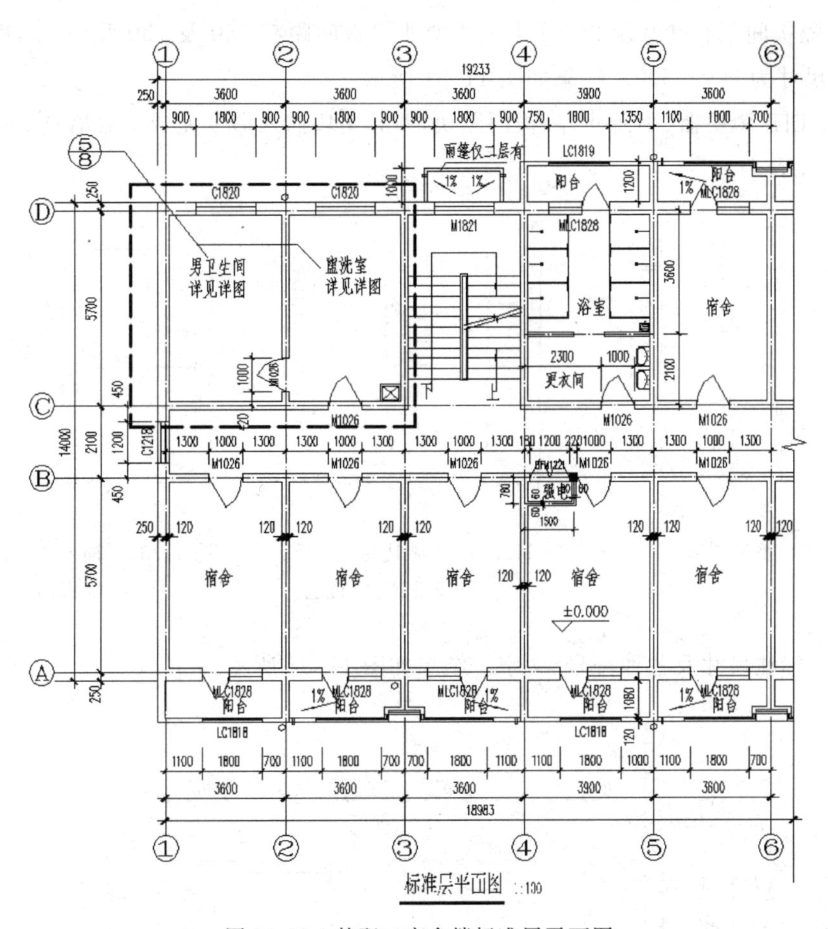

图 11.28　某职工宿舍楼标准层平面图

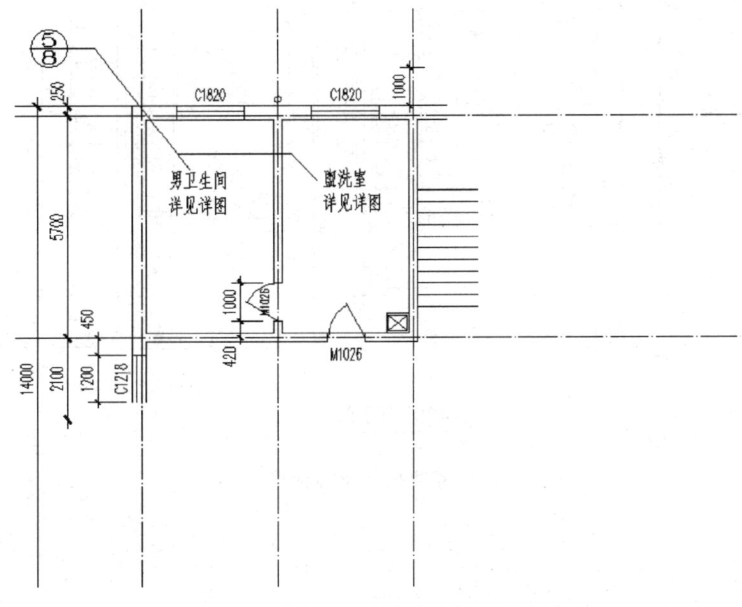

图 11.29　从平面图中复制卫生间局部

步骤 2：整理图形。删除多余图线，如尺寸、楼梯踏步等，结果如图 11.30 所示。

步骤 3：利用直线、复制或阵列、修剪等命令完成卫生间隔板及盥洗室的盥洗池、拖布池的绘制。蹲位隔板间距有 900 及 960 两种；小便斗隔板间距有 650 及 750 两种；隔板厚度均为 30；拖布池尺寸为 600×500。结果如图 11.31 所示。

步骤 4：创建蹲便器、小便斗、隔板门图块，并利用块插入命令完成卫生器具的布置。结果如图 11.32 所示。

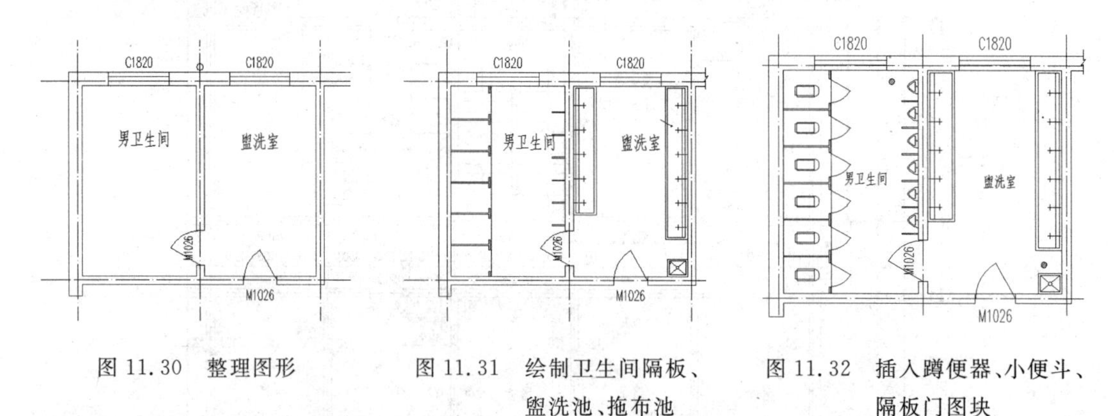

图 11.30　整理图形

图 11.31　绘制卫生间隔板、盥洗池、拖布池

图 11.32　插入蹲便器、小便斗、隔板门图块

步骤 5：标注尺寸及各种符号、文字。结果如图 11.33 所示。

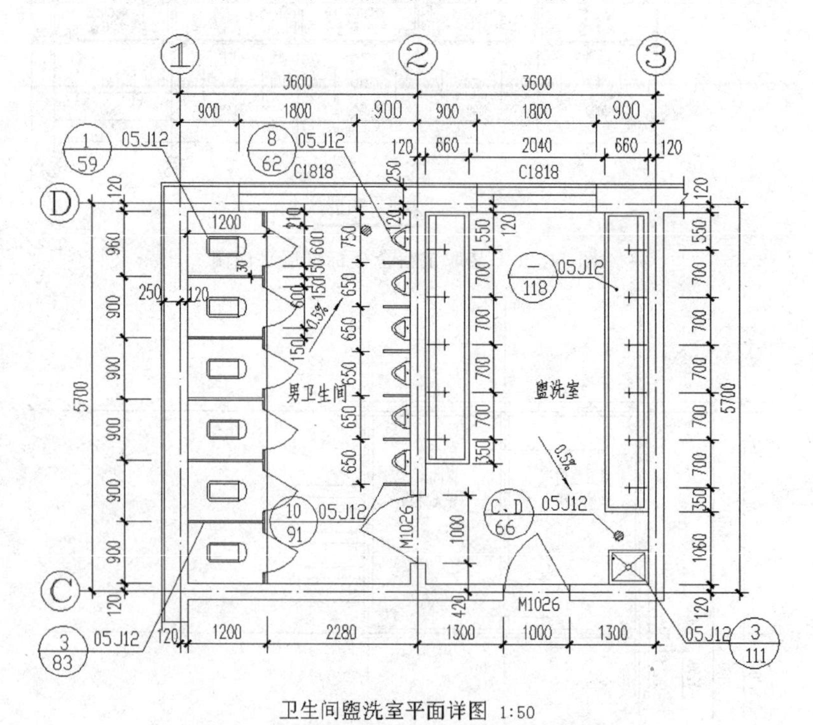

图 11.33　标注尺寸及各种符号、文字

2. 直接绘制详图的方法

有些建筑详图，由于无法从平、立、剖面图中截取利用，因此需要单独绘制，如墙身、檐口、散水、台阶及屋面等节点详图。

以图 11.34 所示台阶详图为例，绘制时主要使用的也是直线、复制、修剪、填充等基本绘图命令和编辑命令。具体命令操作步骤不再重复，其基本绘图思路如下。

步骤 1：绘制台阶；

步骤 2：绘制垫层；

步骤 3：绘制面层；

步骤 4：绘制其他细部；

步骤 5：整理、填充；

步骤 6：标注。

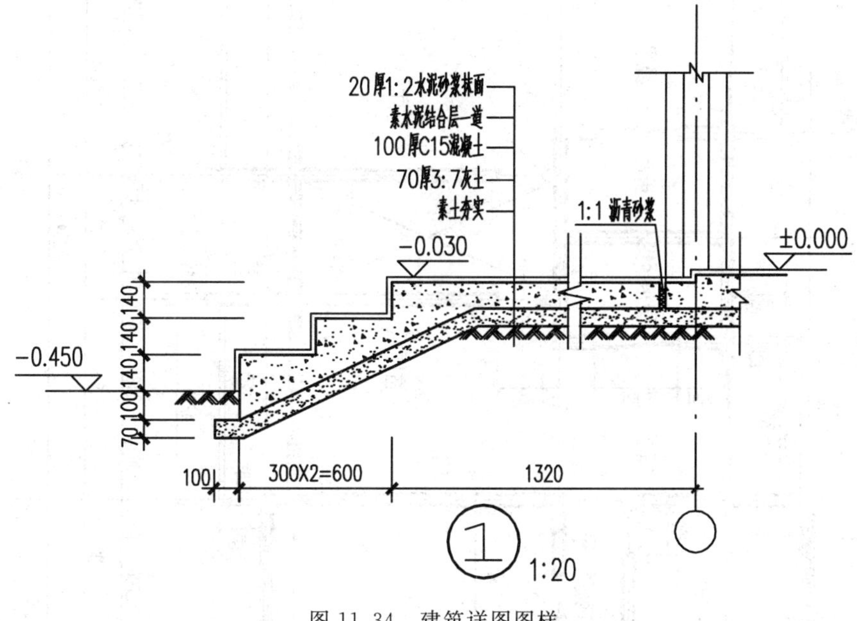

图 11.34 建筑详图图样

习题

1. 绘制如图 11.35 所示住宅标准层平面图，比例 1∶100，图幅 A3。
2. 绘制如图 11.36 所示传达室平、立、剖面图，比例 1∶100，图幅 A3。
3. 绘制如图 11.37 所示楼梯平面详图，比例 1∶50，图幅 A3。
4. 绘制如图 11.38 所示楼梯剖面详图，比例 1∶50。填充材料为钢筋混凝土。

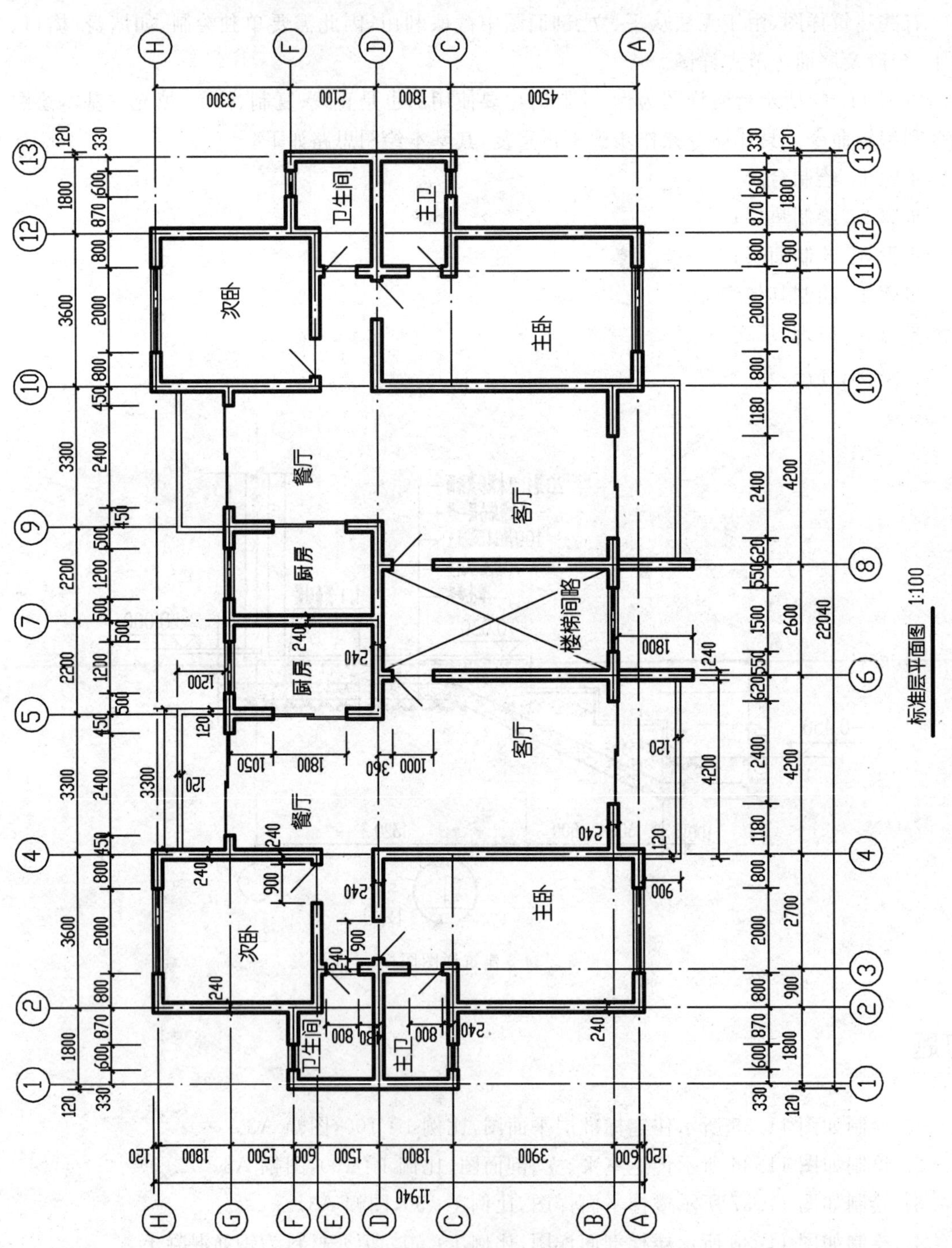

图 11.35 住宅标准层平面图

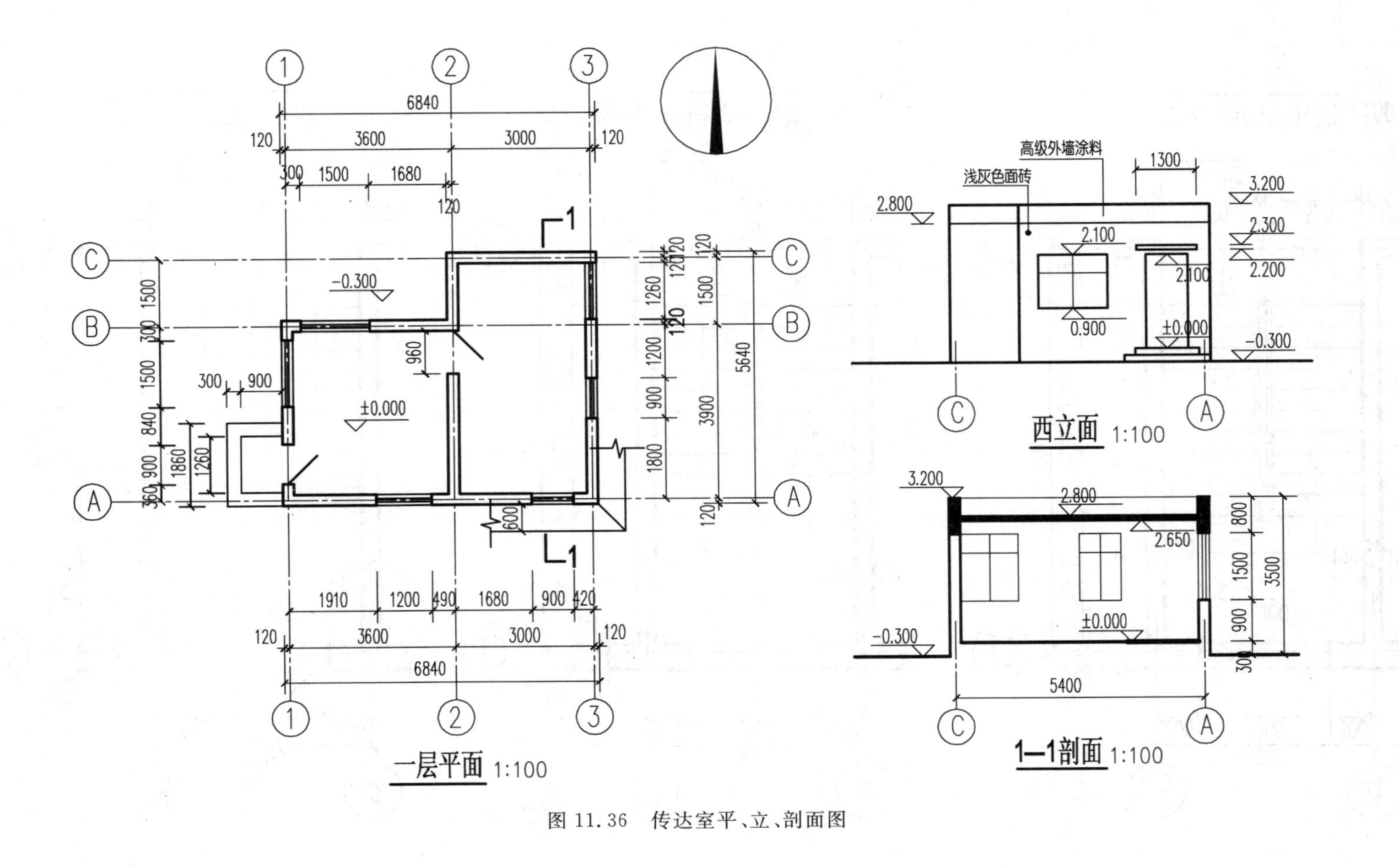

图 11.36 传达室平、立、剖面图

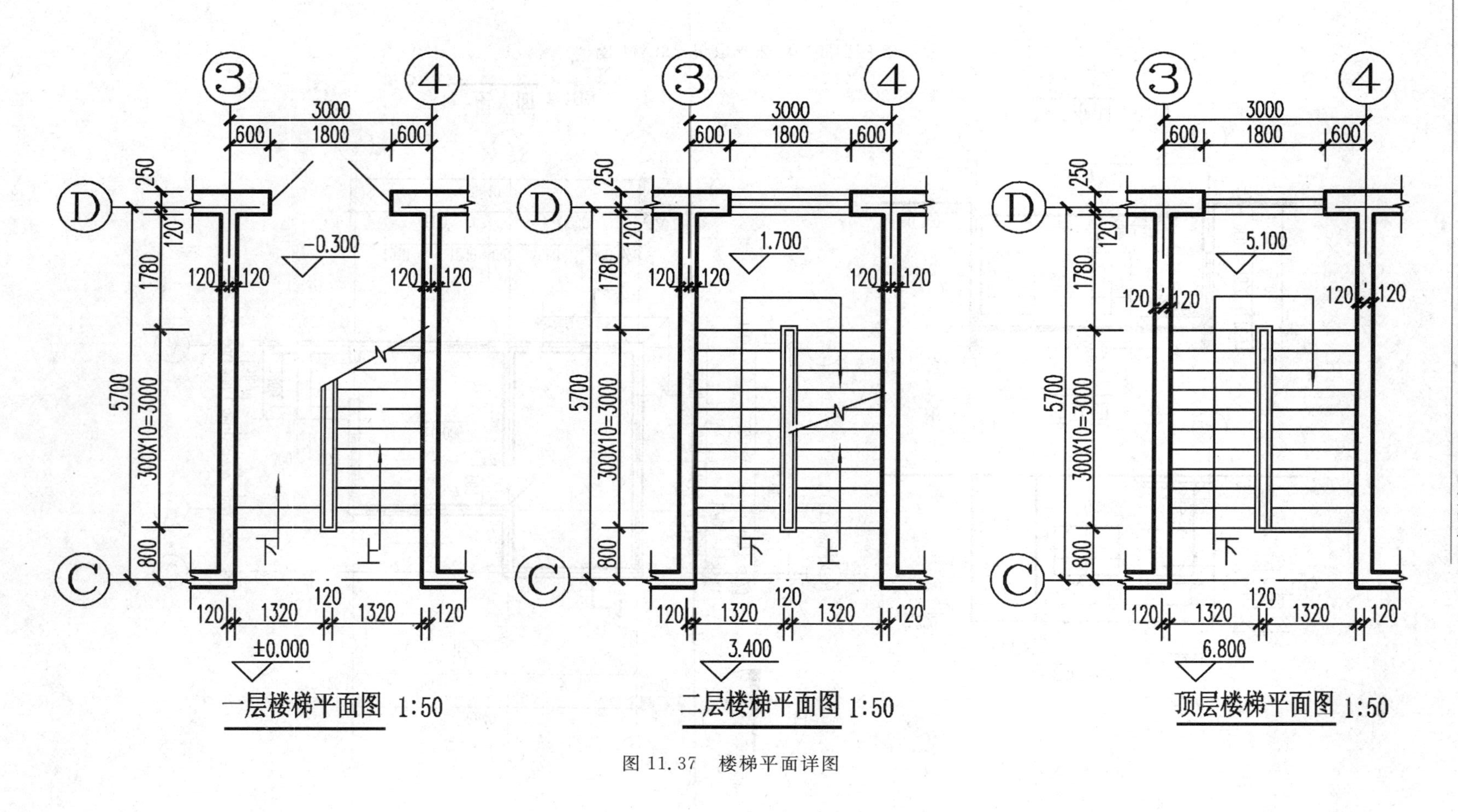

图 11.37 楼梯平面详图

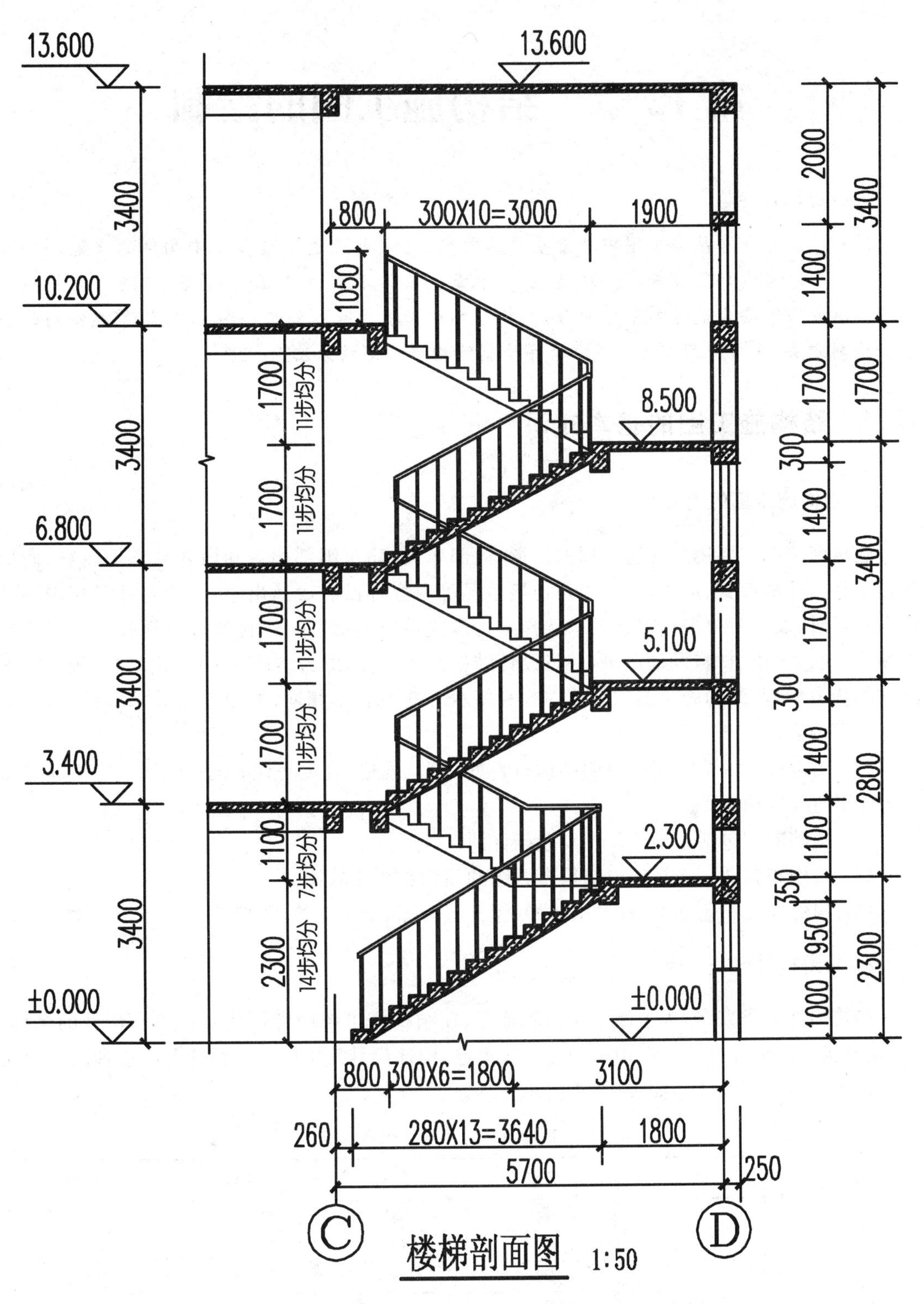

图 11.38 楼梯剖面详图

第12章　结构施工图的绘制

学习目的与要求

结构施工图是房屋施工图中非常重要的内容，它主要表达房屋各承重构件的布置、材料、形状、大小，以及内部构造等，简称“结施”。本章主要学习应用 AutoCAD 2010 绘制结构施工图的基本方法。要求通过本章的学习，熟悉结构施工图的基本知识和图示内容，掌握钢筋的表达和绘制方法，掌握应用 AutoCAD 软件绘制结构施工图的方法。

12.1　结构施工图的基本知识

1. 结构施工图的内容

建筑施工图主要用来表达房屋的外形、内部布局、建筑细部构造和内外装修等内容，而房屋各承重构件的布置、形式、大小以及连接情况等内容都没有表达出来，这些内容需要进行结构设计，结构设计时要根据建筑要求选择结构形式，进行合理布置，再通过力学计算确定构件的断面形状、大小、材料及构造等，并将设计结果绘成图样，即为结构施工图（简称“结施”）。不同的结构类型，其结构施工图的具体内容和图示方式也各不相同，但图纸组成基本相同，一般包括以下内容：

（1）结构设计说明　用以说明结构材料的类型、规格、强度等级；地基情况；施工注意事项；选用的标准图集等。

（2）基础图　包括基础平面图和基础详图。

（3）结构布置图　包括楼层结构布置图和屋面结构布置图。

（4）构件详图　包括梁、板、柱、楼梯、屋架等详图，以及支撑、预埋件、连接件等详图。

2. 常用构件代号

结构构件种类繁多，为了便于绘图和施工，在结构施工图中常用代号来表示构件的名称。《建筑结构制图标准》（GB/T 50105—2001）规定，构件代号采用构件名称的汉语拼音的第一个字母表示。常用构件代号如表12.1所示。

表12.1　常用构件代号

名称	代号	名称	代号	名称	代号
板	B	圈梁	QL	桩	ZH
屋面板	WB	过梁	GL	挡土墙	DQ
墙板	QB	屋架	WJ	梯	T
天沟板	TGB	框架	KJ	雨篷	YP
梁	L	柱	Z	阳台	YT
屋面梁	WL	框架柱	KZ	预埋件	M
吊车梁	DL	构造柱	GZ	基础	J

注：预应力钢筋混凝土构件的代号，应在构件代号前加注“Y—”，如 Y—KB 表示预应力钢筋混凝土空心板。

3. 钢筋的基本知识和图示方法

1）钢筋的种类与级别代号

房屋建筑工程中采用的钢筋有热轧钢筋、热处理钢筋、冷拉钢筋、冷轧带肋钢筋四种。冷加工钢筋延性较差，对结构抗震不利，钢筋混凝土结构设计规范已不推荐使用。目前最常用的为热轧钢筋，热轧钢筋是将钢材在高温状态下轧制而成，根据其标准屈服强度的高低和品种的不同，分为 HPB235、HRB335、HRB400 和 RRB400 四个级别，并采用不同的符号表示，以便在图中标注和识别，如表 12.2 所示。

表 12.2　普通钢筋符号及强度标准值

种类（热轧钢筋）	符号	直径 d/mm	强度标准值 f_{yk} /（N/mm^2）	备　注
HPB235（Q235）	Φ	8～20	235	光圆钢筋（Ⅰ级钢筋）
HRB335（20MnSi）	Φ	6～50	335	带肋钢筋（Ⅱ级钢筋）
HRB400（20MnSiV）	Φ	6～50	400	带肋钢筋（Ⅲ级钢筋）
RRB400（K20MnSi）	Φ^{R}	8～40	400	带肋钢筋（新Ⅲ级钢筋）

表 12.2 中钢筋名称中 H（Hot 缩写）表示热轧，P（Polishing 缩写）表示光圆，R（Ribbed 缩写）表示带肋（表面上有人字纹或螺旋纹等），B（Bars 缩写）表示钢筋，数字代表钢筋的抗拉强度标准值。

2）钢筋的保护层

为了保护钢筋、防止腐蚀和加强钢筋与混凝土的黏结力，应保证钢筋的外边缘与混凝土表面留有一定厚度的保护层，即钢筋的保护层。保护层的厚度国家标准《混凝土结构设计规范》（GB/T 50010—2002）有明确的规定（见表 12.3），但在结构图中不必标注，施工时必须按规范执行。

表 12.3　混凝土保护层的最小厚度　　mm

环境类别		板、墙、壳			梁			柱		
		≤C20	C25～45	≥C50	≤C20	C25～45	≥C50	≤C20	C25～45	≥C50
一		20	15	15	30	25	25	30	30	30
二	a	—	20	20	—	30	30	—	30	30
	b	—	25	20	—	35	30	—	35	30
三		—	30	25	—	40	35	—	40	35

注：① 纵向受力的普通钢筋及预应力钢筋，其混凝土保护层厚度不应小于钢筋的公称直径；

② 基础中纵向受力钢筋的混凝土保护层厚度不应小于 40mm；当无垫层时不应小于 70mm；

③ 室内正常环境为一类环境，室内潮湿环境为二 a 类环境，严寒和寒冷地区的露天环境为二 b 类环境，使用除冰盐或滨海室外环境为三类环境。

3）钢筋的表示方法及画法

在结构图中，为了清楚地表示钢筋的配置情况，国标《建筑结构制图标准》（GB/T 50105—2001）对钢筋的表示方法和画法进行了相关规定。表 12.4 列出了一般钢筋的表示方法和钢筋画法。

表 12.4 钢筋的一般表示方法及画法

图　例	名称及说明	图　例	名称及说明
	上图表示端部无弯钩钢筋 下图表示长短钢筋重合时端部用斜划线表示	(底层)　(顶层)	结构平面图中配置双层钢筋时： 底层钢筋弯钩向上或向左 顶层钢筋弯钩向下或向右
	上图表示端部是半圆形弯钩的钢筋 下图表示直弯钩的钢筋		
	钢筋的搭接 上图为无弯钩的情况 中图为圆弯钩的情况 下图为直弯钩的情况	JM YM JM YM (JM近面；YM远面)	钢混墙体配双层钢筋时，配筋立面图中远面钢筋弯钩向上或向左，近面向下或向右
	带丝扣的钢筋端部		断面图不能表达清楚的钢筋布置，应再增加钢筋大样图
	花篮螺丝钢筋接头 机械连接的钢筋接头		
+	单根预应力钢筋断面 预应力钢筋或钢绞线	或	箍筋、环筋等若布置复杂时，可加画钢筋大样图及说明
	张拉端锚具 固定端锚具		一组相同钢筋、箍筋或环筋可用一根粗线表示，同时要标明起止位置

4）钢筋的编号及标注

为了便于识别，在结构图中构件内的各种钢筋应予以编号。编号采用阿拉伯数字，写在直径为 6mm 的细实线圆圈内。钢筋的标注方法根据不同的情况，主要有两种形式。

标注形式 1——标注钢筋的编号、根数和直径，如梁、柱内的受力筋和梁内的架立筋。如图 12.1 所示中的①、②、③号钢筋。

标注形式 2——标注钢筋的编号、直径和间距，例如梁、柱内的箍筋和板内的各种钢筋。如图 12.1 所示中的④号钢筋。

注意：标注时应沿钢筋的长度标注或标注在相关钢筋的引出线上。

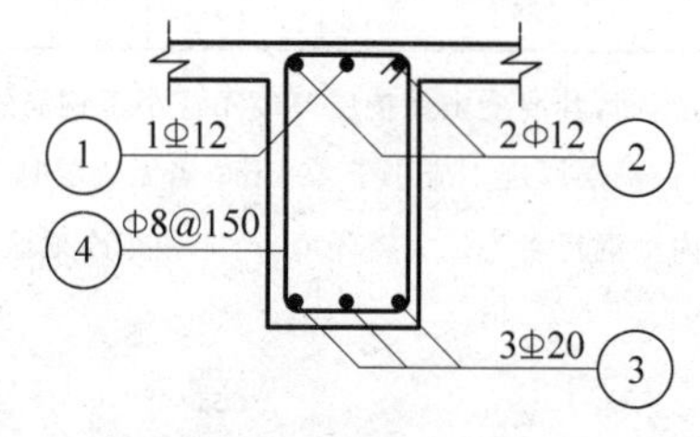

① 1Φ12 的含义：编号-①、根数-1、钢筋等级-Ⅱ级、直径-12mm

④ Φ8@150 的含义：编号-④、钢筋等级-Ⅰ级、间距符号-@、间距尺寸-150mm

图 12.1 钢筋的标注

12.2　结构施工图图示内容及要求

12.2.1　基础图图示内容及要求

基础图一般包括基础平面图、基础断面详图和设计说明等内容。

1. 图示内容

1）基础平面图的内容

- 表明纵、横向定位轴线及其编号；
- 表明基础墙、柱、基础底面的形状、大小及其与轴线的关系；
- 基础梁、柱、独立基础等构件的位置及代号，基础详图的剖切位置及编号；
- 其他专业需要设置的穿墙孔洞、管沟等的位置、洞口尺寸、洞底标高等。

2）基础详图的内容

- 基础断面图轴线及其编号（当一个基础详图适用于多个基础断面或采用通用图时，可不标注轴线编号）；
- 表明基础的断面形状、所用材料及配筋；
- 标注基础各部分的详细构造尺寸及标高；
- 防潮层的做法和位置。

3）设计说明

一般包括地面设计标高、地基的允许承载力、基础的材料强度等级、防潮层的做法以及对基础施工的其他要求等。

2. 比例

基础平面图的比例通常与建筑平面图相同，常用比例为 1∶50、1∶100。

基础详图常用比例为 1∶10、1∶20、1∶30 等。

3. 线型

在基础平面图中，用中实线表示剖切到的基础墙身线，基坑边线为细实线。粗实线（单线）表示可见的基础梁，不可见的基础梁用粗虚线（单线）表示。

基础详图用断面图或剖面图表示，钢筋采用粗实线，轮廓线采用细实线，不画钢筋混凝土材料图例。

4. 尺寸标注

在基础平面图中，应标出基础的定形尺寸和定位尺寸。定形尺寸包括基础墙宽、基础地面宽度、柱外形尺寸和独立基础的外形尺寸等。这些尺寸可直接标注在基础平面图上，也可用文字加以说明和用基础代号等形式标注。定位尺寸也就是基础梁、柱等的轴线尺寸，必须与建筑平面图的定位轴线及编号一致。

基础详图中须标注基础各部分的详细尺寸及室内、室外、基础底面标高等。

12.2.2 楼层(屋面)结构布置图图示内容及要求

1. 图示内容

楼层结构布置图主要表示每层楼面梁、板、柱、墙及楼面下层的门窗过梁、大梁、圈梁的布置,和它们之间的结构关系,以及现浇板的构造与配筋等情况。其图示内容包括以下几点。

(1) 楼层结构布置平面图(简称结构平面图):表示该楼层的梁、板、柱、墙的平面布置,现浇钢筋混凝土楼板的构造与配筋,及它们之间的结构关系。

(2) 局部剖(断)面详图:对于楼层结构布置平面图表达不清的部分,如支座处的搭接、竖直方向的构件布置和构造等节点处,可辅以相应的局部剖(断)面详图来表达。

(3) 构件统计表:以表格形式分层统计出各层平面布置图中各类构件的名称、代号、数量、详图所在图纸(图集)的图号、备注等。构件统计表是编制预算和施工准备的重要依据之一。

(4) 文字说明:注写施工要求和注意事项等。

屋面即屋顶、屋盖,屋面和楼层的结构布置和图示方法基本相同,所不同的主要是屋面由于有排水、隔热等特殊要求,屋面要设置天沟、坡度等。

2. 比例

楼层(屋面)结构布置平面图一般采用1∶50、1∶100、1∶200,通常与建筑平面图采用相同的比例。

局部剖(断)面详图通常采用1∶10、1∶20、1∶30等。

3. 线型

在结构平面图中,构件一般采用轮廓线表示,梁、屋架、支撑等也可用粗单点长画线表示其中心位置。采用轮廓线表示时,可见的钢筋混凝土楼板的轮廓线用细实线表示,剖切到的构件轮廓线用中实线表示,不可见构件的轮廓线用中虚线表示,门窗洞可以不再画出。

4. 标注

(1) 定位轴线网及墙、柱、梁的编号和定位尺寸;

(2) 现浇板的起止位置和钢筋配置及预留孔洞的大小和位置;

(3) 圈梁、过梁的位置和编号;

(4) 楼面及各种梁的底面(或顶面)的结构标高;

(5) 详图索引符号及其有关剖切符号;

(6) 预制构件的标准图集编号、材料要求等。

在楼层结构平面图中应标注定位轴线间距及其编号,并与建筑平面图保持一致,同时标注结构标高。

12.2.3 构件详图图示内容及要求

1. 图示内容

钢筋混凝土构件主要包括梁、板、柱等，构件分为预制和现浇两种。

预制构件按构件图集选用，只要在结构平面图中注明型号、数量即可。

现浇钢筋混凝土构件则需要另画详图表示其配筋、尺寸等情况，图示内容包括模板图(形状较简单的可省略模板图)、立面图、断面图、钢筋详图、钢筋表、文字说明等。

2. 比例

常用比例为1∶20、1∶30、1∶40等。

3. 线型

构件外轮廓用细实线；钢筋用粗实线，钢筋断面用实圆点(一般直径取1mm)。

4. 标注

板的构件详图应标注钢筋配筋情况、板长、板厚和板面结构标高等尺寸。

梁、柱的构件详图应标注出梁、柱的定形尺寸(长、宽、高)；梁、柱与轴线或支座的定位尺寸；钢筋的定位尺寸；梁、柱底面或顶面的结构标高。

12.3 钢筋混凝土结构图的绘制

用AutoCAD绘制结构施工图，与建筑平面图的绘制有很多相似之处，比如样板图的设置、尺寸样式的设置、字体样式的设置、轴线的绘制、墙体的绘制等，这里不再一一赘述。主要的不同之处是钢筋的图示表达和绘制。

本节将通过基础平面图和楼层结构平面图的绘制说明结构施工图绘制的基本步骤和方法。

1. 基础平面图的绘制

房屋的基础形式多样，有条形基础、独立基础、筏板基础等，因此，基础平面图的绘制和表达内容也不尽相同。在用AutoCAD绘制基础平面图时，应根据不同情况，合理运用软件，以达到快速、简捷地完成图形的绘制。例如，当绘制条形基础平面图时，可根据基础墙宽、基坑宽度设置多线样式，使用多线命令绘制；如绘制独立基础时，可根据独立基础的尺寸和形式定义图块，绘制时按一定的比例插入。

以图12.2所示条形基础平面图为例，说明基础平面图的绘制方法。

步骤1：设置图层，包括轴线、基础墙线、基坑边线、构造柱、尺寸、字体等。

步骤2：绘制轴线，结果如图12.3所示。

步骤3：绘制基础墙线、基坑边线。

首先根据不同的墙宽及基坑边线设置两种多线样式，将A轴、B轴、1轴、5轴等基础墙线和基坑边线设置为“样式1”，设置参数如图12.4所示；同样方法将2、3、4轴等基础墙线和基坑边线设置为“样式2”；然后使用多线命令完成基础墙线、基坑边线的绘制，绘制时应注意“对正类型”选“无(Z)”，比例为1∶1。绘制结果如图12.5所示。

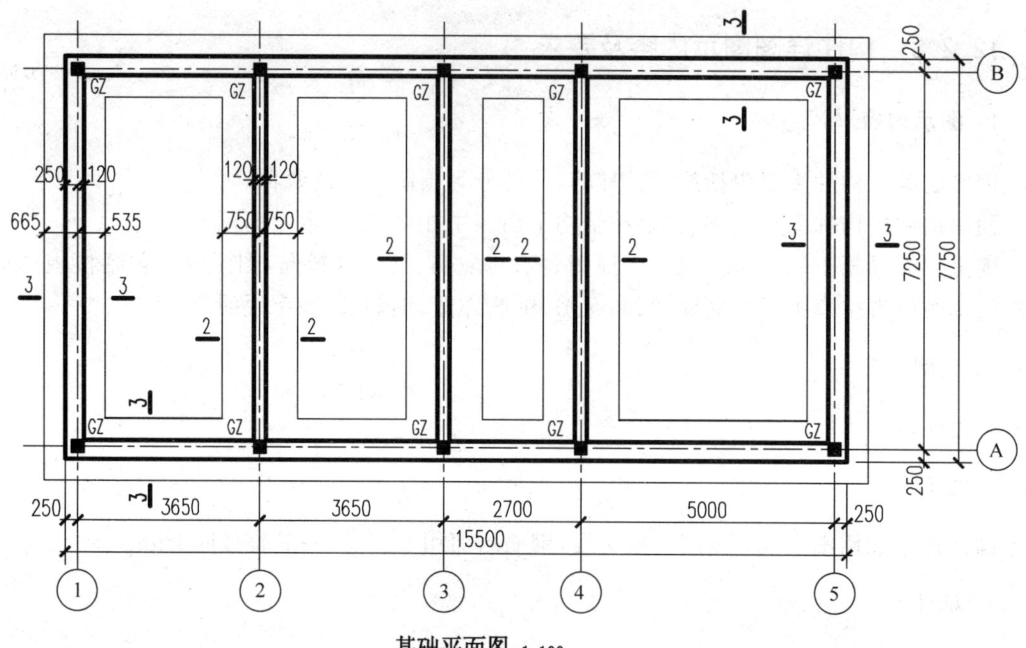

图 12.2 基础平面图示例

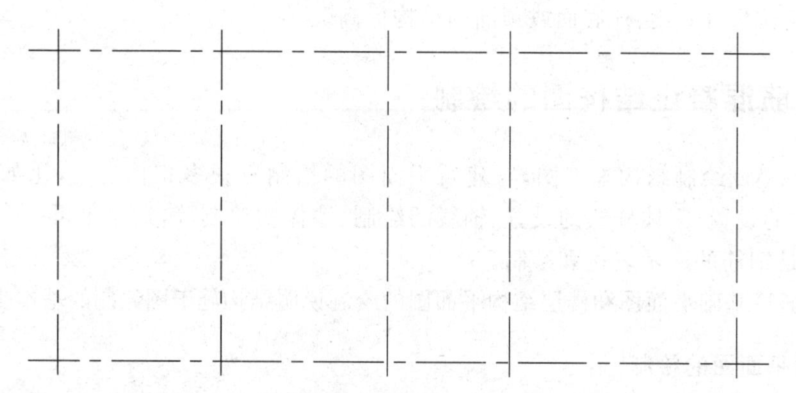

图 12.3 轴线绘制

新建多线样式:样式1

说明(P): 用于A轴、B轴、1轴、5轴等处基础墙线和基坑边线的绘制

封口

	起点	端点
直线(L):	☐	☐
外弧(O):	☐	☐
内弧(R):	☐	☐
角度(N):	90.00	90.00

填充

填充颜色(F): 无

显示连接(J): ☐

图元(E)

偏移	颜色	线型
665	BYLAYER	ByLayer
250	BYLAYER	ByLayer
-120	BYLAYER	ByLayer
-535	BYLAYER	ByLayer

添加(A) 删除(D)

偏移(S): -535.000

颜色(C): ByLayer

线型: 线型(Y)...

确定 取消 帮助(H)

图 12.4 基础墙线、基坑边线样式的设置

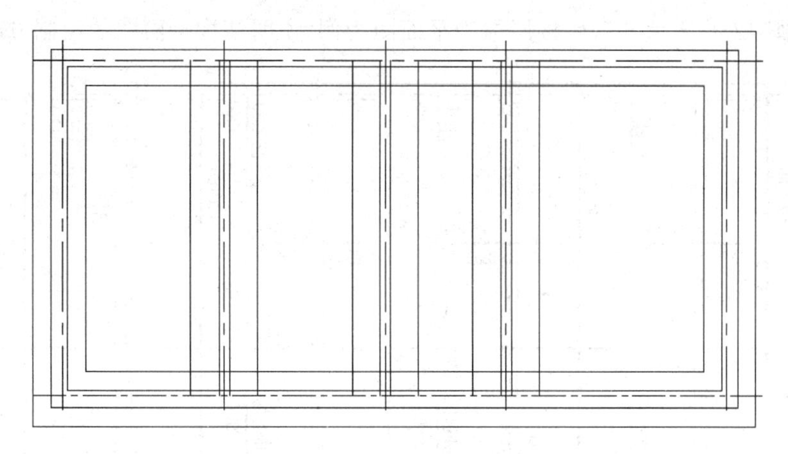

图 12.5　基础墙线、基坑边线样式的设置

步骤 4：绘制柱。选择菜单中的“修改→对象→多线”命令完成基础墙线、基坑边线相交处的修改。然后将构造柱定义成块，插入到相应位置。结果如图 12.6 所示。

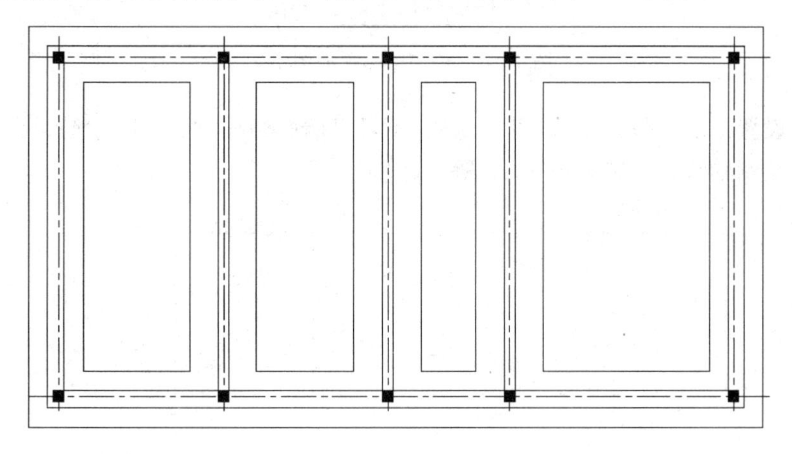

图 12.6　绘制柱

步骤 5：标注及整理。图形绘制完成检查无误后，应将多线(基础墙线、基坑边线)分解，将基础墙线、基坑边线指定到各自的图层，图形整理后进行标注。结果如图 12.2 所示。

2. 结构平面图的绘制

绘制楼层结构布置平面图(简称结构平面图)的重点是钢筋的布置和绘制，为了使钢筋和混凝土具有良好的粘结力，避免钢筋在受拉时滑动，通常对钢筋的两端进行弯钩处理，弯钩常做成半圆弯钩、直弯钩和斜弯钩，弯钩形式如图 12.7 所示。绘制钢筋时，一律使用粗实线。绘制钢筋的粗实线和表示钢筋横断面的涂黑圆点没有线宽和大小的变化，即它们不表示钢筋直径的大小。弯钩应酌情按比例绘制。

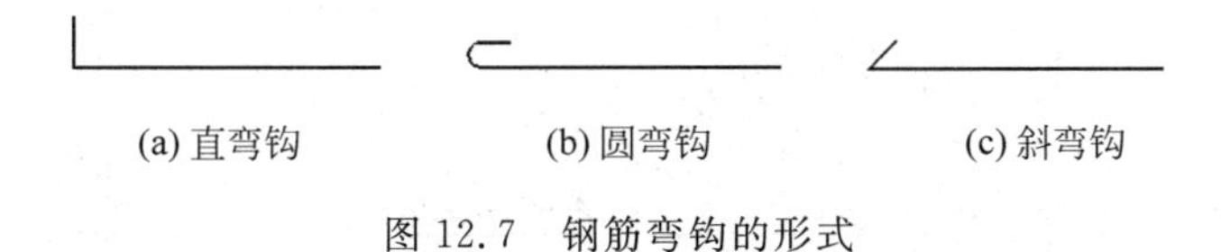

图 12.7　钢筋弯钩的形式

下面,以图 12.8 所示某房屋楼层结构平面图为例,说明结构平面图的绘制方法。

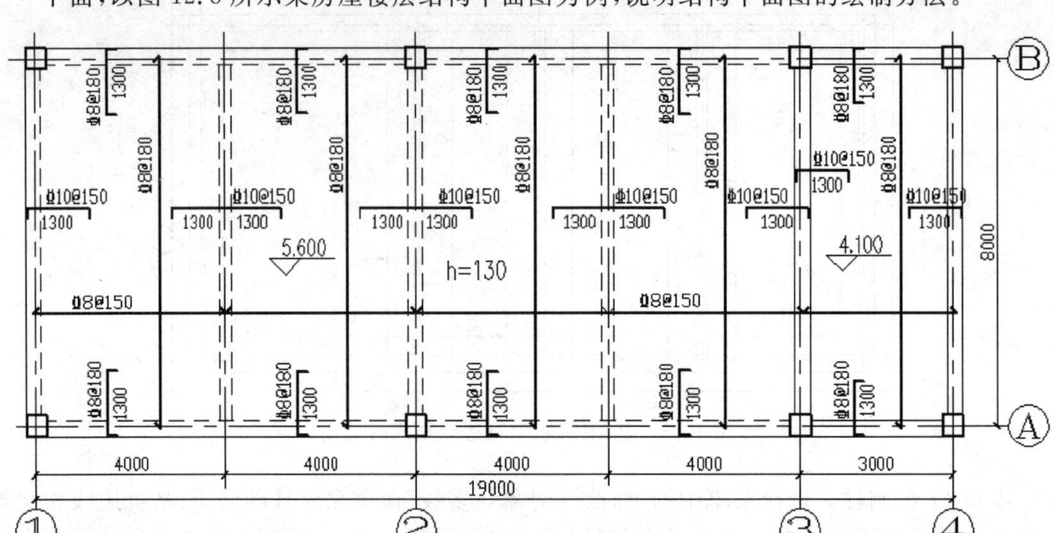

图 12.8 楼层结构平面图示例

步骤 1：设置图层。包括轴线、可见墙线、不可见墙(梁)线、框架柱、钢筋、尺寸、字体等。

步骤 2：绘制轴线。结果如图 12.9 所示。

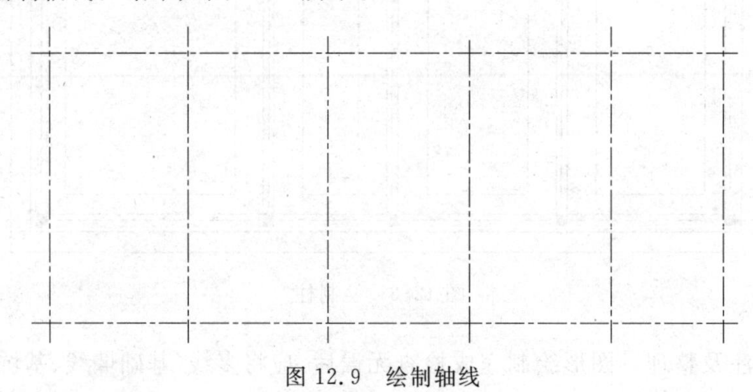

图 12.9 绘制轴线

步骤 3：绘制墙体、柱及梁。结果如图 12.10 所示。

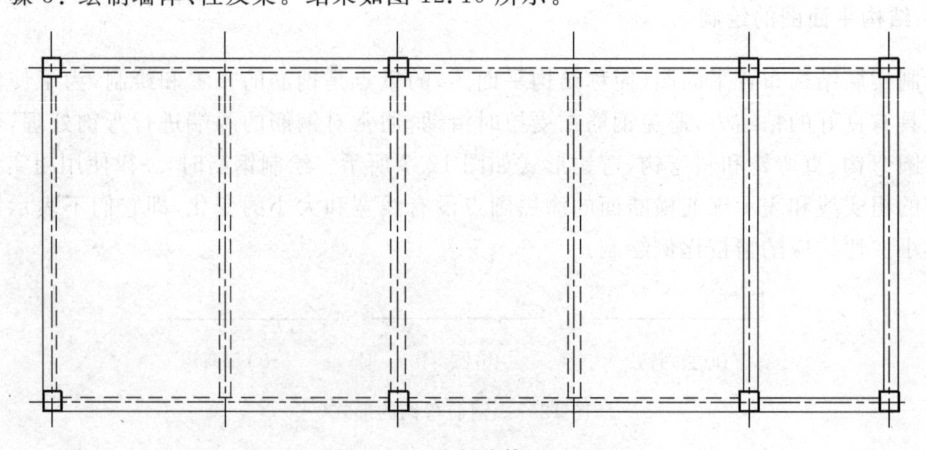

图 12.10 绘制墙体、柱及梁

步骤 4：绘制钢筋。由于钢筋两端通常有弯钩，因此绘制带弯钩的钢筋可使用多段线命令，在命令行选项中选择绘制直线段或圆弧线段，设置好线宽，利用状态栏中的正交、极轴、对象追踪等辅助绘图功能即可完成各种形式钢筋的绘制；也可将绘制好的各种钢筋弯钩做成图块，需要时插入使用，再利用拉伸命令调整其长度即可。结果如图 12.11 所示。

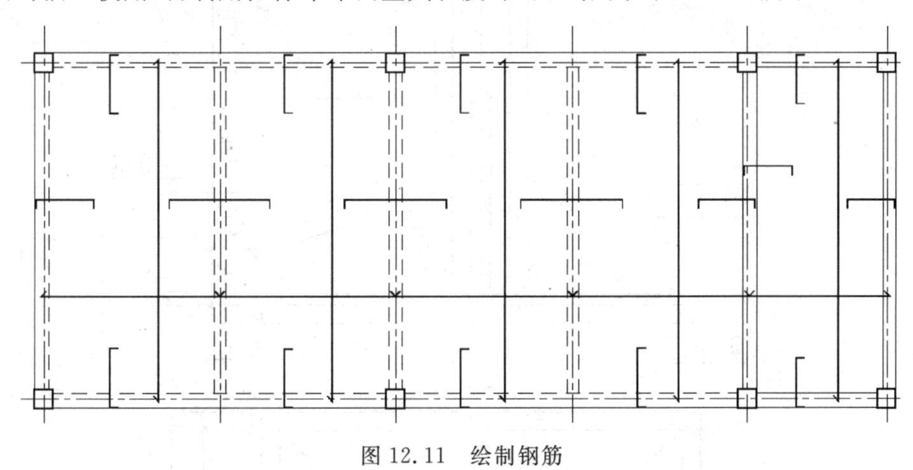

图 12.11 绘制钢筋

步骤 5：标注及整理(标高、轴线尺寸、板厚、配筋)。结果如图 12.8 所示。

习题

1. 完成图 12.12 所示基础平面图的绘制。要求：A4 幅面，比例 1：100。

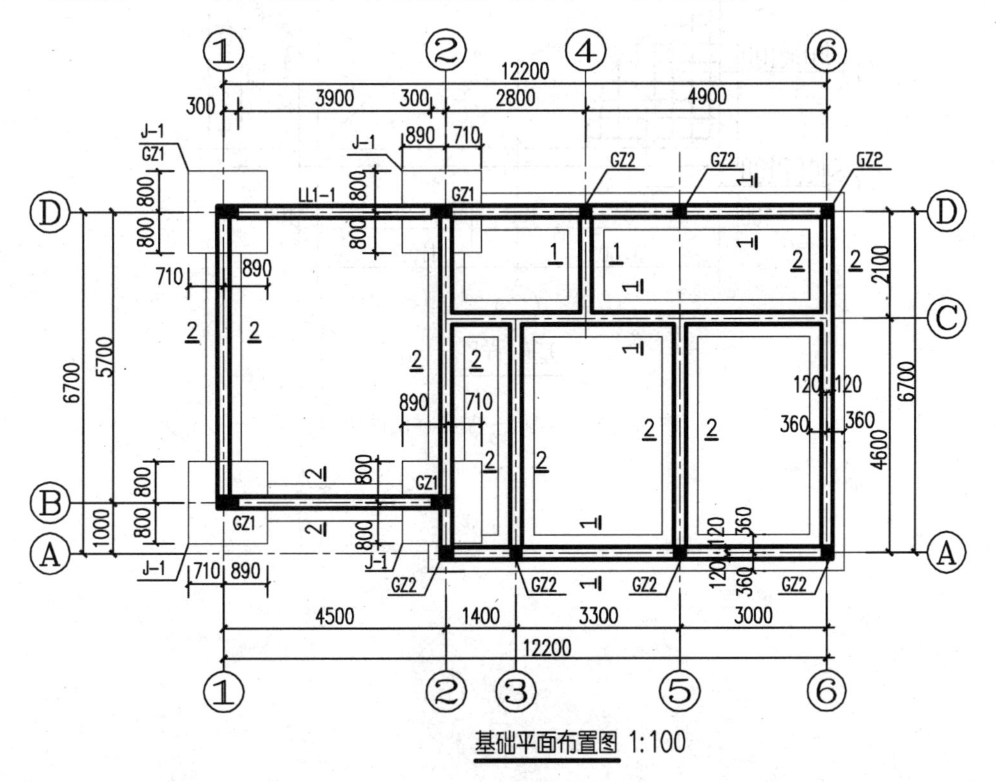

图 12.12 习题 1—基础平面图的绘制

2. 完成图 12.13 所示独立基础详图的绘制。要求：A4 幅面，比例 1∶30。

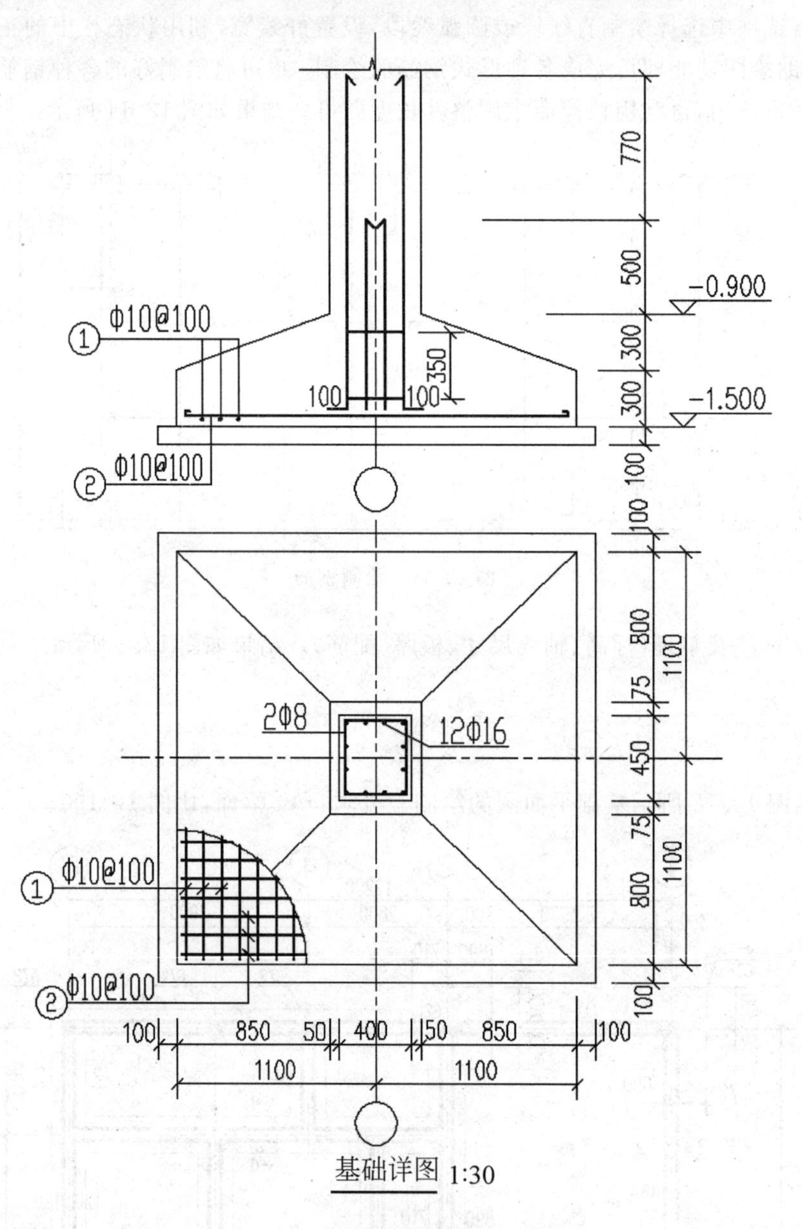

图 12.13 习题 2—基础详图的绘制

3. 完成图 12.14 所示楼层结构平面图的绘制。要求：A4 幅面，比例 1∶100。

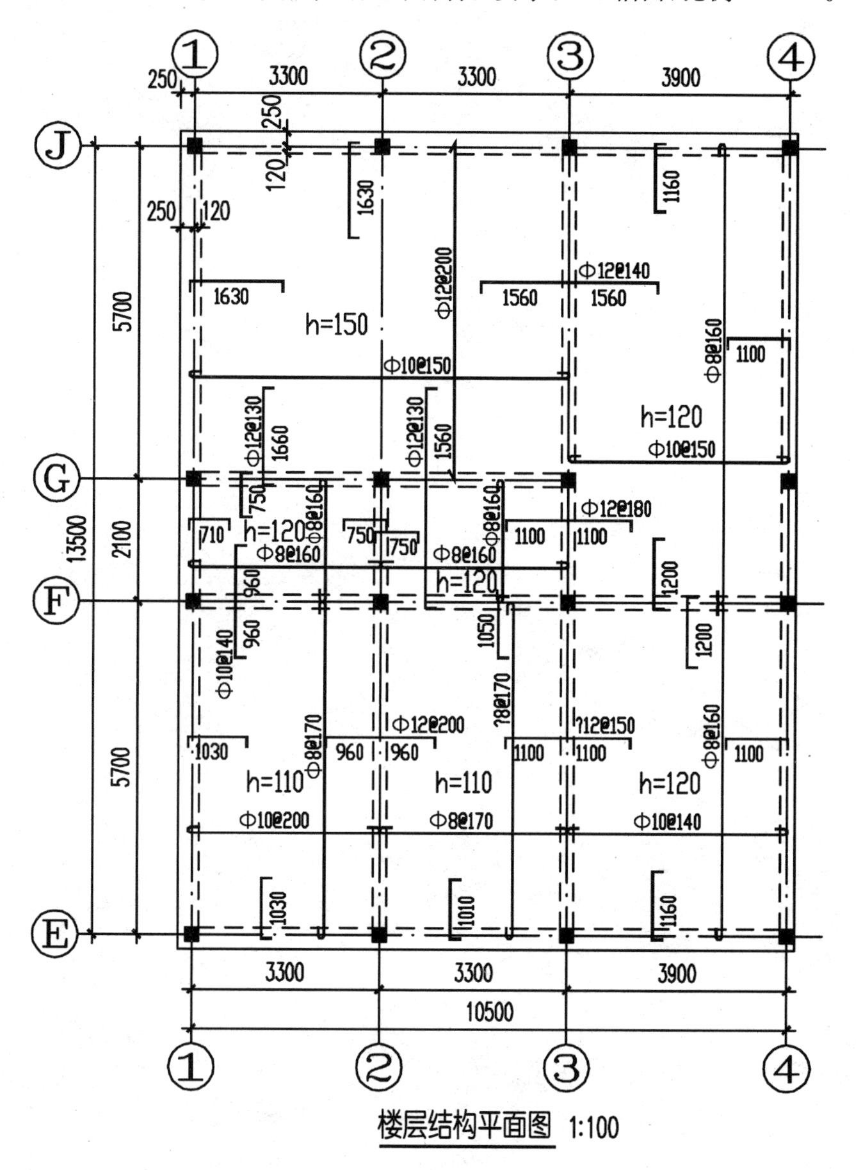

图 12.14　习题 3—楼层结构平面图的绘制

第 5 篇

图形文件的数据转换与打印

本篇包括：

第 13 章　图形文件数据格式的转换

学习目的与要求

图形文件数据格式的转换是 AutoCAD 软件与其他软件进行信息交换的基本操作。本章主要介绍 AutoCAD 系统的图形输入(外部参照图形、图像文件)和图形输出(WMF、EPS 和 BMP 文件输出)的相关功能。学习本章时,应将基本概念与习题练习相结合,利用课后练习熟悉掌握相应操作。

13.1　图形文件的输入

对于二维工程图样绘制和编辑,AutoCAD 具有高效便捷的特性,其强大的高效率特性还在于能够将外部图形、图像文件输入,方便用户重复使用一些通用的图形要素。在保持图形的完整性和独立性的同时,可将一个图形嵌入到另一个图形中。

13.1.1　外部参照

外部参照是将已有的图形文件插入到当前图形文件的一种图形输入方法,无论外部参照的图形文件多么复杂,AutoCAD 只将其作为一个单独的图形对象实体。与块相比,外部参照具有以下优点。

(1) 节省存储空间　插入块时,块定义和所有相关联的几何图形都将存储在当前图形数据库中,并且修改原图形后,块不会随之更新。而外部参照则是将参照的图形链接到当前图形中,不需要在每个图形中都保存,并且作为外部参照的图形会随着原图形的修改而更新。外部参照不会明显地增加当前图形的文件大小,从而可以节省磁盘空间,也利于保持系统的性能。

(2) 便于协同工作　可将同一设计小组成员绘制的子图形组合为一个复杂的主图形,各自子图形的更改可以随时反映到组合后的主图形中,外部参照还可以通过 Internet 完成,以实现跨地区、跨国的协作设计。

(3) 提高设计效率,节省工作时间　同一图形可以被多个文件进行外部参照,并且外部参照图形的任何改动都将会反映到参考该图形的所有图形文件中,避免了重复劳动。

外部参照允许用户将整个图形作为参照图形附着到当前图形中,还可以采用嵌套的形式使用外部参照。利用外部参照命令,AutoCAD 允许在绘制当前图形的同时,显示多达 32000 个图形参照。在某些情况下,可以将外部参照的图形绑定于当前图形,实现图形的永久合并。

1. 使用外部参照命令

附着外部参照的命令是“XREF”,其过程与插入外部块的过程类似,其命令执行方式为:

- 命令行:XREF (键盘输入)。
- 工具栏:“参照”工具栏(如图 13.1)的“外部参照”图标。
- 下拉菜单:“插入”→“外部参照”。

图 13.1 “参照”工具栏

执行“外部参照”命令后，打开“外部参照”选项板，如图 13.2 所示。外部参照图形文件的类型主要是 DWG 图形文件。

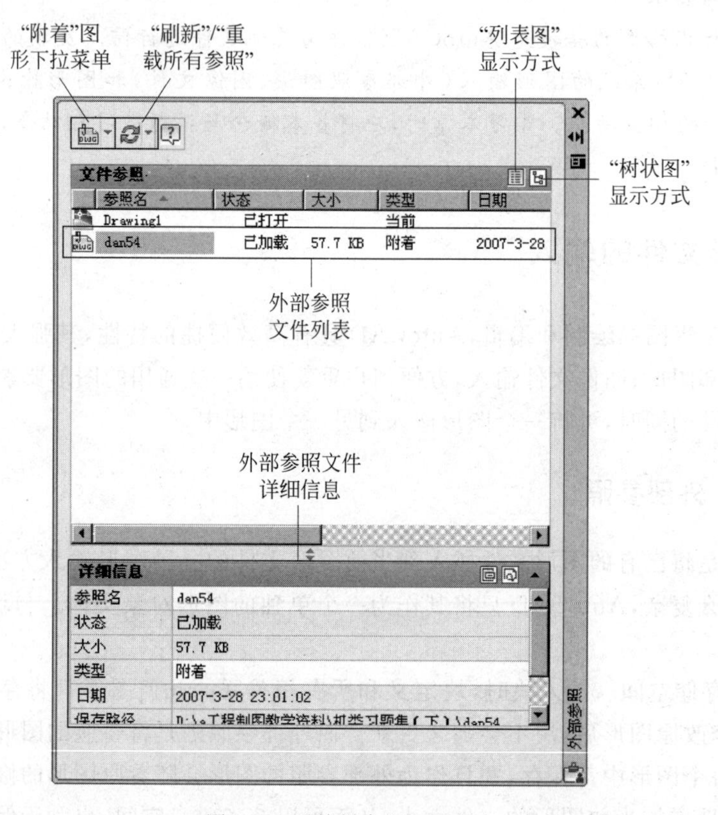

图 13.2 “外部参照”选项板

2. 附着外部参照

单击“外部参照”选项板左上角的“附着图形”按钮右侧的下拉箭头▾，可以打开“附着图形”下拉菜单，如图 13.3 所示，选择“附着 DWG”(还可以根据要求选择外部参照的图形文件)，打开“选择参照文件”对话框，如图 13.4 所示。在此对话框中选择参照文件后，单击“打开”按钮，可以打开“附着外部参照”对话框，如图 13.5 所示。即可在当前文件中进行附着外部参照图形的相关操作。

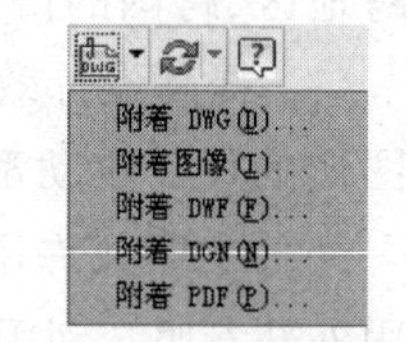

图 13.3 “附着图形”下拉菜单

“附着外部参照”对话框主要包括以下几项内容。

(1) 图形预览区　外部参照图形的查看和预览。

(2) 参照类型　包括附加型和覆盖型。两者区别在于当一个图形文件所参照的图形本身已经参照外部文件时的处理方式不同：当参照一个本身已经具有“附加型”方式的外部参照的图形文件时，所有外部参照都会被包括在当前文件中；而参照本身具有“覆盖型”方式的外部参照图形文件时，嵌套于外部参照文件中的覆盖型外部参照文件不会被包含在当前文件中。

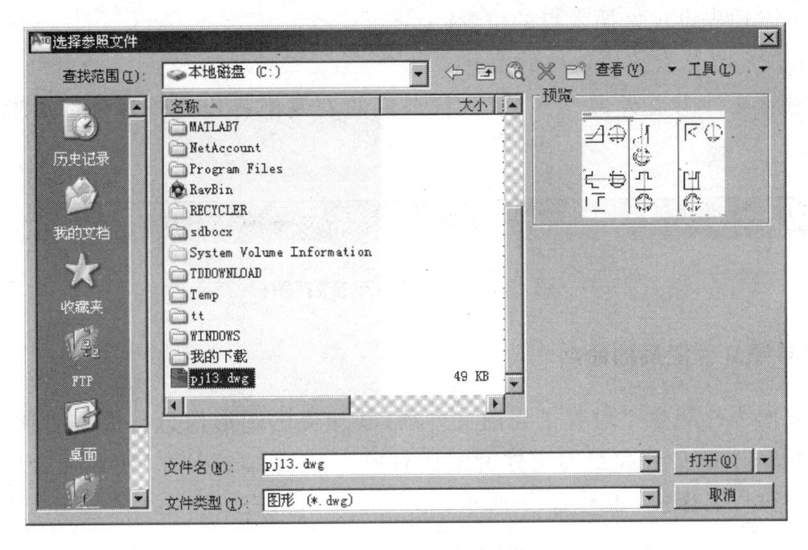

图 13.4　“选择参照文件”对话框

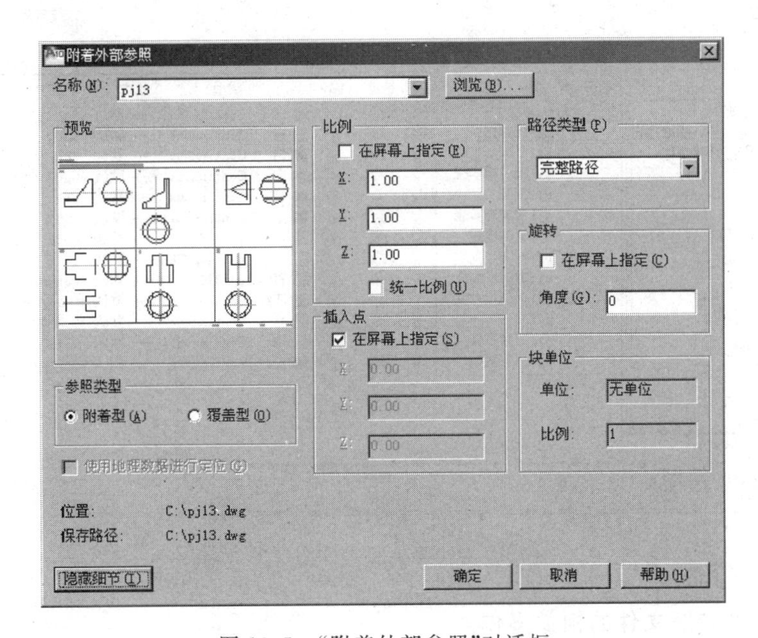

图 13.5　“附着外部参照”对话框

(3) 比例　设置外部参照图形文件附着时的比例，可在屏幕指定，也可以预先设定好。

(4) 旋转角度　设置外部参照图像文件附着时的旋转角度，可在屏幕指定，也可以预先设定好。

(5) 路径类型　“完整路径”：保存外部参照文件的精确位置，但有关文件不允许移动。“相对路径”：保存外部参照文件相对于当前图形文件的位置，使用当前驱动器号及当前文件夹的部分路径来指定保存外部参照文件的文件夹路径。允许将宿主图形文件夹所在图形集从当前驱动器移动到本机中使用相同文件夹结构的其他驱动器中。“无路径”：不使用路径附着外部参照文件。适用于宿主文件与外部参照文件位于同一文件夹的情况。

(6) 插入点　指定选定外部参照的插入点。默认设置是“在屏幕上指定”，默认插入点是

(0,0,0),也可以预先设定好插入点的位置。

(7) 块单位　显示有关块单位的信息。

当一个图形文件附着外部参照后,在状态栏的右侧中将出现管理外部参照图标,如图 13.6 所示。

图 13.6　“管理外部参照”图标

3. 外部参照文件图层的命名

当图形被作为外部参照附着于当前文件后,其相应的图形信息也被添加到当前文件中。为了区别参照的图形文件和当前文件的图形对象,AutoCAD 用“|”将参照文件原名和其相关的图形对象符号名连接,如图 13.7 所示。

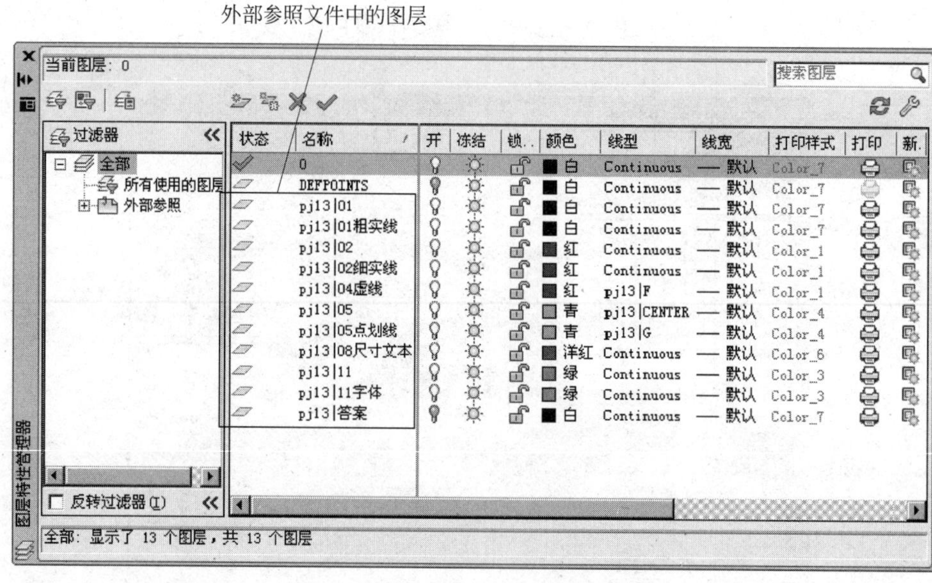

图 13.7　外部参照文件图层的命名

4. 管理外部参照文件的相关操作

在“外部参照”选项板(见图 13.2)中的文件列表中选择要操作的参照文件名,单击鼠标右键,可以打开快捷菜单,如图 13.8 所示。

打开(O)
附着(A)...
卸载(U)
重载(R)
拆离(D)
绑定(B)...

图 13.8　外部参照快捷菜单

利用该快捷菜单,可以进行以下操作:

(1) “打开”　单击“打开”选项,可将所选参照文件在新建窗口打开,并可对该参照文件进行编辑。编辑完毕后,可以保存图形,退出新打开的参照文件窗口,返回原文件。

(2) “附着”　单击“附着”选项,可以打开“附着外部参照”对话框,编辑该参照文件的插入点、类型、比例等。此处还可以插入新的外部参照文件。

(3) “卸载”　单击“卸载”选项,可以在屏幕上暂时不显示该外部参照文件,但此外部参照文件仍在宿主文件中保存。

(4)“重载”　单击“重载”选项，可以载入参照文件的最新版本，当使用“卸载”命令后，可以使用“重载”命令显示参照文件。

(5)“拆离”　单击“拆离”选项，可以将参照文件从当前文件中彻底删除。

(6)“绑定”　单击“绑定”选项，可以打开“绑定外部参照”对话框，如图 13.9 所示。可以将外部参照永久转换为当前文件中的图形对象。绑定外部参照有两种类型：

◆ 绑定：将所选外部参照变成当前图形中的一个块。

◆ 插入：将所选外部参照固定于当前图形文件中。

图 13.9　“绑定外部参照”对话框

当外部参照文件绑定于当前文件中后，其所包含的图形都成为当前文件图形中的一部分，不会自动更新为新版本，适用于协同设计工作结束阶段。

5. 外部参照图形的在位编辑

外部参照图形的在位编辑功能允许用户在动迁图形中直接编辑、修改参照的外部图形，而不需要打开所参照的源文件，在保存修改后，源文件中的图形也会随之更新。一般情况下为了尊重源文件设计者的设计意图，尽量不使用在位编辑功能。

在位编辑操作的执行方式：

• 命令行：REFEDIT（键盘输入）。

• 工具栏：“参照编辑”工具栏(见图 13.10)的“在位编辑参照”图标。

在绘图窗口中双击外部参照图形。

调用“在位编辑参照”命令后，按提示在当前图形中选择需要进行编辑的外部参照图形，可以打开“参照编辑”对话框，如图 13.11 所示，单击“确定”按钮，即可进行外部参照的在位编辑操作。

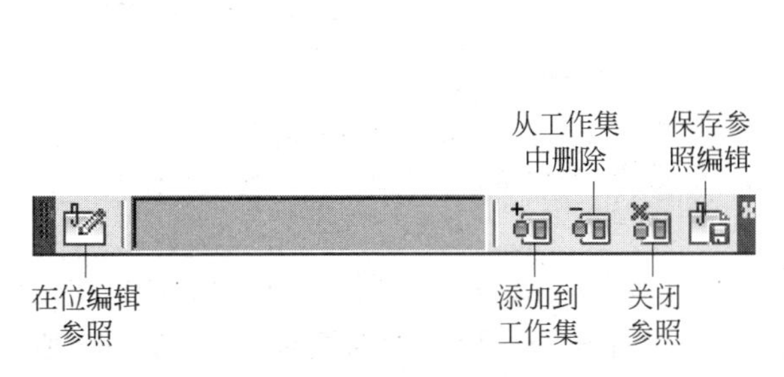

图 13.10　“参照编辑”工具栏

图 13.11　“参照编辑”对话框

进行“在位编辑参照”操作时，可以采用绘图或编辑的方式向外部参照图形文件中添加或删除图形对象，也可以采用以下几种方式：

(1)“添加到工作集”　从宿主图形中向参照编辑工作集中传输对象。

(2)“从工作集删除”　从参照编辑工作集中向宿主图形传输对象。

(3) “关闭参照” 放弃对参照编辑工作集的修改。

(4) “保存参照编辑” 保存参照编辑工作集的修改。

13.1.2 光栅图像

光栅图像由一些称为像素的小方块或点的矩形栅格组成。光栅图像可以是后缀名为 . bmp、. jpeg 等的图像文件。在 AutoCAD 中,可以用外部参照的形式将光栅图像文件附着到当前图形文件中,与外部参照一样,它们不是图形文件的实际组成部分,图像只是路径名链接到图形文件中。

在 AutoCAD 系统中可以识别的图像文件类型种类较多,如表 13.1 所示。

表 13.1 AutoCAD 可识别的图像的文件类型

类 型	说明及版本	文件扩展名
BMP	Windows 和 OS/2 位图格式	. bmp、. dib、. rle
CALS-Ⅰ	Mil-R-Raster Ⅰ	. gp4、. mil、. rst、. cg4、. cal
FLIC	FLIC Autodesk Animator Animation	. flc、. fli
GeoSPOT	GeoSPOT (BIL 文件必须与 HDR 文件以及具有相关数据的 PAL 文件放在同一个目录下)	. bil
IG4	Image Systems Group 4	. ig4
IGS	Image Systems Grayscale	. igs
JFIF 或 JPEG	Joint Photographics Expert Group	. jpg 或. jpeg
PCX	Picture PC Paintbrush Picture	. pcx
PICT	Picture Macintosh Picture	. pct
PNG	Portable Network Graphic	. png
RLC	Run-Length Compressed	. rlc
TARGA	True Vision Raster-Based Data Format	. tga
TIFF	Tagged Image File Format	. tif 或. tiff

1. 附着光栅图像

附着光栅图像的命令是“IMAGEATTACH”,命令执行方式为:

- 命令行:IMAGEATTACH (键盘输入)。
- 工具栏:“参照”工具栏(见图 13.1)的“附着图像”图标 。
- 下拉菜单:“插入”→“光栅图像参照”。

执行“附着图像”命令后,打开“选择参照文件”对话框,如图 13.12 所示。在此对话框中选择需要附着的光栅参照文件后,单击“打开”按钮,可以打开“附着图像”对话框,如图 13.13 所示。即可在当前文件中进行附着光栅图像参照的相关操作。

“附着图像”对话框主要包括以下几项内容:

(1) 图形预览区 外部参照光栅图像的查看和预览。

(2) 图像信息 显示外部参照光栅图像的详细信息,包括分辨率、单位、图像尺寸、存储位置等信息。

(3) 比例 设置外部参照图像文件附着时的比例,可在屏幕指定,也可以预先设定好。

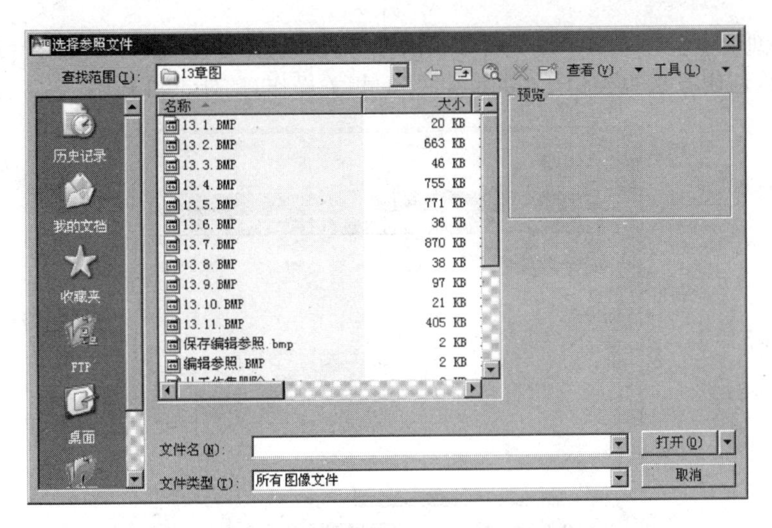

图 13.12　“选择参照文件”对话框

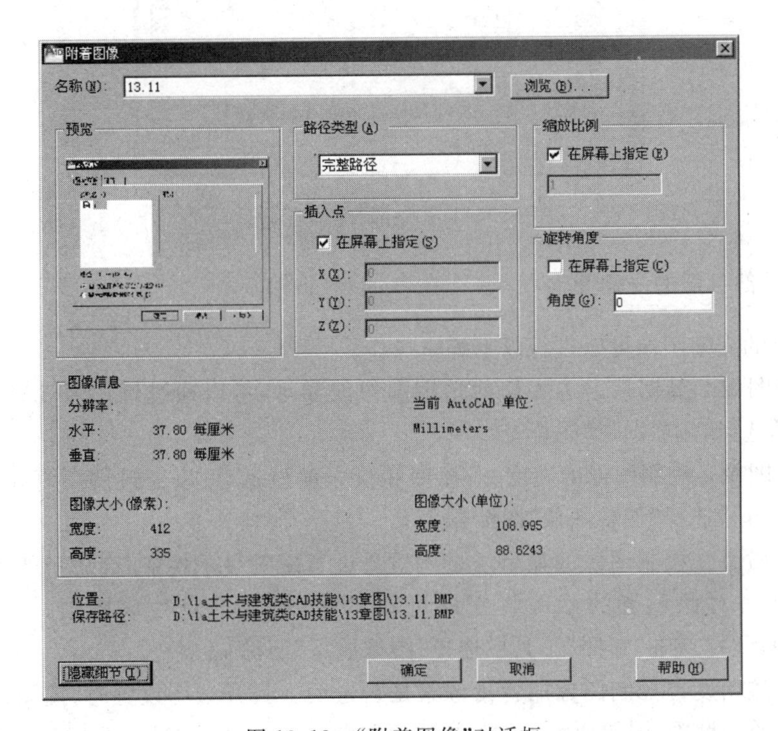

图 13.13　“附着图像”对话框

(4) 旋转角度　设置外部参照图像文件附着时的旋转角度，可在屏幕指定，也可以预先设定好。

(5) 路径类型　与外部参照路径类型相似，具体见 13.1.1 节。

(6) 插入点　指定选定外部参照光栅图像的插入点。默认设置是“在屏幕上指定”，默认插入点是(0,0,0)，也可以预先设定好插入点的位置。

2. 光栅图像管理器

在命令行输入“IMAGE”命令或在“参照”工具栏选择“外部参照”图标，可以打开“外部参照"选项板,如图 13.14 所示,利用该选项板可以对光栅图像进行管理操作。与图 13.2 所示的对话框相似,使用方法也类似于"外部参照"的相关操作,此处不再赘述。

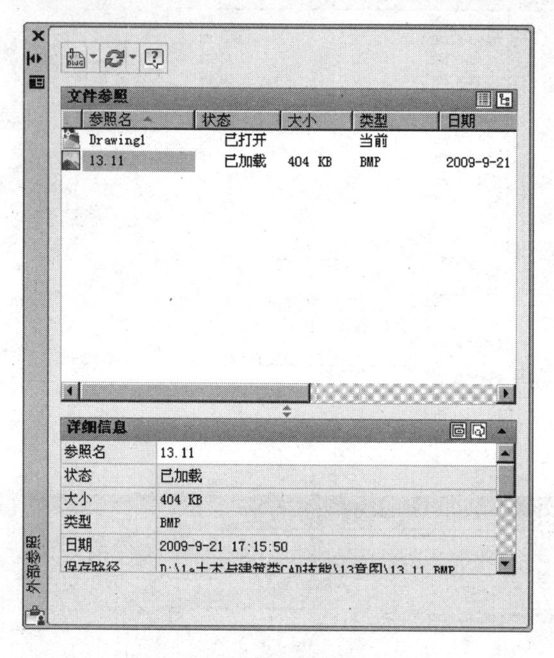

图 13.14 "外部参照"选项板

3. 编辑外部参照的光栅图像

外部参照的光栅图像可以进行以下编辑操作。

(1) 裁剪图像　根据指定边界修剪选定图像的显示,可以通过调用"IMAGECLIP"或在"参照"工具栏选择"裁剪图像"图标。

(2) 调整图像　控制图像的亮度、对比度和淡入度显示,可以通过调用"IMAGADJUST"或在"参照"工具栏选择"调整图像"图标。

(3) 图像质量　控制图像的显示质量。质量设置影响显示性能,高质量的图像需花费较长的时间显示。对此设置的修改将立即更新显示,但并不重生成图形。可以通过调用"IMAGQUALITY"或在"参照"工具栏选择"图像质量"图标。

(4) 图像透明度　控制图像的背景像素是否透明。打开透明设置时,使图像覆盖下的对象可见;关闭透明设置,图像覆盖下的对象则不可见。可以通过调用"TRANSPARENCY"或在"参照"工具栏选择"图像透明度"图标。

(5) 图像边框　控制是否显示和打印图像边框,为整数类型。0 表示图像边框不可见且不可打印;1 表示显示并打印图像边框;2 表示显示图像边框但不打印。可以用"IMAGEFRAME"变量来控制,或在"参照"工具栏选择"图像边框"图标。

13.2　图形文件的输出

AutoCAD 系统中不但能够输入多种类型的图形、图像文件,为了方便其他格式的图形进行数据交换,AutoCAD 还可以提供多种类型的图形格式转换输出功能,使用户能够最大限度的与第三方软件共享和使用图形数据。

AutoCAD 系统能够输出的图形文件格式如表 13.2 所示。本节主要介绍 WMF、EPS 和 BMP 格式文件的输出，其他类型文件的输出方式类似于上述操作。

表 13.2 AutoCAD 系统的输出文件类型

命 令	作 用
WMFOUT	将对象保存为 Windows 图元文件，以 WMF 格式输出
ACISOUT	将体对象、实体或面域输出到 ACIS 文件
STLOUT	将实体存储到 ASCII 或二进制文件中，以 STL 格式输出
PSOUT	可以将图形文件转换为 PostScript 文件，以 EPS 格式输出
ATTEXT	指定属性信息的文件格式、需要从中提取信息的对象、信息样板及其输出文件名。以 DXX 格式输出
BMPOUT	将选定对象以与设备无关的位图格式保存到文件中，以 BMP 格式输出

13.2.1 WMF 格式

WMF（Windows 图元文件格式）文件经常用于生成图形所需的剪贴画和其他非技术性图像。与位图不同的是，WMF 文件包含矢量信息，该信息在调整大小和打印时不会造成分辨率下降。

输出 WMF 格式文件的操作方式如下：

- 命令行：EXPORT（或 WMFOUT）（键盘输入）。
- 下拉菜单："文件"→"输出"。

执行上述图形输出命令后，可以打开"输出数据"对话框。命名输出文件名后，选择输出文件类型为 WMF，如图 13.15 所示，单击"保存"按钮 保存(S)，这时回到屏幕绘图窗口，命令行提示选择输出对象，选择对象后即可完成 WMF 文件的输出。

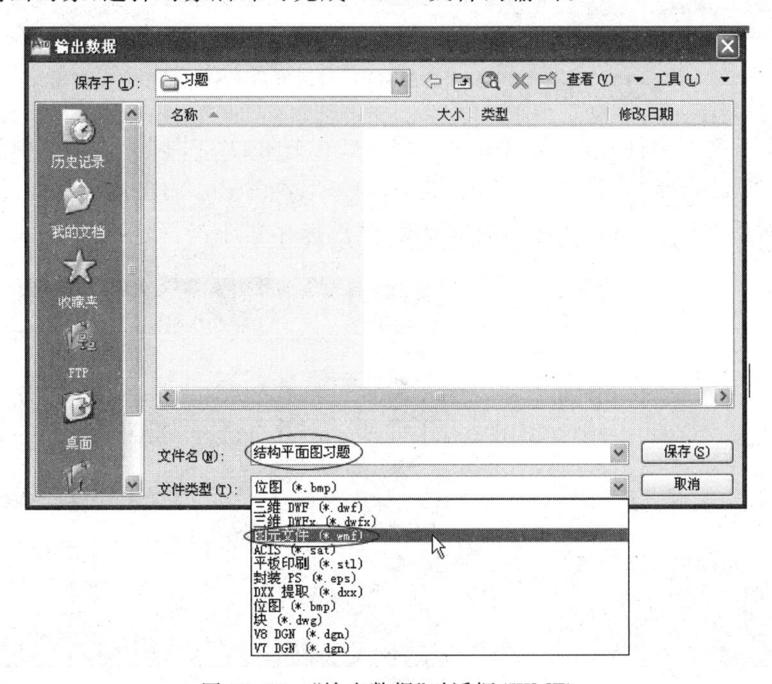

图 13.15 "输出数据"对话框(WMF)

13.2.2 EPS 格式

PostScript 是 Adobe 公司开发的页描述语言，常用于 DTP(桌面印刷系统)应用中。AutoCAD 提供了使用 PostScript 文件的可能，可以建立、输出 PostScript 文件，PostScript 图像的分辨率高于普通光栅图像。该类文件的后缀名为 ESP(即压缩 PostScript)。

输出 EPS 格式文件的操作方式如下：

• 命令行：EXPORT(或 PSOUT)(键盘输入)。

• 下拉菜单："文件"→"输出"。

执行上述图形输出命令后，可以打开"输出数据"对话框。命名输出文件名后，选择输出文件类型为 EPS，如图 13.16 所示，单击"保存"按钮 保存(S) ，这时回到屏幕绘图窗口，命令行提示选择输出对象，选择对象后即可完成 EPS 文件的输出。

图 13.16 "输出数据"对话框(EPS)

当选择 EPS 类型文件时，为与"输出数据"窗口右上角的"工具"下拉菜单中的"选项"菜单被激活，如图 13.17 所示，可以选择"选项"菜单，打开"PostScript 输出选项"对话框，如图 13.18 所示，通过该对话框改变 EPS 文件的输出设置，然后保存文件。

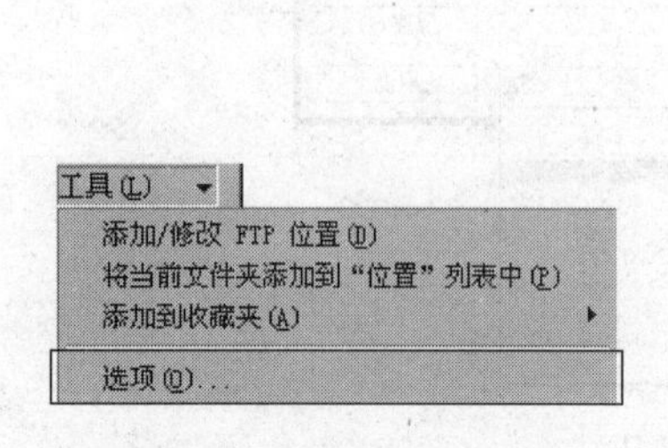

图 13.17 "工具"下拉菜单

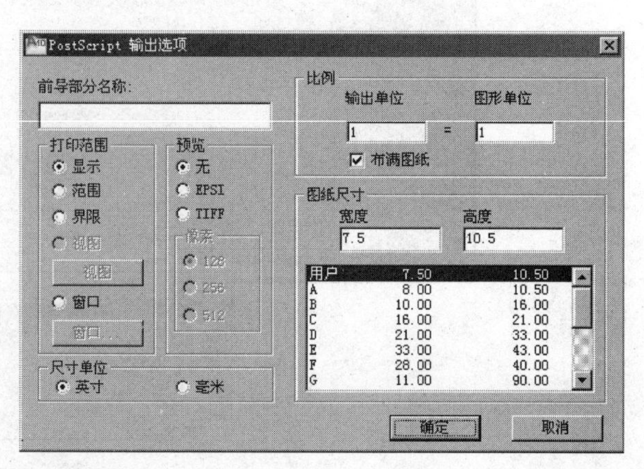

图 13.18 "PostScript 输出选项"对话框

“PostScript 输出选项”对话框包括以下内容：

(1)“前导部分名称”输入框　在该编辑框中，可以为从 acad. psf 文件中读出的前导部分的程序段命名。

(2)“打印范围”栏　设置输出文件的图像保存范围。如果处在模型空间，则在当前窗口中的图像以指定方式(显示、范围、界限或窗口)保存至 EPS 文件中。同样，如果处在图纸空间，则当前视图保存在 EPS 文件中。

(3)“预览”栏　是否保存图像预览，提供两种类型：EPSI 和 TIFF。当选择 EPSI 或 TIFF 时，可以在“像素”栏中设置预览图像的分辨率，可选择的预览图像分辨率为：128×128、256×256 和 512×512 三种。

(4)“尺寸单位”栏　设置输出图像的图纸尺寸单位：英寸或毫米。

(5)“比例”栏　设置每输出单位与图形单位的比例数值。

(6)“图纸尺寸”栏　可以从列表中选择一个尺寸或在“宽度”和“高度”输入框中输入图纸尺寸的新值，为需输出的 PostScript 图像确定图纸大小。

13.2.3　BMP 格式

AutoCAD 还可以利用数据输出方式将图形文件输出为位图文件(BMP)，输出 BMP 格式文件的操作方式如下：

命令行：EXPORT(或 BMPOUT)(键盘输入)。

下拉菜单：“文件”→“输出”。

执行上述图形输出命令后，可以打开“输出数据”对话框。命名输出文件名后，选择输出文件类型为 BMP，如图 13.19 所示，单击“保存”按钮 保存(S)，这时回到屏幕绘图窗口，命令行提示选择输出对象，选择对象后即可完成 BMP 文件的输出。

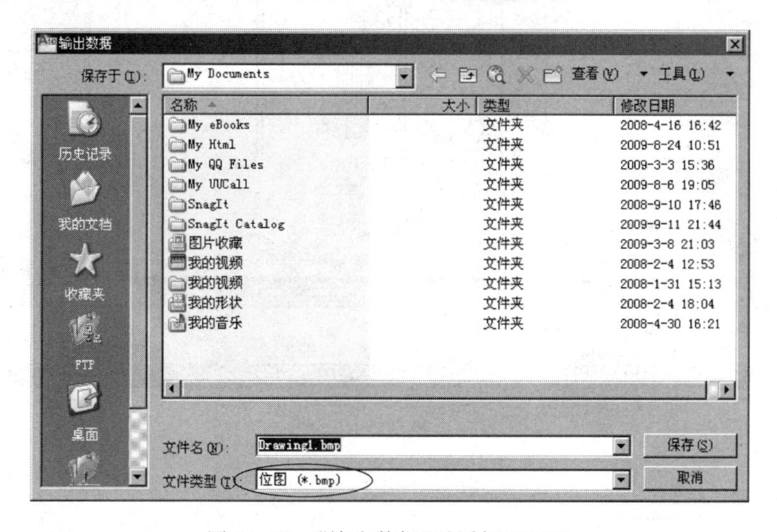

图 13.19　“输出数据”对话框(BMP)

习题

结合第 11 章、第 12 章的习题及附录的施工图，练习各种图形数据转换的方法。

第14章 打印输出

学习目的与要求

模型空间和图纸空间是AutoCAD系统的两个主要工作空间。本章主要针对模型空间与图纸空间的概念及其相应空间的打印输出功能进行详细介绍。通过本章内容的学习，要求正确理解模型空间和图纸空间的概念，掌握模型空间和图纸空间打印输出的设置方法，并结合实际图形进行打印输出练习。

14.1 模型空间与图纸空间

在AutoCAD系统中有两个工作空间——模型空间和图纸空间，如图14.1所示。

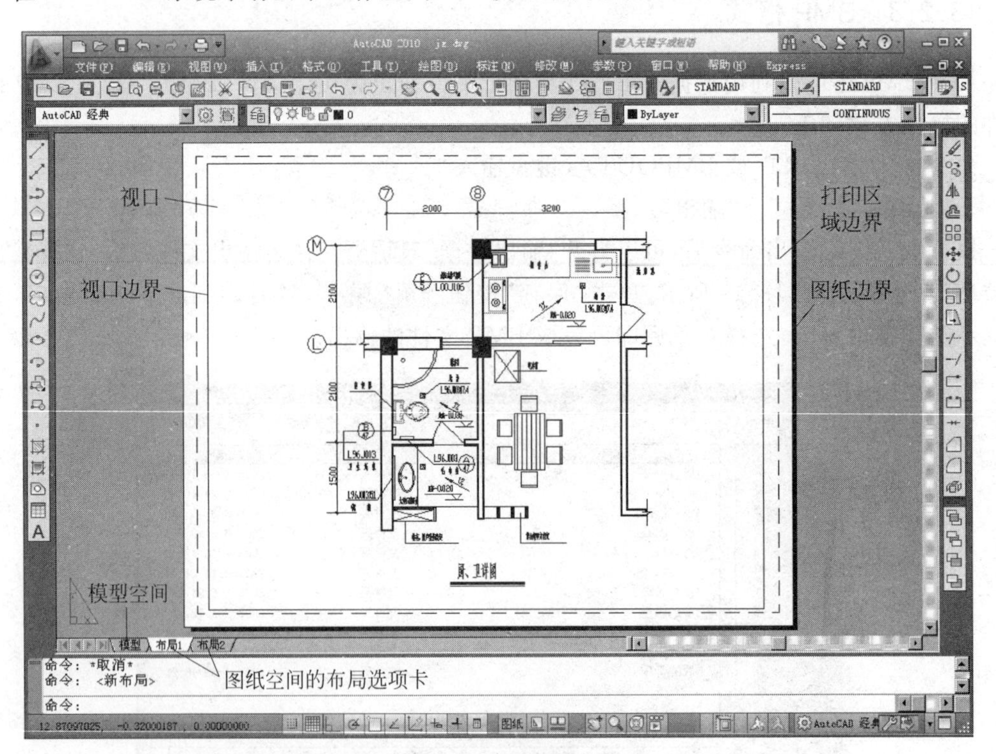

图14.1 模型空间与纸空间

1. 模型空间

模型空间是一个三维坐标空间，主要用于二维图形的绘制和三维实体造型。

所谓“模型”是指代表现实世界物理实体的几何模型对象，是指建立几何模型时所处的AutoCAD绘图环境。在模型空间里，可以定义绘图区域的范围，按照物体的实际尺寸绘制、编辑二维或三维图形，也可以进行三维实体造型，还可以全方位地显示图形对象，它是一个模拟现实世界的三维工作环境，因此图形设计工作通常是在模型空间中进行的。在AutoCAD

中只存在一个模型空间。

当启动 AutoCAD 后，默认处于模型空间，绘图窗口下面的“模型”选项卡处于激活状态，而图纸空间则处于关闭状态。由于前述章节中所进行的绘图工作均在模型空间中进行，本节将不对模型空间进行详细讨论。

2. 图纸空间

对设计结果进行打印输出时，则通常在图纸空间中完成。在打印之前可以在图纸空间中对视图进行配置和规划，并可以附加图框、标题栏等内容。

图纸空间类似于现实世界中的一张图纸，图纸空间的“图纸”是基于实际图幅尺寸的纸面空间，是真正的二维环境。图纸空间是设置、管理视图的 AutoCAD 工作环境。完成图形绘制后，尤其是构建三维模型后，在图纸空间中，可以把模型对象不同方位的显示视图按合适比例在图纸空间中表示出来，用户还可以根据设计要求自定义图纸的大小，插入相应的图框和标题栏。

对于二维图形而言，在模型空间中也可以完成打印输出；而对于三维实体模型，完成建模工作后，如需要打印输出二维视图，则需进入图纸空间，根据出图要求布置视图的位置和大小，能够大大简化二维图形打印输出工作。

图纸空间用于创建最终符合打印需要的图纸布局，通常不用于绘图或设计工作。

3. 图纸布局

布局即为具有打印页面设置的一个图纸空间环境，主要用于图形的打印输出。一个布局代表一张图纸，在布局中可以创建多个视口来显示不同的视图，而且可以根据需要来控制每个视图的显示结果。

在一个图形文件中模型空间只有一个，而图纸布局则可以根据打印要求设置多个。图纸布局的特点如下：

(1) 图纸布局是基于实际图幅尺寸的图纸空间。例如，要在 A4 图幅上打印出图，那么在图纸空间的布局页面设置中使用 A4 的实际尺寸(297mm×210mm)；

(2) 在图纸布局中插入标题栏图块和使用文本标注时，一般不需要缩放；

(3) 图纸布局中的视口是用户自定义的，可以用任意尺寸和形状，这取决于视口中所要表达的内容；

(4) 每个图纸布局可以创建多个视口。可以给图纸布局中不同视口指定不同的比例；同样也可以控制图纸布局中不同视口的图层显示，换句话说，图层在某个视口中处于打开状态，在另一个视口中可以处于冻结状态；

(5) 无论建立多少视口或布置了多少视图，图纸布局按 1∶1 出图。

14.2　配置打印设备

14.2.1　配置绘图仪

AutoCAD 的绘图仪管理器用于配置本地的或网络的非系统打印机。另外，还可以配置 Windows 系统打印机。AutoCAD 将打印介质和打印设备的信息保存在打印配置文件(PC3)

中,PC3 文件保存在 AutoCAD 的 Plotters 子目录下。因此,可在办公室或一个项目组内共享打印设备。如果要校准一个打印机,校准信息保存在打印模型参数(PMP)文件中。可将这个文件附着到任一个 PC3 文件上以校准打印机。

AutoCAD 允许为多个设备配置打印机,而且对于单一的打印设备可保存多个配置。可以创建同一台打印机的具有不同输出选项的多个 PC3 文件。创建了 PC3 文件后,这个文件将出现在“打印”对话框的“打印设备”选项卡的“打印机配置”区的“名称”列表中。

1. 添加绘图仪

打开 AutoCAD 的绘图仪管理器的方法:

- 命令行:Plottermanager(键盘输入)。
- 下拉菜单:“文件”→“绘图仪管理器”。

AutoCAD 将显示“Plotters”窗口,如图 14.2 所示,窗口中列出了所有配置的打印机。

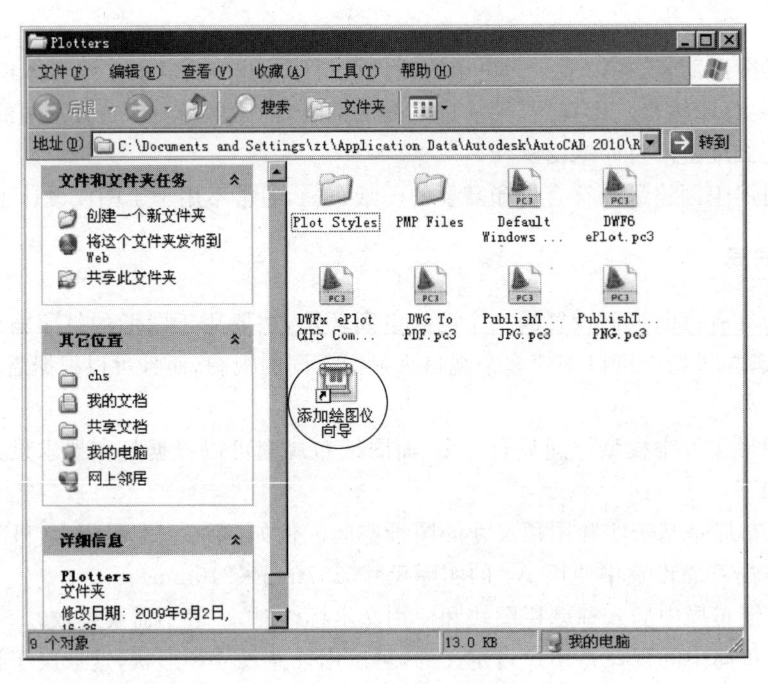

图 14.2 “Plotters”窗口

双击图 14.2 窗口中的“添加绘图仪向导”,AutoCAD 将显示“添加绘图仪-简介”页面,如图 14.3 所示。

选择“下一步”,AutoCAD 将显示“添加绘图仪-开始”页面,如图 14.4 所示。

可从中选择任一种方式来配置新的绘图仪,各选项含义如下:

(1)“我的电脑” 用于配置本地的非系统打印机。若选择该项,后续的“添加绘图仪”向导将提示选择生产厂家和型号、与打印机连接的端口以及打印机的名称,然后选择“完成”按钮结束向导。

(2)“网络绘图仪服务器” 用于配置网络上的打印机。若选择该项,后续的“添加绘图仪”向导将提示指定网络服务器,选择生产厂家和型号以及打印机的名称,然后选择“完成”按钮结束向导。

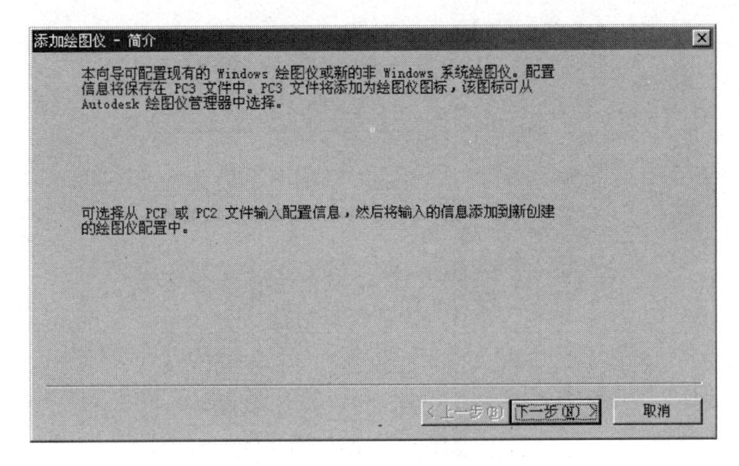

图 14.3 “添加绘图仪-简介”页面

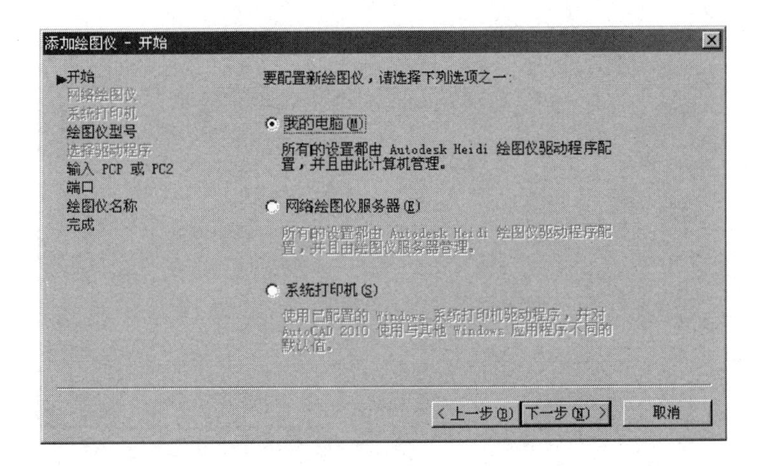

图 14.4 “添加绘图仪-开始”页面

(3) “系统打印机” 用于配置系统打印机。若选择该项，后续的“添加绘图仪”向导将提示选择在 Windows 操作系统中配置的打印机，指定打印机的名称，然后选择“完成”按钮结束向导。如果要连接一个不在列表中的打印机，那么必须在“控制面板”中先使用“添加打印机向导”添加打印机。

以选择“系统打印机”为例，说明完成新绘图仪配置的基本步骤。

步骤 1：在“添加绘图仪-开始”页面(见图 14.4)中选择“系统打印机”选项，单击“下一步”按钮 下一步(N) >，打开“添加绘图仪-系统打印机”页面，如图 14.5 所示。根据系统已有的打印设备，选择适合输出要求的系统打印机，然后单击“下一步”按钮 下一步(N) >。打开“添加绘图仪-输入 PCP 或 PC2”页面，如图 14.6 所示。

步骤 2：PCP(PC2)文件是一种包含布局和打印设置的文件，主要包括的设置有：打印区域、旋转、图纸尺寸、打印比例、打印原点、打印偏移等。在该页面中，可以采用输入已有的 PCP 或 PC2 文件输入到当前新的 PC3 配置文件中，也可以采用默认设置，直接跳过该页面进行后续设置。

在“添加绘图仪-输入 PCP 或 PC2”页面中单击“下一步”按钮 下一步(N) >，打开“添加绘图仪-绘图仪命名”页面，如图 14.7 所示。在“添加绘图仪-绘图仪命名”页面中可以对添加的绘

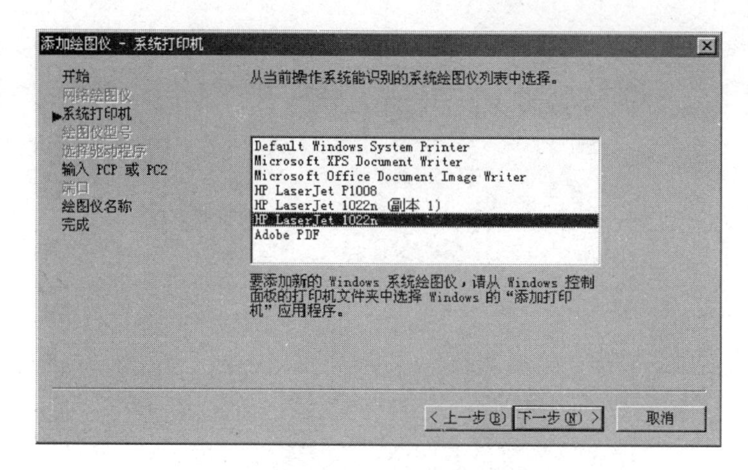

图 14.5 “添加绘图仪-系统打印机”页面

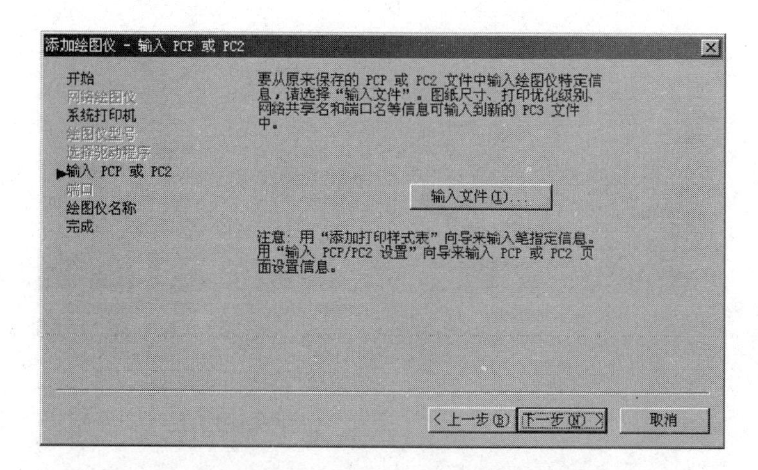

图 14.6 “添加绘图仪-输入 PCP 或 PC2”页面

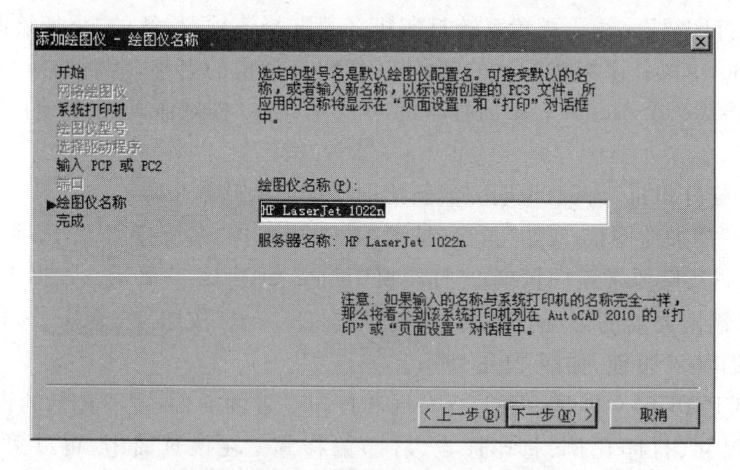

图 14.7 “添加绘图仪-绘图仪命名”页面

图仪进行命名，选定设备的型号名称是默认的绘图仪配置名称。可以接受默认名称，或命名新名称以标识新创建的 PC3 文件，所应用的名称将显示在“页面设置”和“打印对话框”中。

步骤3：在“添加绘图仪-绘图仪命名”页面中单击“下一步”按钮 下一步(N)> ，即可进入“添加绘图仪-完成”页面，如图14.8所示。在“添加绘图仪-完成”页面可以根据需要对绘图仪进行校准。

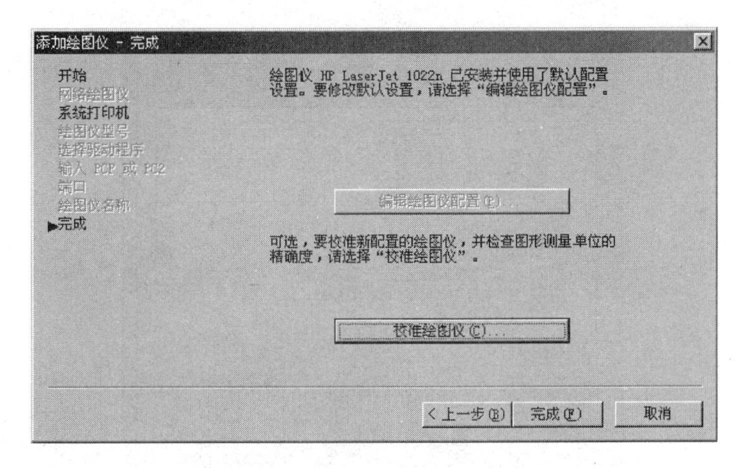

图14.8　“添加绘图仪-完成”页面

步骤4：在“添加绘图仪-绘图仪命名”页面中单击“完成”按钮 完成(F) ，即可添加一个新的绘图仪文件，如图14.9所示。

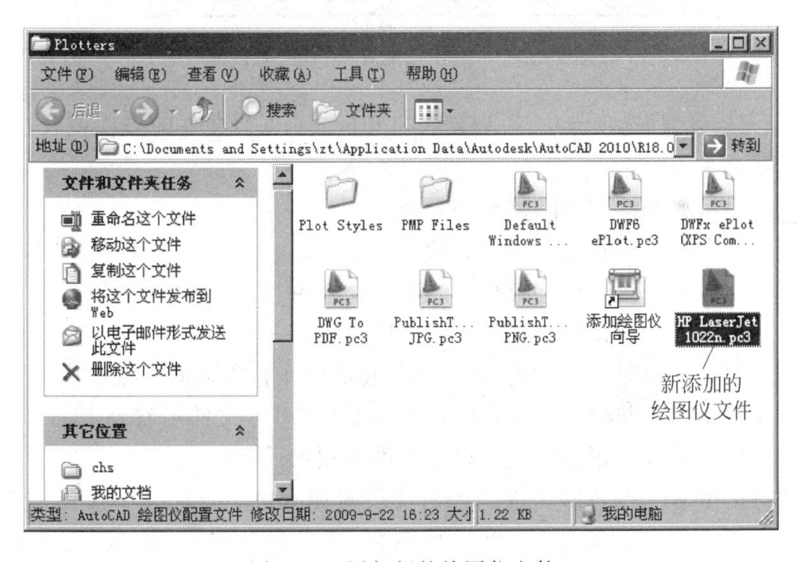

图14.9　添加新的绘图仪文件

2. 配置绘图仪

添加新绘图仪后，需要对绘图仪进行正确的配置。可以使用“绘图仪配置编辑器”编辑新建的PC3文件。利用“绘图仪配置编辑器”可以对绘图仪的端口连接和图形输出的相关设置进行配置，包括介质、图形、物理笔配置、自定义特性、初始化字符串、校准和用户定义的图纸尺寸。

在Plotters文件夹中选择需要编辑的PC3文件，双击该PC3文件或在该文件上单击右键，然后选择“打开”，即可打开“绘图仪配置编辑器”对话框，如图14.10所示。“绘图仪配置编辑器”包含三个选项卡：

(1) “基本”选项卡　包含配置文件的基本信息。

(2) “端口”选项卡　包含打印设备与计算机之间的通信信息。

(3) “设备和文档设置”选项卡　包含打印选项。

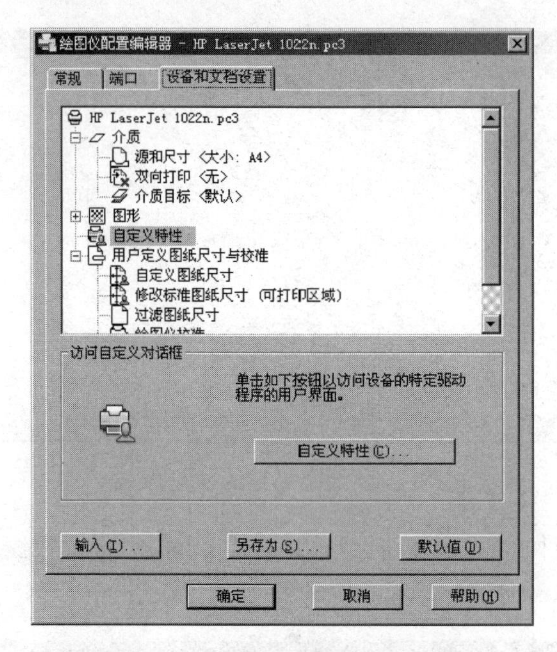

图 14.10 “绘图仪配置编辑器”对话框

在“设备和文档设置”选项卡中,可以修改打印配置(PC3)文件的多项设置,该选项卡中包含下列 6 个区域。

- 介质　指定纸张来源、尺寸、类型和目标。
- 物理笔配置　指定笔式绘图仪的设置。
- 图形　指定打印矢量图形、光栅图形和 TrueType 字体的设置。
- 自定义特性　显示与设备驱动程序相关的设置。
- 初始化字符串　设置初始化前、延期初始化和终止打印机的字符串。
- 用户定义图纸尺寸与校准　将打印模型参数(PMP) 文件附着到 PC3 文件中,校准绘图仪,添加、删除或修正自定义的以及标准的图纸尺寸。

这些区域与正在编辑的 PC3 文件中的分类设置相对应。双击其中任何一个分类可查看和修改特定的设置。修改设置时,如果信息不多,所做修改将出现在设置名称旁的尖括号(＜ ＞)中。要将修改保存到另一外 PC3 文件时,选择“另存为”按钮,AutoCAD 显示“另存为”对话框,在“文件名”文本框中指定文件名并选择“保存”按钮,然后单击“确定”按钮,将修改的设置保存到 PC3 文件中并关闭“绘图仪配置编辑器”。

14.2.2 创建和修改打印样式表

设置打印样式表,可使用户很方便地控制图形输出。修改对象的打印样式,就能替代对象原有的颜色、线型和线宽,可以指定端点、连接和填充样式,也可以指定抖动、灰度、笔指定和淡显等输出效果。如果需要以不同的方式打印同一图形,就可以使用不同的打印样式。AutoCAD 所有的打印样式表文件都保存在 AutoCAD 的“Plot styles”子目录中。

AutoCAD 提供了两种类型的打印样式，即颜色相关类型和命名类型。

(1)“颜色相关”打印样式：是以对象的颜色为基础，共有255种颜色相关的打印样式。不能添加、删除或重命名颜色相关的打印样式。在颜色相关打印样式模式下，通过调整与对象颜色对应的打印样式可以控制所有具有同种颜色的对象的打印方式，也可以通过改变对象的颜色来改变用于该对象的打印样式。颜色相关打印样式保存在扩展名为.CTB的文件中。

(2)命名打印样式：独立于对象的颜色使用，可以给对象指定任意一种打印样式，而不管对象的颜色是什么。命名的打印样式表保存在扩展名为.STB的文件中。

默认的打印样式模式在“选项”对话框中的“打印和发布”选项卡中设置，如图14.11所示。在“选项”对话框中的“打印和发布”选项卡中单击“打印样式表设置”，即可打开“打印样式表设置”对话框，进行打印样式设置，如图14.12所示。

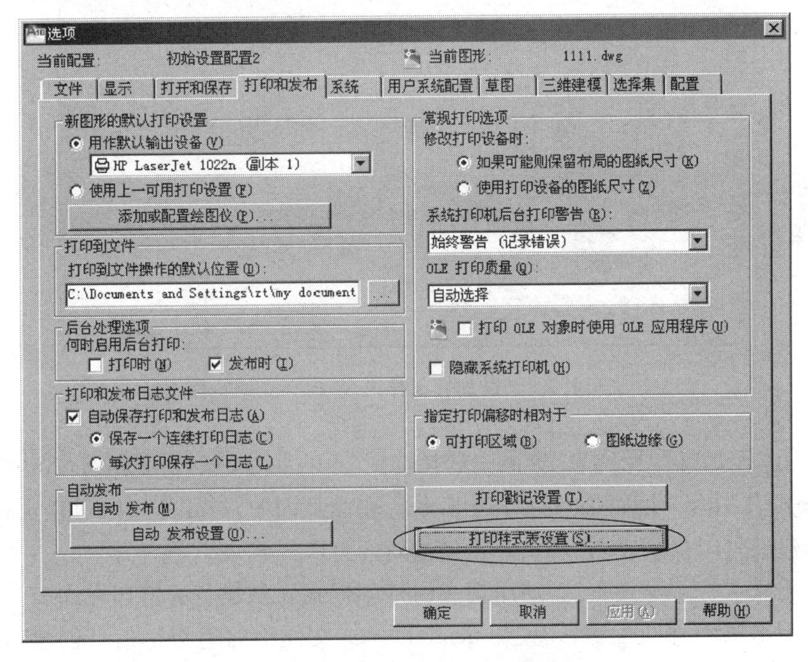

图14.11 “选项”对话框的“打印和发布”选项卡

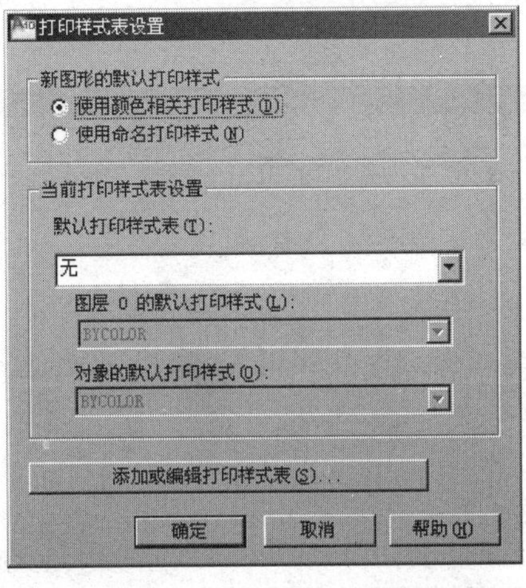

图14.12 “打印样式表设置”对话框

1. 创建打印样式表

在 AutoCAD 中，创建命名的打印样式表，可以充分利用命名的打印样式的灵活性，也可以创建与颜色相关的打印样式表。"添加打印样式表"向导用于创建一个全新的打印样式或修改已存在的打印样式表，以及从 acadr14.cfg 文件中输入打印样式特性，或者从已有的 PCP 或 PC2 文件输入打印样式特性。

打开"添加打印样式表"向导的方法是：下拉菜单【工具】→【向导】→【添加打印样式表】。

AutoCAD 将显示"添加打印样式表"向导的介绍文字，如图 14.13 所示。要创建一个新的打印样式，具体操作步骤如下。

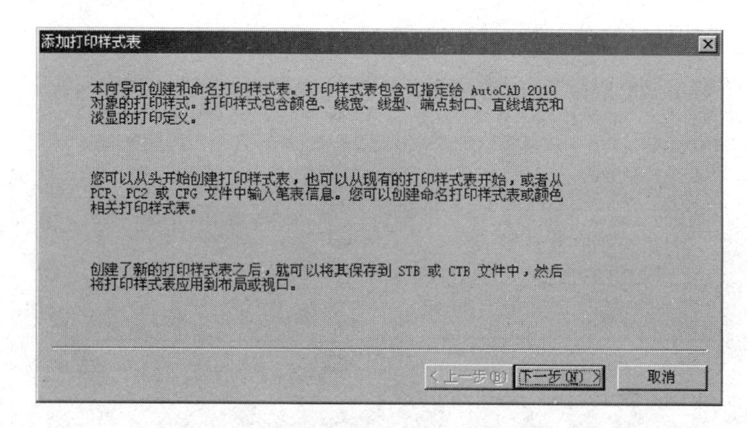

图 14.13 "添加打印样式表"向导介绍页面

步骤 1：在"添加打印样式表"页面中选择选择"下一步"按钮 下一步(N) >，AutoCAD 将显示"添加打印样式表-开始"页面，如图 14.14 所示。在此页面中，有 4 个选项可供选择：

(1)"创建新打印样式表" 从头开始创建新的打印样式表。

(2)"使用现有打印样式表" 使用现有的打印样式表创建新的打印样式表。

(3)"使用 R14 打印机配置" 使用 acadr14.cfg 文件中的笔指定信息创建新的打印样式表。如果没有 PCP 或 PC2 文件，则选择该选项。

(4)"使用 PCP 或 PC2 文件" 使用 PCP 或 PC2 文件中存储的笔指定信息创建新的打印样式表。

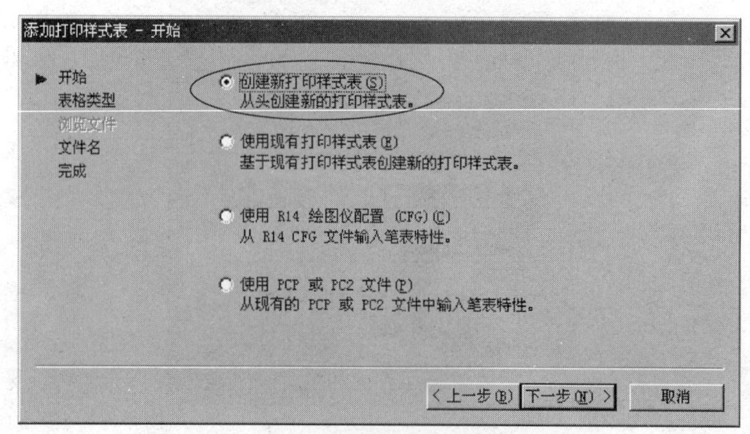

图 14.14 "添加打印样式表-开始"页面

步骤 2：在“添加打印样式表-开始”页面中选择“创建新打印样式”单选框，单击“下一步”按钮 下一步(N) >，AutoCAD 将显示“添加打印样式表-选择打印样式表”页面，如图 14.15 所示。

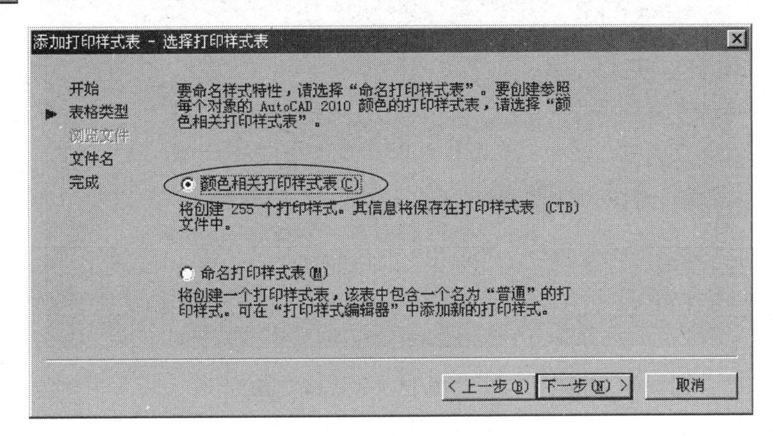

图 14.15 “添加打印样式表-选择打印样式表”页面

在“添加打印样式表-选择打印样式表”页面中，有两个选项，根据需要选择其中的任一个：

(1)“颜色相关打印样式表” 创建由 255 种颜色所确定的打印样式所组成的打印样式表，保存时的文件名后缀为.CTB。本例选择“颜色相关打印样式表”。

(2)“命名打印样式表” 创建命名的打印样式表，保存时的文件名后缀为.STB。

步骤 3：在“添加打印样式表-选择打印样式表”页面中选择“下一步”按钮 下一步(N) >，AutoCAD 将显示“添加打印样式表-文件名”页面，如图 14.16 所示

在“文件名”文本框中输入文件名，默认情况下，新创建的样式表保存在 AutoCAD 的 Plot Styles 子目录下。

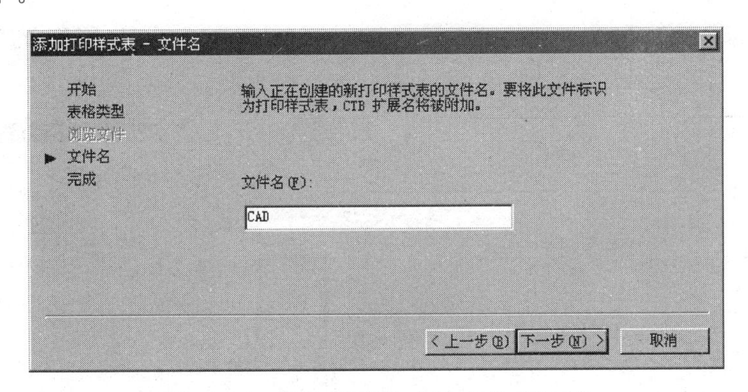

图 14.16 “添加打印样式表-文件名”页面

步骤 4：在“添加打印样式表-文件名”页面中选择“下一步”按钮 下一步(N) >，AutoCAD 将显示“添加打印样式表-完成”页面，如图 14.17 所示。

在该页面中选择“对新图形和 AutoCAD 2010 之前的图形使用此打印样式表”选项，按默认的规定附着打印样式表到所有新图形和早期版本的图形中。

选择“完成”按钮 完成(F) 将创建新的打印样式表并关闭向导。

2. 修改打印样式表

在 AutoCAD 中，可以使用打印样式表编辑器添加、删除、复制、粘贴和修改打印样式表中

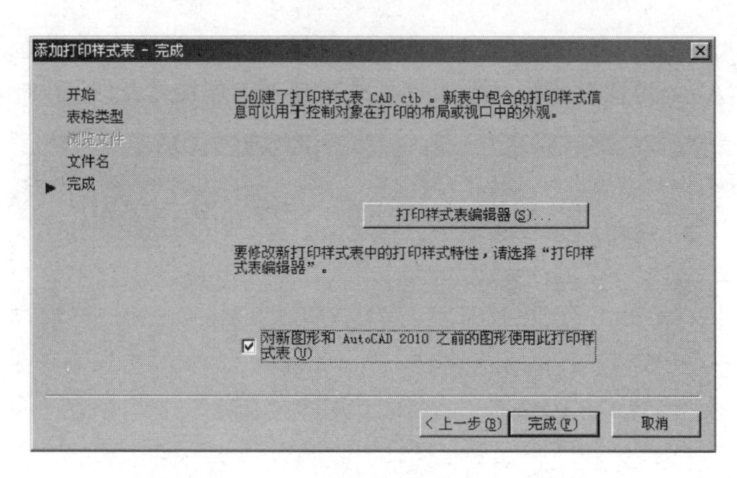

图 14.17 "添加打印样式表-完成"页面

的打印样式，可以同时打开多个打印样式表编辑器，在多个打印样式表之间进行复制和粘贴操作。使用下列方法之一可以打开"打印样式表编辑器"：

- 在"添加打印样式表"向导的"完成"页面上选择"打印样式表编辑器"按钮。如图 14.17 所示。
- 单击下拉菜单"文件"→"打印样式管理器"，双击所选的 CTB 或 STB 文件或单击右键，并从快捷菜单中选择"打开"。
- 在"打印"对话框或"页面设置"对话框中选择"打印机/绘图仪"下拉框，选择打印设备后。在"打印样式表(笔指定)"下拉列表框中选择要编辑的打印样式表，然后选择"编辑"按钮 。如图 14.18 所示。

图 14.18 "打印-布局 1"对话框

执行上述操作后，即可打开“打印样式表编辑器”。有两种类型的打印样式表：命名的打印样式表的“打印样式表编辑器”，如图 14.19 所示；颜色相关的打印样式表的“打印样式表编辑器”，如图 14.20 所示。

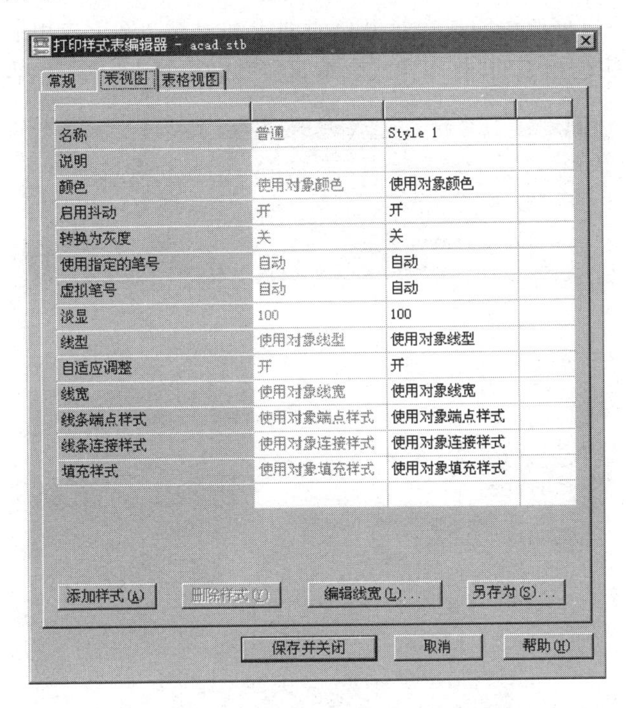

图 14.19 命名的“打印样式表编辑器”

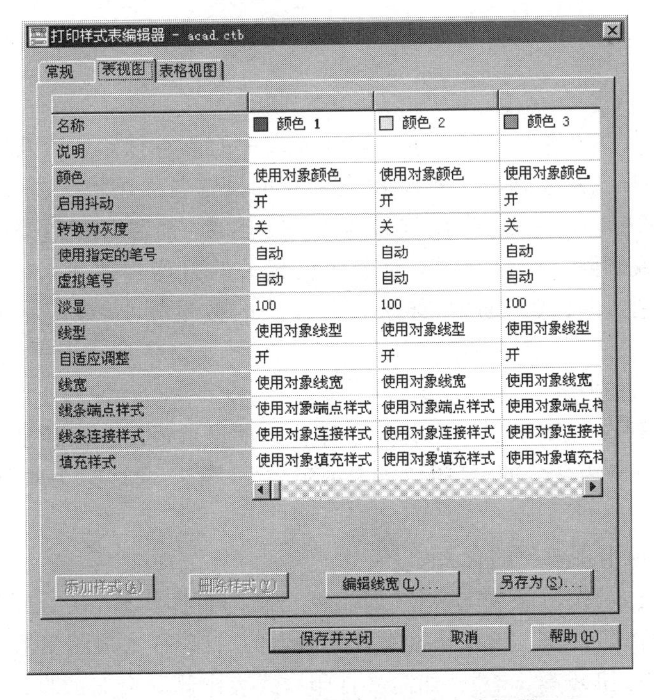

图 14.20 颜色相关的“打印样式表编辑器”

打印样式表编辑器中包含有三个选项卡。

1)“常规”选项卡

“常规”选项卡列出了打印样式表的文件名、说明(如果有的话)、文件位置(包括路径)和版本号(见图14.21),可以修改说明或在非ISO直线上和填充图案上应用缩放比例。命名的“打印样式表编辑器”和颜色相关的“打印样式表编辑器”的“常规”选项卡内容相似。

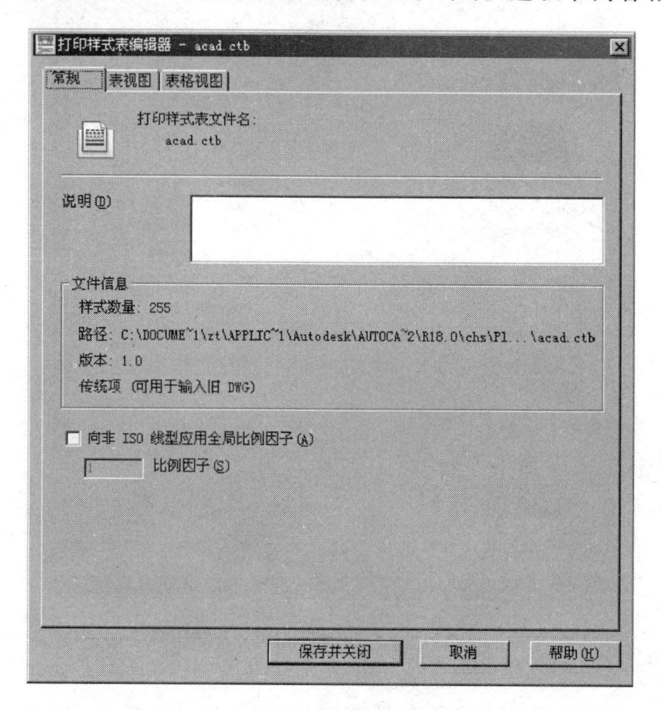

图14.21 “常规”选项卡

2)“表视图”选项卡

“表视图”选项卡以表格形式列出了打印样式表中的所有打印样式及其设置(见图14.19和图14.20)。打印样式从左到右按列显示,每一行的设置名称显示在选项卡的左边。在默认情况下,对于命名的打印样式表,AutoCAD建立一个名为“普通”的打印样式,表示对象的默认设置,不能修改或删除“普通”样式;对于颜色相关的打印样式表,AutoCAD以表格形式列出了全部255种打印样式。通常,如果打印样式的数量较小,以表格的形式查看会比较方便。

3)“表格视图”选项卡

打印样式名称列在“打印样式”下,选定打印样式的设置显示在对话框的右边,如图14.22所示,其中图14.22(a)为命名的“打印样式表编辑器”;图14.22(b)为颜色相关的“打印样式表编辑器”。

“表格视图”选项卡中各项的含义如下:

- “添加打印样式”按钮 添加样式(A) 如需创建新的打印样式,在“打印样式表编辑器”中选择“添加样式”按钮。该操作按钮只在命名的“打印样式表编辑器”中有效。
- “删除样式”按钮 删除样式(Y) 如需从打印样式表中删除命名的打印样式,可在“表格视图”中,从“打印样式”列表框中选择要删除的样式名称,单击“删除样式”按钮。该操作按钮也只在命名的“打印样式表编辑器”中有效。

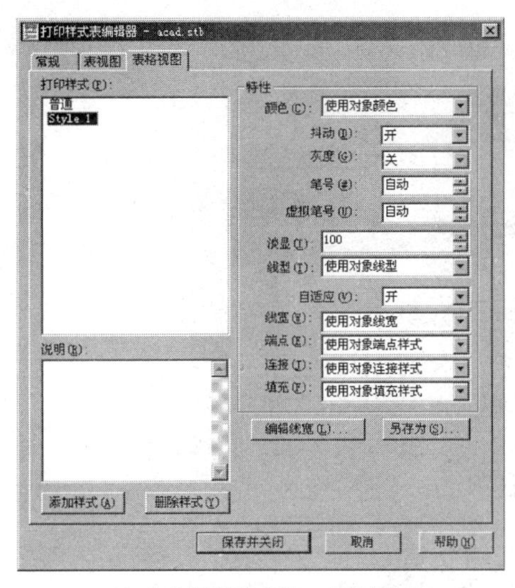

(a) 命名打印样式的“表格视图”

(b) 颜色相关打印样式的“表格视图”

图 14.22 “表格视图”选项卡

注意：*在颜色相关的“打印样式表编辑器”中上述两个按钮无效，即颜色相关的打印样式表中不能添加和修改打印样式的名称。*

- “说明”文本框 AutoCAD 允许为打印样式指定说明并可根据需要修改已存在的打印样式的说明，说明文字不能超过 255 个字符。
- “特性”栏 可以用于打印样式颜色、线型、线宽等打印图形对象特性方面的设置。
- “编辑线宽” 编辑线宽(L)... 通过选择“编辑线宽”按钮可以编辑可用的线宽。
- 保存打印样式表的相关操作 选择“保存并关闭”按钮 保存并关闭 将保存修改的设置并关闭“打印样式表编辑器”。要将修改的设置保存到另一个打印样式表中，选择“另存为”按钮 另存为(S)... ，AutoCAD 显示“另存为”对话框，在“文件名”文本框中指定一个名称，单击“保存”按钮将保存并关闭“另存为”对话框。

14.3 模型空间打印输出

在 AutoCAD 中，如果所有的绘图工作是基于二维图样的设计，则无需进行图纸布局，图形的打印输出可以直接从模型空间中完成。打印输出当前图形的命令为 PLOT。

启动 PLOT 命令：

- 命令行：PLOT（键盘输入）。
- 标准工具栏：单击打印工具图标。
- 下拉菜单：“文件”→“打印”。

AutoCAD 将显示“打印”对话框，如图 14.23 所示。

从模型空间打印时，打印对话框的标题会显示“打印-模型”。“打印-模型”对话框包含以下内容。

1. 页面设置

“名称”列表框列表显示所有已保存的页面设置，可从中选择一个页面设置并启用其中保存的打印设置，或者保存当前的设置作为以后从模型空间打印图形的基础。

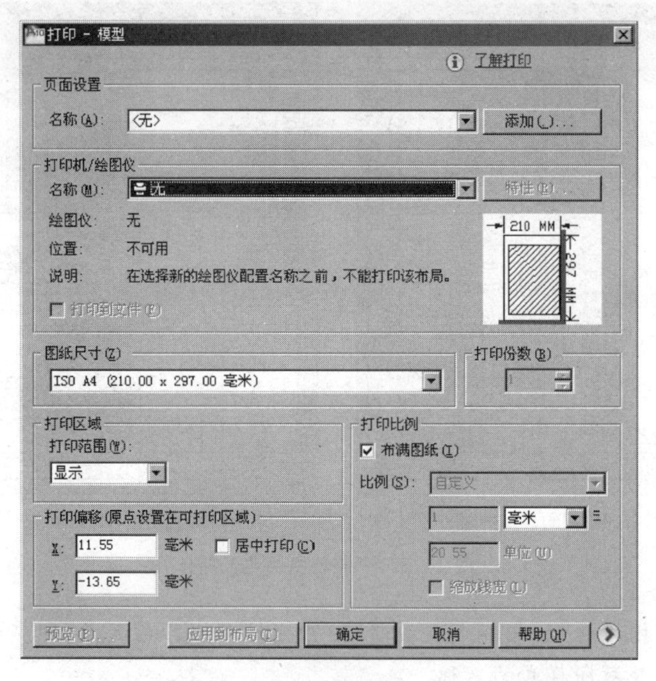

图 14.23 “打印-模型”对话框

如需保存当前打印对话框中的相关设置，选择“添加”按钮，AutoCAD 将显示“添加页面设置”对话框，如图 14.24 所示。

在“添加页面设置”对话框中，在“新页面设置名”文本框中输入设置名称，单击“确定”按钮 确定(O) ，即可将当前“打印”对话框中的所有设置的内容保存至新页面设置中。

2. 打印机/绘图仪设置

在“打印-模型”对话框中，“打印机/绘图仪”栏目中显示可供使用的打印机或绘图仪名称及其相关信息，并以局部预览的形式精确显示相对于图纸尺寸和可打印区域的有效打印区域。其中：

(1)“名称”下拉列表框　列出可用的 PC3 文件或系统打印机，可以从中进行选择，以打印当前布局。设备名称前面的图标样式可以区别选用的设备是 PC3 文件还是系统打印机，如图 14.25 所示。当前默认的打印可以在“选项”对话框中指定。

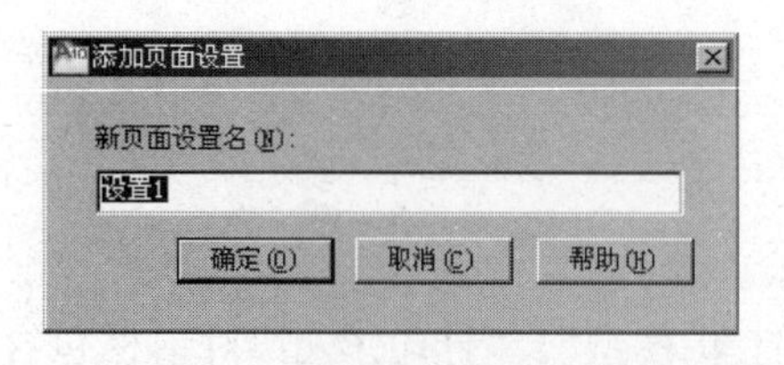

图 14.24 “添加页面设置”对话框

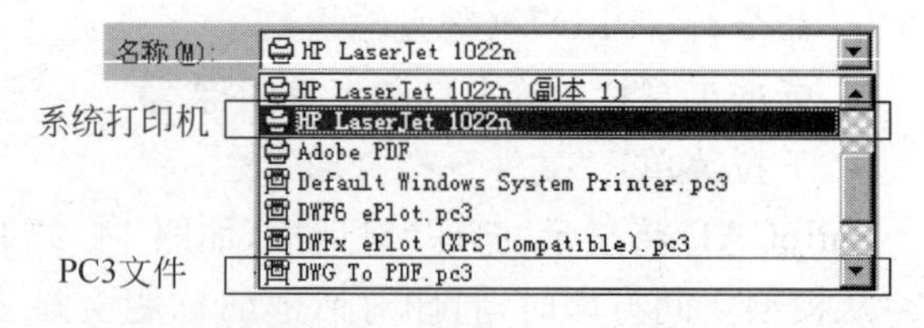

图 14.25 “名称”下拉列表框

(2)“特性”按钮 特性(R)... 用于修改当前可用的打印设备的“打印机配置”。选择“提示”，将显示指定打印设备的信息。

(3)“打印到文件”选框　用于控制将图形打印输出到文件而不是打印机。当与打印机相连的计算机没有安装 AutoCAD 软件，这时 AutoCAD 数据文件是无法打开和打印的。这种情况下可事先在安装 AutoCAD 软件的计算机上创建一个打印文件，以便于不受 AutoCAD 软件的限制，可随时随地打印输出。AutoCAD 创建的打印文件以“. PLT”为扩展名。勾选“打印到文件”选框后，并指定文件的名称和保存路径，打印时会将打印任务输出成为一个“. PLT”文件。

(4) 局部预览区　在“打印机/绘图仪”栏的右侧精确显示相对于图纸尺寸和可打印区域的有效打印区域。

3. 打印设置

打印设置主要包括图纸尺寸、打印区域、打印比例、打印偏移选项的设置。各选项含义如下：

(1) “图纸尺寸”下拉列表框：显示所选打印设备可用的标准图纸尺寸，实际的图纸尺寸由宽(*X* 轴方向)和高(*Y* 轴方向)确定。如果未选择绘图仪，将显示全部标准图纸尺寸的列表以供选择。如果所选绘图仪不支持布局中选定的图纸尺寸，将显示警告，用户可以选择绘图仪的默认图纸尺寸或自定义图纸尺寸。在“打印机/绘图仪”栏中可以实时显示基于当前打印设备所选的图纸尺寸仅能打印的实际区域。如果打印的是光栅图像(如 BMP 或 TIFF 文件)，打印区域大小的指定将以像素为单位而不是英寸或毫米。

(2) “打印区域”下拉框：用于指定图形要打印的部分，包括以下几项。

- 图形界限　打印由图形界限所定义的整个绘图区域。通常情况下，将图形界限的左下角点定义为打印的原点。只有选择“模型”选项卡时，此选项才可用。
- 范围　该选项强制将包含所有对象的矩形和/或当前图形界限的左下角点作为打印的原点。这与执行“ZOOM-范围缩放”命令相似，当前空间中的所有几何图形都将被打印，包括绘制在图形界限外的对象。
- 显示　打印当前屏幕中显示的图形，当前屏幕显示的左下角点是打印的原点。
- 视图　打印以前通过 VIEW 命令保存的视图。如果图形中没有保存过的视图，此选项不可用。
- 窗口　选择屏幕上的一个窗口，并打印窗口内的对象。窗口的左下角点是打印的原点。

(3) “打印比例”栏：用于控制图形单位与打印单位之间的相对尺寸。

- “布满图纸”选框　以缩放形式打印图形以布满所选图纸尺寸，并在“比例”、“英寸＝”和“单位”框中显示自适应的缩放比例因子。
- “比例”栏　用于以选择或输入的方式来定义打印的精确比例。“自定义”可定义用户定义的比例。可以通过输入与图形单位数等价的英寸(或毫米)数来创建自定义比例。

(4) “打印偏移”栏：可以定义打印区域偏离图纸左下角的偏移值。布局中指定的打印区域左下角位于图纸页边距的左下角。可以输入一个正值或负值以偏离打印原点。打开“居中打印”开关，则自动将打印图形置于图纸正中间。

4. 打印设置的扩展选项

在“打印-模型”对话框中，单击右下角的“更多选项”按钮 ⊙，可以将“打印-模型”对话框展开，显示更多的打印设置选项，如图 14.26 所示。当单击“更少选项”按钮时 ⊙，可以将对话框折叠,返回初始状态。

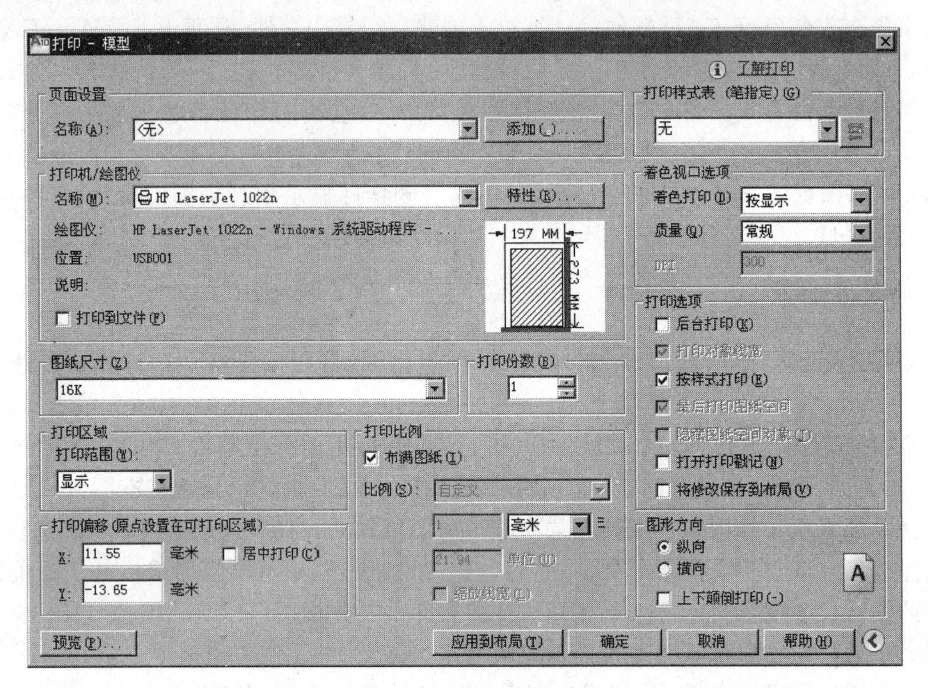

图 14.26 “打印-模型”对话框中的更多选项

“打印-模型”对话框中各选项含义如下。

(1)“打印样式表(笔指定)”栏:用于设置、编辑打印样式表或者创建新的打印样式表。通过打印样式表的设置可以控制如何将图形中的对象输出到打印机,可以替代对象原有的颜色、线型和线宽,可以指定端点、连接和填充样式,也可以指定抖动、灰度、笔指定和淡显等输出效果。另外,通过打印样式还可以控制打印机如何对待图形中的每个单独的对象。注意在工程图打印时,必须选择相应的样式,一般采用“颜色相关”的打印样式,根据工程图样绘制时,设置不同的图层或图线颜色打印出图样所需的粗细线型。

(2)“着色视口选项”栏:用于指定着色和渲染视口的打印方式,并确定它们的分辨率大小和每英寸点数(DPI)。

(3)“打印选项”栏:指定线宽、打印样式、着色打印和对象的打印次序等选项。

(4)“图形方向”栏:为支持纵向或横向的绘图仪指定图形在图纸上的打印方向。图纸图标代表所选图纸的介质方向,字母图标代表图形在图纸上的方向。

(5)“预览”按钮:按图纸中打印出来的样式显示图形。

完成上述设置后,单击“打印-模型”对话框中的“确定”按钮 确定 ,即可以打印任务。

14.4 图纸空间打印输出

利用图纸空间的布局设置,可以所见即所得(WYSIWYG)方式打印输出图形。操作时必须首先激活所设置的布局,然后调用打印(PLOT)命令。

如前节所述,在图纸空间环境下可以创建任意数量的布局,布局用于布置输出的图形,每一个布局的输出类型可各不相同。在布局中可以包含标题栏、一个或多个视口以及注释。在创建了布局后，通过配置浮动视口可以安排模型空间的不同方向的视图。另外，还可为视口中的每一个视图指定不同的比例，并可控制视口中图层的可见性。只要选择绘图区底部的“布局”选项卡，就可以切换到相应的布局中。

利用布局打印图形更适合于三维立体模型的视图输出，即完成三维建模后，在图纸布局中创建模型的各个视图，然后打印输出。而无需用二维绘图的方式绘制模型的各个视图，大大简化了绘图工作量，能够让设计者更加专注于产品模型设计，而不是二维绘图工作。

默认状态下，当开始一张新图后，AutoCAD 创建两个布局，名称为“布局 1”和“布局 2”。

在从布局打印输出图形前，需首先完成以下操作：

(1) 创建需打印的模型；

(2) 创建或激活布局；

(3) 打开“页面设置”对话框完成以下设置；如打印设备(根据需要配置打印设备)、图纸尺寸、打印区域、打印比例和图形方向；

(4) 根据需要，插入标题栏或将标题栏作为参照文件附着；

(5) 创建浮动视口并放置在布局中；

(6) 设置浮动视口的视图比例；

(7) 根据需要在布局中创建注释或几何图形。

从布局中打印输出当前的图形，可以在激活需要打印的布局后启用 PLOT 命令：

- 命令行：PLOT (键盘输入)。
- 标准工具栏：单击打印工具图标。
- 下拉菜单：“文件”→“打印”。

1. 创建需打印的模型

利用前述章节所学的绘图和修改命令在模型空间中绘制几何图形，并进行必要的标注。创建好需要打印的模型。

2. 创建布局

布局(LAYOUT)命令用于创建新布局、复制已有的布局、重命名布局、删除布局、保存布局或将布局设置为当前。

启动布局命令：

- 命令行：LAYOUT (键盘输入)。
- 布局工具栏：单击选择新建布局图标。
- 下拉菜单：“插入”→“布局”→“新建布局”。

AutoCAD 命令提示行中会出现如下提示：

输入布局选项[复制(C)/删除(D)/新建(N)/样板(T)/重命名(R)/另存为(SA)/设置(S)/?] ＜设置＞：(输入一个选项或单击右键从快捷菜单中选择选项)

创建一个新的布局选项卡可以选择“新建(N)”选项，并可以指定新布局的名称。AutoCAD 将使用默认的打印设备创建布局，选择“新建”选项后命令提示为：

输入新布局名＜布局＃＞：(指定一个名称或按 Enter 键接受默认的名称)

这样就创建了一个新的布局选项卡。其中“＜布局＃＞”为系统根据当前布局卡的数量自动编排的名称,“#”为一个具体的数字。

另外,如果将光标放在已存在的“布局”选项卡上,单击右键,从快捷菜单中选择“新建布局”也可创建一个新的布局。如果系统创建的“布局 1”和“布局 2”已经满足使用要求,可以不再另行创建新布局。

3. 激活并设置

“设置(S)”选项用于激活并设置布局。AutoCAD 将提示:

输入要置为当前的布局＜布局 1＞:(输入要置为当前的布局的名称或单击要置为当前的布局选项卡)

此时就激活了需要使用的布局,并可对该布局进行页面设置。(注意:单击某一布局选项卡,也可以激活该布局将其置为当前)。

打开布局后,AutoCAD 会自动在该布局中创建一个矩形视口,将模型空间绘制的图样全部显示于该视口中,如图 14.27 所示。

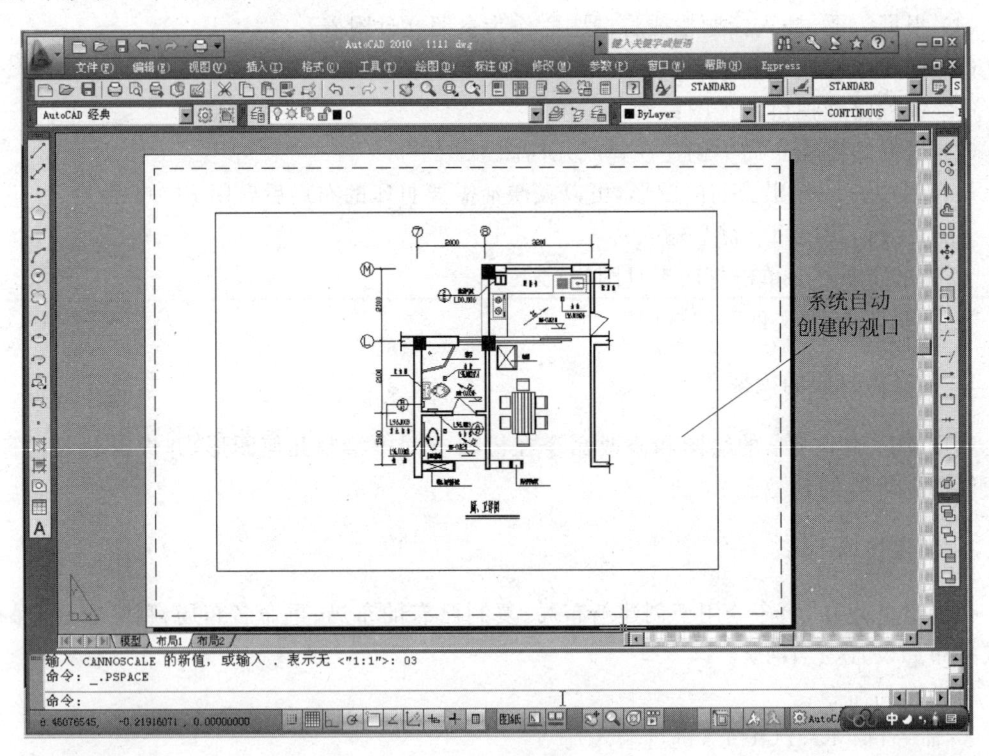

图 14.27 激活布局

4. 页面设置

根据图纸打印要求,可以对布局进行页面设置,启动页面设置命令如下:

- 命令行:PAGESETUP (键盘输入)。
- 布局工具栏:单击选择页面设置图标 。
- 下拉菜单:“文件”→“页面设置管理器”。

执行页面设置命令后,可以打开“页面设置管理器”对话框,如图 14.28 所示。在该对话框中可以对当前文件中的所有布局进行页面设置的创建和修改。

在“页面设置管理器中”列出了当前文件中所包含的所有布局，并显示当前激活的布局卡的页面设置信息。

利用该对话框可以创建一个新的页面设置，并将其应用于采用相同打印设置的布局中。单击“新建”按钮 新建(N)... ，打开“新建页面设置”对话框，如图 14.29 所示，可以指定新建页面设置的名称，选择创建页面设置的基础样式，单击“确定”按钮 确定(O) ，即可打开“页面设置-布局 1”对话框，如图 14.30 所示，对图形的打印输出进行相关设置，具体设置步骤与模型空间打印输出类似，可参见 14.3 节所述。

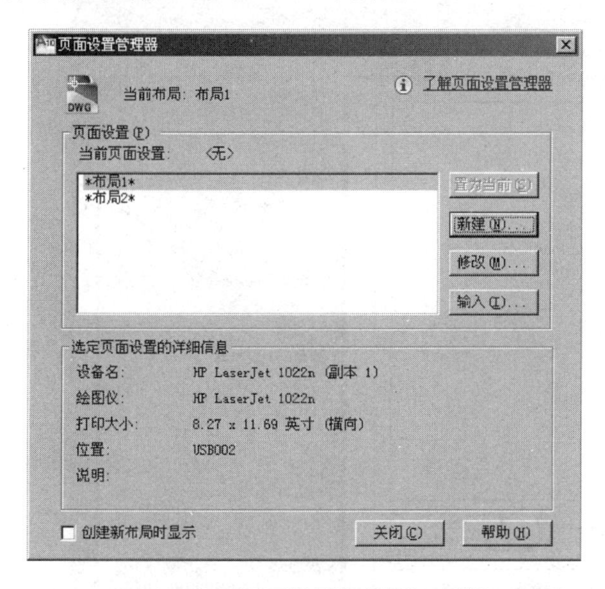

图 14.28　“页面设置管理器”对话框

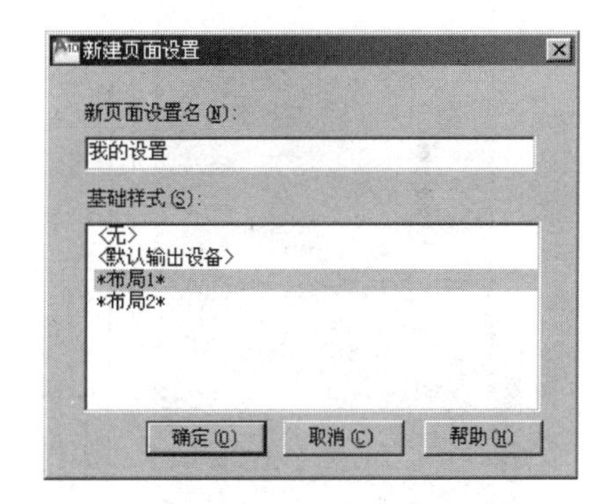

图 14.29　“新建页面设置”对话框

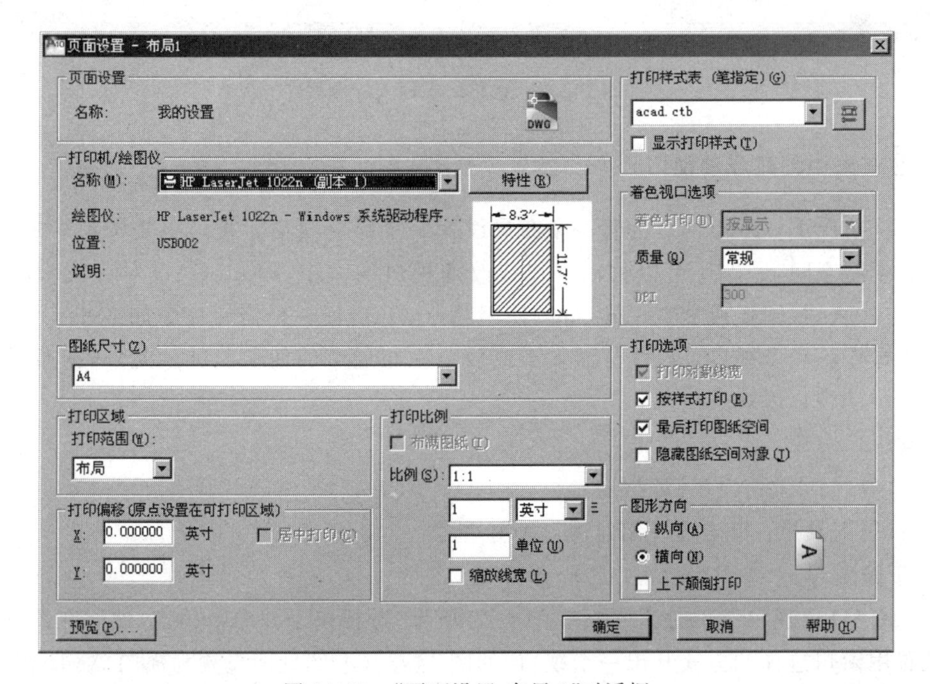

图 14.30　“页面设置-布局 1”对话框

完成页面设置后，在“页面设置管理器”对话框中单击“置为当前”按钮 置为当前(S)，即可将创建完的新页面设置后用于相应布局中。

5. 插入标题栏

根据需要打印图纸的大小，在布局上用插入块命令或外部参照命令插入相应的标题栏。如图 14.31，插入了一个 A4 的标题栏。

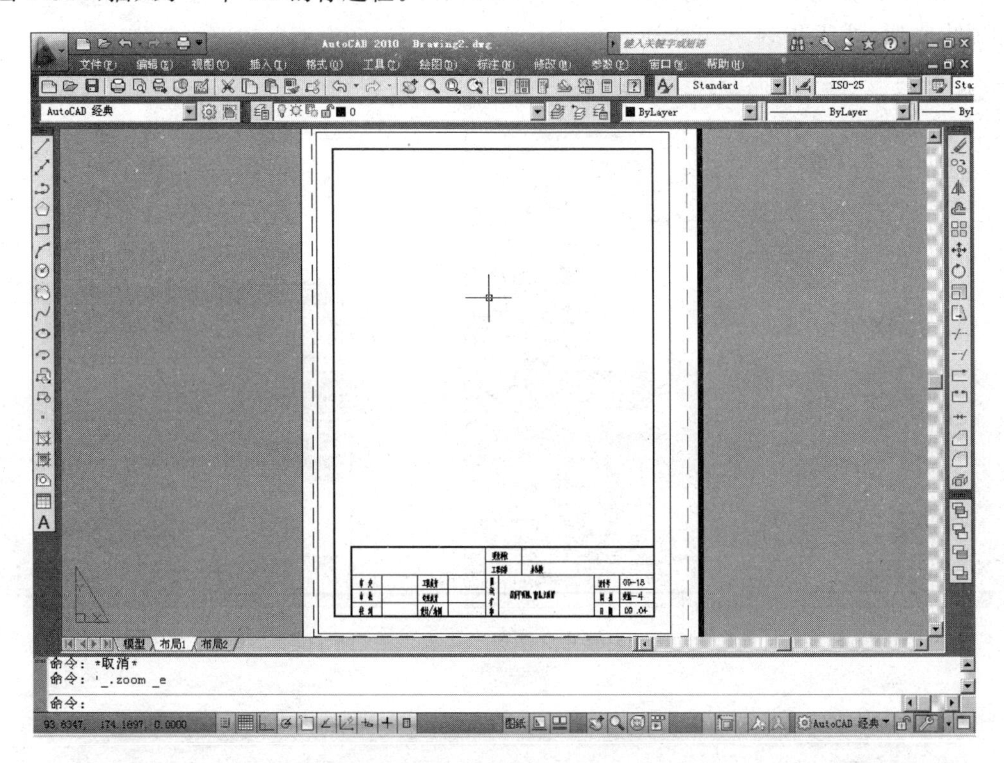

图 14.31 在布局中插入标题栏

6. 在布局中创建浮动视口

在默认情况下，AutoCAD 为每一个布局设置一个浮动视口。视口也是图形对象，通过它可以观察模型空间，另外还可以移动视口或改变视口的大小。AutoCAD 对待视口就像对待其他对象，如直线、圆弧或文本一样，可以使用 AutoCAD 任一个修改命令如 Move、Copy 等对视口进行操作。一个视口可以是任意大小或放置在布局中的任何位置。此外，在布局中至少要有一个浮动视口以观察模型。

启动视口命令：

- 命令行：VPORTS（键盘输入）。
- 布局工具栏：单击选择创建视口图标 。
- 下拉菜单：“视图”→“视口”→“新建视口”。

AutoCAD 出现“视口”对话框，如图 14.32 所示，选择单个并单击确定，然后在图框线内部合适位置用窗口选择的方式开出一个视口，如图 14.33(本例页面设置为横向 A3 图幅，并插入一 A3 标题栏)所示。(注意：应将视口边界放置在一个非打印层上。)

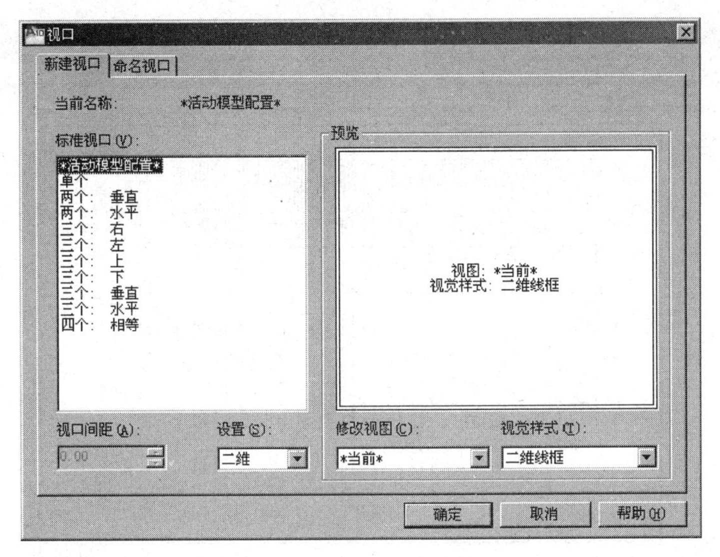

图 14.32　“视口”对话框

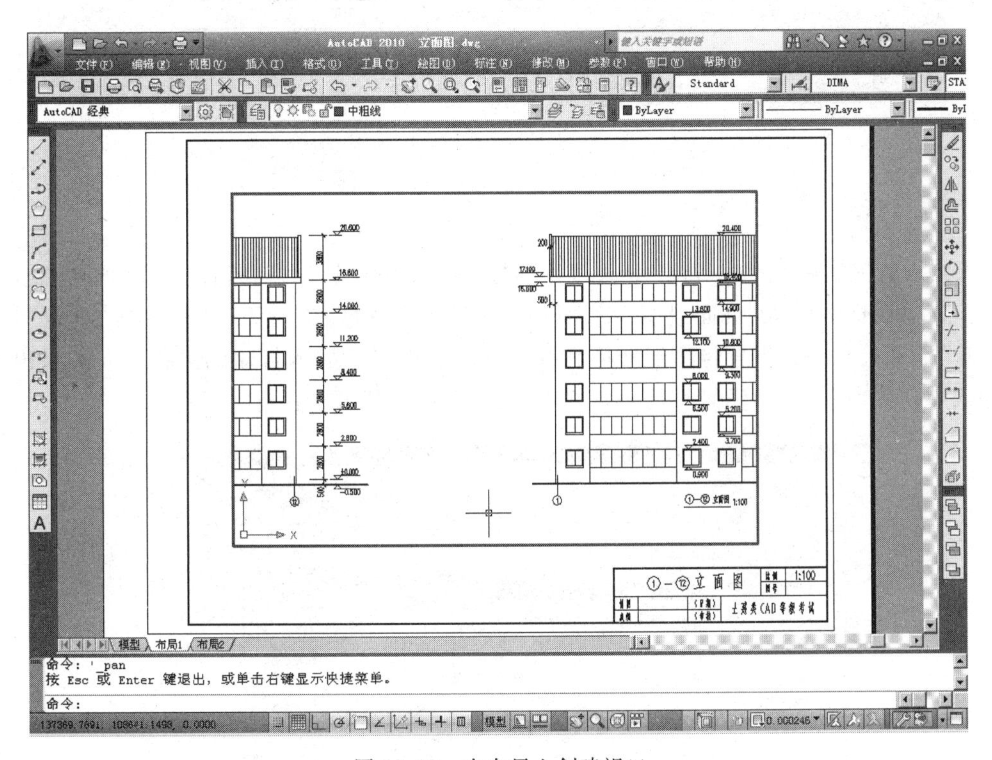

图 14.33　在布局上创建视口

7. 设置视口内的图形

根据输出要求将视口大小调整至充满整个图框显示区域，双击浮动视口内部，状态栏中“图纸”变为“模型”，并将需要输出的视图调整到视口内部如图 14.34 所示。读者可以根据打印要求设置视口的比例。将视图调整好后，在浮动视口外双击，AutoCAD 将切换到图纸空间。在图纸空间中，可以在布局上添加注释和其他图形对象。添加到图纸空间的对象不会被添加到模型空间或其他的布局中。

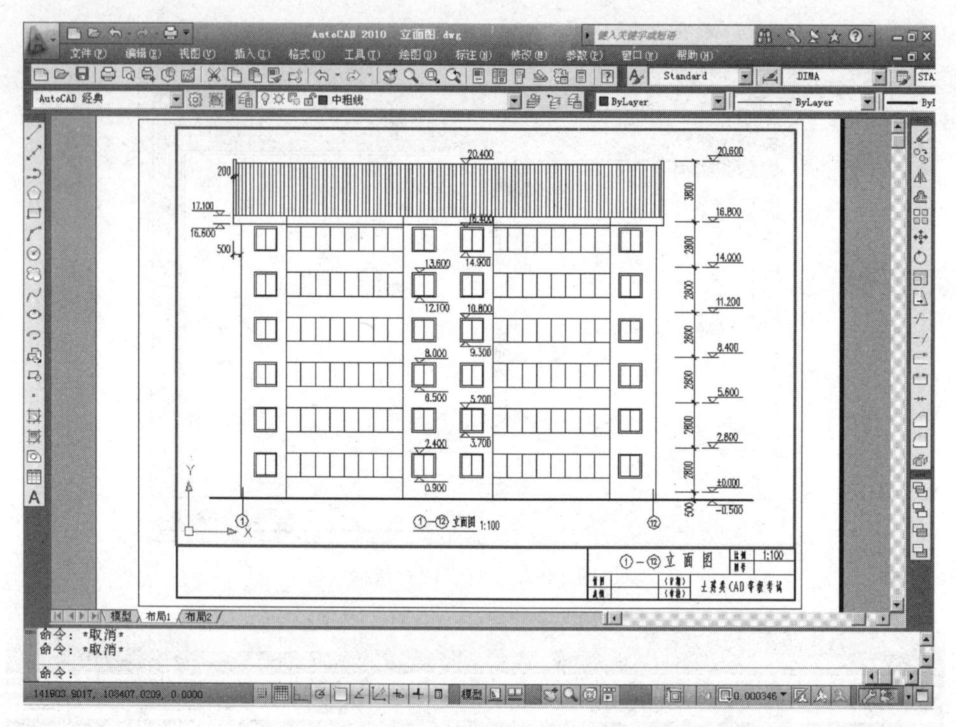

图 14.34 设置视口内的视图

8. 输出布局

布局设置完毕后,单击标准工具条打印图标 ,AutoCAD 出现“打印”对话框,如图 14.35 所示。该对话框将显示“页面设置”对话框已经设置的内容,核对无误后,单击“确定”按钮,AutoCAD 开始打印并报告将图形转换为打印机图形语言及显示打印的进程条。如果出现了问题或要立刻中止打印,任何时候只要单击“取消”按钮,就可终止打印作业。

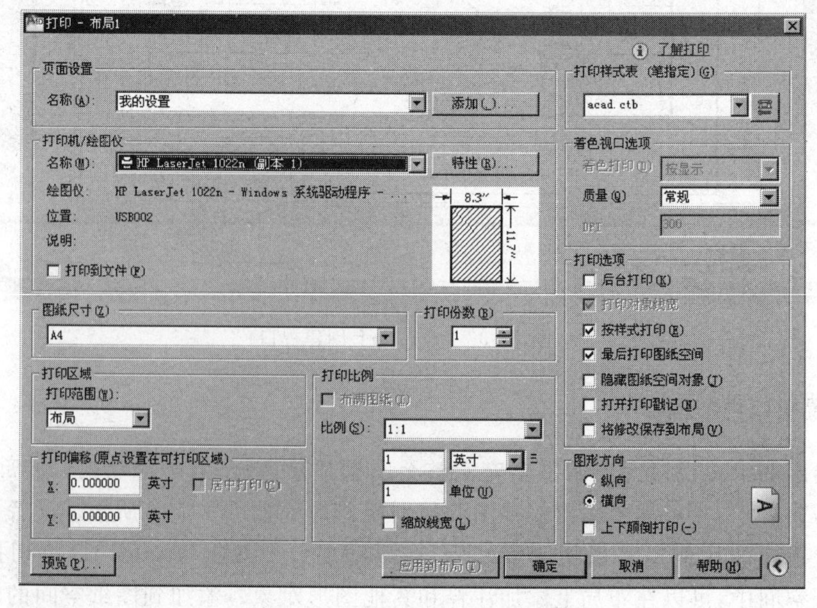

图 14.35 “打印-布局 1”对话框

另外，还可以通过“布局向导”创建新的布局(图纸空间)进行打印。每个向导页面都将提示为正在创建的新布局指定不同的版面和打印设置。一旦用向导创建了布局，就可以使用“页面设置”对话框修改布局的设置。该操作方式比较简单，只要根据提示按部就班地进行即可，读者可自行练习。(启动“布局向导”的方式：输入命令 LAYOUTWIZARD 或单击下拉菜单“插入”→“布局”→“布局向导”)。

习题

结合第 11 章、第 12 章的习题及附录的施工图进行打印输出练习。

第 6 篇

CAD等级考评试题与分析

本篇包括：

第15章　CAD等级考评试题分析

15.1　土木与建筑类CAD技能考评简介

计算机辅助设计(CAD)技术推动了产品设计和工程设计的革命,受到了极大重视并正在被广泛推广应用。计算机绘图与三维建模作为一种新的工作技能,有着强烈的社会需求,正在成为我国就业中的新亮点。在此背景下,自2008年起中国图学学会联合国际几何与图学学会,本着更好地服务于社会的宗旨,开展"CAD技能等级"培训与考评工作。全国范围的考评工作每年组织两次,时间分别在上半年(5～6月)和下半年(11～12月),形式为上机操作考试。

为了对该技能培训提供科学、规范的依据,中国图学学会组织了国内外有关专家,制定了《CAD技能等级考评大纲》(以下简称《大纲》)。《大纲》以现阶段CAD技能从业人员所需水平和要求为目标,在充分考虑经济发展、科技进步和产业结构变化影响的基础上,对CAD技能的工作范围、技能要求和知识水平作了明确规定。以下就《大纲》中关于CAD技能等级的划分及要求等进行阐述。

1. CAD技能考评的等级规定(见表15.1)

表15.1　CAD技能的级别及类别

级　　别	类　　别	内容及等级水平
CAD技能一级	土木与建筑类	二维计算机绘图:
	工业产品类	相当于计算机绘图师的水平
CAD技能二级	土木与建筑类	三维几何建模:
	工业产品类	三维数字建模师的水平
CAD技能三级	土木与建筑类	复杂三维模型制作与处理:
	工业产品类	相当于高级三维数字建模师的水平

2. 土木与建筑类CAD技能一级考评基本知识要求

1) 投影知识

正投影、轴测投影。

2) 制图知识

(1) 国家标准知识(图幅、比例、字体、图线、图样表达、尺寸标注等);

(2) 形体的二维表达方法(视图、剖视图、断面图和局部放大图等);

(3) 标注与注释;

(4) 土木与建筑类专业图样的基本知识(如建筑施工图、结构施工图等)。

3) 计算机绘图的基本知识

(1) 计算机绘图基本知识;

(2) 有关计算机绘图的国家标准知识;
(3) 二维图形绘制;
(4) 二维图形编辑;
(5) 图形显示控制;
(6) 辅助绘图工具和图层;
(7) 标注、图案填充和注释;
(8) 专业图样的绘制知识;
(9) 文件管理与数据转换。

3. 土木与建筑类 CAD 技能一级考评内容及技能要求(见表 15.2)

表 15.2 土木与建筑类 CAD 技能一级考评表

考评内容	技能要求	相关知识
二维绘图环境设置	新建绘图文件及绘图环境设置	• 制图国家标准的基本规定(图纸幅面和格式、比例、图线、字体、尺寸标注式样) • 绘图软件的基本概念和基本操作(坐标系与绘图单位,绘图环境设置,命令与数据的输入)
二维图形绘制与编辑	平面图形绘制与编辑技能	• 绘图命令 • 图形编辑命令 • 图形元素拾取 • 图形显示控制命令 • 辅助绘图工具、图层、图块 • 图案填充
图形的文字和尺寸标注	施工图的文字和尺寸标注技能	• 国家标准对文字和尺寸标注的基本规定 • 施工图的尺寸标注 • 绘图软件文字和尺寸标注功能及命令(式样设置、标注、编辑)
建筑施工图绘制	建筑施工图绘制技能(总平面图、平面图、立面图、剖面图、详图)	• 建筑施工图的表达方法 • 建筑施工图的标注
结构施工图绘制	结构施工图绘制技能(钢筋混凝土结构平面图、钢结构图、构件图、大样图)	• 结构施工图的表达方法 • 结构施工图的标注 【说明】土木与建筑类 CAD 技能一级考核的图样为土木与建筑中的部分图样,规定如下: (1) 建筑施工图,例如总平面图、平面图、立面图、剖面图和详图等; (2) 结构施工图,例如钢筋混凝土结构平面图、构件图、大样图等; (3) 不包括房屋设备施工图,例如暖通图、空调和电气设备图,给排水管道的施工图等
图形文件管理	图形文件管理与数据转换技能	• 图形文件操作命令 • 图形文件格式及格式转换

15.2 试题实例分析

1. 题型

截止到2013年底，全国CAD技能等级考评工作已经进行了11期，从以往各期试题情况可以看出，土木与建筑类CAD一级考题基本上分为4类题型：

第1类 绘制图幅；

第2类 平面图形绘制；

第3类 抄画及求画视图或剖面图；

第4类 建筑施工图或结构施工图图样的绘制。

2. 考点及要求

1）绘制图幅

考点：（1）图层的设置；

（2）图幅、图框的基本规格及规定；

（3）字体的设置及书写。

2）平面图形绘制

考点：（1）绘图比例；

（2）几何作图及平面图形的分析；

（3）基本绘图命令（直线、圆等）；

（4）基本编辑命令（如镜象、阵列、修剪、捕捉等）；

（5）尺寸样式设置及标注。

3）抄画及求画视图或剖面图

考点：（1）已知组合体的两面视图求画第三面视图；

（2）剖面图的概念及绘制；

（3）CAD正交、极轴、填充等在绘图中的应用。

4）建筑施工图或结构施工图图样的绘制

考点：（1）建筑平面图、立面图、剖面图及详图的图示内容及图示要求；

（2）钢筋混凝土结构平面图、构件图及详图的图示内容及图示要求。

3. 试题分析

以第一期“全国CAD技能等级考试”考题为例。

1）试题一

（1）题目

绘制图幅（15分），要求：

① 按以下规定设置图层及线型：

图层名称	颜色	(颜色号)	线型	线宽
粗实线	白	(7)	Continuous	0.6
中实线	蓝	(7)	Continuous	0.3
细实线	绿	(3)	Continuous	0.15
虚线	黄	(2)	Dashed	0.3
点画线	红	(1)	Center	0.15

② 按1∶1的比例绘制A2幅面(竖放),在A2图纸幅面内用细实线划分出两个A3幅面(420×297),如图15.1所示。上方的A3幅面不画图框及标题栏,用于绘制试题二和试题三。下方的A3幅面用于绘制试题四,要求绘制图框(留出装订边)和标题栏,标题栏格式及尺寸见所给式样。

③ 设置文字样式,在标题栏内填写文字(不标注标题栏尺寸)。

(2) 作图分析

图幅的绘制涉及到后续试题的作图,应全面考虑。一般可采用两种方法。

方法一:在布局空间绘制图幅、图框及标题栏,并填写标题栏文字。然后回到模型空间按1∶1的比例绘制下面的各题。最后回到布局空间,按各题要求的比例将图形放在指定的图幅位置,并标注尺寸。

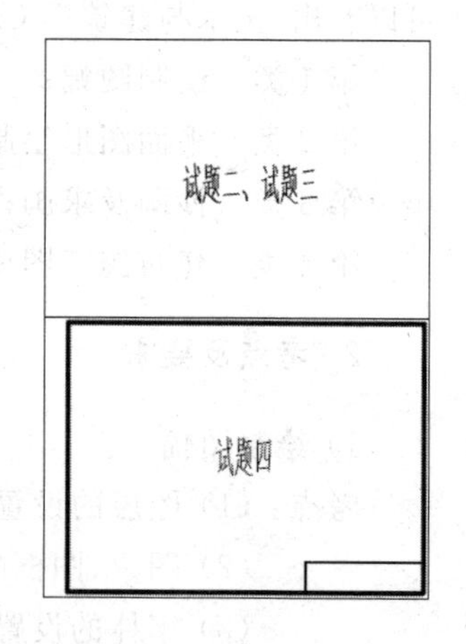

图15.1 绘制图幅

方法二:试题所有内容都在模型空间绘制完成。这种方法需要注意设置不同比例情况下的尺寸标注样式及文字。

两种方法加以比较,第一种方法应该更合理,效率更高。但有时根据具体图形情况,可以采取灵活多变的方法,考生也可根据自己的绘图习惯灵活把握。其最终的目的是快速准确地作图。

2) 试题二

(1) 题目

按1∶1000比例绘制立体交叉公路平面图(见图15.2)并标注尺寸(25分)。

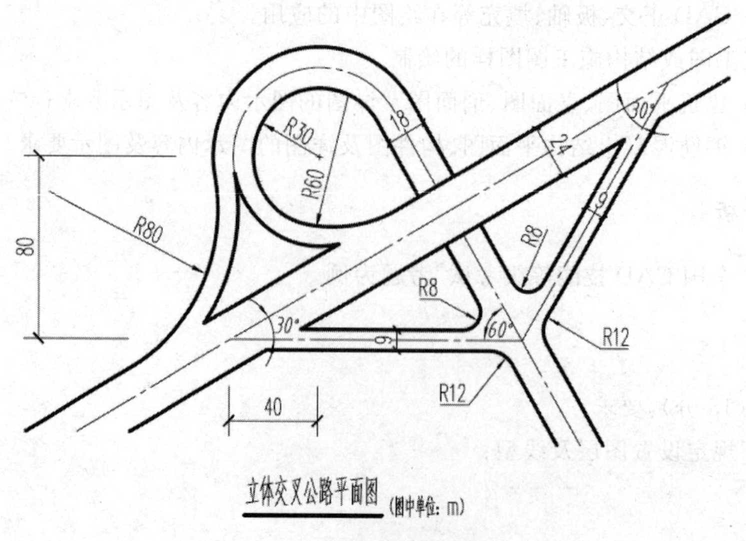

图15.2 平面图形的绘制

(2) 作图分析

平面图形的绘制时,首先要分析平面图形的构成,特别是相切弧段,应首先分析哪些弧段的圆心及定位是已知的,哪些是连接弧段。通过分析可知,试题中半径 $R30$ 的圆弧及道路的中心线为已知的定位基准,然后可利用偏移、镜像命令及画圆命令中的"TTR"选项完成其他弧段的绘制。

(3) 作图步骤

第一步,绘制定位中心线。①～⑥为详细步骤,见图 15.3。

第二步,利用偏移、镜像、倒圆角、修剪等命令完成,见图 15.4。

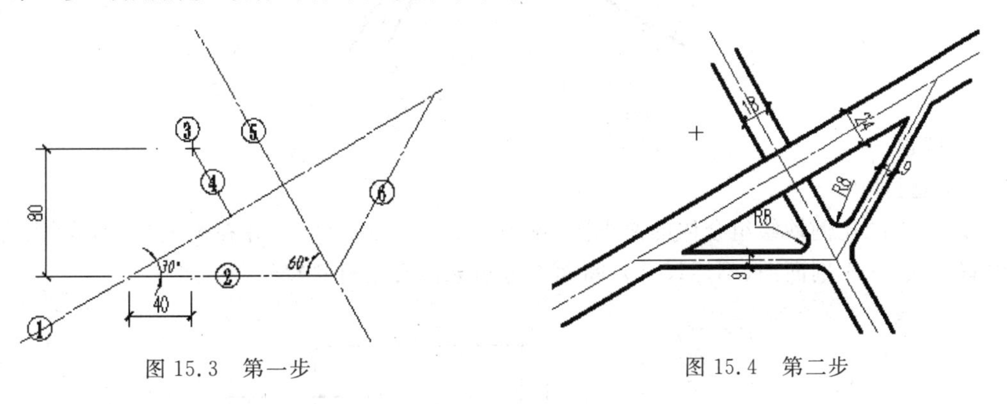

图 15.3 第一步　　　　图 15.4 第二步

第三步,绘制已知圆心及半径 $R30$ 的圆,见图 15.5。

第四步,利用画圆命令中的选项(TTR)完成半径 $R80$ 的圆,见图 15.6。

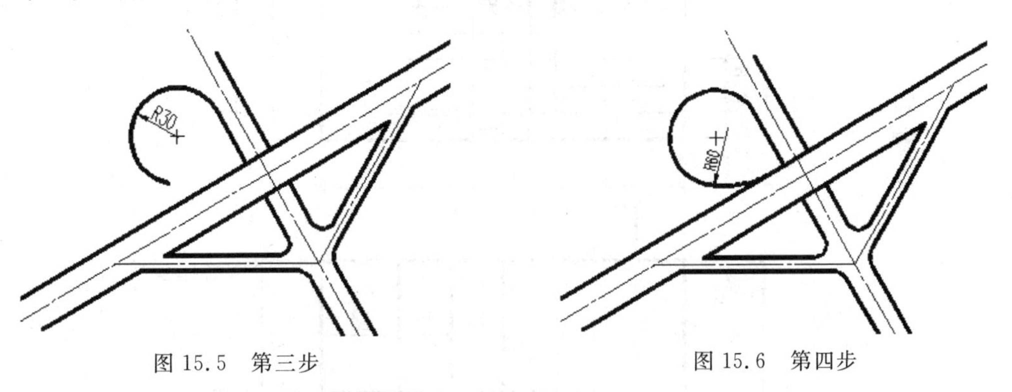

图 15.5 第三步　　　　图 15.6 第四步

第五步,用偏移命令向外偏移圆弧,见图 15.7。

第六步,利用画圆命令中的选项(TTR)完成半径 $R80$ 的圆,见图 15.8。

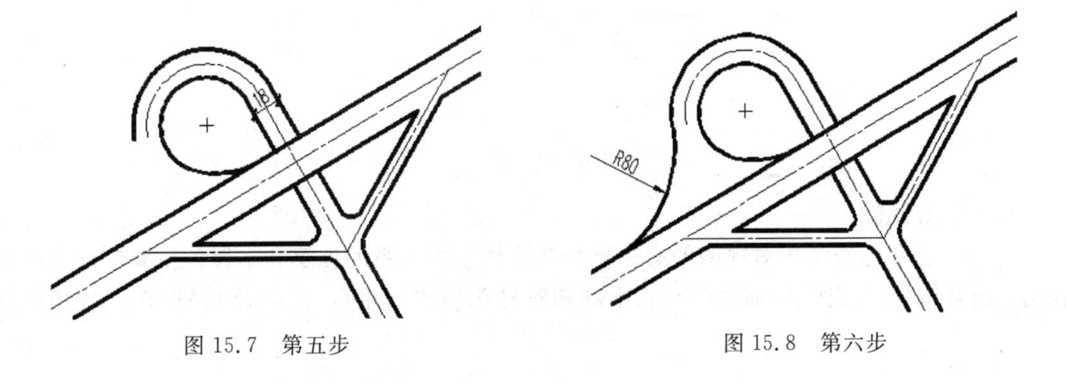

图 15.7 第五步　　　　图 15.8 第六步

第七步,偏移命令偏移圆弧,见图 15.9。

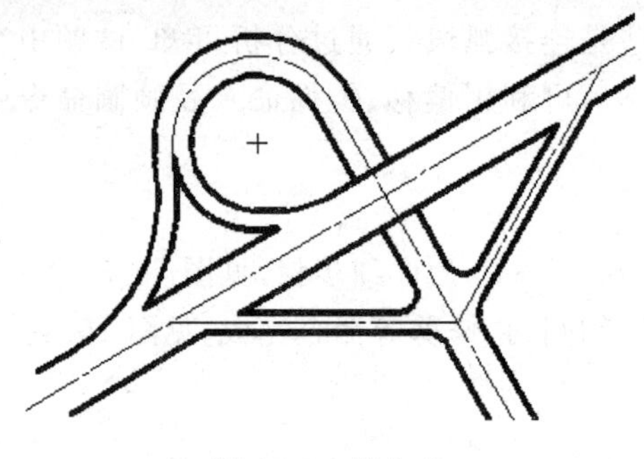

图 15.9 第七步

3) 试题三

(1) 题目

按 1∶1 的比例抄绘组合体的两视图(见图 15.10,不标尺寸),并在侧面投影(W 面投影)的位置完成 1—1 剖面图(不标尺寸),断面部分填充混凝土材料符号(20 分)。

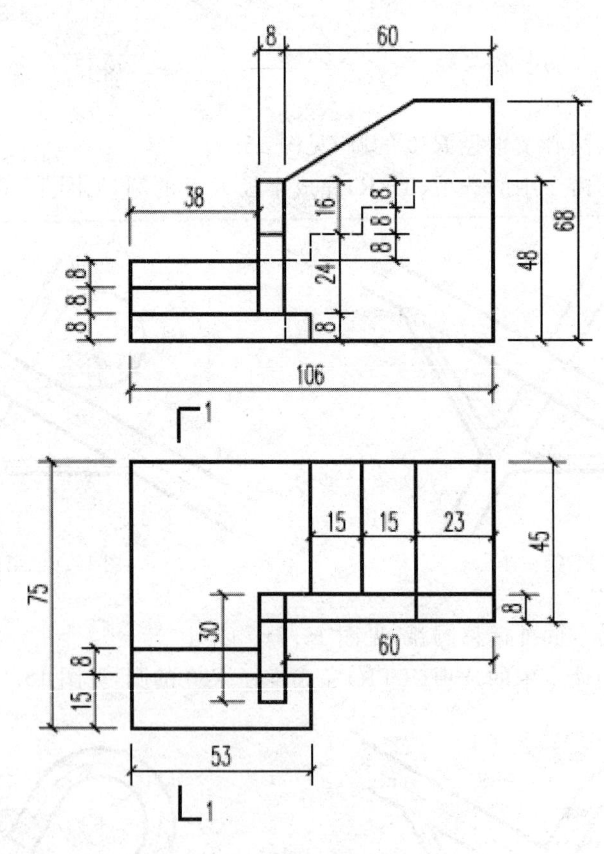

图 15.10 试题三

(2) 作图分析

试题三主要考查考生对视图的有关概念及形体投影关系的理解和掌握。主要应注意的知识有:组合体的三面图、剖面图(全剖、半剖和阶梯剖应作为重点)。涉及 CAD 作图技巧的问题不多，作图步骤不再赘述。

4）试题四

（1）题目

绘制建筑平面图，如图 15.11 所示（40 分）。要求：

① 按试题一的要求，将“三层平面图”绘制在指定位置上；

② 绘图比例采用 1：100；

③ 要求线型、字体、尺寸应符合我国现行建筑制图国家标准。不同的图线应放在不同的图层上，尺寸放在单独的图层上。

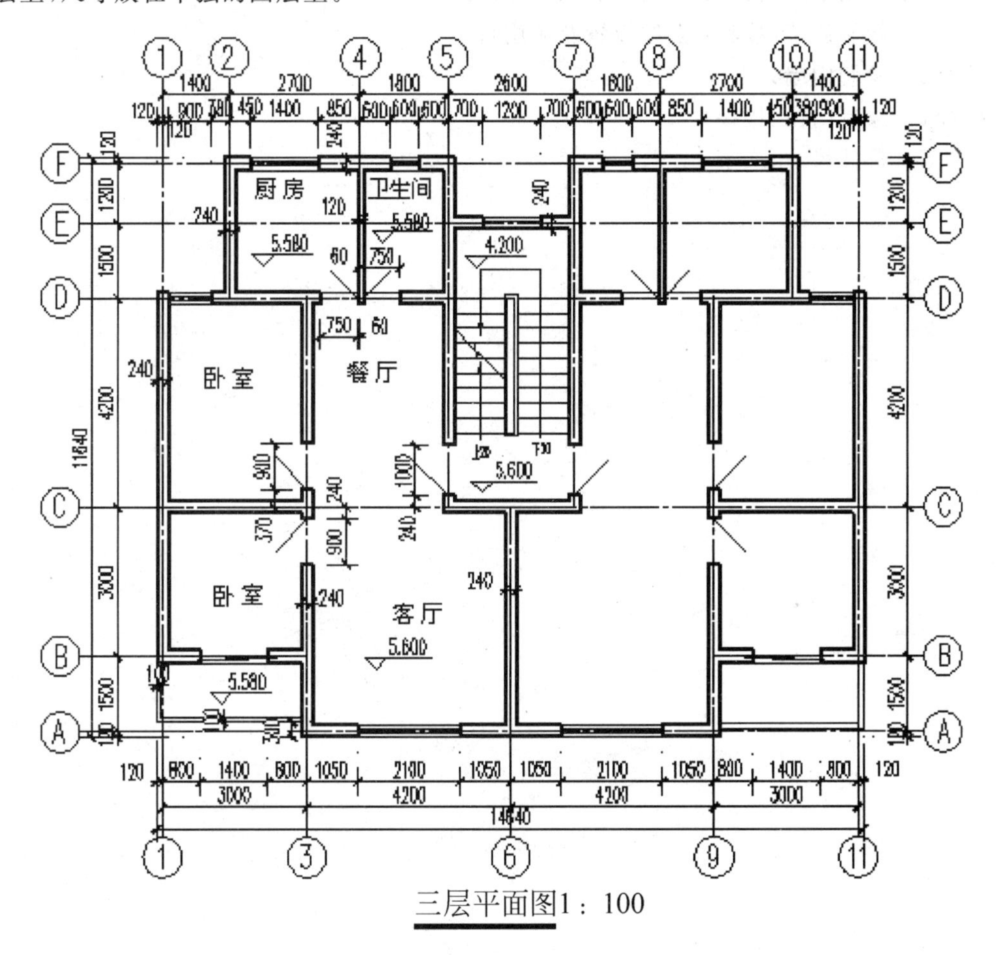

图 15.11 试题四

（2）作图分析

题目主要考查考生对建筑施工图和结构施工图的绘制能力。

应从两方面来掌握：一是建筑施工图和结构施工图中有关图线、符号等画法的规定；二是在 CAD 作图上，要有清晰的绘图思路和正确的绘图顺序。

该题目绘制时需要注意的主要有以下内容。

① 图形中涉及图线及线宽

粗实线——墙线、图名下横线；

中实线——门的开启线、尺寸起止符号；

细实线——楼梯、窗线、尺寸线、尺寸界限、轴线圆及标高符号、楼梯上下指引线；
细单点长画线——轴线。

② 图形中符号的画法

轴线圆——直径 8～10mm；
标高符号画法——高度为 3mm 的等腰直角三角形；
箭头画法详见 2.5 节。

(3) 平面图的绘图顺序

第一步：绘制轴线(技巧：阵列、偏移、镜像)；
第二步：绘制外墙(技巧：多线设置及应用)；
第三步：绘制内墙；
第四步：绘制门窗、楼梯；
第五步：标注尺寸、文字。

附录 A　AutoCAD 2010 常用命令一览表

序号	命　令	命令说明	快捷键	图标
1	Arc	绘制圆弧	A	
2	Area	计算对象或所定义区域的面积和周长	A A	
3	Array	阵列	A R	
4	Bhatch	图案填充	H	
5	Break	在两点之间打断选定对象	BR	
6	Chamfer	给对象加倒角	CHA	
7	Change	更改现有对象的特性	CH	
8	Circle	绘制圆	C	
9	Color	设置新对象的颜色		
10	Copy	在指定方向上按指定距离复制对象	CO 或 CP	
11	Dimbaseline	基线标注	DBA	
12	Dimcontinue	连续标注	DCO	
13	Dist	测量两点之间距离	DI	
14	Donut	绘制圆环	DO	
15	Dtext	单行文本	DT	
16	Erase	从图形中删除对象	E	
17	Explode	将复合对象分解，也称炸开	X	
18	Extend	延伸对象与其他对象的边相接	EX	
19	Fillet	给对象加圆角	F	
20	Grid	在当前视口中显示栅格图案	F7	
21	Help	打开“帮助”窗口	F1	
22	Insret	插入图块	I	
23	Layer	打开“图层特性管理器”	LA	
24	Limits	设置绘图界限		
25	Line	绘制直线	L	
26	Linetype	打开“线型管理器”，加载、设置和修改线型	LT	
27	Ltscale	设置线型比例	LS	
28	Mirror	创建选定对象的镜像副本	MI	
29	Move	在指定方向上按指定距离移动对象	M	
30	Mtext	多行文本标注	MT	
31	New	新建图形文件		
32	Offset	偏移复制	O	
33	Oops	恢复删除的对象		
34	Open	打开图形文件		

续表

序号	命　令	命令说明	快捷键	图标
35	Ortho	切换正交状态	F8	
36	Osnap	设置目标捕捉方式	OS 或 F3	
37	Pan	视图平移	P	
38	Pedit	编辑多段线	PE	
39	Pline	绘制多段线	PL	
40	Plot	打印图形		
41	Point	绘制点	PO	
42	Polygon	绘制多边形		
43	Quit	退出程序		
44	Rectangle	绘制矩形	REC	
45	Redo	恢复上一个用 UNDO 或 U 命令放弃的图面效果		
46	Rotate	旋转图形	RO	
47	Save	保存图形文件		
48	Scale	标注	SC	
49	Spline	绘制样条曲线	SPL	
50	Stretch	拉伸对象	S	
51	Style	创建、修改或指定文字样式	ST	
52	Trim	修剪对象	TR	
53	UCS	建立用户坐标系统		
54	Undo	撤销上一次操作	U	
55	Wblock	图块存盘	W	
56	Zoom	视图缩放	Z	

注：快捷键在使用时不分大小写

附录B　某公寓部分施工图

图纸内容包括：

1. 建施-1——一层平面图
2. 建施-2——二层平面图
3. 建施-3——标准层平面图
4. 建施-4——顶层平面图
5. 建施-5——屋顶平面图
6. 建施-6——南立面图
7. 建施-7——北立面图
8. 建施-8——东立面图
9. 建施-9——西立面图
10. 建施-10——1—1剖面图
11. 建施-11——2—2剖面图
12. 建施-12——一、二层楼梯平面详图
13. 建施-13——标准层及顶层楼梯平面详图
14. 建施-14——楼梯剖面详图
15. 建施-15——墙身详图一
16. 建施-16——墙身详图二
17. 建施-17——墙身详图三
18. 建施-18——卫生间盥洗室及淋浴间平面布置详图
19. 结施-1——基础平面图
20. 结施-2——一层顶结构平面图
21. 结施-3——标准层顶结构平面图
22. 结施-4——顶层结构平面图

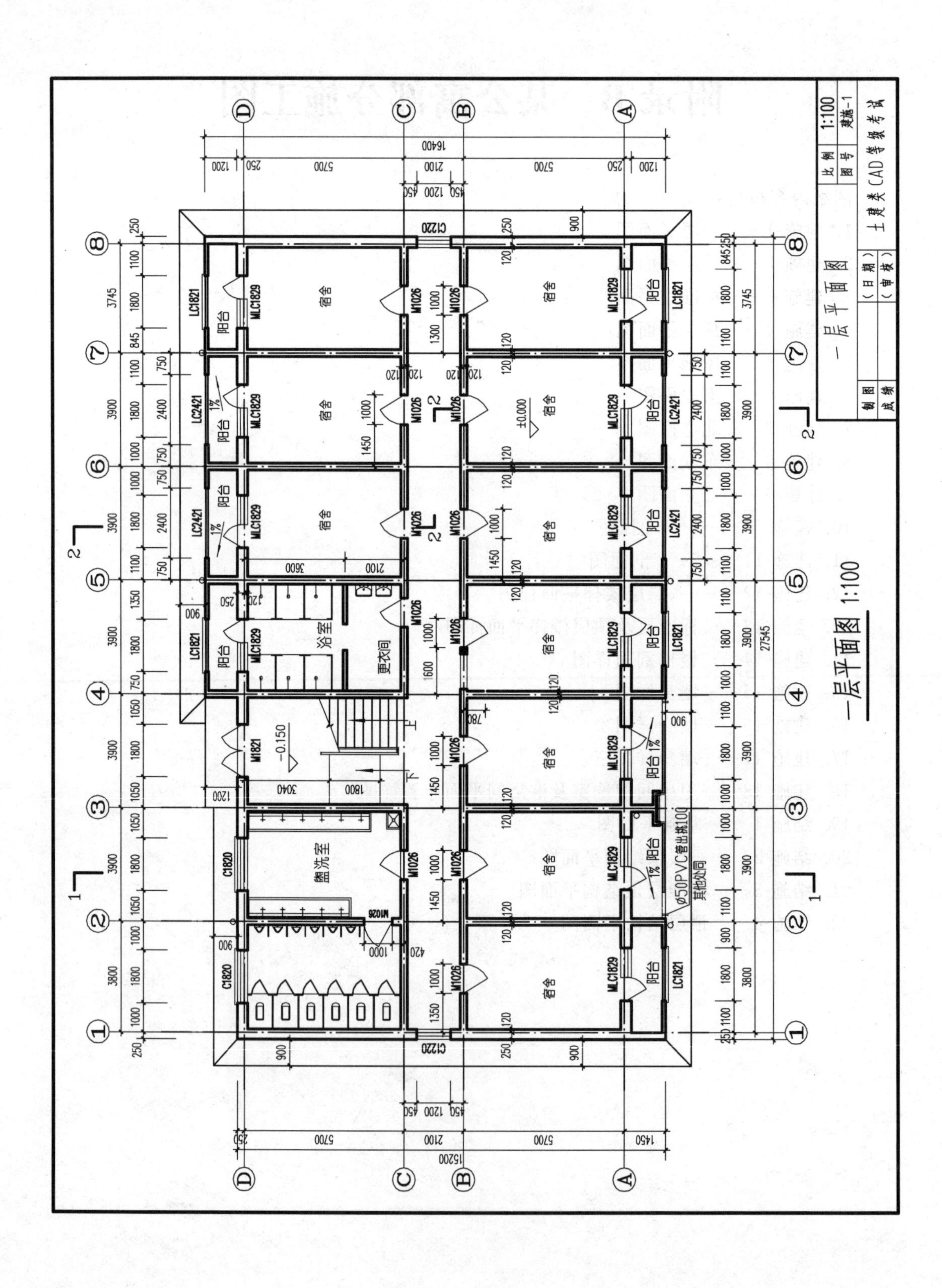
一层平面图 1:100
宿舍
阳台
盥洗室
浴室
更衣间
ø50PVC管出挑100
其他处同
比例 1:100
图号 建施-1
制图
成绩
(日期)
(审核)
土建类CAD等级考试

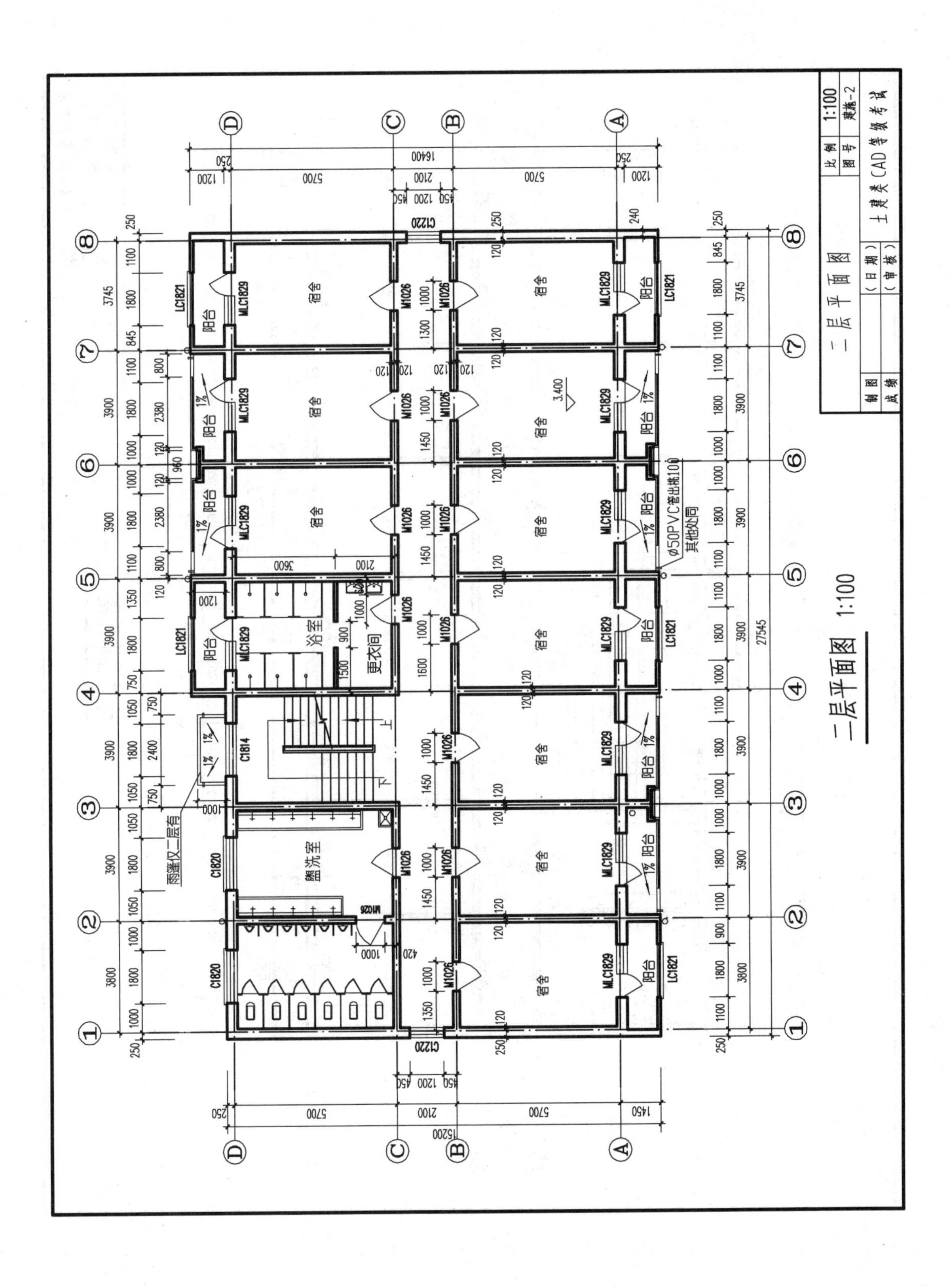
二层平面图 1:100
宿舍
阳台
盥洗室
浴室
更衣间
雨篷仅二层有
φ50PVC管出挑100
其他处同
比例 1:100
图号 建施-2
土建类CAD等级考试

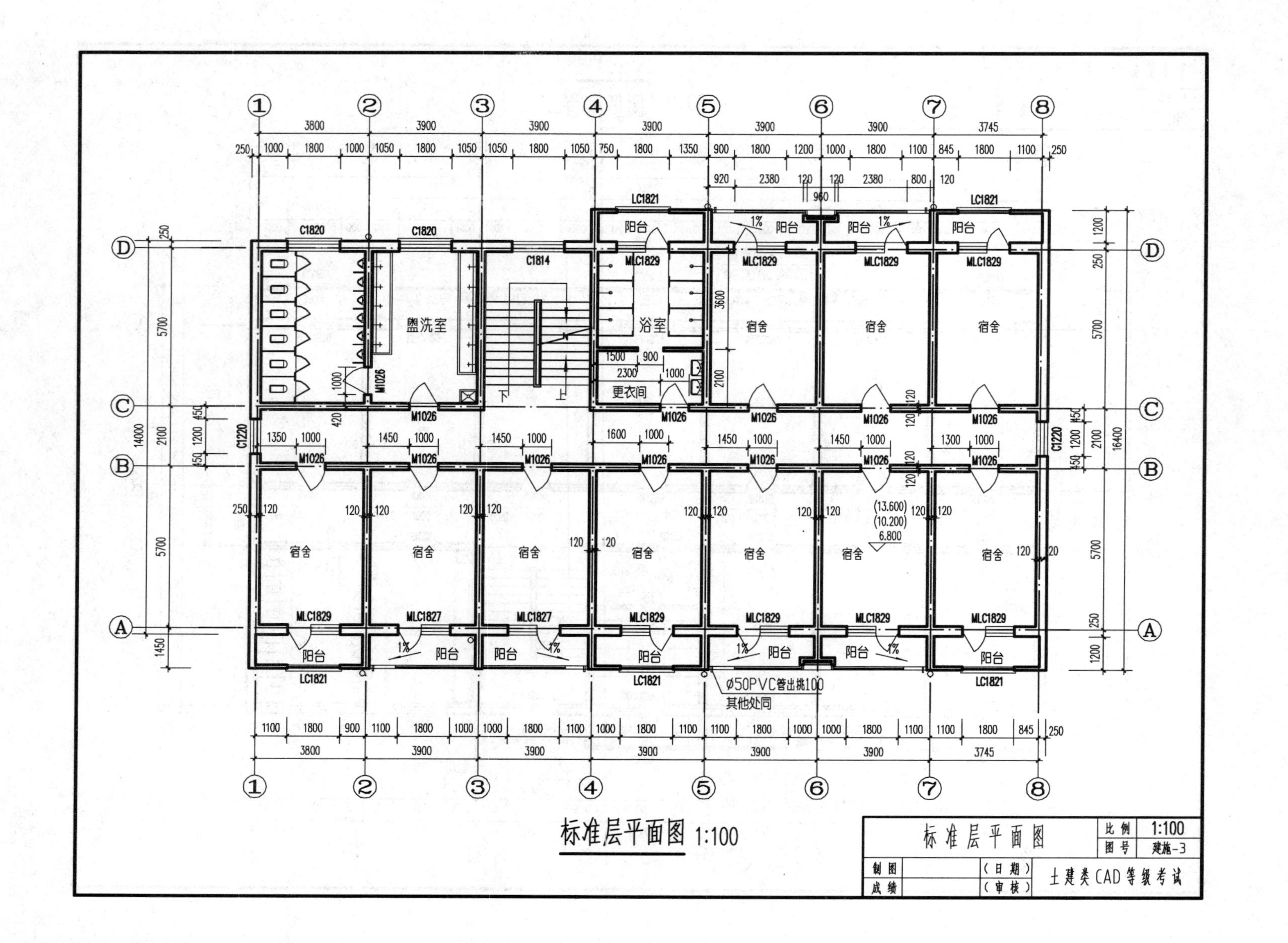

盥洗室
浴室
更衣间
宿舍
阳台
C1820
C1814
C1220
LC1821
MLC1829
MLC1827
M1026
Ø50PVC管出挑100
其他处同
(13.600)
(10.200)
6.800
14000
16400
标准层平面图 1:100
标准层平面图
比例 1:100
图号 建施-3
制图
成绩
(日期)
(审核)
土建类CAD等级考试

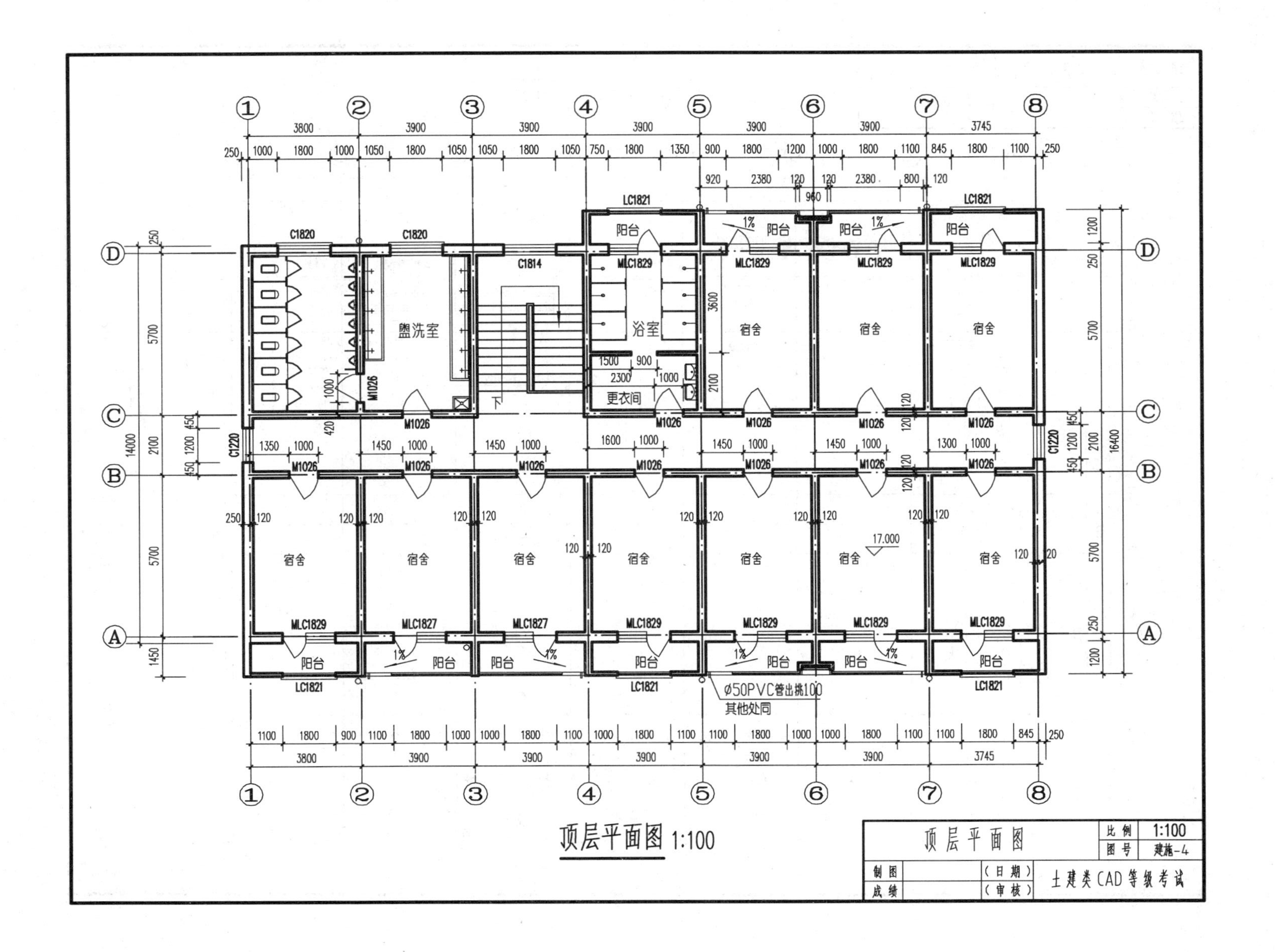
盥洗室
浴室
更衣间
宿舍
阳台
M1026
MLC1829
MLC1827
LC1821
C1820
C1814
C1220
17.000
ø50PVC管出挑100
其他处同
16400
14000
顶层平面图 1:100
顶层平面图
比例 1:100
图号 建施-4
制图
成绩
（日期）
（审核）
土建类CAD等级考试

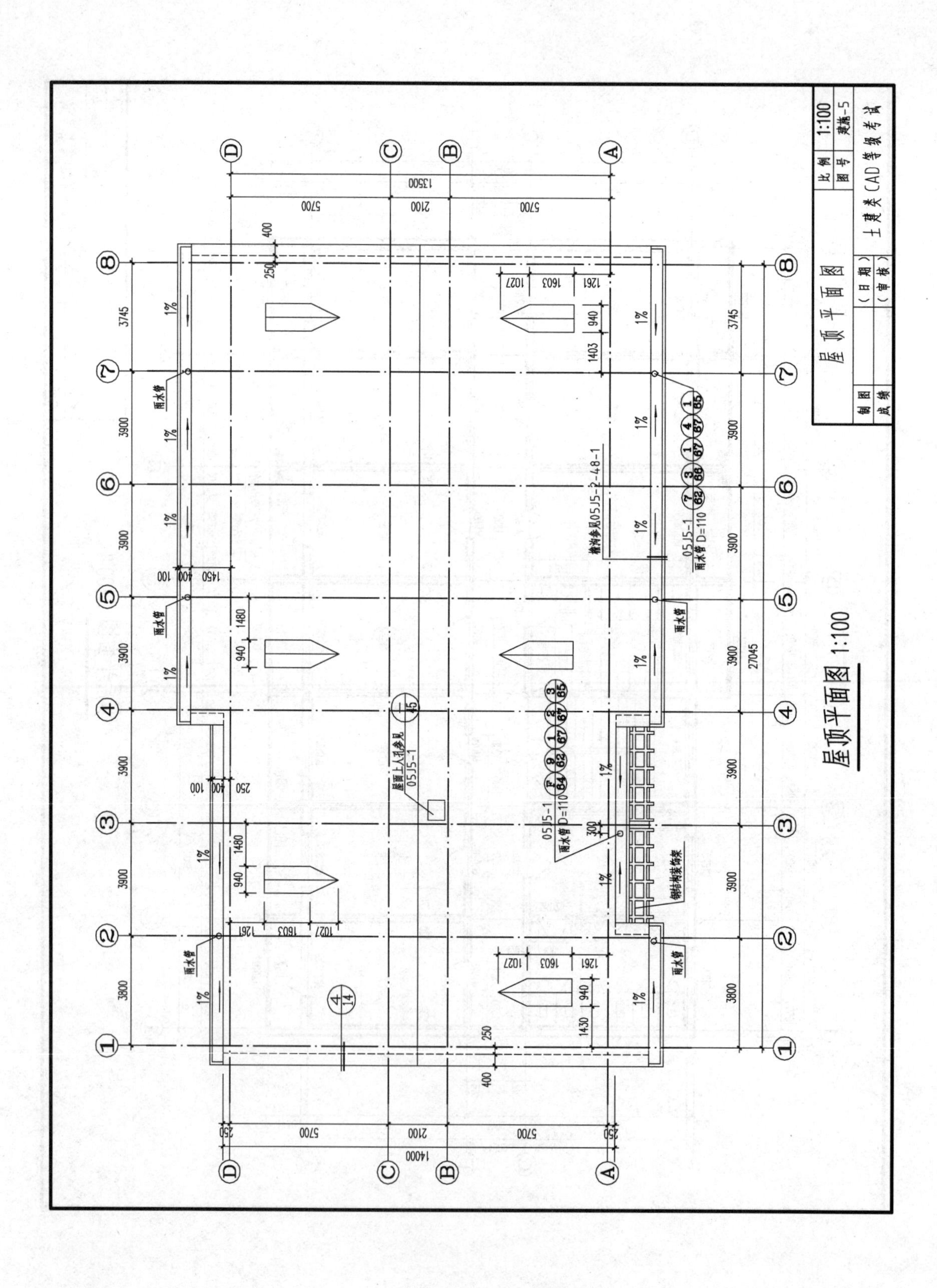
屋顶平面图 1:100
屋顶平面图
比例 1:100
图号 建施-5
制图
成绩
（日期）
（审核）
土建类CAD等级考试
雨水管
钢结构架构架
05J5-1
雨水管 D=110
屋面上人孔参见
檐沟参见05J5-2-48-1
1%
13500
14000
27045
5700
2100
3900
3800
3745

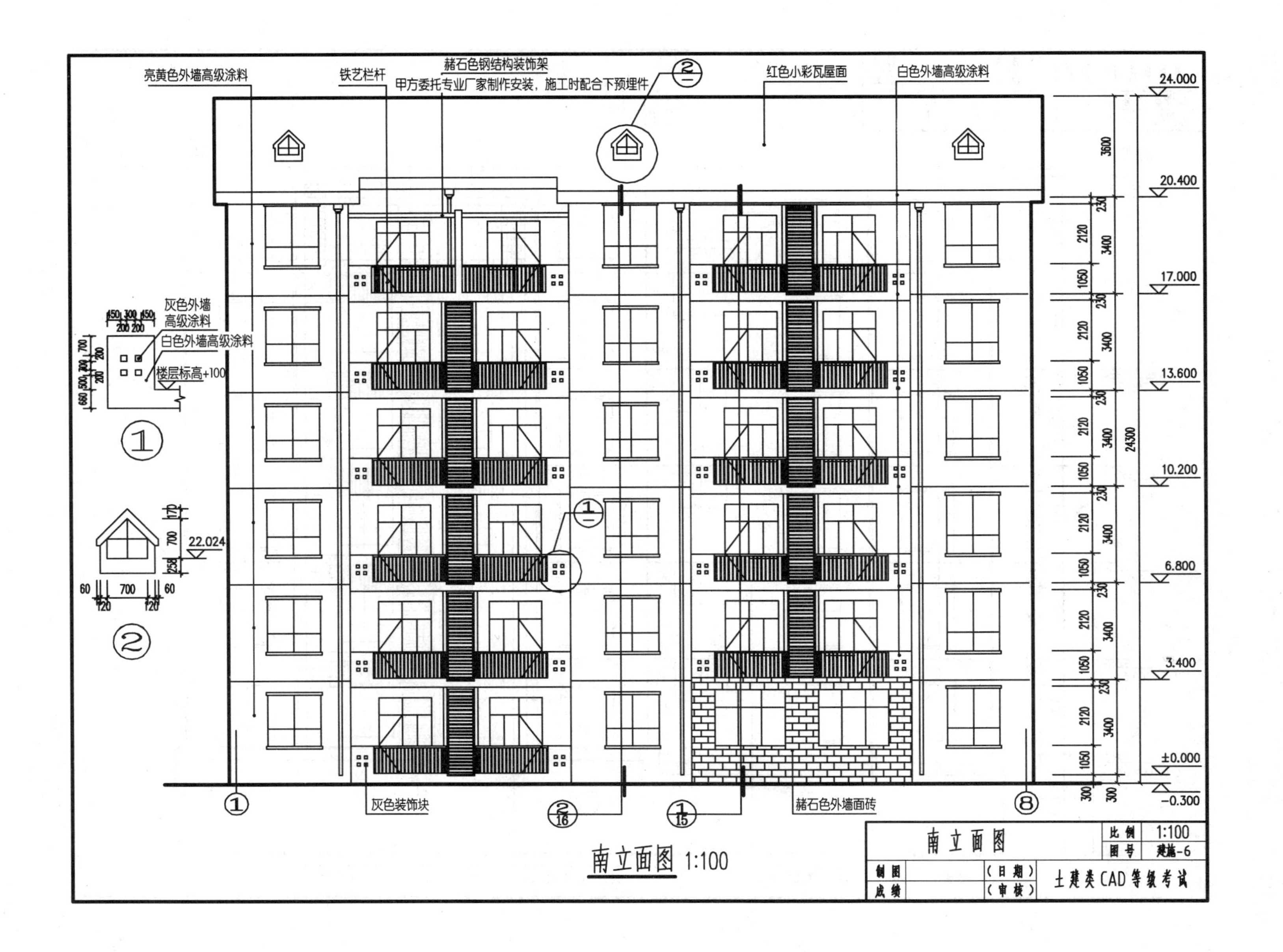
亮黄色外墙高级涂料
铁艺栏杆
赭石色钢结构装饰架
甲方委托专业厂家制作安装，施工时配合下预埋件
红色小彩瓦屋面
白色外墙高级涂料
24.000
20.400
17.000
13.600
10.200
6.800
3.400
±0.000
-0.300
3600
230
2120
3400
1050
24300
300
灰色外墙
高级涂料
白色外墙高级涂料
楼层标高+100
22.024
灰色装饰块
赭石色外墙面砖
南立面图 1:100
南立面图
比例 1:100
图号 建施-6
制图
成绩
（日期）
（审核）
土建类CAD等级考试

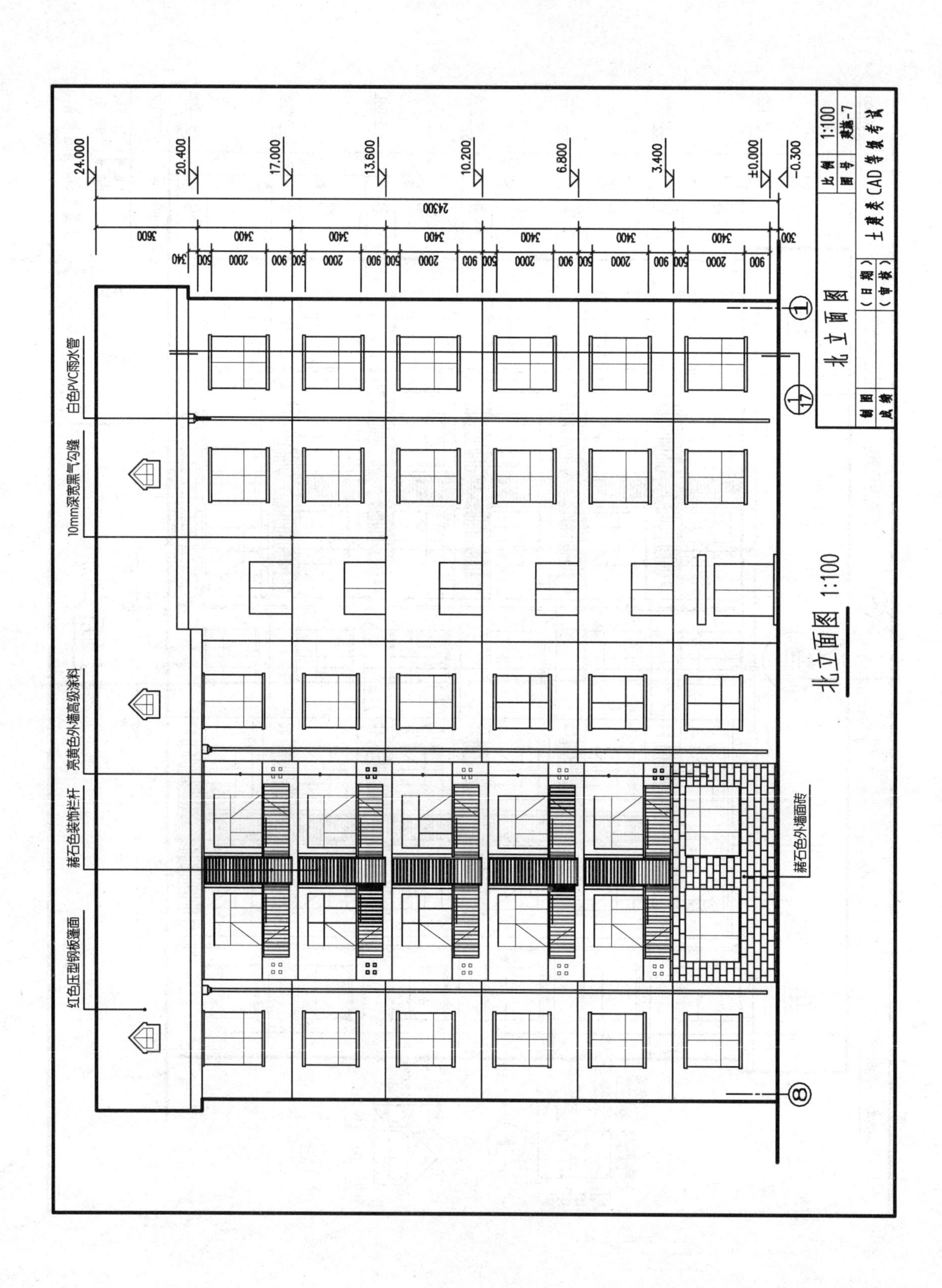

24.000
20.400
17.000
13.600
10.200
6.800
3.400
±0.000
-0.300
24300
白色PVC雨水管
10mm深宽黑气勾缝
亮黄色外墙高级涂料
赭石色装饰栏杆
红色压型钢板罩面
赭石色外墙面砖
北立面图 1:100
北立面图
比例 1:100
图号 建施-7
土建类CAD等级考试

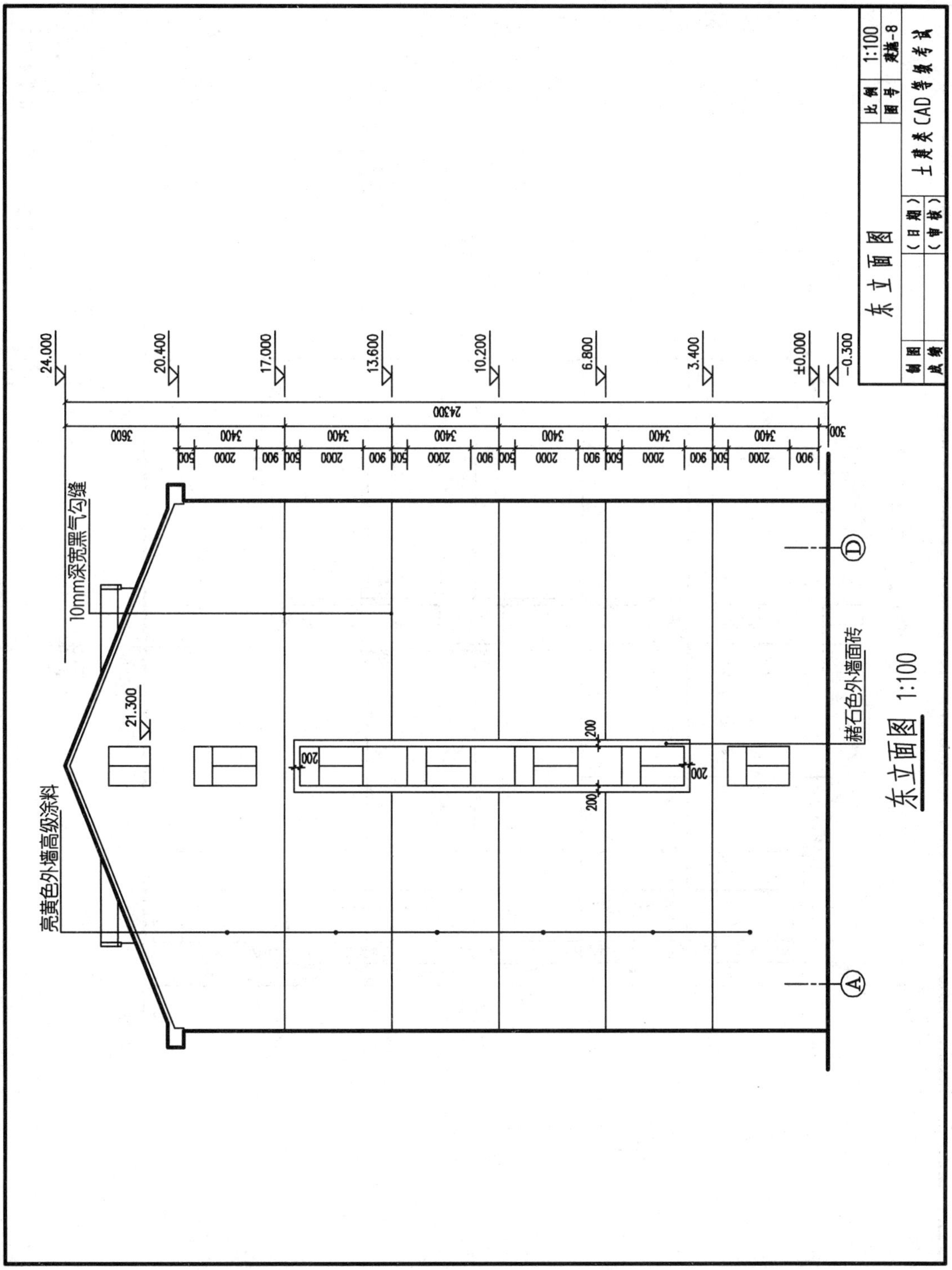

亮黄色外墙高级涂料

10mm深宽黑气勾缝

赭石色外墙面砖

21.300

24.000

20.400

17.000

13.600

10.200

6.800

3.400

±0.000

-0.300

24300

3600　3400　3400　3400　3400　3400　3400　300

500　2000　900

200

东立面图 1:100

东立面图		比例	1:100
		图号	建施-8
制图	（日期）	土建类CAD等级考试	
校核	（审核）		

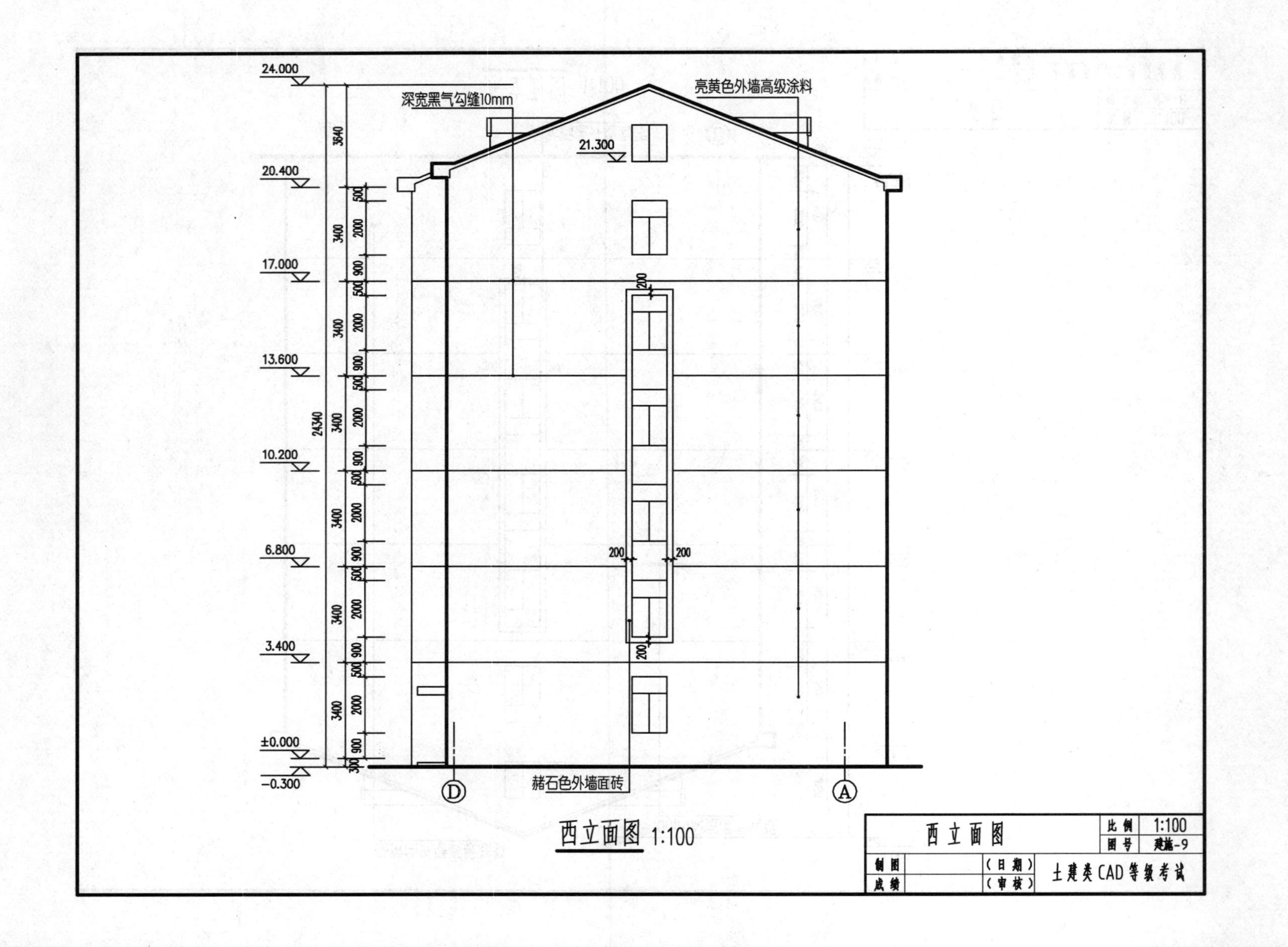
亮黄色外墙高级涂料
深宽黑气勾缝10mm
赭石色外墙面砖
24.000
21.300
20.400
17.000
13.600
10.200
6.800
3.400
±0.000
-0.300
3640
3400
24340
西立面图 1:100
西立面图
比例 1:100
图号 建施-9
制图
成绩
(日期)
(审核)
土建类CAD等级考试

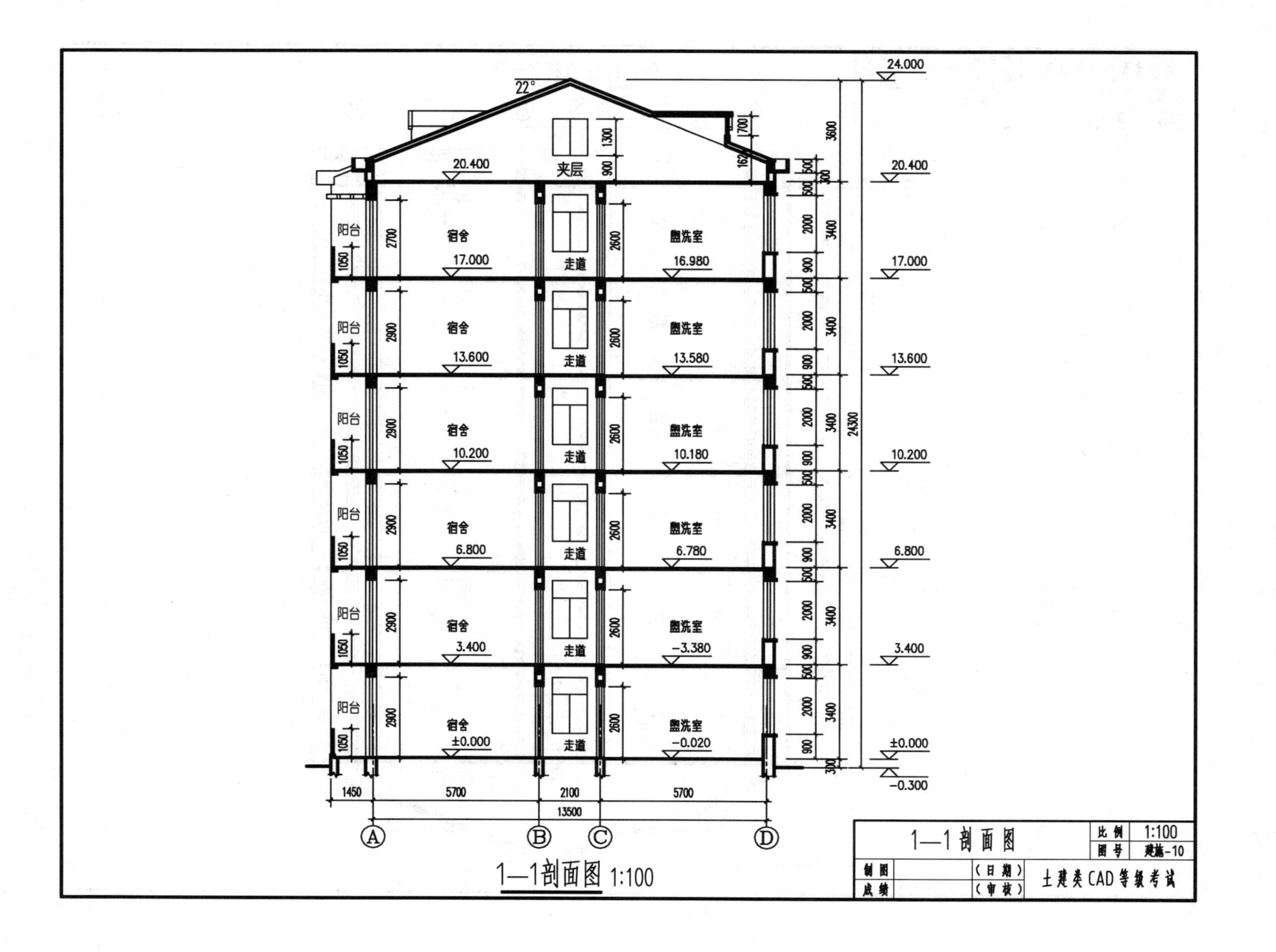
22°
24.000
20.400
17.000
13.600
10.200
6.800
3.400
±0.000
-0.300
夹层
阳台
宿舍
走道
盥洗室
16.980
13.580
10.180
6.780
-3.380
-0.020
3600
3400
24300
1450
5700
2100
13500
A
B
C
D
1—1剖面图
比例 1:100
图号 建施-10
制图
成绩
（日期）
（审核）
土建类CAD等级考试

1—1剖面图 1:100

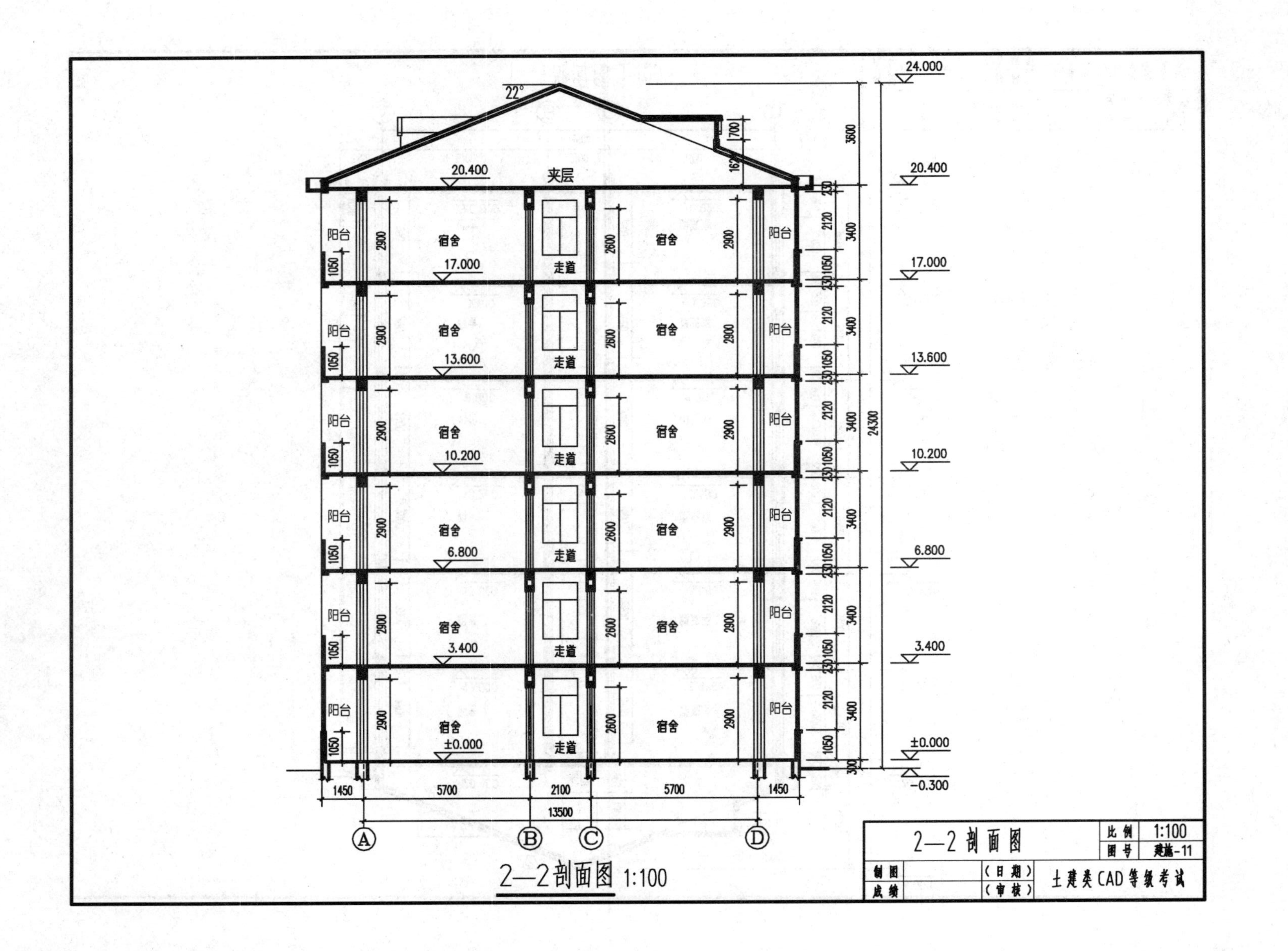
24.000
20.400
17.000
13.600
10.200
6.800
3.400
±0.000
-0.300
22°
夹层
宿舍
走道
阳台
3600
3400
2120
1050
230
300
24300
2900
2600
700
1450
5700
2100
13500
A
B
C
D
2—2剖面图 1:100
2—2剖面图
比例 1:100
图号 建施-11
制图
成绩
(日期)
(审核)
土建类CAD等级考试

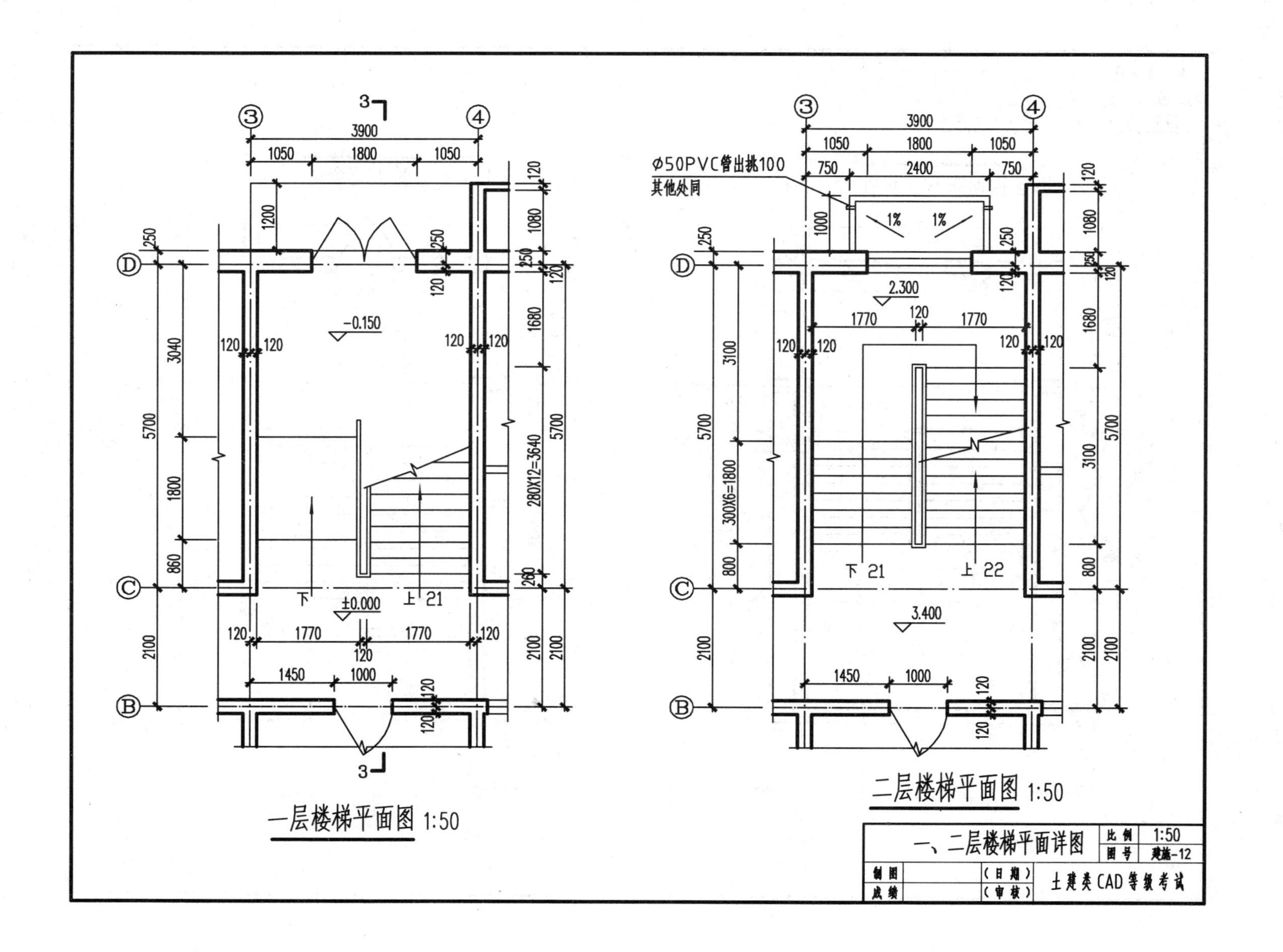

一层楼梯平面图 1:50
二层楼梯平面图 1:50
一、二层楼梯平面详图
比例 1:50
图号 建施-12
制图
成绩
（日期）
（审核）
土建类CAD等级考试
Φ50PVC管出挑100
其他处同
300X6=1800
280X12=3640
±0.000
-0.150
2.300
3.400
下
上 21
下 21
上 22

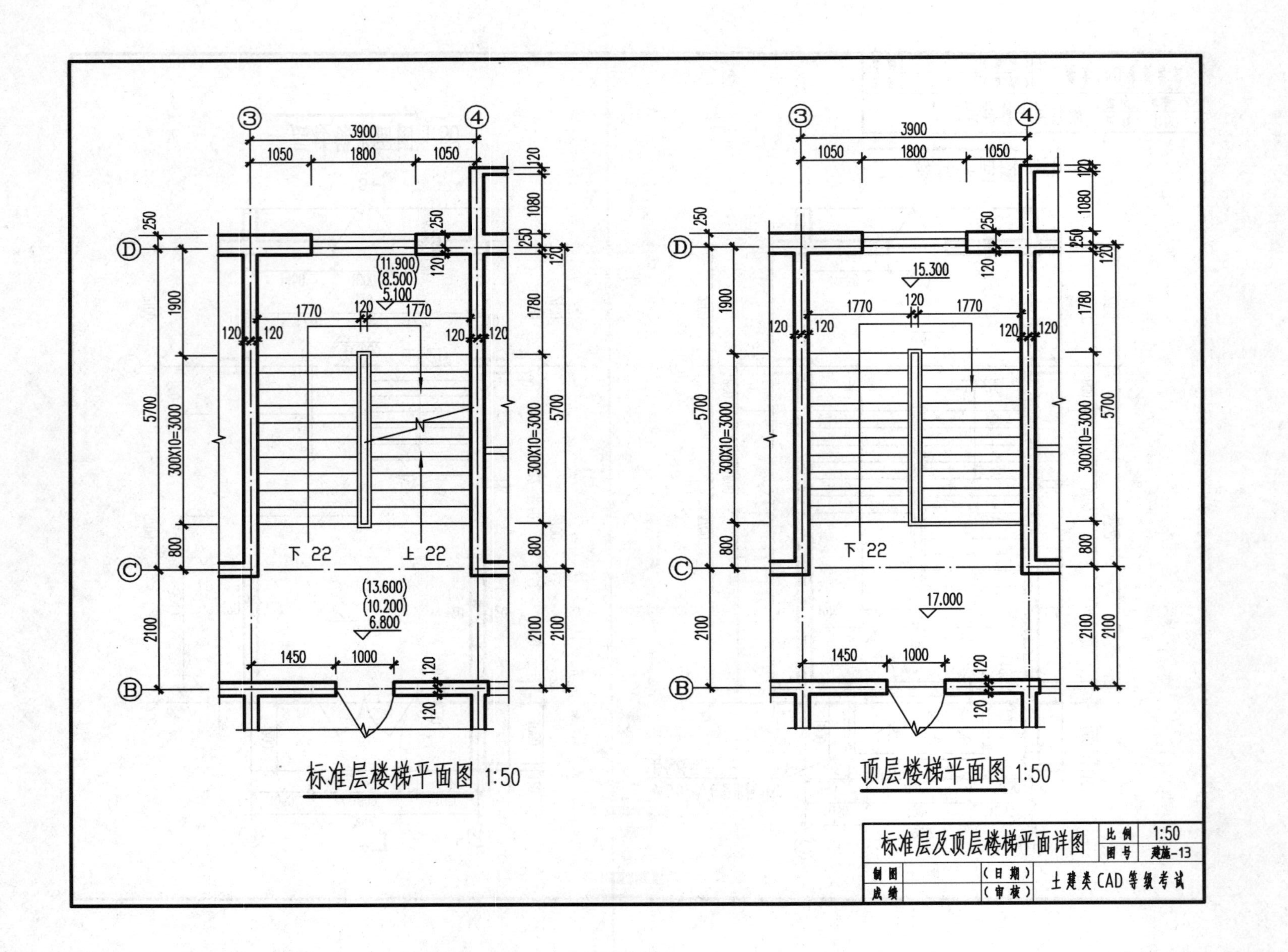
标准层楼梯平面图 1:50
顶层楼梯平面图 1:50
标准层及顶层楼梯平面详图
比例 1:50
图号 建施-13
制图
成绩
(日期)
(审核)
土建类CAD等级考试
3900
1050
1800
5700
300X10=3000
1900
1780
1080
800
2100
1770
1450
1000
250
120
(11.900)
(8.500)
5.100
(13.600)
(10.200)
6.800
15.300
17.000
下 22
上 22

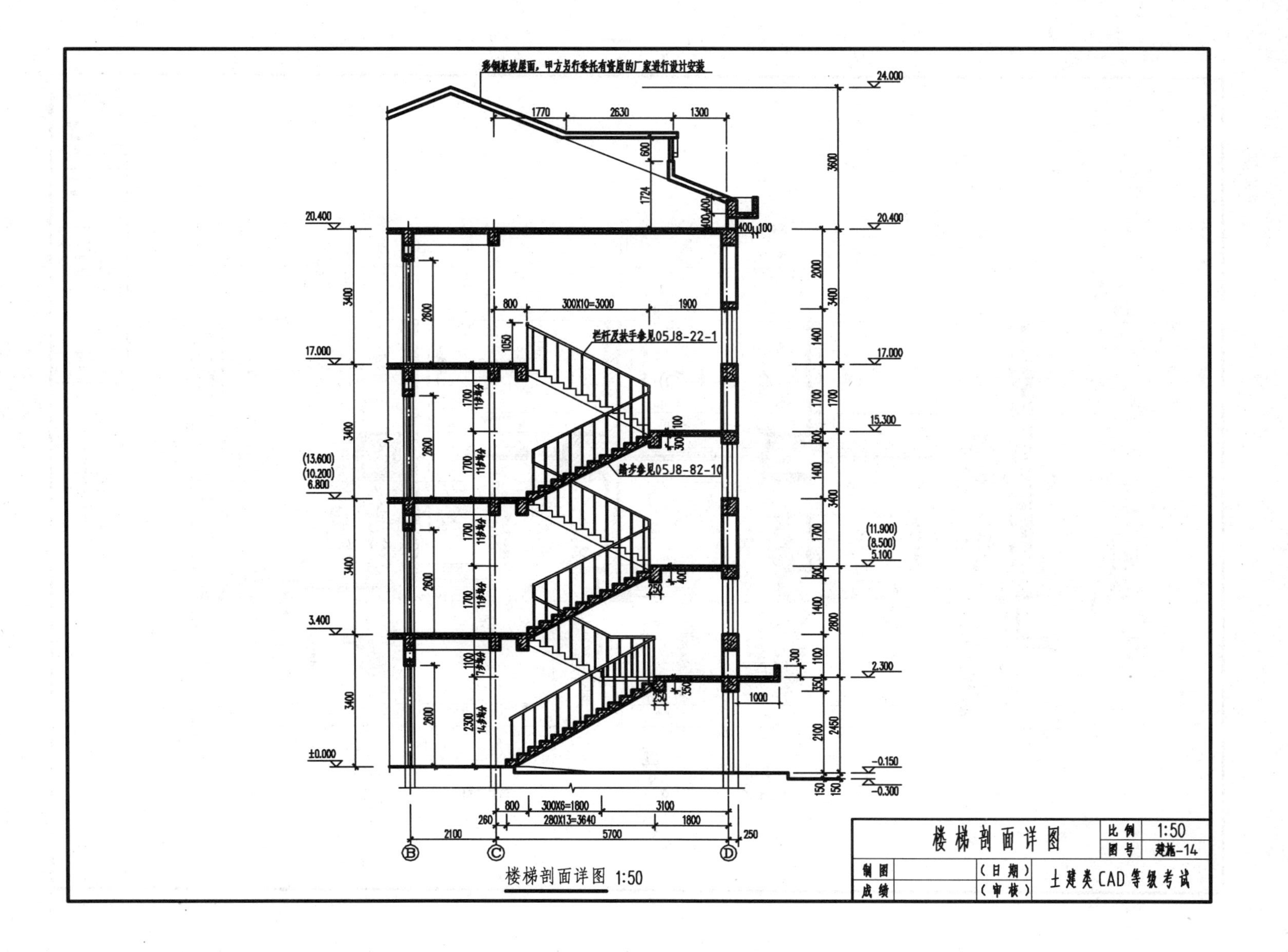
彩钢板坡屋面，甲方另行委托有资质的厂家进行设计安装
24.000
20.400
17.000
15.300
(13.600)
(10.200)
6.800
(11.900)
(8.500)
5.100
3.400
2.300
±0.000
-0.150
-0.300
栏杆及扶手参见05J8-22-1
踏步参见05J8-82-10
300X10=3000
300X6=1800
280X13=3640
11步踏步
7步踏步
14步踏步
1770
2630
1300
3600
5700
3100
2100
楼梯剖面详图
比例 1:50
图号 建施-14
制图 （日期）
成绩 （审核）
土建类CAD等级考试

楼梯剖面详图 1:50

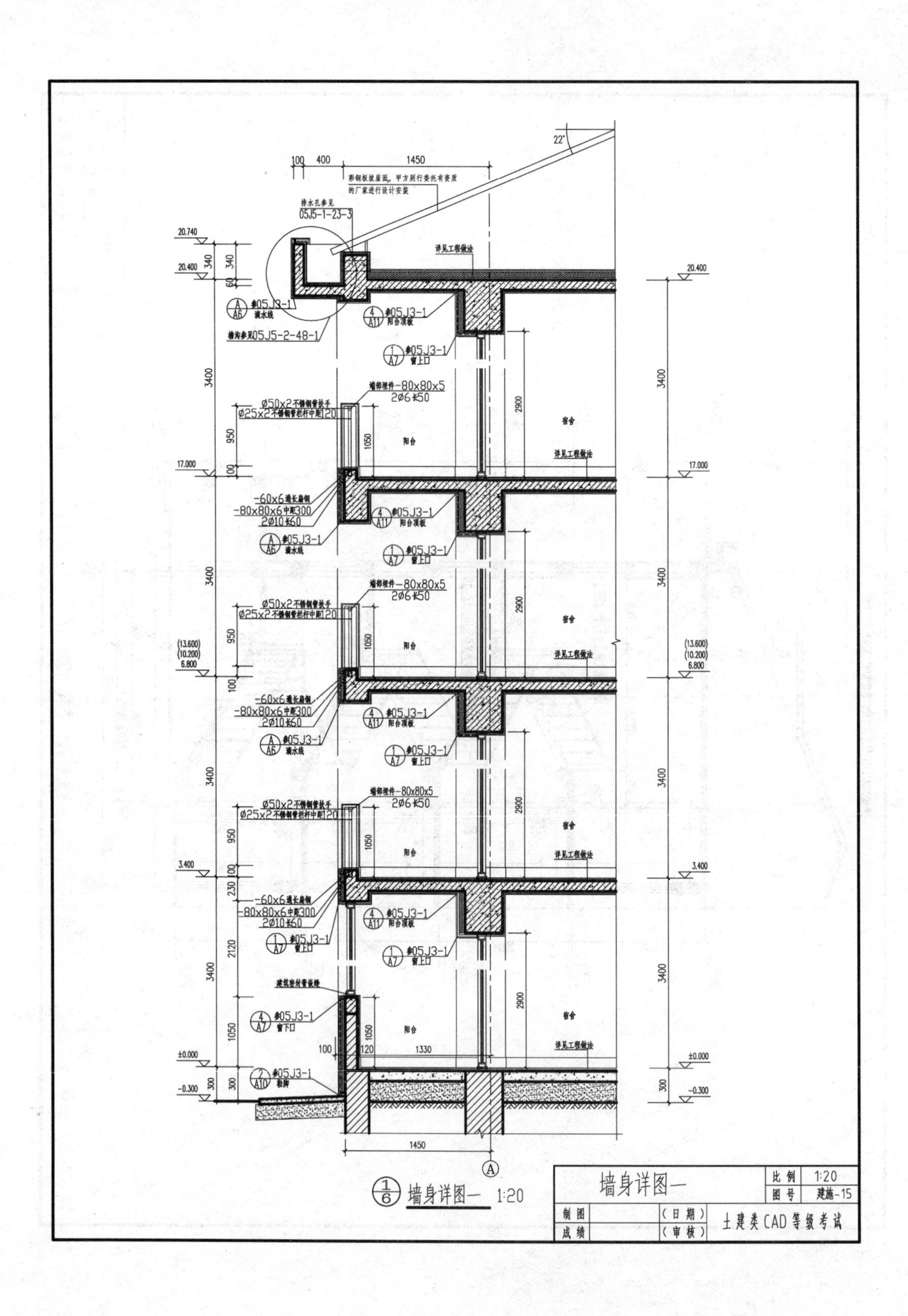

22°
100 400 1450
彩钢板坡屋面，甲方另行委托有资质的厂家进行设计安装
排水孔参见 05J5-1-23-3
20.740
20.400
340
60
详见工程做法
参05J3-1 A/A6 滴水线
檐沟参见05J5-2-48-1
参05J3-1 4/A11 阳台顶板
参05J3-1 1/A7 窗上口
3400
墙钢埋件-80x80x5
2Ø6@50
Ø50x2不锈钢管扶手
Ø25x2不锈钢管栏杆中距120
950
1050
2900
阳台
宿舍
17.000
100
-60x6通长扁钢
-80x80x6中距300
2Ø10@60
(13.600)
(10.200)
6.800
3.400
230
2120
建筑密封膏嵌缝
参05J3-1 4/A7 窗下口
100 120 1330
±0.000
-0.300
300
参05J3-1 2/A10 勒脚
1450
A
墙身详图一
比例 1:20
图号 建施-15
制图
成绩
(日期)
(审核)
土建类CAD等级考试

1/6 墙身详图一 1:20

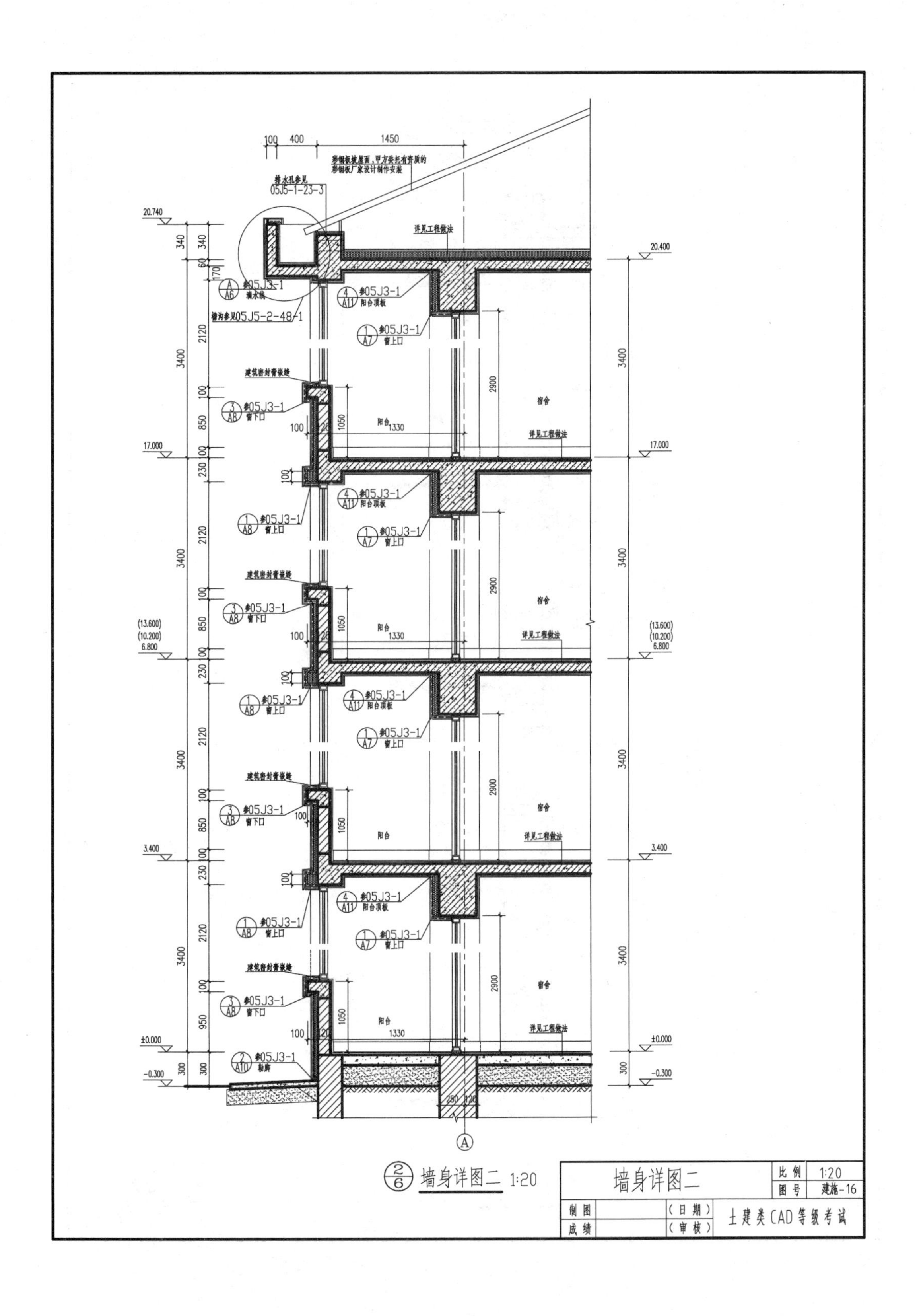

墙身详图二 1:20

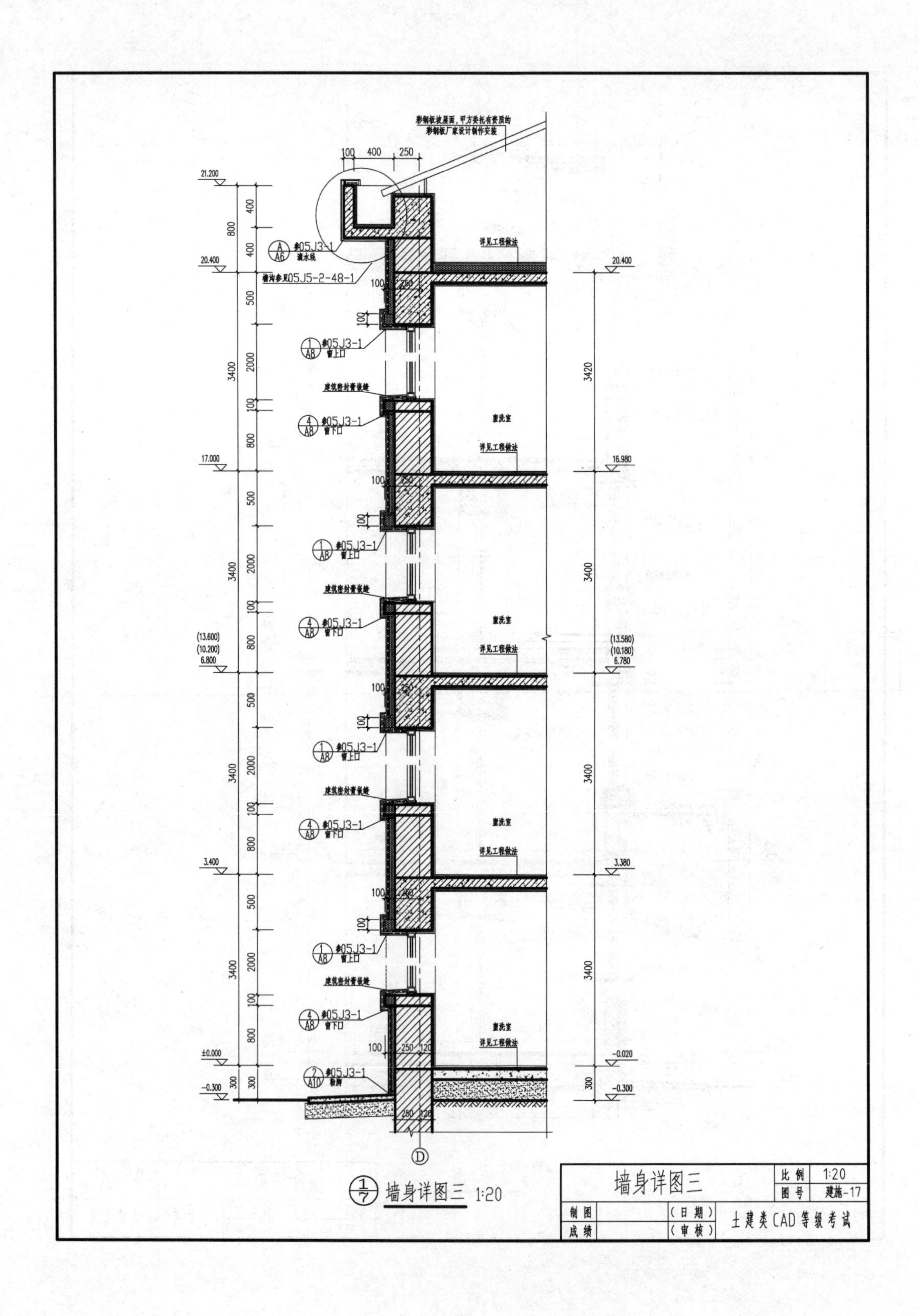

墙身详图三
比例 1:20
图号 建施-17
制图
成绩
(日期)
(审核)
土建类CAD等级考试
墙身详图三 1:20

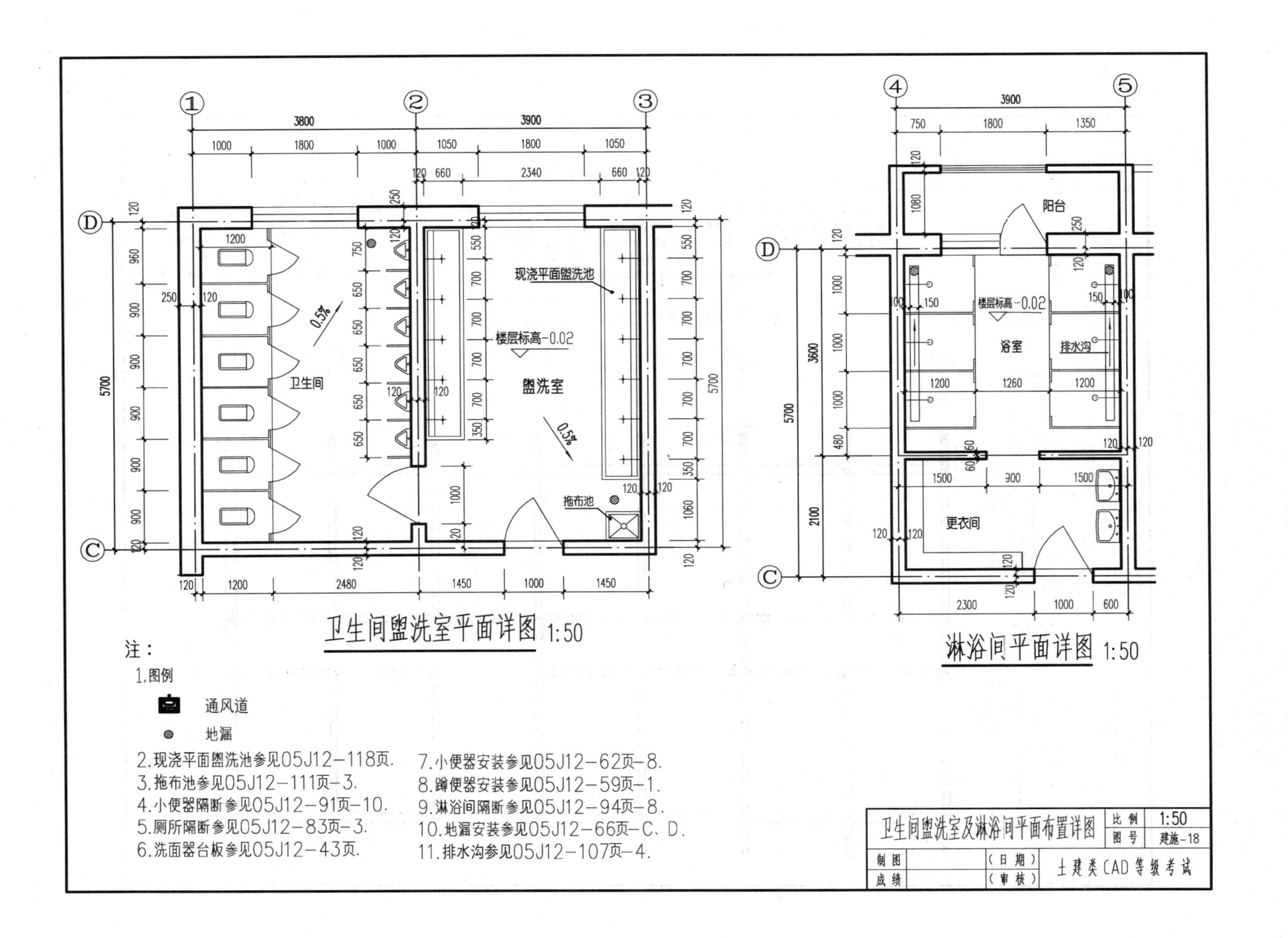
卫生间
盥洗室
现浇平面盥洗池
拖布池
楼层标高-0.02
0.5%
卫生间盥洗室平面详图 1:50
阳台
浴室
排水沟
更衣间
淋浴间平面详图 1:50
注：
1.图例
通风道
地漏
2.现浇平面盥洗池参见05J12-118页.
3.拖布池参见05J12-111页-3.
4.小便器隔断参见05J12-91页-10.
5.厕所隔断参见05J12-83页-3.
6.洗面器台板参见05J12-43页.
7.小便器安装参见05J12-62页-8.
8.蹲便器安装参见05J12-59页-1.
9.淋浴间隔断参见05J12-94页-8.
10.地漏安装参见05J12-66页-C、D.
11.排水沟参见05J12-107页-4.
卫生间盥洗室及淋浴间平面布置详图
比例 1:50
图号 建施-18
制图
成绩
（日期）
（审核）
土建类CAD等级考试

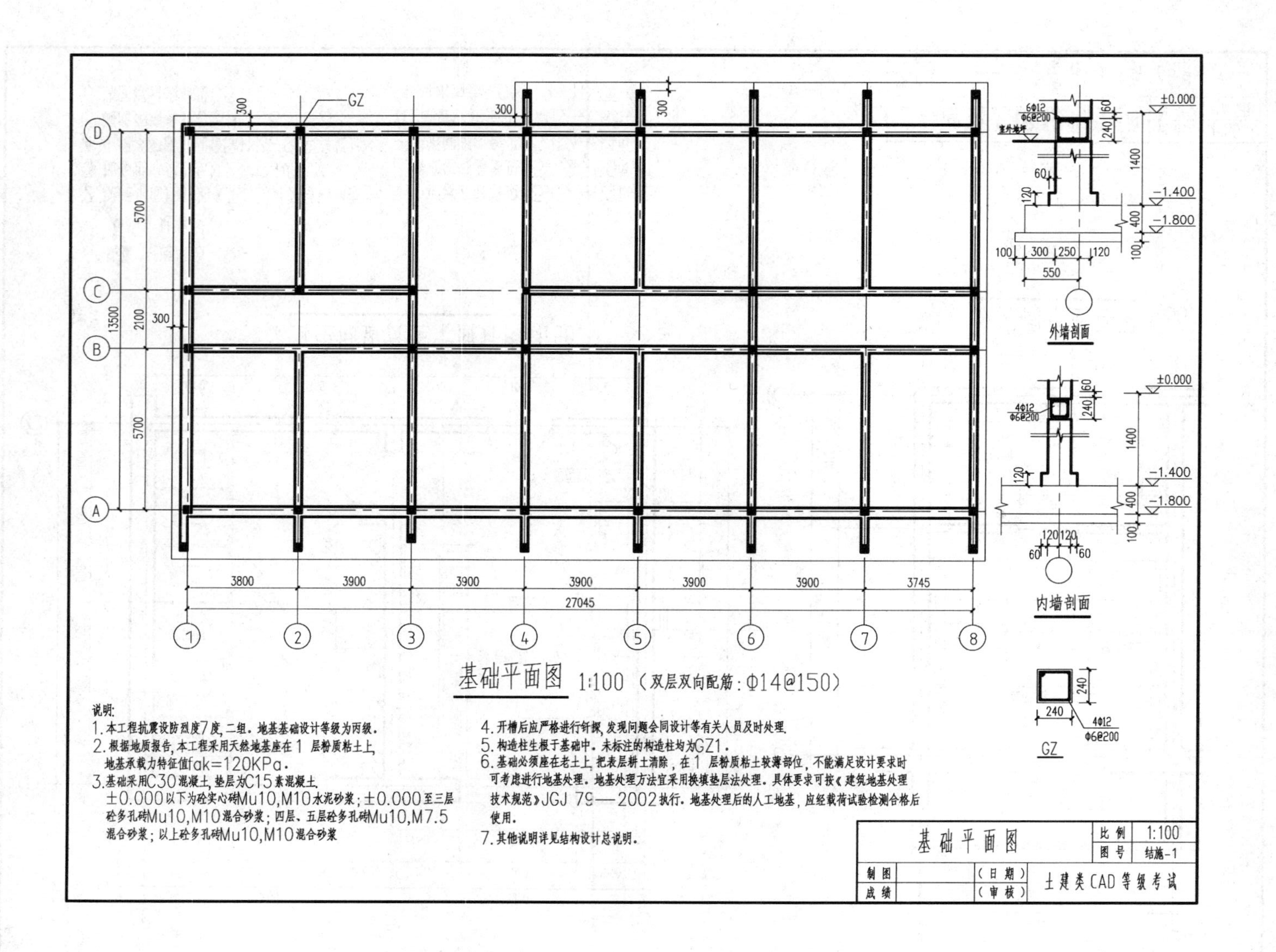
基础平面图 1:100（双层双向配筋：Φ14@150）
外墙剖面
内墙剖面
GZ
±0.000
-1.400
-1.800
3800
3900
3745
27045
5700
2100
13500
说明:
1. 本工程抗震设防烈度7度，二组。地基基础设计等级为丙级。
2. 根据地质报告，本工程采用天然地基座在1 层粉质粘土上，地基承载力特征值fak=120KPa。
3. 基础采用C30混凝土，垫层为C15素混凝土。±0.000以下为砼实心砖Mu10，M10水泥砂浆；±0.000至三层砼多孔砖Mu10，M10混合砂浆；四层、五层砼多孔砖Mu10，M7.5混合砂浆；以上砼多孔砖Mu10，M10混合砂浆
4. 开槽后应严格进行钎探，发现问题会同设计等有关人员及时处理。
5. 构造柱生根于基础中。未标注的构造柱均为GZ1。
6. 基础必须座在老土上，把表层耕土清除，在1 层粉质粘土较薄部位，不能满足设计要求时可考虑进行地基处理。地基处理方法宜采用换填垫层法处理。具体要求可按《建筑地基处理技术规范》JGJ 79—2002执行。地基处理后的人工地基，应经载荷试验检测合格后使用。
7. 其他说明详见结构设计总说明。
基础平面图
比例 1:100
图号 结施-1
制图
成绩
（日期）
（审核）
土建类CAD等级考试

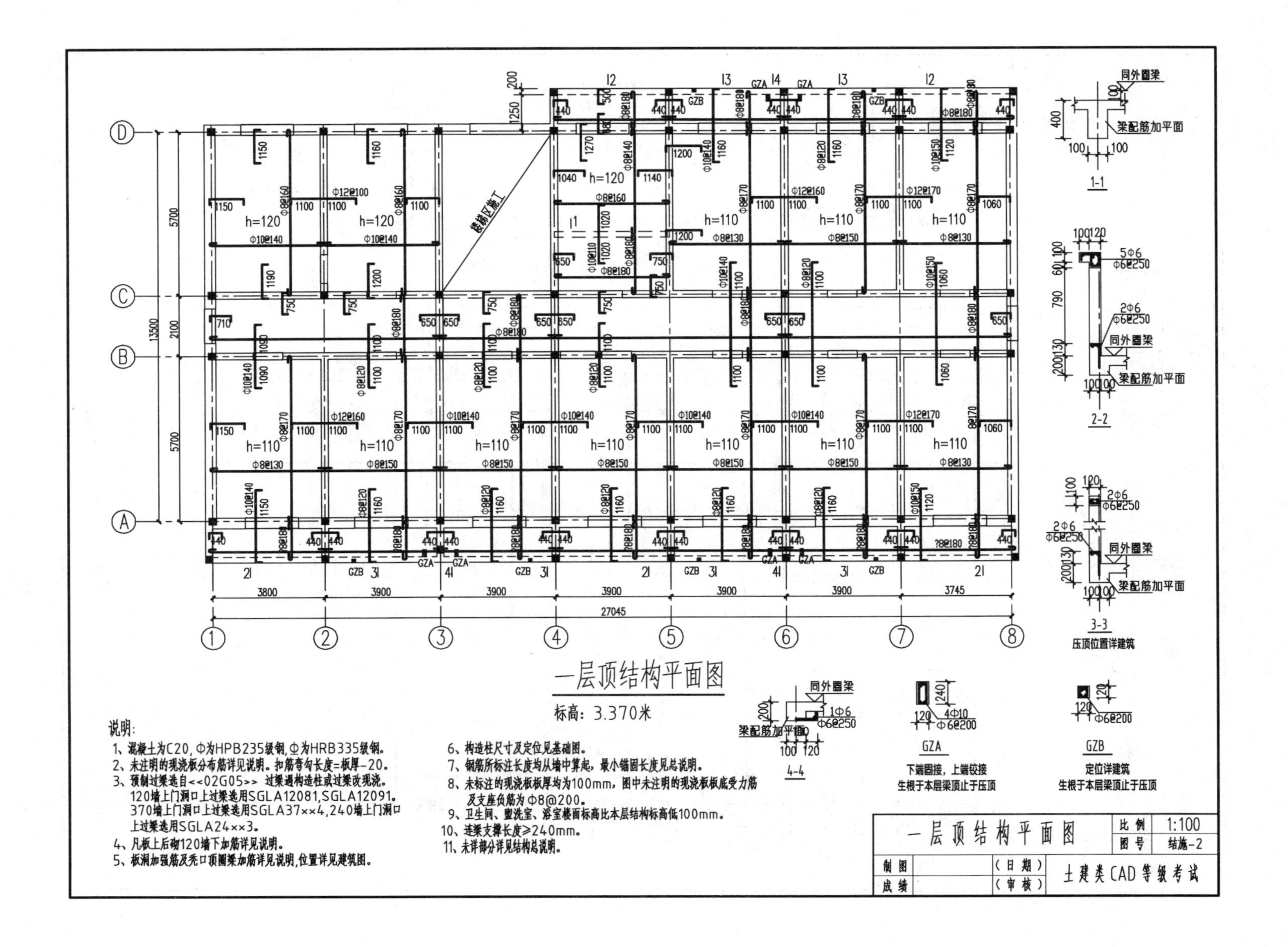
一层顶结构平面图
标高：3.370米
说明：
1、混凝土为C20，Φ为HPB235级钢，Φ为HRB335级钢。
2、未注明的现浇板分布筋详见说明。扣筋弯勾长度=板厚-20。
3、预制过梁选自<<02G05>> 过梁遇构造柱或过梁改现浇。
120墙上门洞口上过梁选用SGLA12081,SGLA12091。
370墙上门洞口上过梁选用SGLA37××4,240墙上门洞口上过梁选用SGLA24××3。
4、凡板上后砌120墙下加筋详见说明。
5、板洞加强筋及壳口顶圈梁加筋详见说明，位置详见建筑图。
6、构造柱尺寸及定位见基础图。
7、钢筋所标注长度均从墙中算起，最小锚固长度见总说明。
8、未标注的现浇板板厚均为100mm，图中未注明的现浇板板底受力筋及支座负筋为Φ8@200。
9、卫生间、盥洗室、浴室楼面标高比本层结构标高低100mm。
10、连梁支撑长度≥240mm。
11、未详部分详见结构总说明。
楼梯区施工
1-1
2-2
3-3
压顶位置详建筑
4-4
同外圈梁
梁配筋加平面
GZA
下端圆接，上端铰接
生根于本层梁顶止于压顶
GZB
定位详建筑
生根于本层梁顶止于压顶
一层顶结构平面图
比例 1:100
图号 结施-2
制图
成绩
（日期）
（审核）
土建类CAD等级考试

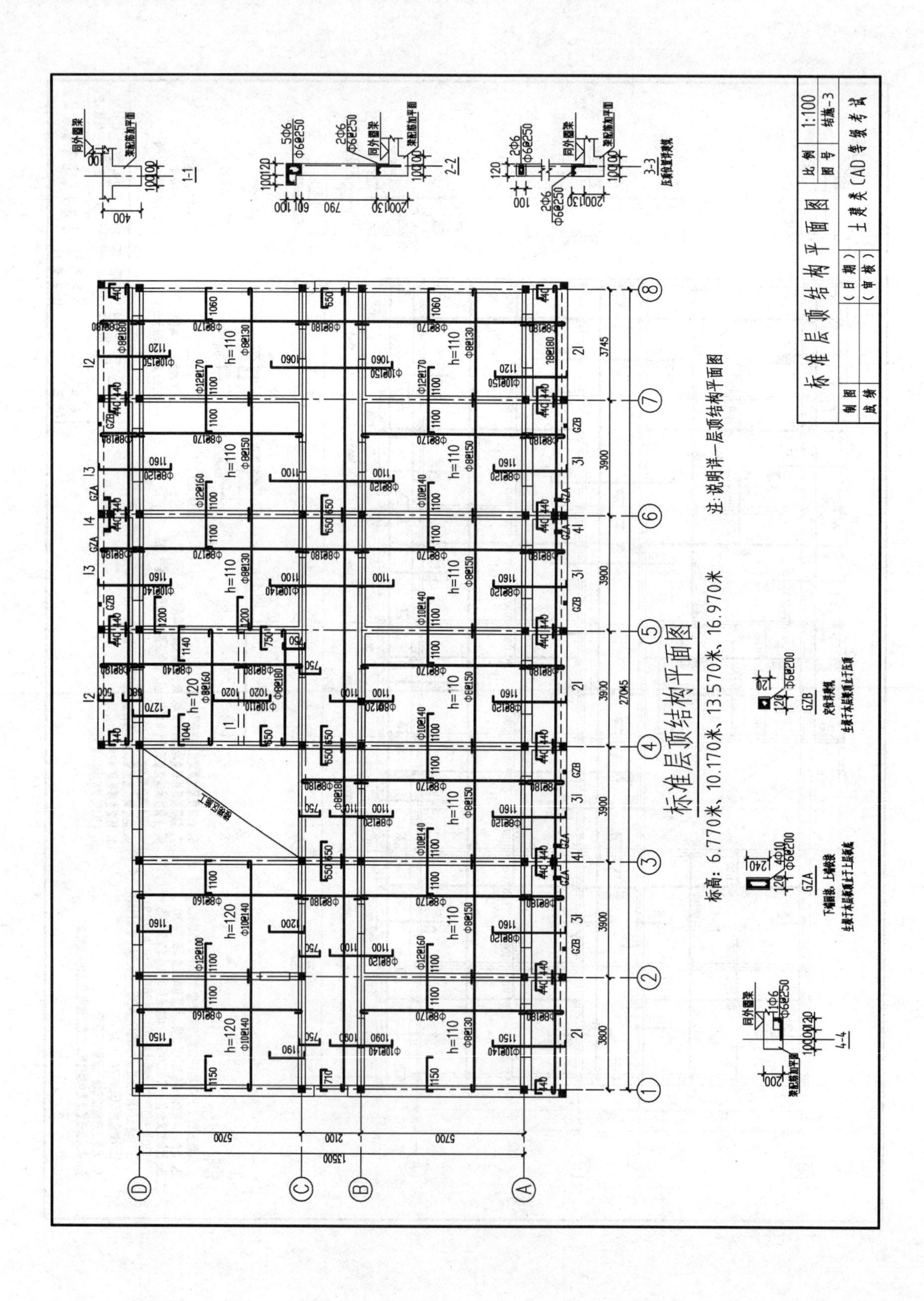
标准层顶结构平面图
标高：6.770米、10.170米、13.570米、16.970米
注：说明详一层顶结构平面图
标准层顶结构平面图
比例 1:100
图号 结施-3
土建类CAD等级考试
1-1
2-2
3-3
4-4
GZA
GZB
27045
13500

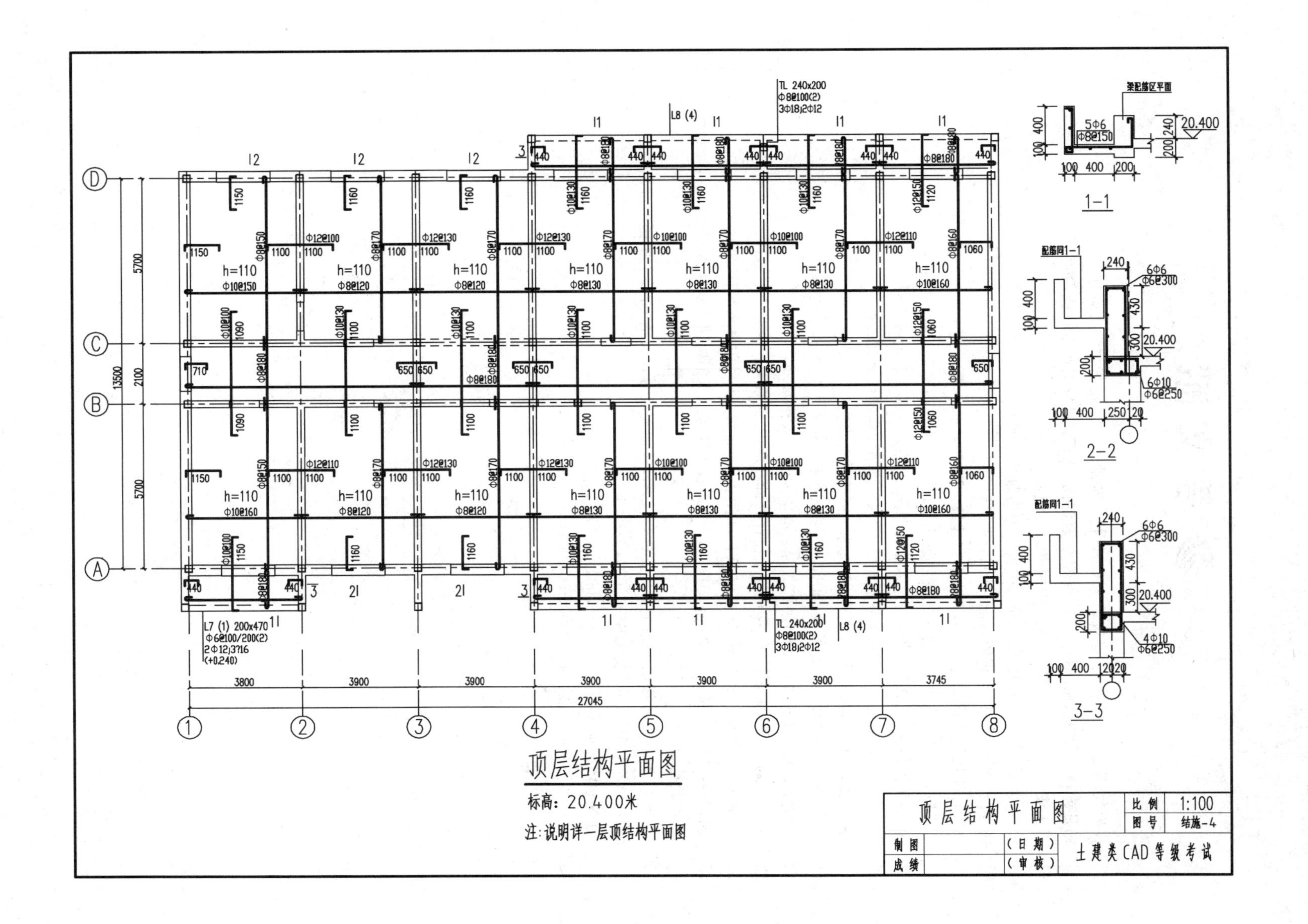
顶层结构平面图
标高：20.400米
注：说明详一层顶结构平面图
1-1
2-2
3-3
顶层结构平面图
比例 1:100
图号 结施-4
制图
成绩
（日期）
（审核）
土建类CAD等级考试

参考文献

[1] 任爱珠，张建平，马智亮. 建筑结构 CAD 技术基础. 北京：清华大学出版社，1996

[2] 杨月英，於辉. 中文版 AutoCAD 2008 建筑绘图. 北京：机械工业出版社，2008

[3] 莫正波，宋琦. 建筑制图. 北京：中国电力出版社，2008

[4] 於辉，张琳. 土建工程制图. 北京：中国电力出版社，2009

[5] 杨谆. 土木工程制图与识图百问. 北京：中国建筑工业出版社，2005

[6] 当今计算机辅助建筑设计之管窥《热带建筑》2005 年 6 月，第 2 期

[7] 丁士昭，马继伟，陈建国. 建筑工程信息化导论. 北京：中国建筑工业出版社，2005

[8] 胡仁喜，刘昌丽，张日晶. 建筑与土木工程制图. 北京：机械工业出版社，2009

[9] 薛炎. 中文版 AutoCAD 2010 基础教程. 北京：清华大学出版社，2009

[10] 焦永和，张京英，徐昌贵. 工程制图. 北京：高等教育出版社，2008

[11] 王明强. 计算机辅助设计技术. 北京：科学出版社，2002

[12] 李学志. 计算机辅助设计与绘图. 北京：清华大学出版社，2002

[13] 崔洪斌，方忆湘，张嘉钰. 计算机辅助设计基础及应用. 北京：清华大学出版社，2002

[14] 崔洪斌，肖新华. AutoCAD 2010 中文版实用教程. 北京：人民邮电出版社，2010

[15] 胡仁喜，刘昌丽，张日晶. AutoCAD 2010 中文版建筑与土木工程制图快速入门实例教程. 北京：机械工业出版社，2009

[16] 全国 CAD 技能等级培训工作指导委员会. CAD 技能等级考评大纲. 北京：中国标准出版社，2008

[17] 房屋建筑制图统一标准(GB/T 50001—2001)

[18] 建筑制图标准(GB/T 50104—2001)

[19] 建筑结构制图标准(GB/T 50105—2001)